湖南省示范性(骨干)高等职业院校建设项目规划教材
湖南水利水电职业技术学院课程改革系列教材

水工钢筋混凝土结构

主　编　刘京铄
副主编　张馨玉　丁　琼　吴韶斌
主　审　丁灿辉

黄河水利出版社
·郑州·

内容提要

本书是湖南省示范性（骨干）高等职业院校建设项目规划教材、湖南水利水电职业技术学院课程改革系列教材之一，依据我国现行的《水工混凝土结构设计规范》（SL 191—2008）、《水工混凝土结构设计规范》（DL/T 5057—2009）和高职高专教育水工钢筋混凝土结构课程标准及理实一体化教学要求编写完成。全书共有7个学习项目，主要内容有基础知识，钢筋混凝土梁、板设计，钢筋混凝土构件正常使用极限状态验算，钢筋混凝土受压（拉）柱设计，肋形结构设计，渡槽结构设计，预应力混凝土结构。

本书可作为高职高专院校水利工程等专业的教材，亦可作为水利工程技术人员的参考用书。

图书在版编目（CIP）数据

水工钢筋混凝土结构/刘京铄主编．—郑州：黄河水利出版社，2017.6 （2021.8 修订重印）

湖南省示范性（骨干）高等职业院校建设项目规划教材

ISBN 978－7－5509－1625－8

Ⅰ．①水…　Ⅱ．①刘…　Ⅲ．①水工结构－钢筋混凝土结构－高等职业教育－教材　Ⅳ．①TV332

中国版本图书馆CIP数据核字（2016）第308080号

组稿编辑：简　群　电话：0371－66026749　E-mail：931945687@qq.com

出 版 社：黄河水利出版社　网址：www.yrcp.com

地址：河南省郑州市顺河路黄委会综合楼14层　邮政编码：450003

发行单位：黄河水利出版社

发行部电话：0371－66026940、66020550、66028024、66022620（传真）

E-mail：hhslcbs@126.com

承印单位：河南承创印务有限公司

开本：787 mm×1 092 mm　1/16

印张：16.25

字数：380千字　印数：3 001—5 000

版次：2017年6月第1版　印次：2021年8月第2次印刷

定价：38.00元

前 言

按照“湖南省示范性(骨干)高等职业院校建设项目”规划要求,水利工程专业是该项目的重点建设专业之一,由湖南水利水电职业技术学院负责组织实施。按照专业建设方案和任务书,通过广泛深入行业,与行业、企业专家共同研讨,创新了“两贯穿,三递进,五对接、多学段”“订单式”人才培养模式,完善了“以水利工程项目为载体,以设计→施工→管理工作过程为主线”的课程体系,进行优质核心课程的建设。为了固化示范性(骨干)建设成果,进一步将其应用到教学中,最终实现让学生受益,经学院审核,决定正式出版系列课程改革教材。

为了不断提高教材质量,编者于 2021 年 8 月,根据近年来国家及行业最新颁布的规范、标准、规定等,以及在教学实践中发现的问题和错误,对全书进行了修订完善。

本书针对高职高专学生的特点,采用项目化教学的方法编写。全书共分为 7 个项目,项目 1 结合水利工程介绍了水工钢筋混凝土结构的基础知识,项目 2 介绍了钢筋混凝土梁、板设计,项目 3 介绍了钢筋混凝土构件正常使用极限状态验算,项目 4 介绍了钢筋混凝土柱设计,项目 5 介绍了肋形结构设计,项目 6 介绍了渡槽结构设计,项目 7 介绍了预应力混凝土结构。

本书由湖南水利水电职业技术学院的老师负责编写和审读,具体编写人员及分工如下:张馨玉编写项目 1、项目 4,刘京铄编写项目 2、项目 3 和附录,丁琼编写项目 5、项目 6,吴韶斌编写项目 7。本书由刘京铄担任主编,并负责全书的统稿和整理;由张馨玉、丁琼、吴韶斌担任副主编;由丁灿辉担任主审。

本书在编写过程中参考了许多专业书籍和规范,并得到有关专家和同行的大力支持,在此,编者向有关人员表示感谢!

由于编者水平有限,书中难免存在不足之处,恳请读者,特别是使用本书的教师和学生及其他工程技术人员提出批评和改进建议,以利今后修订提高。

编 者

2021 年 8 月

目 录

项目1　基础知识

知识目标

了解钢筋混凝土结构的概念、特点及发展；

了解钢筋和混凝土两种材料的性能；

了解钢筋与混凝土黏结力的构成和保证措施；

了解结构极限状态的分类和实用设计表达式；

了解荷载及材料强度的取值。

技能目标

掌握钢筋和混凝土材料的分类和性能，能识别施工图纸，进行内力分析计算。

任务1.1　混凝土结构的概念

1.1.1　混凝土结构的基本概念

混凝土结构是土木建筑工程中按材料来区分的一种结构，其材料组成是混凝土和钢筋等增强材料，混凝土结构主要包括素混凝土结构、钢筋混凝土结构和预应力混凝土结构。事实上，混凝土结构的范围还可以更广泛一些。19世纪中叶以后，人们开始在素混凝土中配置抗拉强度高的钢筋来获得加强效果。如果用“加强”的概念来定义“钢筋混凝土结构”(reinforced concrete structure)，则钢纤维混凝土结构、钢管混凝土结构、钢-混凝土组合结构、钢骨混凝土结构、纤维增强聚合物混凝土结构等，均属于钢筋混凝土结构的范畴。

在现代土木建筑工程结构中，混凝土结构比比皆是。但是，对混凝土结构的认识不能仅停留在“混凝土结构是由水泥、砂、石和水组成的人工石”，也不能只停留在“混凝土中埋置了钢筋就成了钢筋混凝土结构”的简单概念上，而应从本质上即力学概念上去认识，了解混凝土结构的基本工作原理。

钢筋混凝土是由钢筋和混凝土两种物理力学性能不相同的材料组成的。混凝土的抗压强度高、抗拉强度低，抗拉强度仅为抗压强度的1/20～1/8。混凝土是一种非均质、非弹性、非线性的建筑材料。同时，混凝土破坏时具有明显的脆性性质，破坏前没有征兆。

因此,素混凝土结构通常用于以受压为主的基础、柱墩和一些非承重结构。与混凝土材料相比较,钢筋的抗拉强度和抗压强度均较高,破坏时具有较好的延性。为了提高构件的承载力和扩大使用范围,将钢筋和混凝土按照合理的方式结合在一起协同工作,使钢筋主要承受拉力,混凝土承受压力,充分发挥两种材料各自的特长,则可以大大提高结构的承载能力,改善结构的受力特性。

现以一简支梁为例,图1-1(a)为素混凝土梁在外加荷载及自重作用下的受力情况。梁受弯后,截面中和轴以上部分受压,中和轴以下部分受拉。由于混凝土的抗拉性能很差,在较小荷载作用下,梁的下部混凝土即开裂,梁立即断裂,破坏前变形很小,无预兆,属于脆性破坏,见图1-1(b)。若在梁的受拉区配置适量的钢筋,构成钢筋混凝土梁,见图1-1(c)。梁受弯后,混凝土开裂,中和轴以下部分的拉力可由钢筋承受,中和轴以上部分的压力由混凝土承受。随着荷载的增加,钢筋达到强度极限,上部受压区的混凝土被压碎,梁才破坏。破坏前变形较大,有明显预兆,属于延性破坏。这样,混凝土的抗压能力和钢筋的抗拉能力均得到了充分的利用,与素混凝土梁相比,钢筋混凝土梁的承载能力和变形能力都有很大程度的提高。

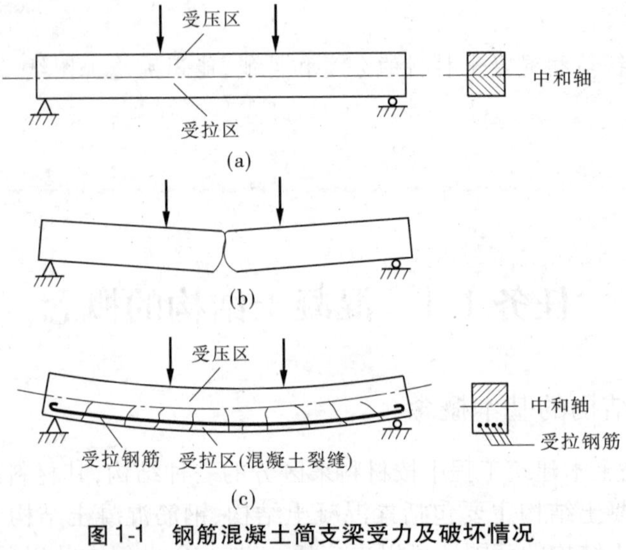

图1-1　钢筋混凝土简支梁受力及破坏情况

1.1.2　钢筋和混凝土共同工作的原因

不了解钢筋混凝土工作原理的非专业人员,常常以为埋置了钢筋的梁,就一定能提高其承载力,其实不然。试想,如果把钢筋埋在梁上方受压区,则梁的承载力几乎不能提高,仍会发生如同素混凝土梁那样的"一裂即穿"的脆性破坏,钢筋则白白浪费了。

除钢筋的布置位置要正确外,承载力得以提高的另一重要条件是钢筋和混凝土之间必须保证共同工作。钢筋和混凝土之间的良好黏结力,使两者有机地结合为整体,而且这种整体还不致由于温度变化而破坏(钢筋和混凝土的线膨胀系数相近,钢材为1.2×10^{-5} ℃$^{-1}$,混凝土为$1.0\times10^{-5}\sim1.5\times10^{-5}$ ℃$^{-1}$),同时钢筋周围有足够的混凝土包裹,使钢筋不易生锈,从而保证黏结力的耐久性,所以两者的共同工作是可以得到保证的。

由上述可知,正确理解钢筋混凝土结构的工作原理,主要有以下几点:

(1)钢筋和混凝土之间存在黏结力,混凝土硬化后可与钢筋牢固地黏结成整体,在荷载作用下,相互传递应力。

(2)钢筋和混凝土的线膨胀系数接近,当温度变化时,两者不会产生较大的相对滑移而使黏结力破坏。

(3)钢筋表面的混凝土保护层,能防止钢筋生锈,保证结构的耐久性。

理解了这种工作原理,也就不难理解钢筋混凝土的英文名称 reinforced concrete(缩写为 RC)的科学性,并且也就不难理解为什么前面提及的各种混凝土乃至于20世纪50年代我国曾使用过的竹筋混凝土结构均可以归属于钢筋混凝土结构的范畴,均可以广义地称为钢筋混凝土结构。

任务1.2　钢筋混凝土结构的特点及应用发展概况

1.2.1　钢筋混凝土结构的特点

钢筋混凝土结构是水利水电工程中应用最多的结构,如发电厂房的梁、板、柱等。

钢筋混凝土结构除合理地利用了钢筋和混凝土两种材料的特性外,和其他材料的结构相比,还具有下列优点:

(1)耐久性好。混凝土耐受自然侵蚀的能力较强,其强度也随着时间的增长有所提高,钢筋因混凝土的保护而不易锈蚀,不需要经常维护和保养。

(2)耐火性好。由传热性差的混凝土作为钢筋的保护层,在普通火灾情况下不致使钢筋达到软化温度而导致结构的整体破坏。

(3)整体性好。现浇的整体式钢筋混凝土结构具有较好的整体刚度,有利于抗震和防爆。

(4)可模性好。可根据使用需要浇筑制成各种形状和尺寸的结构,尤其适合建造水利工程中外形复杂的大体积结构及空间薄壁结构。

(5)取材方便。钢筋混凝土结构中所用的砂、石材料,一般都可就地采取,减少了运输费用,降低了工程造价。

钢筋混凝土结构也存在着下列主要缺点:

(1)自重偏大。钢筋混凝土结构的截面尺寸较大,密度也大,因而自重远远超过相应的钢结构的重量,不利于建造大跨度结构和超高层结构。

(2)抗裂性较差。混凝土抗拉强度低,容易出现裂缝,影响结构的使用性能和耐久性,这一特点对水工混凝土结构尤为不利。裂缝的存在不仅降低了混凝土抗渗、抗冻的能力,而且会使钢筋生锈,加速构件的破坏。

(3)施工较复杂。宜受气候和季节的影响,建造期一般较长。

(4)承载力有限。与钢材相比较,普通混凝土抗压强度较低,因此普通钢筋混凝土结构的承载力有限,用作承重结构和高层建筑底部结构时,不可避免地会导致构件尺寸过大,减小有效使用空间。因此,对于一些超高层结构,采用钢筋混凝土结构有其局限性,而更多地会选择钢结构。

1.2.2 钢筋混凝土结构的应用与发展

1.2.2.1 材料

1. 混凝土材料

混凝土材料的应用和发展主要表现在混凝土强度的不断提高、混凝土性能的不断改善、轻质混凝土和智能混凝土的应用等方面。

早期的混凝土强度比较低,随着高效减水剂的应用,混凝土的抗压强度大幅度提高。目前,我国在结构工程中采用抗压强度为60 MPa以上的高强混凝土已相当普遍。

为了改善混凝土抗拉性能差、延性差等缺点,提高混凝土抗裂、抗冲击、抗疲劳等性能,在混凝土中掺入纤维来改善混凝土性能的研究发展较为迅速。纤维的种类有钢纤维、合成纤维、玻璃纤维和碳纤维等,其中钢纤维混凝土的技术最为成熟。

近年来,水泥基复合材料(ECC)的成功研制极大地改善了混凝土材料的抗裂性能,水泥基复合材料的极限拉应变可以达到3%以上,已初步应用于桥面板、大坝和渡槽等工程。

数十年来,由天然骨料(浮石、凝灰石等)、工业废料(炉渣、粉煤灰等)、人造轻骨料(黏土陶粒、膨胀珍珠岩等)制作成的轻质混凝土得到了广泛的应用和发展。轻质混凝土的容重小,具有优良的保温和抗冻性能。同时,天然骨料和工业废料制作的轻质混凝土具有节约能源、减少堆积废料占用地以及保护环境等优点。在力学性能方面,由于轻质混凝土弹性模量低于同等级强度的普通混凝土,吸收能量快,能有效地减小地震作用力。轻质混凝土已在许多实际工程中得到应用。

混凝土智能材料也越来越受到各国学者的高度重视,在混凝土中添加智能修复材料和智能传感材料,可以使混凝土具有损伤修复、损伤愈合和损伤预警功能。具有损伤预警功能的智能混凝土已在实际工程中试用。再生骨料混凝土是解决城市改造拆除的建筑废料、减少环境污染、变废为宝的途径之一。将拆除建筑物的废料(主要是混凝土)加工成新混凝土的粗骨料或者细骨料,可以全部替代或者部分替代天然的砂石骨料。

另外,由于工程的需要,一些特殊性能的混凝土也不断应用于实际工程,如膨胀混凝土、自密实混凝土、聚合物混凝土、耐腐蚀混凝土和水下不分散混凝土等。

随着低碳经济发展战略的实施,对混凝土材料提出了更大的挑战。由于作为混凝土主要组成材料——水泥的生产过程消耗了大量的能源和资源,这就迫切需要发展耐久性好、高节能、高环保的高性能混凝土。目前,高性能混凝土被认为是适应低碳经济发展战略的新材料和新技术。

2. 配筋材料

随着冶金科学技术的发展,钢筋的强度不断提高。我国目前用于普通混凝土结构的钢筋强度已达到500 MPa,预应力构件中采用的钢绞线强度达到1 960 MPa。为了提高钢筋的防锈能力,带有环氧树脂涂层的钢筋和钢绞线已经用于沿海以及近海地区的一些混凝土结构工程中。

近年来,采用纤维增强聚合物(简称FRP)筋代替混凝土结构中的钢筋是一种新的思路。FRP筋是由纤维和聚合物复合而成的,具有强度高、质量轻、耐腐蚀、抗疲劳性能高等优点;其缺点是不像钢筋那样具有屈服点,而且无延性。常用的 FRP 筋有碳纤维增强聚合物筋、玻璃纤维增强聚合物筋和芳纶纤维增强聚合物筋。所以,目前关于这方面的工程应用还比较少。

1.2.2.2 结构形式的发展

早期混凝土结构中的基本受力构件主要以钢筋混凝土结构构件(梁、板、柱和墙等)为主。随着预应力技术的发展,预应力混凝土结构逐步在桥梁、空间结构中得到广泛应用,并在大跨度、高抗裂性能等方面显示出优越性。为了适应重载、延性等需要,钢-混凝土组合结构得到迅速的发展和应用。例如,钢板-混凝土组合结构用于地下结构,压型钢板-混凝土板用于楼板结构,型钢-混凝土组合梁用于桥梁结构,型钢-混凝土重载柱用于超高层建筑等。在钢管内填充混凝土形成的钢管混凝土结构,由于钢管能有效地约束核心受压混凝土的侧向变形,使得核心混凝土处于三向受压状态,从而提高混凝土的抗压强度、极限应变、承载力和延性等;同时钢管可以兼作模板,加快施工速度,节约建设成本。这些新型组合结构具有充分利用材料、延性好、施工简便等特点,极大地拓宽了钢筋混凝土结构的应用范围。

FRP 混凝土结构是近年来出现的一种新型组合结构,主要包括 FRP 管混凝土柱、FRP-混凝土组合桥面板等。由于 FRP 具有耐腐蚀、强度高等优点,所以这种结构在沿海及近海工程、桥梁结构中具有广阔的应用前景。

任务 1.3 本课程的学习方法和对高职学生的能力要求

钢筋混凝土结构是水利水电工程中应用最多的结构。水工钢筋混凝土结构课程是继工程力学、建筑材料等课程后的又一门重要的技术基础课程,是水利学科专业规范规定的核心课程。该课程的后续课程是水工建筑物、水利工程施工等。学习本课程的目的是掌握水工钢筋混凝土结构的基本理论和计算方法,掌握基本构件及主要的水工钢筋混凝土结构的设计方法,为学好后续专业课和从事水工结构设计打下牢固的基础。

学习本课程的最终目的就是能应用所学的知识识读施工图纸和能进行小型钢筋混凝土结构设计。在学习过程中,既要掌握钢筋混凝土结构理论和设计方法,同时还要学会运用钢筋混凝土结构的基本理论解决实际工程中提出的新问题,努力培养科学研究的能力。

总之,在这门课程的学习过程中,既要加强基本理论的学习,掌握混凝土结构构件的受力机制、破坏形态、计算理论,又要加强教学过程中的各种实践环节,掌握结构试验和结构设计的具体方法;既要掌握教科书中涉及的知识,也要熟悉《水工混凝土结构设计规范》(SL 191—2008)等主要规范的具体条文规定。

任务 1.4 混凝土

1.4.1 混凝土的强度

混凝土的强度指标主要有立方体抗压强度标准值、轴心抗压强度标准值和轴心抗拉强度标准值。

1.4.1.1 立方体抗压强度标准值$f_{cu,k}$

混凝土在结构中主要承受压力，抗压强度是混凝土的重要力学指标。由于混凝土受许多因素影响，因此必须有一个标准的强度测定方法和相应的强度评定标准。

《水工混凝土结构设计规范》（SL 191—2008）规定：用边长为150 mm的立方体试件，在标准条件（温度为20 ℃±3 ℃，相对湿度不小于90%）下养护28 d，用标准试验方法（加荷速度为0.15~0.25 N/(mm^2·s)，试件表面不涂润滑剂，全截面受力）测得的具有95%保证率的抗压强度，称为立方体抗压强度标准值，用符号$f_{cu,k}$表示。它是混凝土其他力学指标的基本代表值。

混凝土的强度等级按混凝土立方体抗压强度标准值$f_{cu,k}$确定，用符号C表示，单位为N/mm^2。水利工程中采用的混凝土强度等级分为10级，即C15、C20、C25、C30、C35、C40、C45、C50、C55、C60。其中，C表示混凝土，后面的数字表示混凝土立方体抗压强度标准值的大小，如C20表示混凝土立方体抗压强度标准值为20 N/mm^2(20 MPa)。

在钢筋混凝土结构构件中混凝土的强度等级不宜低于C15；当采用HRB335级钢筋时，混凝土强度等级不得低于C20；当采用HRB400级和RRB400级钢筋或承受重复荷载时，混凝土强度等级不得低于C20；预应力混凝土结构的混凝土强度等级不宜低于C30；当采用钢绞线、钢丝做预应力钢筋时，混凝土的强度等级不宜低于C40。

1.4.1.2 轴心抗压强度标准值f_{ck}

在实际工程中，钢筋混凝土受压构件大多数是棱柱体而不是立方体，工作条件与立方体试块的工作条件有很大差别，采用棱柱体试件比立方体试件更能反映混凝土的实际抗压能力。

我国采用150 mm×150 mm×300 mm的棱柱体试件为标准试件，测得的混凝土棱柱体抗压强度即为混凝土的轴心抗压强度。随着试件高宽比h/b增大，端部摩擦力对中间截面约束减弱，混凝土抗压强度降低。

根据试验结果对比得出，混凝土棱柱体试件的轴心抗压强度标准值f_{ck}与立方体抗压强度标准值$f_{cu,k}$之间大致呈线性关系，平均比值为0.76，考虑到实际结构构件与试件在尺寸、制作、养护条件方面的差异，加荷速度等因素的影响，偏安全地取用以下关系式

$$f_{ck} = 0.67a_c f_{cu,k} \tag{1-1}$$

式中，a_c为高强混凝土脆性的折减系数，对于C45以下均取$a_c=1.0$，对于C45取$a_c=0.98$，对于C60取$a_c=0.96$，中间按线性规律变化。

1.4.1.3 轴心抗拉强度标准值f_{tk}

混凝土的轴心抗拉强度是确定混凝土抗裂度的重要指标。常用轴心抗拉试验或劈裂试验来测得混凝土的轴心抗拉强度，其值远小于混凝土的抗压强度。一般为其抗压强度的1/8~1/18，且不与抗压强度成正比。

根据试验结果对比得知，混凝土棱柱体试件的轴心抗拉强度标准值f_{tk}与立方体抗压强度标准值$f_{cu,k}$之间存在一定关系，考虑实际构件与试件各种情况的差异，对试件强度进行修正，偏安全地取用以下关系式

$$f_{tk} = 0.23f_{cu,k}^{2/3}(1-1.645\delta_{f_{cu}})^{1/3} \tag{1-2}$$

式中，$\delta_{f_{cu}}$为混凝土立方体抗压强度的变异系数，$\delta_{f_{cu}}$的取值见相关规定。

为了便于实际应用，混凝土强度标准值取整时采用与 GB 50010—2002 相同的指标。轴心抗压强度标准值和轴心抗拉强度标准值见附表 1-1。

1.4.2 混凝土的变形

混凝土的变形可以分为两类：一类是由外荷载作用引起的变形；另一类是由温度、湿度的变化引起的体积变形。由外荷载产生的变形与加载的方式及荷载作用持续时间有关。

1.4.2.1 混凝土在一次短期荷载作用下的变形

混凝土在一次短期荷载下的应力应变关系是混凝土最基本的力学性能之一，是对混凝土结构进行理论分析的基本依据，可较全面地反映混凝土的强度和变形的特点。其应力—应变曲线如图 1-2 所示。

1. 上升段 oc 段

在 oa 段（$\sigma_c < 0.3f_c$），当应力较小时，混凝土处于弹性工作阶段，应力—应变曲线接近于直线；在 ab 段（$0.3f_c \leqslant \sigma_c < 0.8f_c$），当应力继续增大时，其应变增长加快，混凝土塑性变形增大，应力—应变曲线越来越偏离直线；在 bc 段（$0.8f_c \leqslant \sigma_c < f_c$），随着应力的进一步增大，且接近 f_c 时，混凝土塑性变形急剧增大，c 点的应力达到峰值应力 f_c，试件开始破坏。c 点应力值为混凝土的轴心抗压强度 f_c，与其相应的压应变为 ε_0，ε_0 一般约为 0.002。

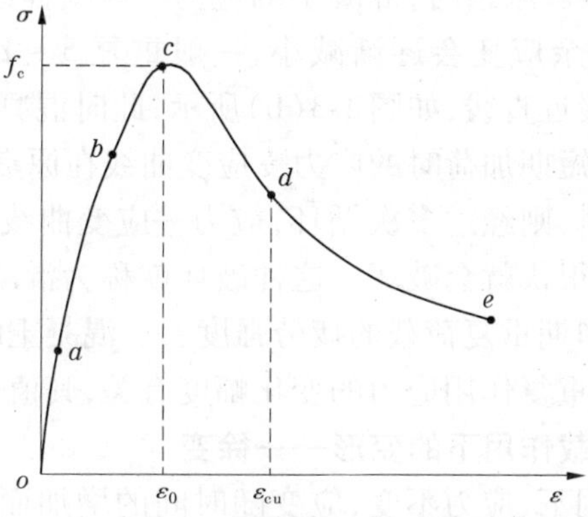

图 1-2 混凝土一次短期加载时的应力—应变曲线

2. 下降段 ce 段

当应力超过 f_c 后，试件承载力下降，随着应变的增加，应力—应变曲线在 d 点出现反弯。试件在宏观上已破坏，此时，混凝土已达到极限压应变 ε_{cu}，ε_{cu} 值大多为 0.003 ~ 0.004，一般为 0.003 3 左右。d 点以后，通过骨料间的咬合力及摩擦力块体还能承受一定的荷载。混凝土的极限压应变 ε_{cu} 越大，表示混凝土的塑性变形能力越大，即延性越好。

混凝土受拉时的应力—应变曲线与受压时相似，但其峰值时的应力、应变都比受压时小得多。计算时，一般取混凝土的最大拉应变为 0.000 1。由于混凝土的极限拉应变太小，所以处于受拉区的混凝土极易开裂，钢筋混凝土构件通常都是带裂缝工作。

1.4.2.2 混凝土在多次重复荷载作用下的变形

混凝土在多次重复荷载作用下的应力—应变曲线，如图 1-3 所示。从图 1-3 中可以看出，它的变形性质有着显著变化。

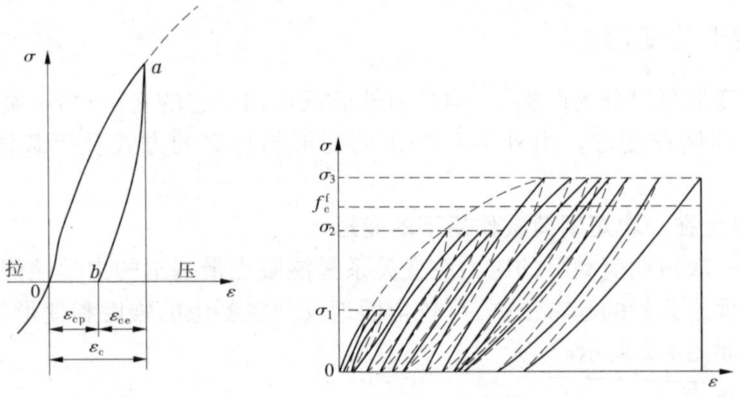

(a) (b)

图 1-3 混凝土在多次重复荷载作用下的应力—应变曲线

图 1-3(a)表示混凝土棱柱体试件在一次短期加载后的应力—应变曲线。因为混凝土是弹塑性材料，初次卸荷至应力为零时，应变不能全部恢复。可恢复的那一部分称为弹性应变 ε_{ce}，不可恢复的残余部分称为塑性应变 ε_{cp}。因此，在一次加载卸载过程中，当每次加荷时的最大应力小于某一限值时，混凝土的应力—应变曲线形成一个环状。随着加载卸载重复次数的增加，残余应变会逐渐减小，一般重复 5 ~ 10 次后，加载和卸载的应力—应变曲线越来越闭合接近直线，如图 1-3(b)所示，此时混凝土就像弹性体一样工作。试验表明，这条直线与一次短期加荷时的应力—应变曲线在原点的切线基本平行。

当应力超过某一限值时，则经过多次循环，应力—应变曲线成直线后，又能很快重新变弯且应变越来越大，试件很快就会破坏。这种破坏就称为混凝土的"疲劳破坏"。这个限值也就是材料能够抵抗周期重复荷载的疲劳强度 f_c^f。混凝土的疲劳强度与混凝土的强度等级、荷载的重复次数及重复作用应力的变化幅度有关，其值大约为 $0.5f_c$。

1.4.2.3 混凝土在长期荷载作用下的变形——徐变

混凝土在长期荷载作用下，应力不变，应变随时间的增加而增长的现象，称为混凝土的徐变。混凝土在长期荷载作用下，应变与时间的关系曲线如图 1-4 所示。徐变在前期增长较快，随后逐渐减慢，经过较长时间而趋于稳定。一般 6 个月可达最终徐变的 70% ~ 80%，2 年以后，徐变基本完成。

徐变与塑性变形的不同之处在于：徐变在较小应力下就可产生，当卸掉荷载后可部分恢复；塑性变形只有在应力超过其弹性极限后才会产生，当卸掉荷载后不可恢复。

混凝土产生徐变的原因主要有两个方面，一个方面是混凝土受力后，水泥石中的胶凝体产生的黏性流动（颗粒间的相对滑动）要延续一个很长的时间，因此沿混凝土的受力方向会继续发生随时间而增长的变形；另一个方面是骨料和水泥石结合面微裂缝在荷载长期作用下不断发展和增加，从而导致变形的增加。在应力较小时，产生徐变的原因以第一种为主。在应力较大时，产生徐变的原因以第二种为主。

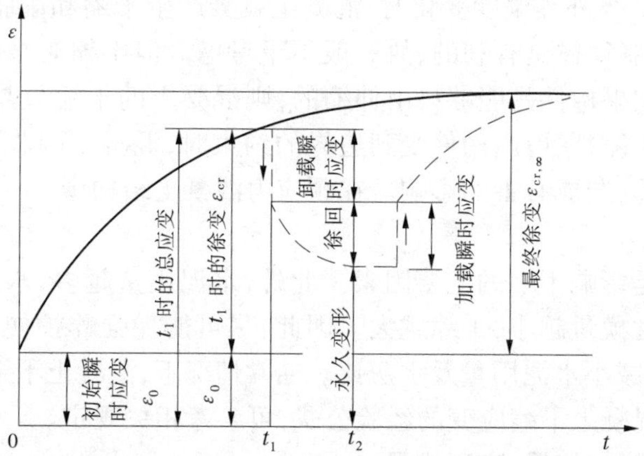

图1-4 混凝土在长期荷载作用下应变与时间的关系曲线

影响徐变的因素很多,主要与下列因素有关:

(1)应力条件。试验表明,徐变与应力大小有直接关系。应力越大,徐变也越大。在实际工程中,如果混凝土构件长期处于不变的高应力状态是比较危险的,对结构安全是不利的。

(2)加荷龄期。初始加荷时,混凝土的龄期越早,徐变越大。若加强养护,使混凝土尽早结硬或采用蒸汽养护,可减小徐变。

(3)周围环境。养护温度越高,湿度越大,水泥水化作用越充分,徐变就越小。

(4)混凝土中水泥用量愈多,徐变愈大;水灰比愈大,徐变愈大。

(5)材料质量和级配好,弹性模量大,徐变小。

混凝土的徐变会显著影响结构或构件的受力性能。如局部应力集中可因徐变得到缓和,支座沉陷引起的应力及温度湿度应力,也可由于徐变得到松弛,这对水工混凝土结构是有利的。但徐变使结构变形增大对结构不利的方面也不可忽视,徐变可使受弯构件的挠度、细长柱的附加偏心距增大,还会导致预应力构件的预应力大量损失。

与混凝土的徐变相对应的另一种现象——混凝土松弛。所谓松弛,是指在应变不变的情况下,混凝土中的应力会随时间的增加而逐渐降低的现象。混凝土的徐变和松弛实际是一个事物的两种不同的表现形式。

1.4.2.4 混凝土的非荷载作用变形

1. 温度变形

混凝土和其他材料一样,也会随着温度的变化产生热胀冷缩变形。尤其是对水工建筑物中的大体积混凝土结构,当变形受到约束时,常因温度应力就可能形成贯穿性裂缝而影响正常使用,使结构承载力和混凝土的耐久性大大降低。混凝土的温度线膨胀系数随骨料的性质和配合比的不同而变化,一般计算时可取为 1×10^{-5} ℃$^{-1}$。

2. 干缩变形

混凝土在空气中结硬时体积减小的现象,称为干缩变形或称收缩。引起混凝土干缩的主要原因:一是干燥失水;二是因为结硬初期水泥和水的水化作用,形成水泥结晶体,而水泥结晶体化合物比原材料的体积小。已经干燥的混凝土再置于水中,混凝土就会重新发生膨胀(或湿胀)。当外界湿度变化时,混凝土就会产生干缩和湿胀。湿胀系数比干缩系数小得多,而且湿胀往往是有利的,故一般不予考虑。但干缩对结构有着不利影响,必须引起足够重视。如果构件是能够自由伸缩的,则混凝土的干缩只是引起构件的缩短而不会导致混凝土的干缩裂缝;当构件受到边界的约束时,混凝土因收缩产生拉应力,会导致结构产生干缩裂缝,造成有害的影响。在预应力混凝土结构中,干缩变形会导致预应力的损失。

外界相对湿度是影响干缩的主要因素。此外,水泥用量越多,水灰比越大,干缩也越大。混凝土骨料弹性模量越小,干缩越大。因此,尽可能加强养护使其干燥不要过快,并增加混凝土密实度,减小水泥用量及水灰比。通常情况下,混凝土干缩应变一般为(2 ~6) $\times 10^{-4}$。具体计算混凝土干缩应变的经验公式,可参考相关规定。

1.4.2.5 混凝土的弹性模量、变形模量

1. 弹性模量

弹性模量在工程力学中是联系应力和应变的重要参数。混凝土是弹塑性材料,联系应力和应变的材料模量是一个变数。从图 1-5 可以看出,混凝土的应力与应变的比值随着应力的变化而变化,即应力与应变的比值不是常数,所以它的弹性模量取值要复杂一些。

试验结果表明,混凝土的弹性模量与立方体抗压强度有关。《水工混凝土结构设计规范》(SL 191—2008)采用的弹性模量 E_c 的经验公式为

$$E_c = \frac{10^5}{2.2 + \dfrac{34.7}{f_{cu,k}}} \quad (N/mm^2) \qquad (1\text{-}3)$$

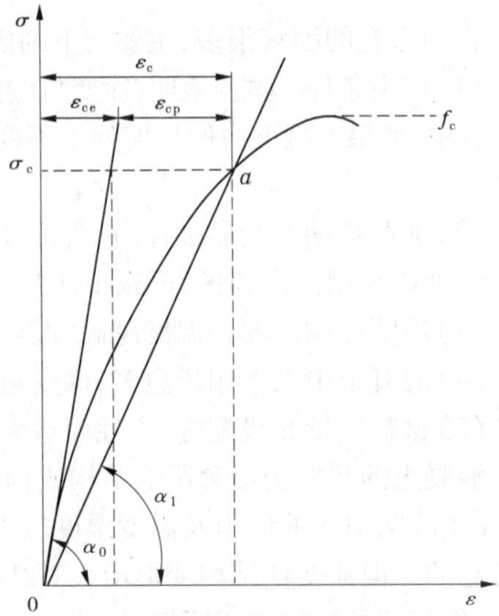

图 1-5 混凝土弹性模量、变形模量的表示方法

按式(1-3)计算的混凝土各种强度等级的弹性模量 E_c 列于附表 1-3。

2. 变形模量

当应力较大时,混凝土的塑性变形比较显著,就不能用 E_c 表达混凝土的应力应变之间的关系,可用变形模量 E'_c 表示。E'_c 与弹性模量 E_c 的关系可用弹性系数 ν 表示。

$$E'_c = \frac{\sigma_c}{\varepsilon_c} = \frac{\varepsilon_{ce}}{\varepsilon_c} \times \frac{\sigma_c}{\varepsilon_{ce}} = \nu E_c \qquad (1\text{-}4)$$

弹性系数是不超过 1.0 的变数,与应力值有关,随应力增大而减小。通常,当 $\sigma \leq 0.3f_c$ 时,混凝土基本处于弹性阶段,$\nu = 1.0$,即混凝土的变形模量等于混凝土的弹性模量。当 $\sigma = 0.5f_c$ 时,$\nu = 0.8 \sim 0.9$;当 $\sigma = 0.8f_c$ 时,$\nu = 0.4 \sim 0.7$。

1.4.3 混凝土的耐久性

混凝土的耐久性在一般环境条件下是较好的。但如果混凝土抵抗渗透能力差,或受

冻融循环的作用、侵蚀介质的作用,都会使混凝土遭受碳化、冻害、腐蚀等,耐久性受到严重影响。

水工混凝土的耐久性,与其抗渗、抗冻、抗冲刷、抗碳化和抗腐蚀等性能有密切关系。为了保证混凝土的耐久性,根据水工建筑物所处环境条件的类别,满足不同的控制要求,环境条件划分为五个类别,详见附表1-9。

结构的耐久性与结构所处环境条件、结构使用条件、结构形式和细部构造、结构表层保护措施以及施工质量等均有关系,在一般情况下,可按结构所处的环境条件提出相应的耐久性要求。

任务1.5 钢 筋

1.5.1 钢筋的品种分类和级别

1.5.1.1 钢筋的成分

我国建筑工程中所用钢筋按其化学成分的不同,分为碳素钢和普通低合金钢两大类。碳素钢的机械性能与含碳量的多少有关。碳素钢根据含碳量分为低碳钢(含碳量小于0.25%)、中碳钢(含碳量为0.25%~0.6%)和高碳钢(含碳量大于0.6%)。含碳量越高,强度越高,但塑性和韧性降低,可焊性能也会变差;反之,则强度越低,塑性、韧性和可焊性变好。在水利工程中,用作钢筋的碳素钢主要是低碳钢和中碳钢。普通低合金钢是在碳素钢的基础上,加入了少量的合金元素,如锰、硅、矾、钛等,可使钢材的强度、塑性等综合性能提高,从而使低合金钢钢筋具有强度高、塑性及可焊性好的特点。

1.5.1.2 钢筋的品种和级别

混凝土结构中所采用的钢筋可分为热轧钢筋、钢绞线、钢丝、钢棒和螺纹钢筋,以下分别介绍。

1. 热轧钢筋

工程中所用的热轧钢筋,按外形分为光圆钢筋和带肋钢筋两类,如图1-6所示。光圆

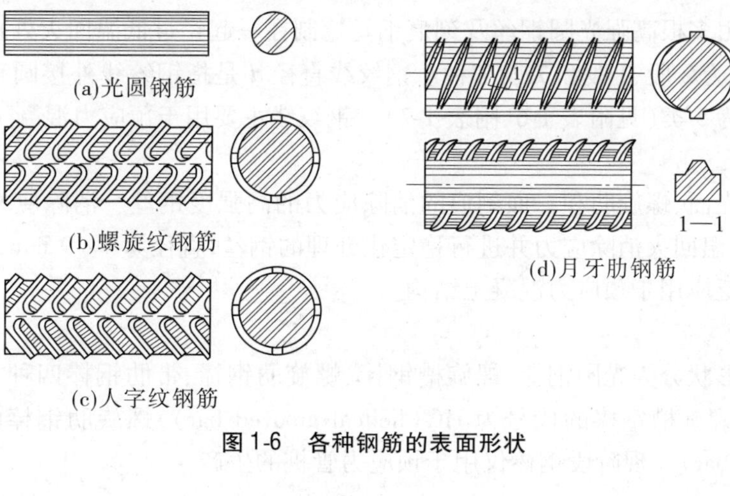

图1-6 各种钢筋的表面形状

钢筋表面光滑无花纹,俗称圆钢。带肋钢筋表面有两条纵向凸缘(纵肋),在纵向凸缘两侧有许多等距离和等高度的斜向凸缘(斜肋),凸缘斜向相同的表面形成螺旋纹,凸缘斜向不同的表面形成人字纹。螺旋纹钢筋和人字纹钢筋又称为等高肋钢筋。斜向凸缘和纵向凸缘不相交,剖面几何形状呈月牙形的钢筋称为月牙肋钢筋,与同样公称直径的等高肋钢筋相比,强度稍有提高,凸缘处应力集中也得到改善,但与混凝土之间的黏结强度略低于等高肋钢筋。

热轧钢筋是碳素钢和普通低合金钢在高温状态下轧制而成的,按照其强度的高低,分为 HPB235、HRB335、HRB400、RRB400 四个级别,由冶金工厂直接热轧成型。符号中的 H 表示热轧(hot rolled),P 表示光圆的(plain),R 表示带肋的(ribbed),B 表示钢筋(bar),数字 235、335 等则表示该级别钢筋的屈服强度值(N/mm^2)。可以看出,HPB235 钢筋为光圆钢筋,HRB335 和 HRB400 为带肋钢筋。在图纸与计算书中,钢筋分别用符号Φ、Φ、Φ、$Φ^R$ 表示。

(1)HPB235 级钢筋,用符号Φ表示。热轧光圆钢筋,直径为 6 ~ 22 mm,低碳钢,质量稳定,塑性及焊接性能很好,但强度稍低,而且与混凝土的黏结性能稍差。因此,HPB235 级钢筋应用于厚度不大的混凝土板、小型构件的受力钢筋和构件的构造钢筋。

(2)HRB335 级钢筋,用符号Φ表示。热轧月牙肋钢筋,直径为 6 ~ 50 mm,低合金钢,塑性及可焊性较好,强度比较高,钢筋表面轧制成的月牙肋,可增加钢筋与混凝土之间的黏结力,并保证两者能共同工作。主要用于大中型钢筋混凝土结构中的受力钢筋、预应力混凝土结构中的非预应力钢筋。

(3)HRB400 级钢筋,用符号Φ表示。热轧月牙肋钢筋,直径为 6 ~ 50 mm,低合金钢,强度高,并保持足够的塑性和良好的焊接性能,与混凝土的黏结性能较好,应用十分广泛。主要用于大中型钢筋混凝土结构和高强混凝土结构中的受力钢筋。

(4)RRB400 级钢筋,用符号 $Φ^R$ 表示。热轧等高肋(螺纹形)钢筋,直径为 8 ~ 40 mm,钢筋热轧后,让其穿过高压水流管进行冷却,再利用钢筋芯部的余热自行回火处理。其强度大幅度提高,而塑性降低并不多,但焊接时因受热回火,强度会有所降低。

2. 钢绞线

钢绞线是由多根高强光圆钢丝及刻痕钢丝捻制在一起经过低温回火处理清除内应力后而制成的,分为 2 股、3 股和 7 股三种。钢绞线直径 d 是指钢绞线外接圆直径。钢绞线按结构不同分为 5 类(见附表 1-6、附表 1-7)。钢绞线主要用于预应力混凝土结构。

3. 钢丝

钢丝包括光面、螺旋肋和三面刻痕的消除应力的高强度钢丝。消除应力钢丝是将钢筋拉拔后,经中温回火消除应力并进行稳定化处理的钢丝,直径为 4 ~ 9 mm,强度在 1 000 MPa 以上。广泛应用于预应力混凝土结构。

4. 钢棒

钢棒表面形状分为光圆钢棒、螺旋槽钢棒、螺旋肋钢棒、带肋钢棒四种。直径为 6 ~ 14 mm,常用的螺旋槽钢棒的代号为 HG(helical grooved bar),螺旋肋钢棒的代号为 HR(helical ribbed bar)。现阶段钢棒仅用于预应力管桩的生产。

5. 螺纹钢筋

预应力混凝土用螺纹钢筋也称高强精轧螺纹钢筋，是采用热轧、轧后余热处理或热处理等工艺生产而成的，是一种热轧带有不连续的外螺纹的直条钢筋，该钢筋在任意截面处，均可用带有匹配形状的连接器或锚具进行连接或锚固。广泛应用于水电站地下厂房预应力岩壁吊车梁中。

预应力混凝土用螺纹钢筋以屈服强度划分级别，其代号为 PSB 加上规定屈服强度最小值表示，P、S、B 分别为 prestressing、screw、bars 英文的首位字母，例如 PSB830 表示屈服强度最小值为 830 MPa 的钢筋，该种钢筋的直径有 18 mm、25 mm、32 mm、40 mm、50 mm 五种。

1.5.2 钢筋的力学性能

1.5.2.1 钢筋的强度

钢筋混凝土中所用的钢筋，按其应力—应变曲线特性的不同分为两类：一类是有明显屈服点的钢筋，习惯上称为软钢，在工程上常用的热轧钢筋就属于这类；另一类是无明显屈服点的钢筋，习惯上称为硬钢，预应力钢丝、钢绞线、螺纹钢筋及钢棒就属于这类。

1. 有明显屈服点的钢筋

有明显屈服点的钢筋在单向拉伸时的应力—应变曲线如图 1-7 所示。a 点以前应力与应变成直线关系，符合虎克定律，a 点对应的应力称为比例极限，oa 段属于弹性工作阶段；a 点以后应变比应力增加要快，应力与应变不成正比；到达 b 点后，钢筋进入屈服阶段，产生很大的塑性变形，在应力—应变曲线中呈现一水平段 bc，称为屈服阶段或流幅，b 点的应力称为屈服强度；过 c 点后，应力与应变继续增加，应力—应变曲线为上升的曲线，进入强化阶段，曲线到达最高点 d，对应于 d 点的应力称为抗拉极限强度。过了 d 点以后，试件内部某一薄弱部位应变急剧增加，应力下降，应力—应变曲线为下降曲线，产生“颈缩”现象，到达 e 点钢筋被拉断，此阶段称为破坏阶段。由图 1-7 可知，有明显屈服点的钢筋的应力—应变曲线可分为四个阶段：弹性阶段、屈服阶段、强化阶段和破坏阶段。

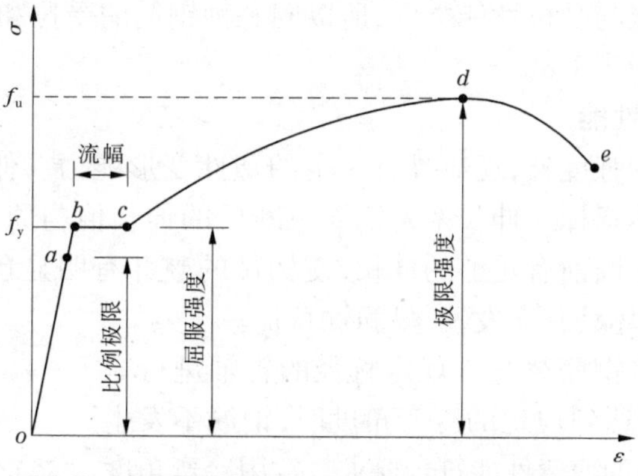

图 1-7 有明显屈服点的钢筋的应力—应变曲线

有明显屈服点的钢筋有两个强度指标：一是 b 点的屈服强度，它是钢筋混凝土构件设计时钢筋强度取值的依据，即采用钢筋国家标准规定的屈服点作为标准值。因为钢筋屈服后要产生较大的塑性变形,这将使构件的变形和裂缝宽度大大增加,以致影响构件的正常使用,故设计中采用屈服强度作为钢筋的强度限值。另一个强度指标是 d 点的极限强度,一般用作钢筋的实际破坏强度。

钢材中含碳量越高,屈服强度和抗拉强度就越高,延伸率就越小,流幅也相应缩短。图 1-8 表示了不同强度软钢的应力—应变曲线的差异。

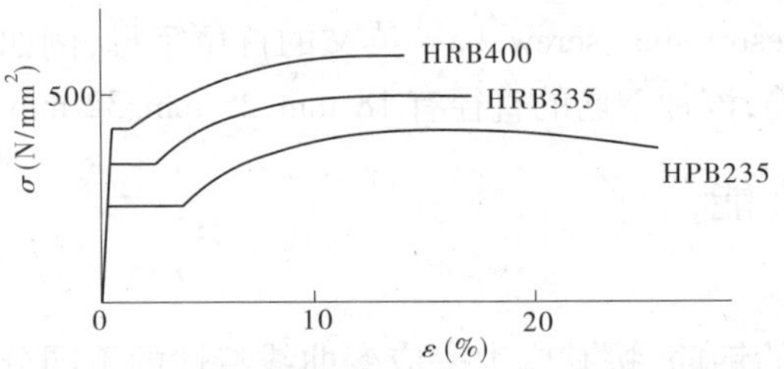

图 1-8　不同强度软钢的应力—应变曲线的差异

2. 无明显屈服点的钢筋

无明显屈服点的钢筋的应力—应变曲线如图 1-9 所示。由图 1-9 可看出,从加载到拉断无明显的屈服点,没有屈服阶段,钢筋的抗拉强度较高,但变形很小。通常取相应于残余应变为 0.2% 的应力 $\sigma_{0.2}$ 作为假定屈服点,称为条件屈服强度,其值约为 0.85 倍的抗拉极限强度。

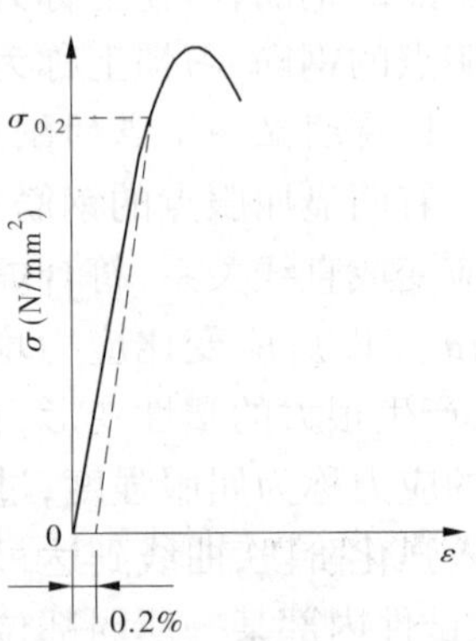

图 1-9　无明显屈服点的钢筋的应力—应变曲线

无明显屈服点的钢筋塑性差,伸长率小,采用其配筋的钢筋混凝土构件,受拉破坏时,往往突然断裂,不像用软钢配筋构件在破坏前有明显的预兆。

各种钢筋的强度值见附表 1-4 ~ 附表 1-7。

3. 钢筋的弹性模量

钢筋弹性阶段的应力与应变的比值称为钢筋的弹性模量,用符号 E_s 表示。由于钢筋在弹性阶段的受压性能与受拉性能类同,所以同一种钢筋的受拉和受压弹性模量相同,各类钢筋的弹性模量见附表 1-8。

1.5.2.2　钢筋的塑性性能

钢筋除需要足够的强度外,还应具有一定的塑性变形能力。伸长率和冷弯性能是反映钢筋塑性性能的基本指标。伸长率是钢筋拉断后的伸长值与原长的比率,钢筋伸长率越大,钢筋塑性越好,拉断前有足够的伸长,使构件的破坏有明显预兆;反之,伸长率越小的钢筋塑性越差,其破坏具有突发性,呈脆性特征。

冷弯是在常温下将钢筋绕某一规定直径的辊轴进行弯曲,如图 1-10 所示。在达到规定的冷弯角度时,钢筋不发生裂纹、分层或断裂,钢筋的冷弯性能符合要求。常用冷弯角度 α 和弯心直径 D 来反映冷弯性能。弯心直径越小,冷弯角度越大,钢筋的冷弯性能越好。

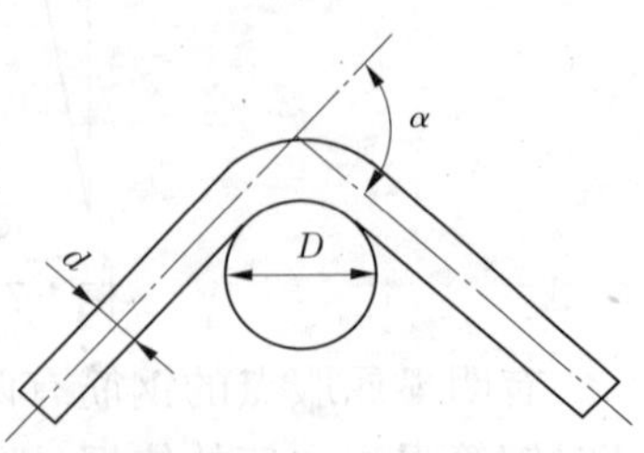

图 1-10　钢筋的冷弯

1.5.3 钢筋的冷加工

对热轧钢筋进行机械冷加工后，可提高钢筋的屈服强度，达到节约钢材的目的。常用的冷加工方法有冷拉、冷拔和冷轧。

1.5.3.1 钢筋的冷拉

冷拉是指在常温下，用张拉设备（如卷扬机）将钢筋拉伸超过它的屈服强度，然后卸载为零，经过一段时间后再拉伸，钢筋就会获得比原来屈服强度更高的新的屈服强度值。冷拉只提高了钢筋的抗拉强度，不能提高其抗压强度，计算时仍取原抗压强度。

1.5.3.2 钢筋的冷拔

冷拔是将直径6～8 mm的HPB235级热轧光圆钢筋用强力拔过比其直径小的硬质合金拔丝模。在纵向拉力和横向挤压力的共同作用下，钢筋截面变小而长度增加，内部组织结构发生变化，钢筋强度提高，塑性降低。冷拔后，钢筋的抗拉强度和抗压强度都得到提高。

1.5.3.3 钢筋的冷轧

冷轧是由热轧圆盘条经冷拉后在其表面冷轧成带有斜肋的月牙肋变形钢筋，其屈服强度明显提高，黏结锚固性能也得到了改善。直径为4～12 mm。另一种是冷轧扭钢筋，此类钢筋是将HPB235级圆盘钢筋冷轧成扁平再扭转而成的钢筋。

由于冷加工钢筋的质量不易严格控制，且性质较脆，黏结力及延性较差，因此在使用时应符合专门的规程的规定，并逐渐由强度高且性能好的预应力钢筋（钢丝、钢绞线）取代。

1.5.4 钢筋混凝土结构对钢筋性能的要求

（1）钢筋应具有一定的强度（屈服强度和抗拉极限强度）。采用强度较高的钢筋可以节约钢材，获得很好的经济效益。

（2）钢筋应具有足够的塑性（伸长率和冷弯性能）。要求钢筋在断裂前有足够的变形，能给人以破坏的预兆。

（3）钢筋与混凝土应具有良好的黏结力。黏结力是保证钢筋和混凝土能够共同工作的基础。钢筋表面形状及表面积对黏结力很重要。

（4）钢筋应具有良好的焊接性能。要求焊接后钢筋在接头处不产生裂纹及过大变形。

综上所述，钢筋混凝土结构中的受力钢筋和预应力混凝土结构中的非预应力钢筋，宜优先采用HRB400级和HRB335级钢筋，也可采用HPB235级及RRB400级钢筋。预应力混凝土结构中所用预应力钢筋，宜采用高强的钢绞线、钢丝，也可采用螺纹钢筋或钢棒。这样不仅可以提高混凝土结构的安全度水平，降低工程造价，而且还可以降低配筋率，缓解钢筋密集带来的施工困难。

任务1.6 钢筋与混凝土的黏结

1.6.1 钢筋与混凝土的黏结力及影响因素

1.6.1.1 黏结力的组成

钢筋与混凝土之间的黏结力，是这两种力学性能不同的材料能够共同工作的基础。

在钢筋与混凝土之间有足够的黏结强度，才能承受相对滑移。它们之间通过黏结力，使得内力得以传递。钢筋与混凝土之间的黏结力，主要由以下三个部分组成：

(1)化学胶着力。混凝土中水泥浆凝结时产生化学作用，水泥胶体与钢筋之间产生胶着力。

(2)摩阻力。混凝土收缩将钢筋紧紧握固，当两者出现相对滑移时，在接触面上产生摩阻力。

(3)机械咬合力。是钢筋表面凸凹不平与混凝土之间产生的机械咬合作用。其中，机械咬合力作用最大，占总黏结力的一半以上，带肋钢筋比光圆钢筋的机械咬合作用更大。

1.6.1.2　**黏结力的测定**

钢筋与混凝土之间的黏结力，是通过钢筋的拔出试验来测定的，如图 1-11 所示。黏结力是分布在钢筋和混凝土接触面上的抵抗两者相对滑移的剪应力，即黏结应力。将钢筋一端埋入混凝土内，在另一端加荷拉拔钢筋，沿钢筋长度上的黏结应力不是均匀分布的，而是曲线分布的，最大黏结应力产生在离端头某一距离处。若其平均黏结应力用 τ 表示，则在钢筋拉拔力达到极限时的平均黏结应力可由下式确定

$$\tau = \frac{N}{\pi l d} \tag{1-5}$$

式中　N——极限拉拔力，N；

l——钢筋埋入混凝土的长度，mm；

d——钢筋直径，mm。

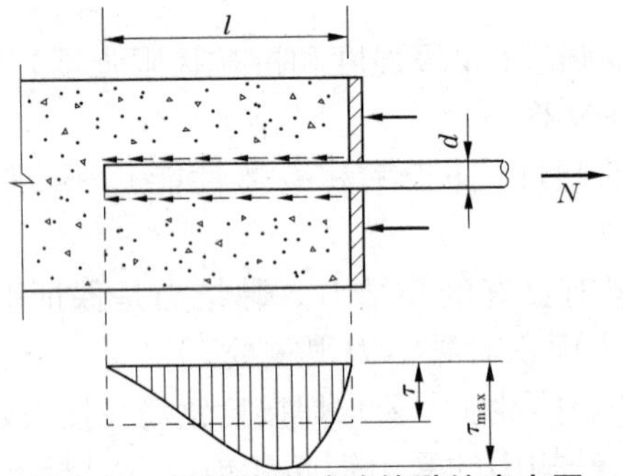

图 1-11　钢筋拔出试验的黏结应力图

1.6.1.3　**影响黏结强度的因素**

影响钢筋与混凝土之间黏结强度的因素很多，除钢筋的表面形状以外，钢筋与混凝土之间黏结强度随混凝土强度等级的提高而增大，还与混凝土的抗拉强度成正比。浇筑混凝土时钢筋所处的位置不同，钢筋周围混凝土的厚度等对黏结强度都有影响。

1.6.2　保证钢筋与混凝土黏结的措施

为使钢筋与混凝土之间有足够的黏结作用，保证黏结力的可靠传递，采用规定钢筋锚固长度和搭接长度等构造措施来保证，设计和施工时必须严格遵守相应的规定。

1.6.2.1　**钢筋的锚固长度**

钢筋的锚固是指通过混凝土中钢筋埋置段将钢筋所受的力传给混凝土，使钢筋锚固

于混凝土而不滑出，包括直钢筋的锚固、带弯钩或弯折钢筋的锚固。

为了保证钢筋在混凝土中锚固可靠，设计时应使钢筋在混凝土中有足够的锚固长度 l_a。它可根据钢筋应力达到屈服强度 f_y 时，钢筋才被拔动的条件确定，即

$$l_a = \alpha \frac{f_y}{f_t} d \tag{1-6}$$

式中　l_a——受拉钢筋的最小锚固长度，mm；

f_y——普通钢筋的抗拉强度设计值，N/mm^2；

f_t——混凝土轴心抗拉强度设计值，N/mm^2，当混凝土强度等级高于 C40 时，应按 C40 取值；

d——钢筋的公称直径，mm；

α——钢筋的外形系数，对光圆钢筋取 0.16，对带肋钢筋取 0.14。

从上式可知，钢筋的强度越高，直径越粗，混凝土强度越低，则锚固长度要求越长，具体规定见附表 1-11。在计算中充分利用钢筋的抗拉强度时，受拉钢筋伸入支座的锚固长度应满足 SL 191—2008 规定的最小锚固长度 l_a。受压钢筋伸入支座的锚固长度应满足 $0.7l_a$。对于施工中的不同情况，其锚固长度还应乘以修正系数，修正后的最小锚固长度不应小于 $0.7l_a$，且不应小于 250 mm。

为了保证光圆钢筋的黏结强度的可靠性，绑扎骨架中的受力光圆钢筋末端必须做成 180°弯钩。弯钩的形式与尺寸，如图 1-12 所示。带肋钢筋和焊接骨架、焊接网以及作为受压钢筋时的光圆钢筋可不做弯钩，轴心受压构件中的光圆钢筋也可不做弯钩。当板厚小于 120 mm 时，板的上层钢筋可做成直抵板底的直钩。

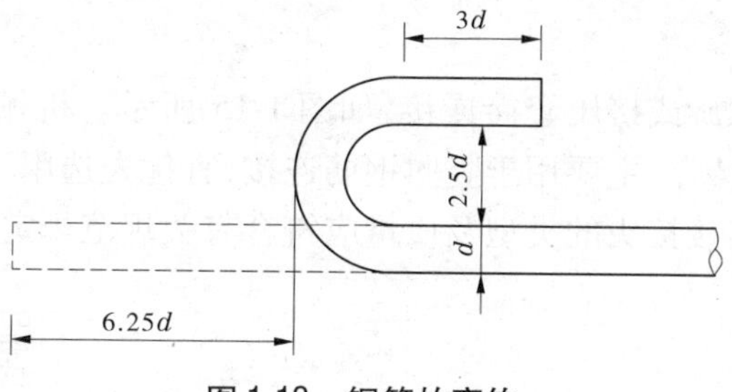

图 1-12　钢筋的弯钩

1.6.2.2　钢筋的连接

钢筋在构件中往往因长度不够需要进行连接，是通过混凝土中两根钢筋的连接接头，将一根钢筋所受的力传给另一根钢筋，连接的方法主要有以下几种。

1. 绑扎搭接

在钢筋搭接处用铁丝绑扎而成，如图 1-13 所示。绑扎搭接接头是通过钢筋与混凝土之间的黏结应力来传递钢筋之间的内力，必须有足够的搭接长度。

钢筋的接头位置宜设置在构件的受力较小处，同一构件中相邻纵向受力钢筋的绑扎搭接接头宜相互错开；纵向受拉钢筋绑扎搭接接头的搭接长度应根据位于同一搭接长度范围内的钢筋搭接接头面积百分率按式(1-7)确定，在任何情况下，纵向受拉钢筋绑扎搭接接头的搭接长度均不应小于 300 mm；纵向受压钢筋的搭接长度不应小于按式(1-7)设

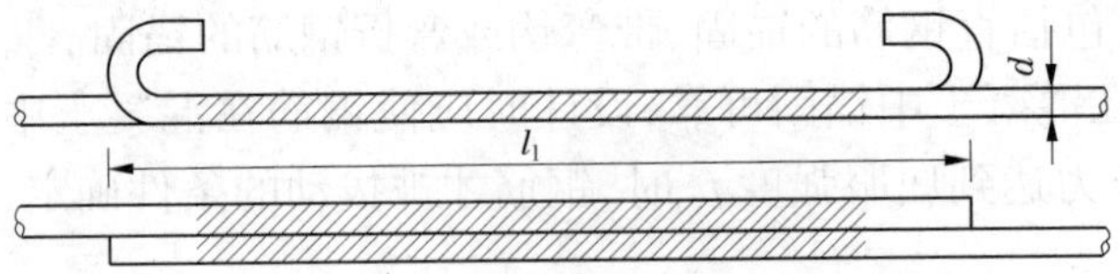

图1-13　钢筋绑扎搭接接头

计值的0.7倍,且不应小于200 mm。

$$l_1 = \zeta \, l_a \tag{1-7}$$

式中　l_1——纵向受拉钢筋的最小搭接长度,mm;

l_a——纵向受拉钢筋的最小锚固长度,mm,见附表1-11;

ζ——纵向受拉钢筋搭接长度修正系数,按表1-1取用。

表1-1　纵向受拉钢筋搭接长度修正系数ζ

纵向受拉钢筋搭接接头面积百分率(%)	≤25	50	100
ζ	1.2	1.4	1.6

轴心受拉构件、小偏心受拉构件以及承受振动荷载的构件的纵向受拉钢筋不得采用绑扎搭接接头。当受拉钢筋直径 $d>28$ mm,或受压钢筋直径 $d>32$ mm 时,不宜采用绑扎搭接接头。

2. 焊接

焊接是在两根钢筋接头处采用闪光对焊或电弧焊接连接,如图1-14所示。焊接质量有保证时,此法较可靠。

3. 机械连接

在钢筋接头采用螺旋或挤压套筒连接,如图1-15所示。机械连接具有节省钢材、连接速度快、施工安全等特点,主要用于竖向钢筋连接,宜优先选用。

焊接接头或机械连接接头的类型及质量应符合有关规范规定。

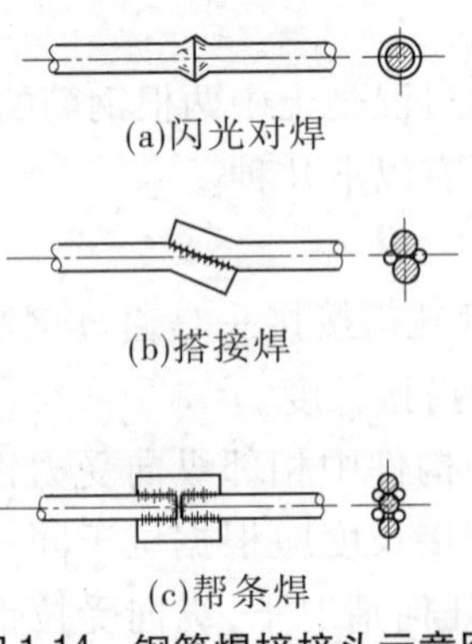

图1-14　钢筋焊接接头示意图

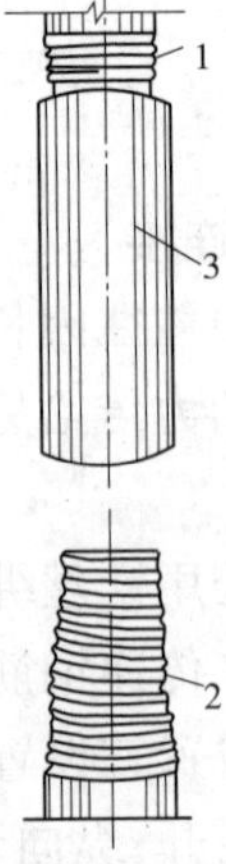

1—上钢筋;2—下钢筋;3—套筒(内螺纹)

图1-15　钢筋机械连接示意图

任务1.7 结构设计的极限状态

1.7.1 结构设计的功能要求

工程结构设计应贯彻执行国家的技术经济政策,做到安全适用、技术先进、经济合理、确保质量。设计的目的是在现有的技术基础上,用最经济的手段,使得所设计的结构满足以下三个方面的功能要求:

(1)安全性。要求结构在正常施工和正常使用时能承受可能出现的各种作用而不发生破坏,并且在设计规定的偶然事件发生时及发生后,仍能保持必需的整体稳定性,如遇到地震、爆炸、撞击等,建筑结构虽有局部损伤但不发生倒塌。

(2)适用性。要求结构在正常使用时能满足正常的使用要求,具有良好的工作性能,不发生影响正常使用的过大变形和振幅,不产生过宽的裂缝。

(3)耐久性。在正常使用和正常维护条件下,结构在规定的使用期限内满足安全和使用功能要求,不出现钢筋严重锈蚀和混凝土严重碳化。

安全性、适用性、耐久性统称为结构的可靠性,也称为结构的基本功能要求。结构的可靠性与结构的经济性是相互矛盾的。例如,在外荷载不增加的情况下,给结构增加受力钢筋数量或者提高材料强度,可以提高结构的可靠性,但同时也增加了结构的造价。科学设计就是在结构的可靠性与经济性之间寻求一种合理方案,使之既经济又可靠。

1.7.2 结构设计的极限状态

结构或结构的一部分超过某一特定状态就不能满足设计规定的某一功能要求,此特定状态称为该功能的极限状态。一旦超过这种状态,结构就将丧失某一功能,即结构失效。结构的极限状态可分为承载能力极限状态和正常使用极限状态两大类。

1.7.2.1 承载能力极限状态

结构或构件达到最大承载能力,或达到不适于继续承载的过大变形的极限状态,称为承载能力极限状态。当结构或构件出现下列状态之一时,认为超过了承载能力极限状态:

(1)整个结构或结构的一部分失去刚体平衡。

(2)结构构件因超过材料强度而破坏(包括疲劳破坏),或因过大的塑性变形而不适于继续承载。

(3)结构或结构构件丧失稳定。

(4)整个结构或结构的一部分转变为机动体系。

承载能力极限状态是判别结构或构件是否满足安全性功能要求的标准,是结构设计的头等任务,因此所有结构构件必须按承载能力极限状态进行计算,并保证有足够的可靠度。必要时尚应进行结构的抗倾、抗滑及抗浮验算。对需要抗震设防的结构,尚应进行结构构件的抗震承载能力验算或采用抗震构造设防措施。

1.7.2.2 正常使用极限状态

结构或构件达到使用功能上允许的某一规定限值的极限状态,称为正常使用极限状

态。当结构或构件出现下列状态之一时,即认为超过了正常使用极限状态:

(1)影响结构正常使用或外观的变形。

(2)对运行人员、设备、仪表等有不良影响的振动。

(3)对结构外形、耐久性以及防渗结构抗渗能力有不良影响的局部损坏。

(4)影响正常使用的其他特定状态。

当结构或构件达到正常使用极限状态时,虽然会影响结构的耐久性或使人们的心理感觉无法承受,但一般不会造成生命财产的重大损失,所以正常使用极限状态设计的可靠度水平允许比承载能力极限状态的可靠度适当降低。结构设计的一般程序是先按承载能力极限状态设计结构构件,然后再按正常使用极限状态进行验算。

使用上要求不出现裂缝的结构构件,应进行抗裂验算。使用上需要控制裂缝宽度的结构构件,应进行裂缝宽度验算。使用上需控制变形值的结构构件,应进行变形验算。

任务 1.8　作用效应与结构抗力

1.8.1　作用及作用效应

结构的作用是指能使结构产生内力、变形、位移、裂缝等各种因素的总称。施加在结构上的集中力和分布力,如结构自重、风荷载、水压力、土压力等,称为直接作用。引起结构约束变形、外加变形的原因,如混凝土收缩、环境温度变化以及由于基础不均匀沉陷等,使结构产生的变形,称为间接作用。

施加在结构上的各种作用会使结构产生内力、变形和裂缝。内力的种类有弯矩、轴力、剪力和扭矩,变形有挠度、侧移和转角等。它们统称为作用效应,为适应工程的习惯,统称为荷载效应,用符号 S 表示。S 是各种作用、结构参数等随机变量的函数,需根据结构上的作用进行结构计算求得。

荷载按随时间的变异性和出现的可能性分为以下三类:

(1)永久荷载。在设计使用年限内量值不随时间变化,或其变化与平均值相比可以忽略不计的荷载,也称为恒载,常用符号 G(集中荷载)、g(分布荷载)表示,如结构自重、土压力、固定设备产生的重力等。

(2)可变荷载。在设计使用年限内量值随时间变化,且其变化与平均值相比不可忽略的荷载,也称为活荷载,常用符号 Q(集中荷载)、q(分布荷载)表示,如楼面活荷载、浪压力、风荷载等。

(3)偶然荷载。在设计使用年限内出现的概率很小,而一旦出现,其量值很大,且持续时间很短的荷载,常用符号 A 表示,如校核洪水位时的静水压力、爆炸产生的冲击力等。

1.8.2　荷载与材料强度取值

1.8.2.1　荷载标准值

荷载标准值是指在结构或构件设计时,采用的各种荷载的基本代表值。按设计基准期内荷载最大值的概率分布的某一分位值确定。

由于荷载本身具有随机性，因而最大荷载也是随机变量，用荷载的概率分布来描述。荷载的概率分布曲线如图1-16所示，荷载的标准值为

$$S_k = \mu_s + \alpha_s\sigma_s = \mu_s + 1.645\sigma_s \tag{1-8}$$

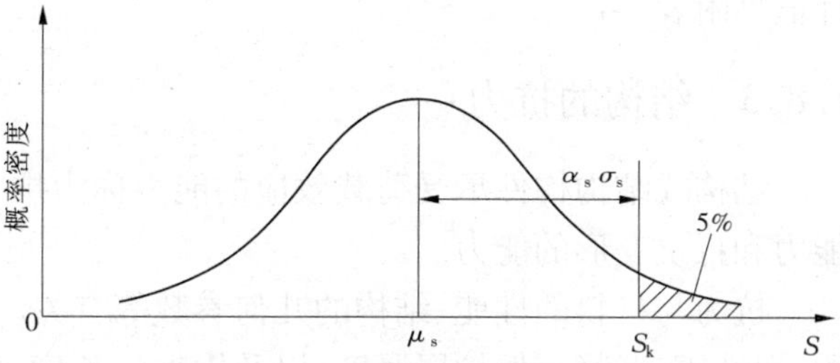

图1-16　荷载的概率分布曲线

式中　μ_s——荷载的统计平均值；

σ_s——荷载的统计标准差；

α_s——荷载标准值的取值保证率系数，一般取 $\alpha_s = 1.645$。

(1)永久荷载标准值(G_k 或 g_k)：可按结构构件的设计尺寸与材料容重值计算。

(2)可变荷载标准值(Q_k 或 q_k)：根据设计使用年限内最大荷载概率分布的某一分位值确定。

当 $\alpha_s = 1.645$ 时，荷载标准值相当于具有95%保证率的0.95分位值。作用在结构构件上的实际荷载超过荷载标准值的可能性只有5%。此标准值为荷载的代表值。

水工建筑物的荷载标准值可根据《水工建筑物荷载设计规范》(DL 5077—1997)确定。

1.8.2.2　材料强度

1.材料强度标准值

材料强度标准值是指结构或构件设计时，采用的材料强度的基本代表值。按符合规定质量的材料强度的概率分布的某一分位值确定。由于材料非匀质、生产工艺等因素导致材料强度的变异性，材料强度也是随机变量。

当材料强度服从正态分布（见图1-17）时，材料强度标准值可按下式计算

$$f_k = \mu_f - \alpha_f\sigma_f = \mu_f - 1.645\sigma_f \tag{1-9}$$

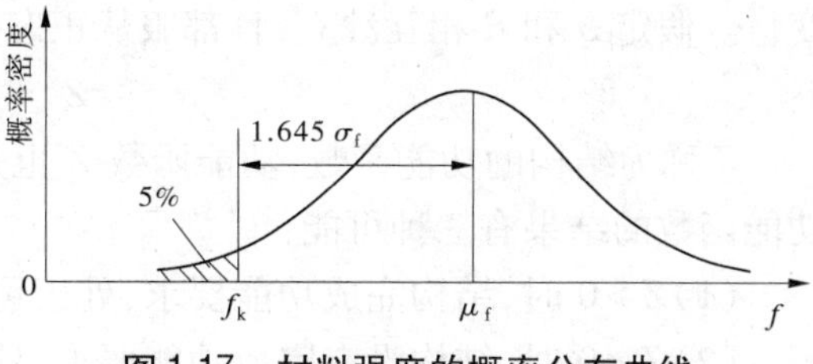

图1-17　材料强度的概率分布曲线

式中　μ_f——材料强度的统计平均值；

σ_f——材料强度的统计标准差；

α_f——材料强度的取值保证率系数，一般取 $\alpha_f = 1.645$。

钢筋和混凝土的强度标准值采用概率分布的0.05分位值。钢筋和混凝土实际强度小于强度标准值的可能性只有5%，即强度标准值具有95%的保证率。

混凝土抗压强度标准值见附表1-1，普通钢筋强度标准值见附表1-4，预应力钢筋强度标准值见附表1-6。

2.材料强度设计值

由于材料的离散性及不可避免的施工误差等因素可能造成材料的实际强度低于其强度标准值，因此在承载能力极限状态计算中引入混凝土强度分项系数 γ_c 及钢筋强度分项系数 γ_s 来考虑这一不利影响。

材料强度设计值等于材料强度标准值除以相应的材料强度分项系数，即 $f_c = f_{ck}/\gamma_c$、$f_y = f_{yk}/\gamma_s$。γ_c、γ_s 按材料强度的有关规定取值。

混凝土强度设计值见附表 1-2,普通钢筋强度设计值见附表 1-5,预应力钢筋强度设计值见附表 1-7。

1.8.3 结构的抗力

结构或结构构件承受荷载效应的能力称为抗力,用符号 R 表示。抗力包括构件承载能力和抵抗变形的能力。

抗力与材料的性能、结构的几何参数等有关。结构构件的几何参数包括截面尺寸、面积、惯性矩、混凝土保护层厚度,以及构件的长度、跨度、偏心距等。构件制作尺寸偏差和安装误差等,导致结构构件实际几何尺寸与设计规定的几何尺寸有差异。材料非匀质、生产工艺等因素导致材料性能的变异性。另外,对结构构件的抗力进行分析计算时,采用了近似的基本假设和不精确的计算公式,导致按公式计算的抗力值与实际结构构件的抗力有差异。由此可知,结构的抗力具有不定性。

任务 1.9 结构的可靠度

结构的可靠度是指结构在规定的时间内,在规定的条件下,完成预定功能的概率。可靠度是对结构可靠性的定量描述,结构可靠度的评价指标有可靠概率、失效概率、可靠指标。

1.9.1 可靠概率和失效概率

影响结构可靠性的主要因素是荷载效应 S 和抗力 R。荷载效应 S 和抗力 R 都是随机变量。假定 S 和 R 相互独立,且都服从正态分布,取

$$Z = R - S \tag{1-10}$$

Z 称为结构的功能函数,功能函数 Z 也是随机变量,并且服从正态分布(见图 1-18)。功能函数的结果有三种可能:

(1) $Z > 0$ 时,结构完成功能要求,处于可靠状态。

(2) $Z < 0$ 时,结构没有完成功能要求,处于不可靠状态。

(3) $Z = 0$ 时,结构达到功能要求的限值,处于极限状态。

μ_z、σ_z 分别表示结构的功能函数的平均值和标准差,则 $Z \geqslant 0$ 的概率为可靠概率 P_s,即结构在规定的时间内,在规定条件下,完成预定功能的概率。

$$P_s = \int_0^{\infty} f(z)\,dz \tag{1-11}$$

$Z < 0$ 的概率为失效概率 P_f,P_f 等于图中阴影部分的面积。

$$P_f = \int_{-\infty}^{0} f(z)\,dz \tag{1-12}$$

$$P_f + P_s = 1 \tag{1-13}$$

用概率论的观点来研究结构的可靠性,失效概率 P_f 愈小,结构的可靠性愈高。但绝对可靠的结构($P_f = 0$)是不存在的,这样做也是不经济的。综合考虑结构所具有的风险

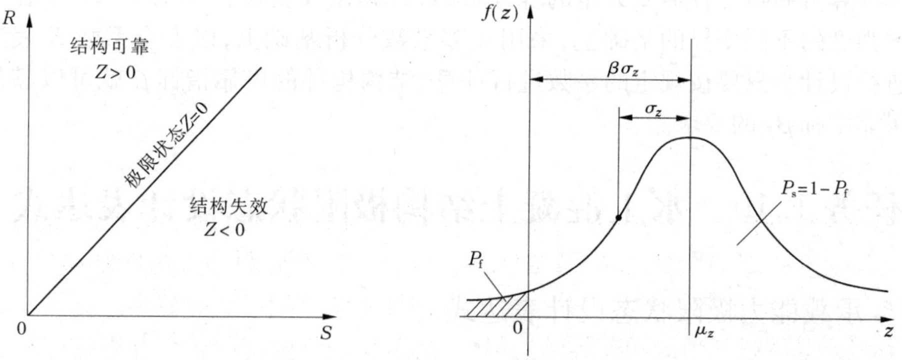

(a)结构所处的状态　　(b)功能函数Z及其概率分布曲线

图1-18　功能函数 Z 及其概率分布曲线

和经济效益，只要失效概率 P_f 小到人们可以接受的程度，就可以认为该结构是可靠的。

1.9.2　可靠指标

计算失效概率 P_f 需要进行积分运算，求解过程复杂，而且失效概率 P_f 数值极小，表达不便，因此引入可靠指标 β 替代失效概率 P_f 来度量结构的可靠性。可靠指标 β 为结构功能函数 Z 的平均值 μ_z 与标准差 σ_z 的比值，即

$$\beta = \mu_z/\sigma_z \tag{1-14}$$

可靠指标 β 与失效概率 P_f 存在对应关系见表1-2。β 值大，对应的 P_f 值小；反之，β 值小，对应的 P_f 值大。因此，β 与 P_f 一样，可以作为度量结构可靠性的一个指标。

表1-2　可靠指标 β 与可靠概率 P_s、失效概率 P_f 的对照表

项目	数值						
P_s	0.841 3	0.949 5	0.977 25	0.998 65	0.999 896 4	0.999 968 33	0.999 996 60
P_f	1.59×10^{-1}	5.05×10^{-2}	2.27×10^{-2}	1.35×10^{-2}	1.04×10^{-4}	3.17×10^{-5}	3.40×10^{-6}
β	1.00	1.64	2.00	3.00	3.71	4.00	4.50

结构设计应把失效概率控制在某一个能够接受的限值以下，即把可靠指标控制在某一个能够接受的水平上，则

$$\beta \geqslant \beta_T \tag{1-15}$$

式中　β_T——目标可靠指标。

水工混凝土结构承载能力极限状态设计时的目标可靠指标 β_T 如表1-3所示。

表1-3　结构承载能力极限状态设计时的目标可靠指标 β_T

破坏类型	水工建筑物级别		
	1	2、3	4、5
延性破坏	3.7	3.2	2.7
脆性破坏	4.2	3.7	3.2

由于计算可靠指标β需要大量的统计资料，计算比较复杂。SL 191—2008 在考虑荷载与材料强度的不同变异的基础上，采用在多系数分析基础上，以安全系数K表达的设计方式进行设计。只要按规定的系数进行计算，结构构件的可靠指标β就可以满足不小于目标可靠指标β_T的要求。

任务 1.10 水工混凝土结构极限状态设计表达式

1.10.1 承载能力极限状态设计表达式

承载能力极限状态设计时，应采用下列设计表达式

$$KS \leqslant R \tag{1-16}$$

式中 K——承载力安全系数，按附表 1-10 采用；

S——荷载效应组合设计值；

R——结构抗力，即结构构件的截面承载力设计值，由材料的强度设计值及截面尺寸因素计算得出。

承载能力极限状态计算时，要考虑荷载效应的基本组合和偶然组合。结构构件计算截面上的荷载效应组合设计值S应按下列规定计算。

1.10.1.1 基本组合

基本组合是按承载能力极限状态设计时，使用或施工阶段的永久荷载效应与可变荷载效应的组合。

当永久荷载对结构起不利作用时：

$$S = 1.05S_{G_{1k}} + 1.20S_{G_{2k}} + 1.20S_{Q_{1k}} + 1.10S_{Q_{2k}} \tag{1-17}$$

当永久荷载对结构起有利作用时：

$$S = 0.95S_{G_{1k}} + 0.95S_{G_{2k}} + 1.20S_{Q_{1k}} + 1.10S_{Q_{2k}} \tag{1-18}$$

式中 $S_{G_{1k}}$——自重、设备等永久荷载标准值产生的荷载效应；

$S_{G_{2k}}$——土压力、淤沙压力及围岩压力等永久荷载标准值产生的荷载效应；

$S_{Q_{1k}}$——一般可变荷载标准值产生的荷载效应；

$S_{Q_{2k}}$——可控制其不超出规定限值的可变荷载标准值产生的荷载效应。

荷载的标准值按《水工建筑物荷载设计规范》(DL 5077—1997)的规定取用，地震荷载标准值按《水工建筑物抗震设计规范》(SL 203—1997)的规定取用。混凝土及钢筋的强度应取为强度设计值。结构构件计算截面上的荷载效应组合设计值S即为截面内力设计值(M、V、N、T等)。

1.10.1.2 偶然组合

偶然组合是按承载能力极限状态设计时，永久荷载、可变荷载效应与一种偶然荷载效应的组合。

$$S = 1.05S_{G_{1k}} + 1.20S_{G_{2k}} + 1.20S_{Q_{1k}} + 1.10S_{Q_{2k}} + 1.0S_{A_k} \tag{1-19}$$

式中 S_{A_k}——偶然荷载标准值产生的荷载效应。

参与组合的某些可变荷载标准值，可根据有关标准做适当折减。

1.10.2 正常使用极限状态设计表达式

正常使用极限状态验算的目的是保证结构构件在正常使用条件下,其抗裂能力、裂缝宽度和变形不超过相应的结构功能限值。

正常使用极限状态验算时,应按荷载效应的标准组合进行,即永久荷载与可变荷载均采用标准值的荷载效应组合,并采用下列设计表达式

$$S_k(G_k, Q_k, f_k, a_k) \leqslant c \tag{1-20}$$

式中 $S_k(\cdot)$——正常使用极限状态的荷载效应标准组合值函数;

c——结构构件达到正常使用要求所规定的限值,如裂缝宽度、变形等限值,按附表3-3、附表3-5采用;

G_k、Q_k——永久荷载、可变荷载标准值,按DL 5077—1997的规定取用;

f_k——材料强度标准值,按附表1-1、附表1-4、附表1-6确定;

a_k——结构构件几何参数的标准值。

【例1-1】 有一钢筋混凝土简支梁(水工建筑物级别为4级),其净跨 $l_n=5.5$ m,计算跨度 $l_0=5.87$ m,见图1-19。截面尺寸 $b\times h=250$ mm $\times$ 550 mm;梁的永久荷载标准值 $g_{1k}=9$ kN/m,可变荷载标准值 $q_k=16$ kN/m;设备的集中力荷载标准值 $G_k=25$ kN,钢筋混凝土容重取25 kN/m³。求基本组合下的跨中截面弯矩设计值、支座边缘截面剪力设计值。

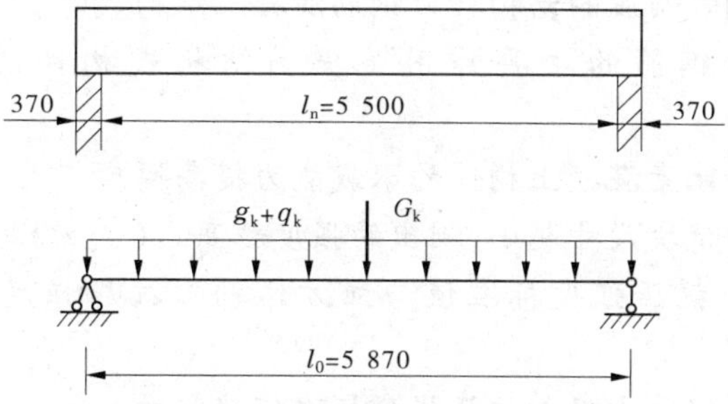

图1-19 例1-1图 (单位:mm)

解:(1)荷载计算。

永久荷载标准值 $g_{1k}=9$ kN/m

梁的自重标准值 $g_{2k}=0.25\times0.55\times25=3.44$(kN/m)

永久荷载标准值合计 $g_k=g_{1k}+g_{2k}=9+3.44=12.44$(kN/m)

集中力荷载标准值 $G_k=25$ kN

可变荷载标准值 $q_k=16$ kN/m

(2)内力计算。

跨中截面弯矩设计值

$$M=1.05S_{G_{1k}}+1.20S_{Q_{1k}}=1.05(g_kl_0^2/8+G_kl_0/4)+1.20(q_kl_0^2/8)$$

$$=1.05\times(12.44\times5.87^2/8+25\times5.87/4)+1.20\times16\times5.87^2/8=177.48(\text{kN}\cdot\text{m})$$

支座边缘截面剪力设计值

$$V=1.05S_{G_{1k}}+1.20S_{Q_{1k}}=1.05(g_kl_n/2+G_k/2)+1.20q_kl_n/2$$

$= 1.05 \times (12.44 \times 5.5/2 + 25/2) + 1.20 \times 16 \times 5.5/2 = 101.85(\text{kN})$

【例1-2】 其他条件同例1-1。求正常使用极限状态下跨中截面弯矩标准组合值。

解:正常使用极限状态下跨中截面弯矩标准组合值

$$M = S_{G_{1k}} + S_{Q_{1k}} = (g_k l_0^2/8 + G_k l_0/4) + q_k l_0^2/8$$

$$= (12.44 \times 5.87^2/8 + 25 \times 5.87/4) + 16 \times 5.87^2/8$$

$$= 159.18(\text{kN} \cdot \text{m})$$

小　结

本项目内容主要包括对钢筋混凝土材料的认识和钢筋混凝土结构理论及设计方法，同时还要学会运用钢筋混凝土结构的基本理论解决实际工程中提出的新问题，努力培养科学研究的能力。

技能考核题

一、判断题

1. 由块材和砂浆砌筑而成的结构称为钢筋混凝土结构。(　　)

2. 混凝土中配置钢筋的主要作用是提高结构或构件的承载能力和变形性能。(　　)

3. 钢筋混凝土构件比素混凝土构件的承载能力提高幅度不大。(　　)

4. 混凝土立方体的试块尺寸越小，测出的强度越高。(　　)

5. 混凝土的立方体抗压强度标准值与立方体轴心抗压强度设计值的数值是相等的。(　　)

6. 混凝土的强度等级是由轴心抗压强度标准值确定的。(　　)

7. 热轧钢筋、热处理钢筋都是软钢。(　　)

8. 硬钢取残余变形为0.2%所对应的应力作为条件屈服强度。(　　)

9. 冷加工后的钢筋屈服强度和韧性都得到了提高。(　　)

二、单项选择题

1. 钢筋和混凝土能够结合在一起共同工作的主要原因之一是(　　)。

A. 两者的承载能力基本相等　　B. 两者的线膨胀系数基本相同

C. 两者能相互保温、隔热　　D. 混凝土能握裹钢筋

2. 钢结构的主要优点是(　　)。

A. 质量轻而承载能力高　　B. 不需维修

C. 耐火性能较钢筋混凝土结构好　　D. 造价比其他结构低

3. 等级是根据混凝土的(　　)确定的。

A. 立方体抗压强度设计值　　B. 立方体抗压强度标准值

C. 立方体抗压强度平均值　　　　　　D. 具有90%保证率的立方体抗压强度

4. 混凝土的水灰比越大，水泥用量越多，则徐变值(　　)。

A. 越大　　　　B. 越小　　　　C. 基本不变　　　　D. 不变

5. 混凝土的弹性模量随强度的增大而(　　)。

A. 增大　　　　B. 减小　　　　C. 不变　　　　D. 无关

6. 在水利工程中，对于遭受剧烈湿度变化作用的混凝土结构表面，常设置一定数量的(　　)。

A. 钢筋束　　　　B. 钢丝束　　　　C. 钢筋网　　　　D. 预应力钢筋

7. 当混凝土强度等级由C20变为C30时，受拉钢筋的最小锚固长度 l_a(　　)。

A. 增大　　　　B. 减小　　　　C. 不变　　　　D. 基本不变

8. HRB335中的335是指(　　)。

A. 钢筋强度的标准值　　　　　　B. 钢筋强度的设计值

C. 钢筋强度的平均值　　　　　　D. 钢筋强度的最大值

三、计算题

1. 某钢筋混凝土简支梁，其净跨 $l_n=6.0$ m，计算跨度 $l_0=6.24$ m，截面尺寸 $b\times h=250\ \text{mm}\times550\ \text{mm}$；梁承受板传来的永久荷载标准值 $g_{1k}=11$ kN/m，可变荷载标准值 $q_k=12$ kN/m。求基本组合下跨中截面弯矩设计值、支座边缘截面剪力设计值。

2. 某水闸工作桥桥面由永久荷载标准值引起的桥面板跨中截面弯矩 $M_{G_k}=13.23$ kN·m，活荷载标准值引起的弯矩 $M_{Q_k}=3.8$ kN·m，2级安全级别。试求桥面板跨中截面弯矩设计值。

3. 有一水闸(4级建筑物)工作桥，T形梁甲上支撑绳鼓式启闭机传来的启门力2×80 kN，桥面上承受人群荷载3.0 kN/m²，构件尺寸如图1-20所示。试求T形梁甲在正常运用期间梁的跨中弯矩设计值。

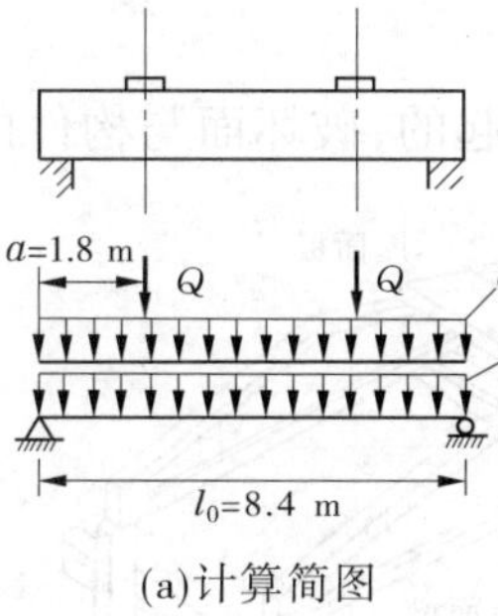

(a)计算简图

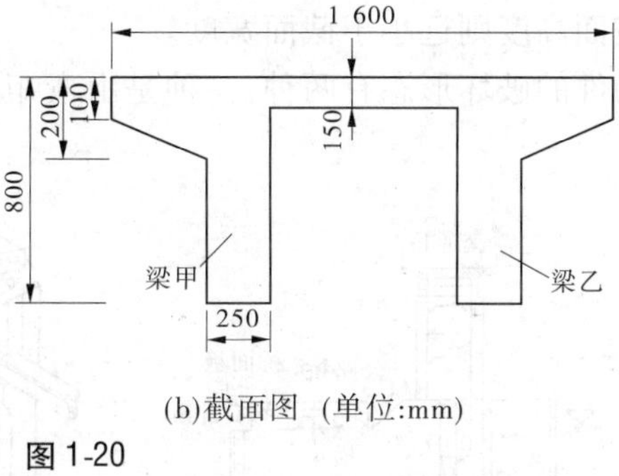

(b)截面图 (单位:mm)

图1-20

提示：(1)本题启门力为启闭机额定限值，故属于可控的可变荷载。水工荷载规范未规定启闭机荷载分项系数，按《水工混凝土结构设计规范》(SL 191—2008)的规定，应取 $\gamma_Q=1.10$。

(2)人群荷载的分项系数 $\gamma_Q=1.20$。

(3)正常运行期为持久状况。

项目 2　钢筋混凝土梁、板设计

知识目标

掌握梁、板的构造知识；
理解梁的破坏过程及特征；
掌握单筋矩形截面梁、板受弯承载力计算的相关知识；
掌握单筋矩形截面梁受剪承载力计算的相关知识；
掌握双筋矩形截面梁设计的相关知识；
掌握 T 形截面梁、板设计的相关知识。

技能目标

熟练掌握单筋矩形截面梁、板的设计计算；
熟练掌握双筋矩形截面梁的设计计算；
熟练掌握 T 形截面梁、板的设计计算；
熟练掌握梁、板结构施工图的绘制与识读。

梁和板是水工钢筋混凝土结构中典型的受弯结构，主要承受弯矩和剪力作用，是水利工程中应用最广泛的构件。如水闸底板，水闸工作桥支撑排架横梁，水闸工作桥，水闸交通桥（见图 2-1(a)），水电站厂房的屋面板、屋面梁和吊车梁（见图 2-1(b)），渡槽槽身（见图 2-1(c)）等，都是梁、板构件。梁和板两者区别仅在于：梁的截面高度一般大于截面宽度，而板的截面高度则远小于截面宽度。

梁、板构件的破坏形态有两种：一种是由弯矩作用引起的，破坏面与构件的纵轴线垂

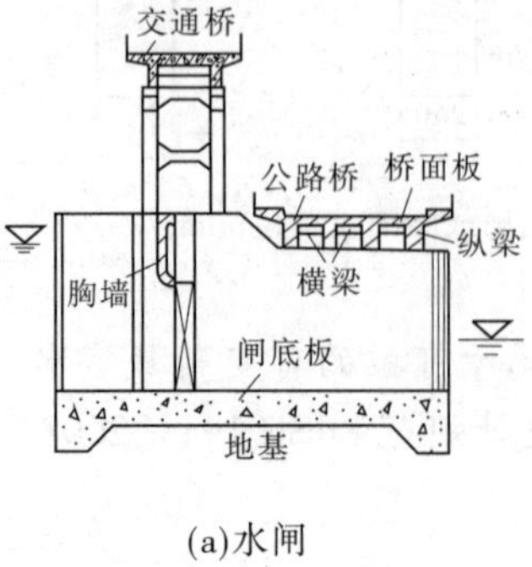

(a)水闸

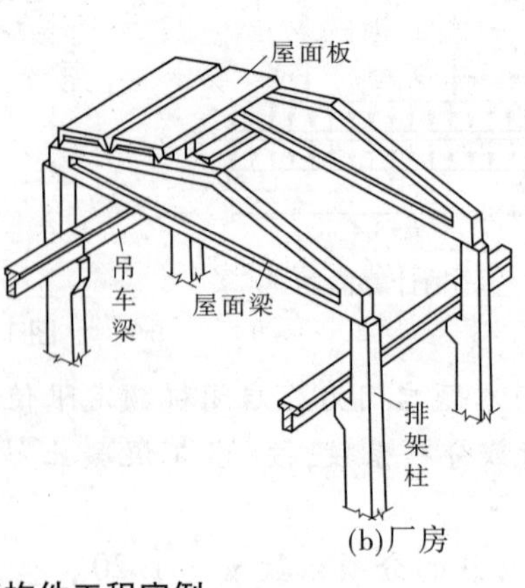

(b)厂房

图 2-1　梁、板构件工程实例

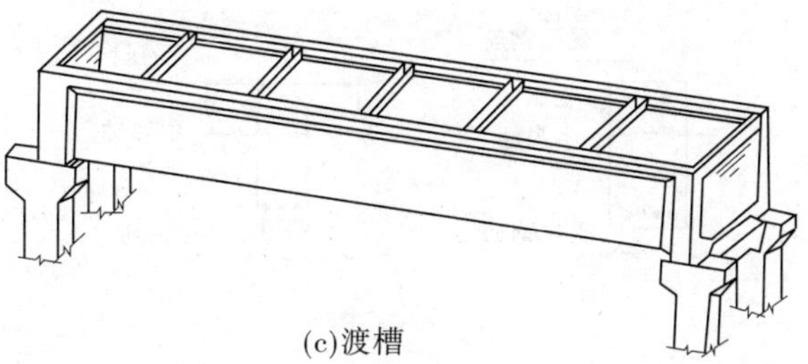

(c)渡槽

续图 2-1

直,称为正截面破坏,见图 2-2(a);另一种是由弯矩与剪力共同作用引起的,破坏面与构件的纵轴线斜交,称为斜截面破坏,见图 2-2(b)。所以,设计钢筋混凝土梁、板构件时,需进行正截面受弯承载力和斜截面受剪承载力计算。

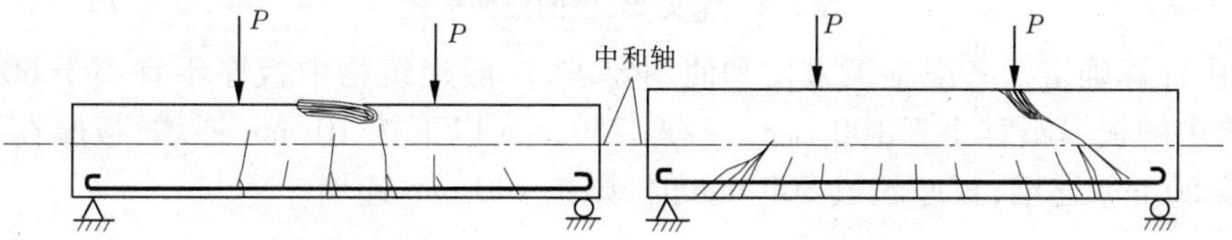

(a)正截面破坏　(b)斜截面破坏

图 2-2　钢筋混凝土梁、板构件的破坏形态

任务 2.1　梁、板构件的一般构造规定

钢筋混凝土受弯构件的截面尺寸和受力钢筋面积是由结构计算确定的,但为了施工的便利及考虑计算中无法反映到的因素,同时还要满足相应的构造规定。结合本项目内容对受弯构件的有关构造规定分别做介绍。

2.1.1　截面形式和尺寸

梁的截面形式有矩形、T 形、I 字形、Π 形、箱形等。为了施工方便,梁的截面常采用矩形截面和 T 形截面。板的截面一般为矩形,根据使用要求,也可以采用空心板和槽形板等。常见梁、板的截面形式如图 2-3 所示。

受弯构件中,仅在受拉区配置纵向受力钢筋的截面,称为单筋截面。在受拉区与受压区同时配置纵向受力钢筋的截面,称为双筋截面。

梁的高度 h 可根据梁的跨度 l_0 拟定,一般取 $h=(1/8\sim1/12)l_0$。梁的宽度 b 可根据梁的高度 h 拟定。对矩形截面梁,取梁宽 $b=(1/2\sim1/3)h$;对 T 形截面梁,取梁宽 $b=(1/2.5\sim1/4)h$。为了能够重复利用模板,方便施工,梁的截面尺寸应在以下数据中选用:梁宽 $b=120$ mm、150 mm、180 mm、200 mm、220 mm、250 mm,250 mm 以上按 50 mm 的模数递增;梁高 $h=250$ mm、300 mm、350 mm、400 mm、…、800 mm,以 50 mm 的模数递增,800 mm 以上按 100 mm 的模数递增。

水工建筑物中,由于板在工程中所处部位及受力条件不同,板的厚度 h 变化范围很

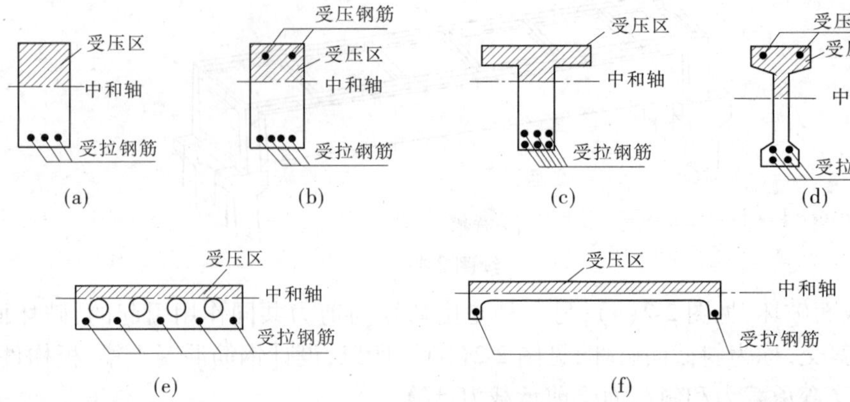

图 2-3　常见梁、板的截面形式

大,一般由计算确定。考虑施工方便和使用要求,一般建筑物中板厚不宜小于 60 mm;水工建筑物中的板厚不宜小于 100 mm。板厚 250 mm 以下按 10 mm 递增;板厚在 250 mm 以上时按 50 mm 递增;板厚超过 800 mm 时,则按 100 mm 递增。

2. 1. 2　混凝土保护层

纵向受力钢筋外边缘到混凝土近表面的距离,称为混凝土保护层(用符号 c 表示),如图 2-4 所示。其作用是防止钢筋受空气的氧化和其他侵蚀性介质的侵蚀,并保证钢筋与混凝土间有足够的黏结力。梁、板的混凝土保护层厚度不应小于最大钢筋直径,同时也不应小于粗骨料最大粒径的 1. 25 倍,并应符合附表 3-1 的规定。

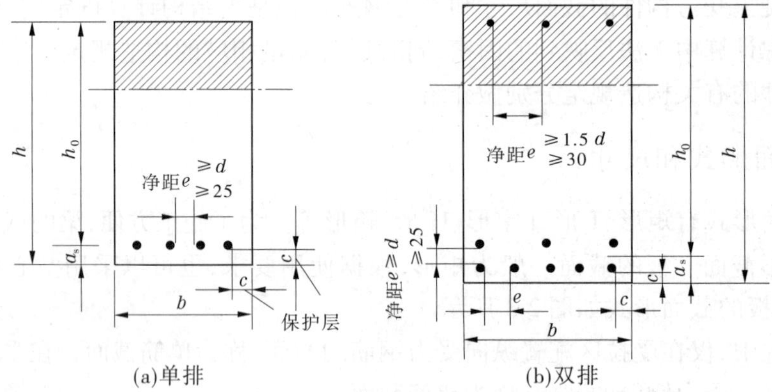

图 2-4　梁内纵向钢筋布置图　(单位:mm)

在计算受弯构件承载力时,因混凝土开裂后拉力完全由钢筋承担,这时能发挥作用的截面高度应为受拉钢筋合力点到截面受压边缘的距离,称为截面有效高度 h_0,纵向受拉钢筋合力点到截面受拉边缘的距离为 a_s,即 $h_0 = h - a_s$。当钢筋为一层布置时,$a_s = c + d/2$,一般梁可近似取用 $a_s = 40 \sim 50$ mm,板可近似取用 $a_s = 25 \sim 30$ mm;当钢筋为两层布置时,$a_s = c + d + e/2$,其中 e 为两层钢筋之间的净距,一般梁可近似取用 $a_s = 65 \sim 75$ mm。

2.1.3 梁的纵向受力钢筋

2.1.3.1 钢筋直径与根数

梁中的纵向受力钢筋宜采用 HRB335、HRB400 级钢筋。为保证梁的钢筋骨架具有较好刚度并便于施工,纵向受力钢筋的直径不能太细;为防止受拉区混凝土产生过宽裂缝,纵向受力钢筋的直径不宜太粗。常用的纵向受力钢筋直径为 12 ~ 25 mm。截面一侧(受拉或受压)钢筋的直径最好相同,为节约钢材,也可选用两种不同直径的钢筋,其直径相差宜为 2 ~ 6 mm。

梁内纵向受力钢筋至少为 2 根,以满足形成钢筋骨架的需要,钢筋总数根据承载力计算确定,一排钢筋宜用 3 ~ 4 根,两排钢筋宜用 5 ~ 8 根。纵向受力钢筋的根数也不宜太多,否则会增大钢筋加工的工作量,给混凝土浇捣带来困难。

2.1.3.2 钢筋间距和布置

为方便混凝土浇捣,保证钢筋在混凝土内得到有效锚固,梁内纵向钢筋之间的水平净距 e 在下部不应小于纵向钢筋的最大直径 d,同时不应小于 25 mm。在上部不应小于 $1.5d$,同时不应小于 30 mm 和最大骨料粒径的 1.5 倍。各层钢筋之间的净距不应小于 25 mm 和钢筋的最大直径 d。

梁内纵向钢筋应尽可能布置为一层。当纵向钢筋根数较多,布置一层不能满足钢筋的间距、混凝土保护层厚度的构造规定时,则应布置两层甚至三层。其中,靠外侧钢筋的根数宜多一些,直径宜粗一些。当梁下部纵向钢筋配置多于两层时,两层以上纵向钢筋之间的净距应比下面两层的净距增大一倍。上、下两层钢筋应对齐布置,以免影响混凝土浇筑。

2.1.4 板的钢筋

板内通常只配置受力钢筋和分布钢筋。

2.1.4.1 受力钢筋

板的纵向受力钢筋宜采用 HPB235、HRB335 级钢筋。板的受力钢筋的常用直径为 6 ~ 12 mm;对于 $h>200$ mm 的较厚板(如水电站厂房安装车间的楼面板)和 $h>1\,500$ mm 的厚板(如水闸的底板),受力钢筋的常用直径为 12 ~ 25 mm。在同一板中,受力钢筋的直径最好相同;为节约钢材,也可采用两种不同直径的钢筋。

为使构件受力均匀,防止产生过宽裂缝,板中受力钢筋的间距 s(中距)不能过大。当板厚 $h\leqslant 200$ mm 时,$s\leqslant 200$ mm;当 200 mm $<h\leqslant 1\,500$ mm 时,$s\leqslant 250$ mm;当板厚 $h>1\,500$ mm 时,$s\leqslant 300$ mm。为便于混凝土浇捣,板内钢筋之间的间距不宜过小,一般情况下,其间距 $s\geqslant 70$ mm。板内受力钢筋沿板跨方向布置在受拉区,一般每米宽宜采用 4 ~ 10 根。

2.1.4.2 分布钢筋

分布钢筋是垂直于板受力钢筋方向布置的构造钢筋,位于受力钢筋的内侧,其作用是:①将板面荷载均匀地传递给受力钢筋;②防止因温度变化或混凝土收缩等,沿板跨方向产生裂缝;③固定受力钢筋,并使其处于正确位置。板的分布钢筋宜采用 HPB235 级钢筋。每米板宽内分布钢筋的截面面积不小于受力钢筋截面面积的15%（集中荷载时为25%）；分布钢筋的间距不宜大于250 mm，其直径不宜小于6 mm；当集中荷载较大时，分布钢筋的间距不宜大于200 mm。承受分布荷载的厚板，分布钢筋的直径应适当加大，可采用10～16 mm，钢筋的间距可为200～400 mm。板的钢筋布置如图2-5所示。

如在板的两个方向均配置受力钢筋，则两个方向的钢筋均可兼作分布钢筋。

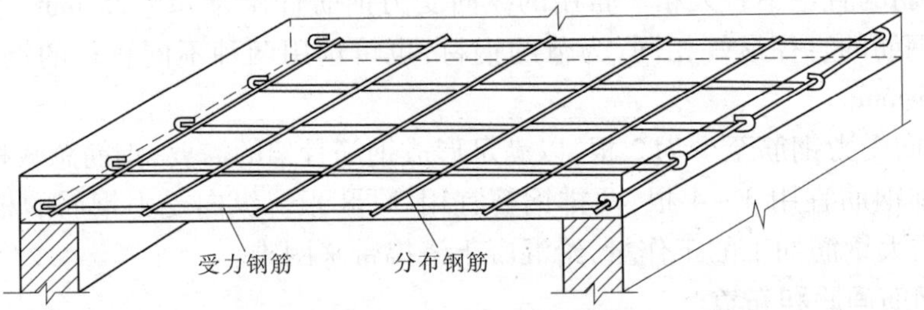

图2-5　板的钢筋布置

任务2.2　梁的正截面受弯性能试验分析

由于钢筋混凝土材料本身的弹塑性特点，如仍按材料力学的方法进行计算，则结果肯定与实际不符。目前，钢筋混凝土构件的计算公式一般是在大量试验的基础上结合理论分析建立起来的。因此，在学习受弯构件设计时，必须掌握适筋梁的正截面破坏过程及特征。

2.2.1　适筋梁正截面的受力过程

由于所研究的是梁正截面承载力计算问题，因此在试验中应该避免剪力的影响，通常在简支梁上加两个对称的集中荷载，如图2-6所示，两个荷载之间就形成了不考虑自重的纯弯段。借助仪表的测量，可以充分了解适筋梁在纯弯段从开始加载直到破坏为止的正截面上应力、应变的变化规律。

根据试验结果分析，钢筋混凝土梁正截面的受力过程可分为三个阶段。

2.2.1.1　第Ⅰ阶段——未裂阶段

从梁开始加荷至梁受拉区即将出现第一条裂缝时的整个受力过程，称为第Ⅰ阶段。当荷载很小时，梁截面上各点的应力及应变均很小，混凝土处于弹性工作阶段，应力与应变成正比，受拉区与受压区混凝土应力图均为三角形，此时，受拉区拉力由钢筋和混凝土共同承担。随着荷载增加，受拉区混凝土表现出塑性性质，应变增长速度比应力增长速度快，受拉区应力图形呈曲线变化。当受拉区最外缘混凝土应变将达到极限拉应变时，相应的混凝土应力接近混凝土抗拉强度f_t。而受压区混凝土仍处于弹性阶段，应力图形仍成三角形（见图2-7（a））。此时，梁处于即将开裂的极限状态，即第Ⅰ阶段末，这一阶段可作为受弯构件抗裂验算的依据。

2.2.1.2　第Ⅱ阶段——裂缝阶段

从梁受拉区混凝土出现第一条裂缝开始，到梁受拉区钢筋屈服时的整个工作阶段，称

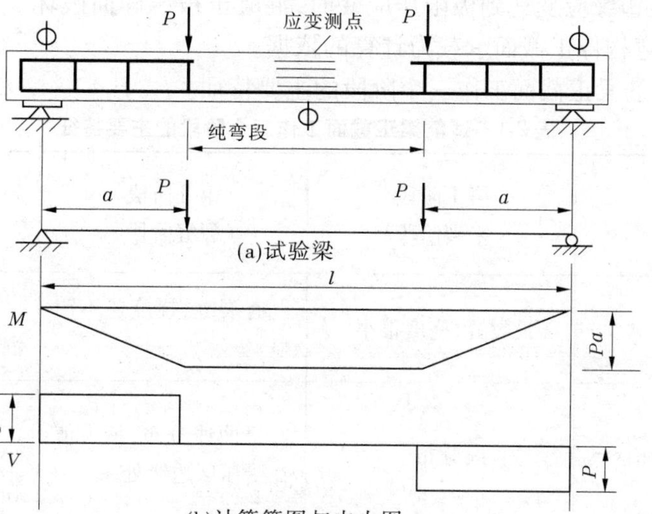

(b)计算简图与内力图

图2-6　适筋梁正截面试验

为第Ⅱ阶段。当第Ⅰ阶段末的荷载继续增加,受拉区混凝土开裂,拉力几乎全部由钢筋承担,受拉钢筋应力较开裂前突然增大许多。随着荷载增加,裂缝向上发展,中和轴位置逐渐上移,受压区混凝土压应力逐渐增大而表现出塑性性质,应力图形呈曲线变化(见图2-7(b))。当受拉钢筋应力达到屈服强度f_y时,即第Ⅱ阶段末,这一阶段可作为受弯构件正常使用阶段变形验算和裂缝宽度验算的依据。

2.2.1.3　第Ⅲ阶段——破坏阶段

受拉钢筋应力达到了屈服强度f_y,标志着梁已进入破坏阶段。随着荷载的继续增加,钢筋的应力不断增加,而应变迅速增大,裂缝宽度不断扩展且向上延伸,中和轴上移,混凝土受压区高度继续减小,压应力迅速增大,受压区混凝土的塑性性质更加明显(见图2-7(c))。

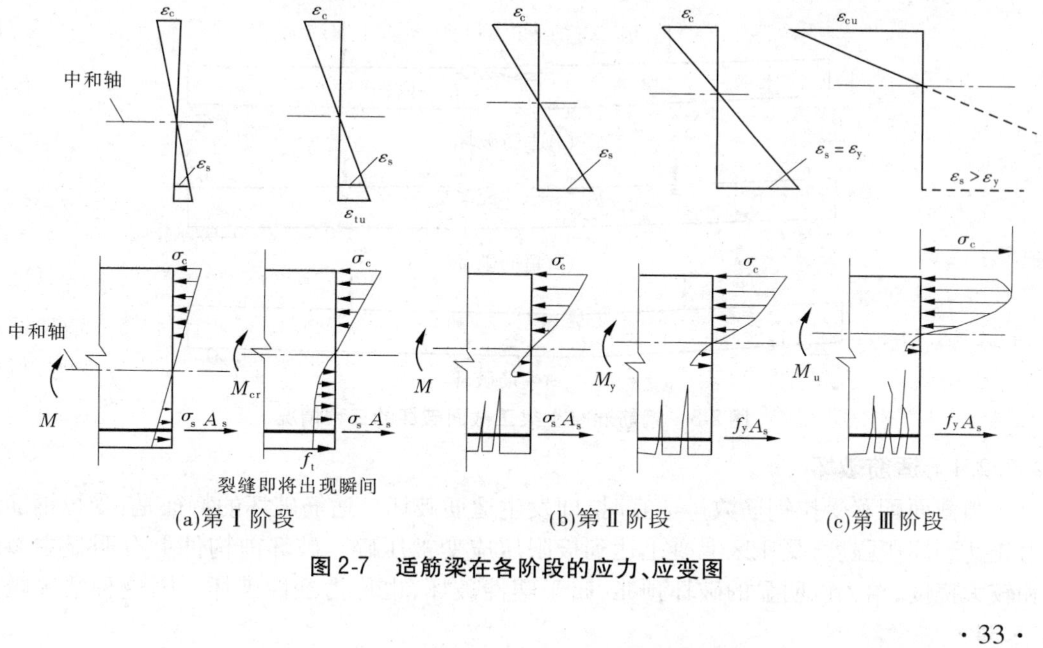

(a)第Ⅰ阶段　(b)第Ⅱ阶段　(c)第Ⅲ阶段

图2-7　适筋梁在各阶段的应力、应变图

当受压区混凝土边缘应变达到极限压应变时，混凝土被压碎而破坏。第Ⅲ阶段末的应力状态，可作为受弯构件正截面承载力计算的依据。

表 2-1 为适筋梁正截面工作三个阶段的主要特征。

表 2-1　适筋梁正截面工作三个阶段的主要特征

受力阶段		第Ⅰ阶段（未裂阶段）	第Ⅱ阶段（裂缝阶段）	第Ⅲ阶段（破坏阶段）
外表现象		没裂缝，挠度很小	有裂缝，挠度还不明显	裂缝明显，挠度增大，混凝土压碎
混凝土应力图形	压区	呈直线分布	呈曲线分布，最大值在受压区边缘处	受压区高度更为减小，曲线丰满，最大值不在压区边缘
	拉区	前期为直线，后期呈近似矩形的曲线	大部分混凝土退出工作	混凝土退出工作
纵向受拉钢筋应力 σ_s		$\sigma_s \leqslant 20 \sim 30\ \mathrm{N/mm^2}$	$20 \sim 30\ \mathrm{N/mm^2} \leqslant \sigma_s \leqslant f_y$	$\sigma_s = f_y$
计算依据		抗裂验算	裂缝宽度和变形验算	正截面受弯承载力计算

2.2.2　正截面破坏特征

试验表明，钢筋混凝土受弯构件正截面的破坏特征主要与纵向受力钢筋的配筋数量有关。截面尺寸和混凝土强度等级相同的受弯构件，因其正截面上配置纵向受拉钢筋的数量不同可分为三种破坏，如图 2-8 所示。

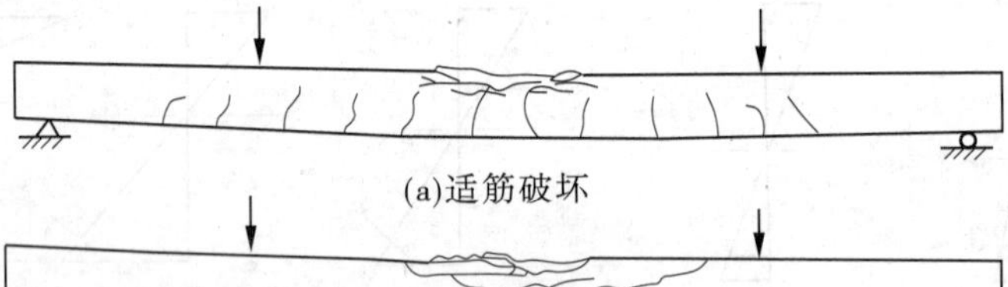

(a)适筋破坏

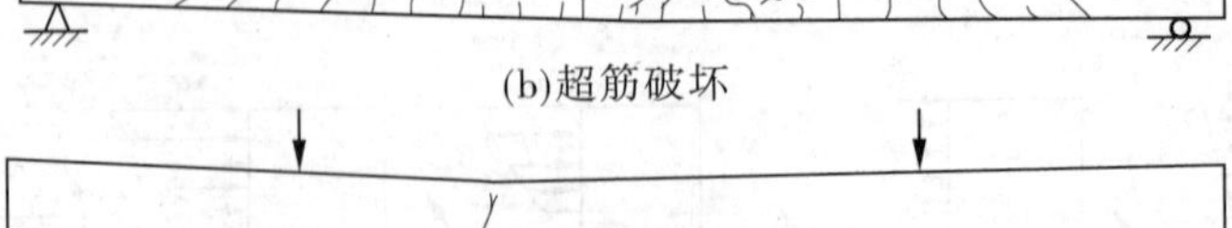

(b)超筋破坏

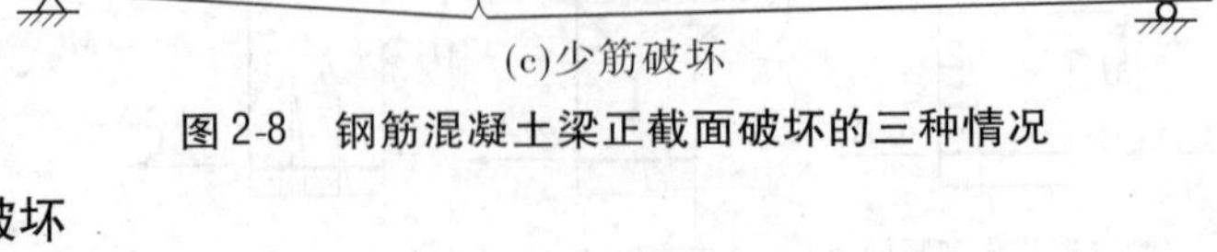

(c)少筋破坏

图 2-8　钢筋混凝土梁正截面破坏的三种情况

2.2.2.1　适筋破坏

当截面配置受拉钢筋数量适宜时，即发生适筋破坏。适筋破坏的特征是：受拉钢筋应力先达到屈服强度，受压区混凝土达到极限压应变被压碎。破坏前构件上有明显主裂缝和较大挠度，给人以明显的破坏预兆，属于塑性破坏，也称为延性破坏。因这种情况既安全可靠又可以充分发挥材料强度，所以是受弯构件正截面计算的依据。

2.2.2.2　超筋破坏

当截面配置受拉钢筋数量过多时，即发生超筋破坏。超筋破坏的特征是：受拉钢筋达到屈服强度之前，受压区混凝土达到极限压应变被压碎。破坏前构件的裂缝宽度和挠度都很小，破坏无明显的预兆，这种破坏属于脆性破坏。超筋破坏不仅破坏突然，而且钢筋用量大，不经济。因此，设计中不允许采用超筋截面。

2.2.2.3　少筋破坏

当截面配置受拉钢筋数量过少时，即发生少筋破坏。少筋破坏的特征是：破坏时的极限弯矩等于开裂弯矩，一裂即断。构件一旦开裂，裂缝截面混凝土即退出工作，拉力由钢筋承担而使钢筋应力突增，并很快达到并超过屈服强度进入强化阶段，导致较宽裂缝和较大变形而使构件破坏。因少筋破坏是突然发生的，也属于脆性破坏。所以，设计中不允许采用少筋截面。

综上所述，当受弯构件的截面尺寸、混凝土强度等级相同时，正截面破坏的特征随配筋量多少而变化，其规律：①配筋量太少时，破坏弯矩等于开裂弯矩，其大小取决于混凝土的抗拉强度及截面尺寸大小；②配筋量过多时，配筋不能充分发挥作用，构件的破坏弯矩取决于混凝土的抗压强度及截面尺寸大小；③配筋量适中时，构件的破坏弯矩取决于配筋量、钢筋的强度等级及截面尺寸大小。钢筋混凝土受弯构件设计必须采用适筋截面。因此，以适筋截面的破坏为基础，建立受弯构件正截面受弯承载力的计算公式，再配以公式的适用条件，以限制超筋和少筋破坏的发生。

任务2.3　单筋矩形截面的受弯承载力计算

2.3.1　正截面承载力计算的一般规定

2.3.1.1　计算方法的基本假定

（1）截面应变保持为平面。构件正截面受力变形后仍为平面，截面上的平均应变均保持为直线分布，截面上任意点的应变与该点到中和轴的距离成正比。

（2）不考虑混凝土的抗拉强度。忽略受拉区混凝土的作用，拉力全部由纵向受力钢筋来承担。

（3）计算中混凝土应力—应变曲线如图2-9所示。当压应变$\varepsilon_c \leqslant 0.002$时，应力与应变关系曲线为抛物线；当压应变$\varepsilon_c > 0.002$时，应力应变关系呈水平线，其极限压应变$\varepsilon_{cu}$取0.003 3，相应的最大压应力取混凝土轴心抗压强度设计值f_c。

（4）计算中软钢钢筋的应力—应变曲线如图2-10所示。钢筋应力等于钢筋应变与其弹性模量的乘积，但不应大于其相应的强度设计值。钢筋屈服前，应力$\sigma_s = E_s\varepsilon_s$；钢筋屈服后，其应力一律取强度设计值$f_y$。

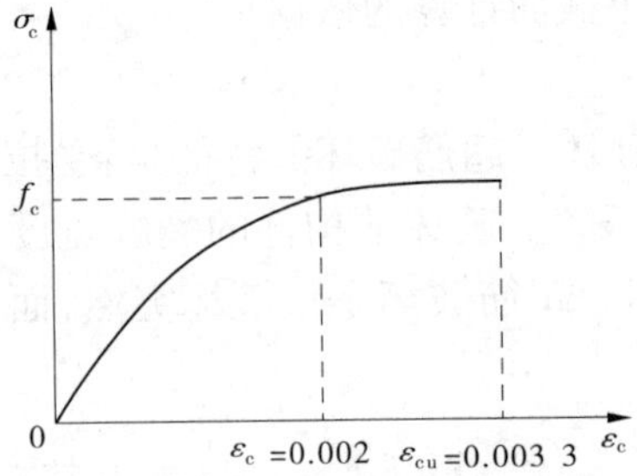

图 2-9　混凝土应力—应变计算曲线

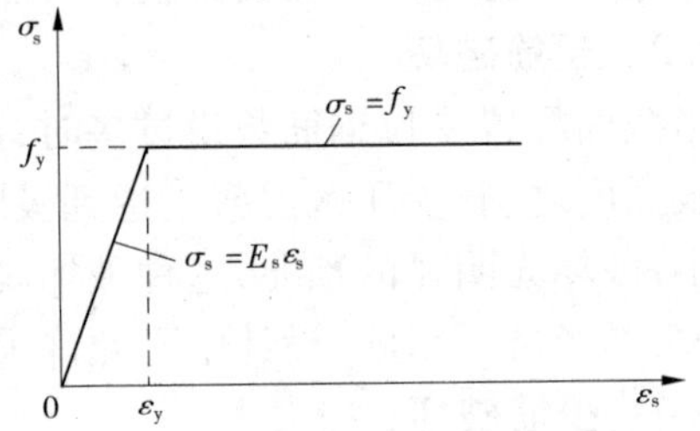

图 2-10　软钢钢筋应力—应变计算曲线

2.3.1.2　受压区混凝土的等效应力图形

根据平截面假定和混凝土应力—应变曲线，可绘制出受压区混凝土的应力—应变图形。由于得到的应力图形为二次抛物线，不便于计算，采用等效的矩形应力图形代替曲线应力图形，即两者应力图形面积相等，总压力值不变，两者面积的形心重合。根据混凝土压应力的合力相等和合力作用点位置不变的原则，近似取 $x=0.8x_0$，将其简化为等效矩形应力图形，如图 2-11 所示。

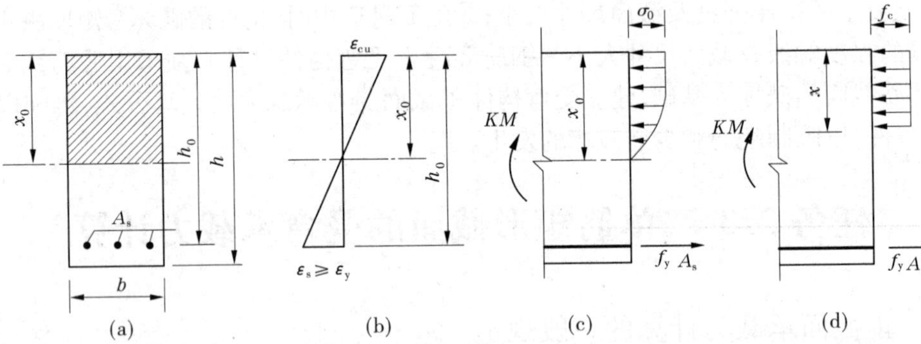

图 2-11　等效矩形应力图形的换算

2.3.1.3　相对界限受压区计算高度

等效代换后矩形混凝土受压区计算高度 x 与截面有效高度 h_0 的比值，称为相对受压区计算高度，即

$$\xi = x/h_0 \tag{2-1}$$

当截面中的受拉钢筋达到屈服强度，受压区混凝土也同时达到其抗压强度（受压区边缘混凝土的压应变达到其极限压应变 ε_{cu}）时，称这种破坏为界限破坏。这种临界破坏状态，就是适筋梁与超筋梁的界限。这时混凝土受压区计算高度 x_b 与截面有效高度 h_0 的比值，称为相对界限受压区计算高度，如图 2-12 所示，即

$$\xi_b = x_b/h_0 \tag{2-2}$$

若实际混凝土相对受压区计算高度 $\xi<\xi_b$，即 $x<x_b$、$\varepsilon_s>\varepsilon_y$，受拉钢筋可以达到屈服强度，因此为适筋破坏；当 $\xi>\xi_b$，即 $x>x_b$、$\varepsilon_s<\varepsilon_y$ 时，受拉钢筋达不到屈服强度，因此为超筋破坏。

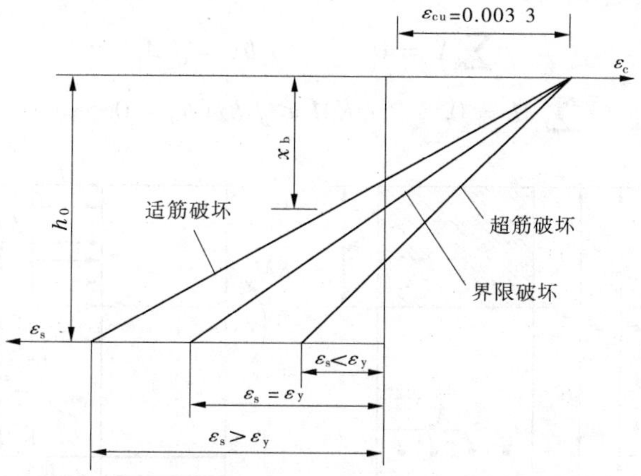

图2-12 适筋、超筋、界限破坏时的截面应变图

热轧钢筋 ξ_b 值的计算与钢筋种类及其强度等级有关。为了计算方便，将水工结构中常用钢筋的 ξ_b 值列于表2-2。

表2-2 钢筋混凝土构件常用钢筋的 ξ_b 值及 α_{sb}

钢筋级别	ξ_b	$\alpha_{sb}=\xi_b(1-0.5\xi_b)$	$0.85\xi_b$	$\alpha_{smax}=0.85\xi_b(1-0.5\times0.85\xi_b)$
HPB235	0.614	0.425	0.522	0.386
HRB335	0.550	0.399	0.468	0.358
HRB400 RRB400	0.518	0.384	0.440	0.343

2.3.1.4 受拉钢筋配筋率

受拉钢筋的配筋率 ρ 是指受拉钢筋截面面积 A_s 与截面有效截面面积 bh_0 的比值，以百分率表示，即

$$\rho = A_s/(bh_0)\times 100\% \tag{2-3}$$

通常用 ρ_{max} 表示受拉钢筋的最大配筋率，用 ρ_{min} 表示受拉钢筋的最小配筋率。当 $\rho>\rho_{max}$ 时，将发生超筋破坏；当 $\rho<\rho_{min}$ 时，将发生少筋破坏；当 $\rho_{min}\leqslant\rho\leqslant\rho_{max}$ 时，将发生适筋破坏。为避免发生超筋破坏与少筋破坏，截面设计时，必须控制受拉纵向钢筋的配筋率 ρ 为 $\rho_{min}\sim\rho_{max}$。

2.3.2 基本公式及适用条件

2.3.2.1 计算简图

根据受弯构件适筋破坏特征，在进行单筋矩形截面的受弯承载力计算时，忽略受拉区混凝土的作用；受压区混凝土的应力图形采用等效矩形应力图形，应力值取为混凝土的轴心抗压强度设计值 f_c；受拉钢筋应力达到钢筋的强度设计值 f_y。计算简图如图2-13所示。

2.3.2.2 基本公式

根据计算简图和截面内力平衡条件，并满足承载能力极限状态计算表达式的要求，可

得出如下基本计算公式

$$\sum X = 0 \qquad f_c bx = f_y A_s \tag{2-4}$$

$$\sum M = 0 \qquad KM \leqslant f_c bx(h_0 - 0.5x) \tag{2-5}$$

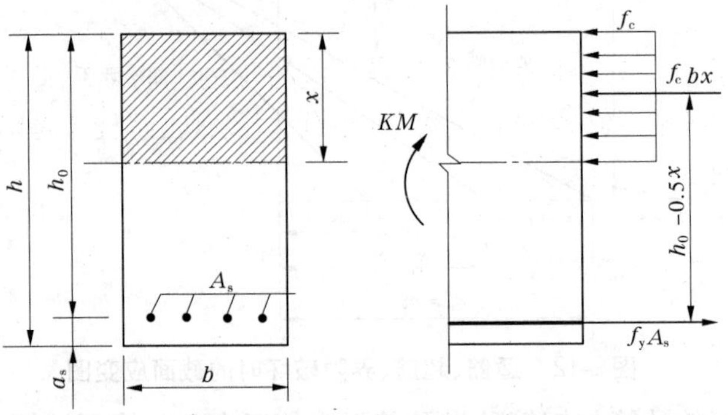

图 2-13　单筋矩形截面梁、板正截面承载力计算简图

式中　M——弯矩设计值，按荷载效应基本组合或偶然组合计算，N·mm；

f_c——混凝土轴心抗压强度设计值，N/mm²，按附表 1-2 取用；

b——矩形截面宽度，mm；

x——混凝土受压区计算高度，mm；

h_0——截面有效高度，mm；

f_y——受拉钢筋的强度设计值，N/mm²，按附表 1-5 取用；

A_s——受拉钢筋的截面面积，mm²；

K——承载力安全系数，按附表 1-10 取用。

利用基本公式进行截面计算时，必须求解方程组，比较麻烦。为简化计算，将式(2-4)、式(2-5)进行改写，将 $\xi = x/h_0$ 代入式(2-4)、式(2-5)，并引入截面抵抗矩系数 α_s，令

$$\alpha_s = \xi(1 - 0.5\xi) \tag{2-6}$$

则基本公式改写为

$$f_c b\xi h_0 = f_y A_s \tag{2-7}$$

$$KM \leqslant \alpha_s f_c bh_0^2 \tag{2-8}$$

由式(2-7)可得

$$\rho = \xi f_c / f_y \tag{2-9}$$

2.3.2.3　适用条件

1. 防止超筋破坏

基本公式是依据适筋构件破坏时的应力图形情况推导的，仅适用于适筋截面。当超筋截面破坏时，受拉钢筋应力达不到其设计强度 f_y，受压区混凝土达到了极限压应变 ε_{cu}。为了结构的安全，更有效地防止发生超筋破坏，应用基本公式和由它派生出来的计算公式计算时，必须符合下列条件

$$\xi \leqslant 0.85\xi_b \tag{2-10}$$

$$x \leqslant 0.85\xi_b h_0 \tag{2-11}$$

$$\rho \leqslant \rho_{max} = 0.85\xi_b f_c / f_y \tag{2-12}$$

式(2-10)～式(2-12)的意义相同,可用于不同场合,满足其中之一,则必满足其余两式。

2. 防止少筋破坏

钢筋混凝土构件破坏时承担的弯矩等于同截面素混凝土受弯构件所能承担的弯矩时的受力状态,为适筋破坏与少筋破坏的分界。这时梁的配筋率应是适筋受弯构件的最小配筋率。SL 191—2008 不仅考虑了这种"等承载力"原则,而且还考虑了混凝土的性质和工程经验。因此,计算公式应满足

$$\rho \geqslant \rho_{min} \tag{2-13}$$

式中　ρ_{min}——最小配筋率,按附表 3-2 取用。

2.3.3　公式应用

钢筋混凝土受弯构件的正截面承载力计算包括截面设计和承载力复核两类问题。

2.3.3.1　截面设计

在进行截面设计时,通常是根据受弯构件的使用要求、外荷载大小、建筑物的级别和选用的材料强度等级,确定截面尺寸以及钢筋数量。

1. 确定截面尺寸

根据设计经验或已建类似结构,并考虑构造及施工方面的特殊要求,拟定截面高度 h 和截面宽度 b。衡量截面尺寸是否合理的标准是:拟定截面尺寸应使计算出的实际配筋率 ρ 处于常用配筋率范围内。一般梁、板的常用配筋率范围如下:

现浇实心板:0.4%～0.8%;

矩形截面梁:0.6%～1.5%;

T 形截面梁:0.9%～1.8%(相对于梁肋而言)。

2. 内力计算

(1)确定合理的计算简图。计算简图中应包括计算跨度、支座条件、荷载形式等的确定。简支梁与板的计算跨度 l_0,取下列各值中的较小者:

简支梁、空心板　　$l_0 = l_n + a$ 或 $l_0 = 1.05 l_n$

简支实心板　　$l_0 = l_n + a, l_0 = l_n + h$ 或 $l_0 = 1.1 l_n$

式中　l_n——梁或板的净跨;

a——梁或板的支承长度;

h——板的厚度。

现浇板的宽度一般都比较大,其计算宽度 b 可取单位宽度(1 000 mm)。

(2)确定弯矩设计值 M。按照荷载的最不利组合,计算出跨中最大正弯矩和支座最大负弯矩的设计值。

3. 配筋计算

(1)计算 $\alpha_s = \dfrac{KM}{f_c b h_0^2}$。

(2)计算 $\xi = 1 - \sqrt{1 - 2\alpha_s}$;验算 $\xi \leqslant 0.85\xi_b$,若不满足,将会发生超筋破坏,则应加大

截面尺寸,提高混凝土强度等级或采用双筋截面。

(3)计算 $A_s = f_c b\xi h_0/f_y$。

(4)计算 $\rho = A_s/(bh_0)$,验算 $\rho \geqslant \rho_{min}$,若 $\rho < \rho_{min}$,将会发生少筋破坏,这时需要按 $\rho = \rho_{min}$进行配筋。截面的实际配筋率 ρ 应满足:$\rho_{min} \leqslant \rho \leqslant \rho_{max}$,最好处于梁或板的常用配筋率范围内。

4. 选配钢筋,绘制配筋图

根据附表2-1、附表2-2钢筋表,选出符合构造规定的钢筋直径、间距和根数。实际采用的$A_{s实}$一般等于或略大于计算所需要的 $A_{s计}$;若小于计算所需要的 $A_{s计}$,则应符合 $|A_{s实} - A_{s计}|/A_{s计} \leqslant 5\%$ 的规定。配筋图应表示出截面尺寸和钢筋的布置,按适当比例绘制。

单筋矩形受弯构件正截面设计流程图见图2-14。

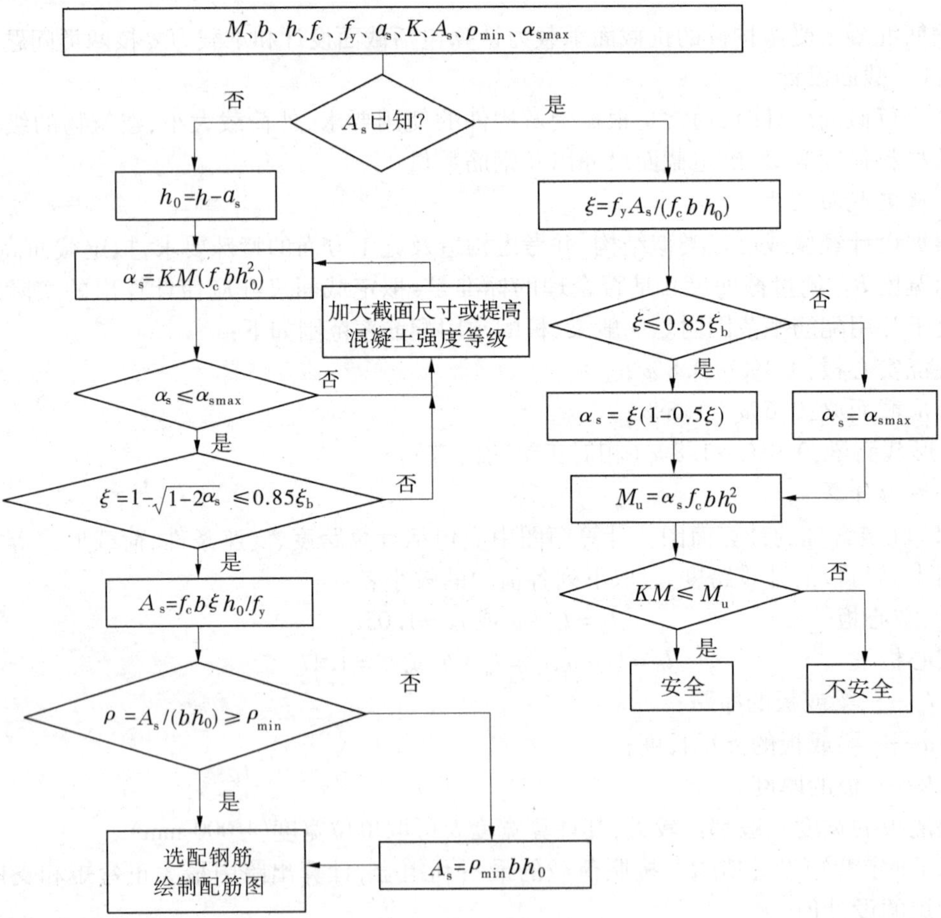

图2-14 单筋矩形截面受弯构件正截面设计流程图

2.3.3.2 承载力复核

承载力复核是在已知截面尺寸、受拉钢筋截面面积、钢筋级别和混凝土强度等级的条件下,验算构件正截面的承载能力。

1. 确定受压区高度

$$x = f_y A_s/(f_c b) \text{ 或 } \xi = f_y A_s/(f_c b h_0)$$

2. 确定构件的承载力

若 $x \leq 0.85\xi_b h_0$ 或 $\xi \leq 0.85\xi_b$,说明不会发生超筋破坏,此时,如满足式(2-5),则构件的正截面安全,否则不安全。

若 $x > 0.85\xi_b h_0$ 或 $\xi > 0.85\xi_b$,说明将会发生超筋破坏,应取 $x = 0.85\xi_b h_0$ 或 $\xi = 0.85\xi_b$、$\alpha_s = \alpha_{smax} = 0.85\xi_b(1 - 0.425\xi_b)$,如满足式(2-8),则构件的正截面安全,否则不安全。

【例 2-1】 某水电站厂房(水工建筑物 2 级)的钢筋混凝土简支梁,如图 2-15 所示。一类环境,净跨 $l_n = 6$ m,计算跨度 $l_0 = 6.24$ m,承受均布永久荷载(包括梁自重)$g_k = 12$ kN/m,均布可变荷载 $q_k = 9$ kN/m,采用混凝土强度等级为 C20,HRB335 级钢筋,试确定该梁的截面尺寸和纵向受拉钢筋截面面积 A_s。

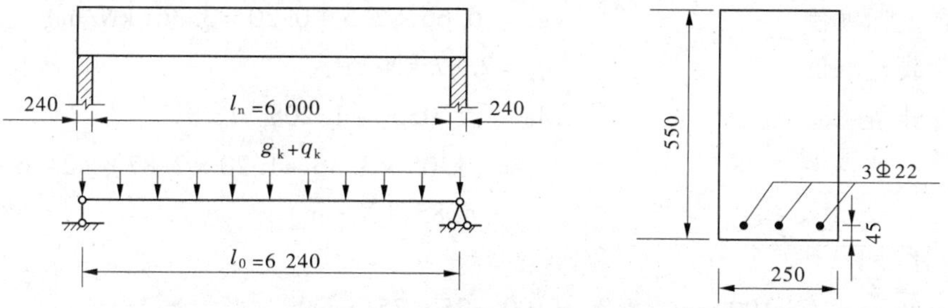

图 2-15 梁的内力计算图及截面配筋图 (单位:mm)

解:查附表 1-2、附表 1-5、附表 1-10 得:$f_c = 9.6$ N/mm^2,$f_y = 300$ N/mm^2,$K = 1.20$。

(1)确定截面尺寸。

由构造要求取

$$h = (1/8 \sim 1/12)\, l_0 = (1/8 \sim 1/12) \times 6\,240 = 780 \sim 520(\text{mm}),\ 取\ h = 550\ \text{mm}$$

$$b = (1/2 \sim 1/3)h = (1/2 \sim 1/3) \times 550 = 275 \sim 183(\text{mm}),取\ b = 250\ \text{mm}$$

(2)内力计算。

$$M = (1.05g_k + 1.20q_k)l_0^2/8 = (1.05 \times 12 + 1.20 \times 9) \times 6.24^2/8 = 113.89(\text{kN}\cdot\text{m})$$

(3)配筋计算。

取 $a_s = 45$ mm,则 $h_0 = h - a_s = 550 - 45 = 505$(mm)。

$$\alpha_s = \frac{KM}{f_c b h_0^2} = \frac{1.20 \times 113.89 \times 10^6}{9.6 \times 250 \times 505^2} = 0.223$$

$$\xi = 1 - \sqrt{1 - 2\alpha_s} = 1 - \sqrt{1 - 2 \times 0.223} = 0.256 < 0.85\xi_b = 0.85 \times 0.55 = 0.468$$

$$A_s = f_c b \xi h_0 / f_y = 9.6 \times 250 \times 0.256 \times 505/300 = 1\,034(\text{mm}^2)$$

$$\rho = 1\,034/(250 \times 505) = 0.82\% > \rho_{min} = 0.2\%$$

(4)选配钢筋,绘制配筋图。

选受拉纵筋为 3 Φ 22($A_s = 1\,140$ mm^2),需要最小梁宽 $b_{min} = 2c + 3d + 2e = 2 \times 30 +$

$3\times22+2\times25=176(\text{mm})<250$ mm，符合构造要求。配筋图如图2-15所示。

【例2-2】 某工作机房（3级水工建筑物）中的现浇钢筋混凝土实心板，一类环境，计算跨度 $l_0=2\ 360$ mm，板上作用均布可变荷载标准值 $q_k=2.87$ kN/m，水磨石地面及细石混凝土垫层厚度为30 mm，容重为22 kN/m³，板底粉刷砂浆厚度为12 mm，容重为17 kN/m³，混凝土强度等级为C20，HPB235级钢筋，钢筋混凝土的容重为25 kN/m³。试确定板厚 h 和受拉钢筋截面面积 A_s。

解：查附表1-2、附表1-5、附表1-10得：$f_c=9.6\ \text{N/mm}^2$，$f_y=210\ \text{N/mm}^2$，$K=1.20$。

（1）尺寸拟定。

取 $b=1\ 000$ mm，根据梁式板构造规定（$h\geqslant l_0/35$），假定板厚 $h=100$ mm。

（2）内力计算。

水磨石地面自重标准值	$30\times10^{-3}\times1\times22=0.66(\text{kN/m})$
板的自重标准值	$100\times10^{-3}\times1\times25=2.5(\text{kN/m})$
砂浆自重标准值	$12\times10^{-3}\times1\times17=0.20(\text{kN/m})$
总的自重标准值	$g_k=0.66+2.5+0.20=3.36(\text{kN/m})$
可变荷载标准值	$q_k=2.87$ kN/m
弯矩设计值	$M=(1.05g_k+1.20q_k)l_0^2/8$

$$=(1.05\times3.36+1.20\times2.87)\times2.36^2/8$$
$$=4.85(\text{kN}\cdot\text{m})$$

（3）配筋计算。

取 $a_s=25$ mm，$h=100$ mm，则 $h_0=100-25=75(\text{mm})$。

$$\alpha_s=\frac{KM}{f_cbh_0^2}=\frac{1.20\times4.85\times10^6}{9.6\times1\ 000\times75^2}=0.108$$

$$\xi=1-\sqrt{1-2\alpha_s}=1-\sqrt{1-2\times0.108}=0.115<0.85\xi_b=0.522$$

所以，不会发生超筋破坏。

$$A_s=\xi bh_0f_c/f_y=0.115\times1\ 000\times75\times9.6/210=394(\text{mm}^2)$$

$$\rho=A_s/(bh_0)=394/(1\ 000\times75)\approx0.53\%>\rho_{\min}=0.2\%$$

说明不会发生少筋破坏，并在板的常用配筋率0.4%～0.8%的范围，所以拟定板厚 $h=100$ mm合理。

（4）选配钢筋，绘配筋图。

选受拉钢筋为Φ8@125（$A_s=402\ \text{mm}^2$），分布钢筋为Φ6@250（$A_s=113\ \text{mm}^2$）。正截面配筋如图2-16所示。

【例2-3】 某泵站泵房矩形截面梁（3级水工建筑物），一类环境，截面尺寸 $b\times h=250\ \text{mm}\times600\ \text{mm}$，配置受拉钢筋为4Φ22，采用混凝土强度等级为C20，HRB335级钢筋。计算该梁所能承受的弯矩设计值。

解：查附表1-2、附表1-5、附表1-10、附表2-1得：$f_c=9.6\ \text{N/mm}^2$，$f_y=300\ \text{N/mm}^2$，$K=1.20$，$A_s=1\ 520\ \text{mm}^2$。

（1）确定相对受压区计算高度 x。

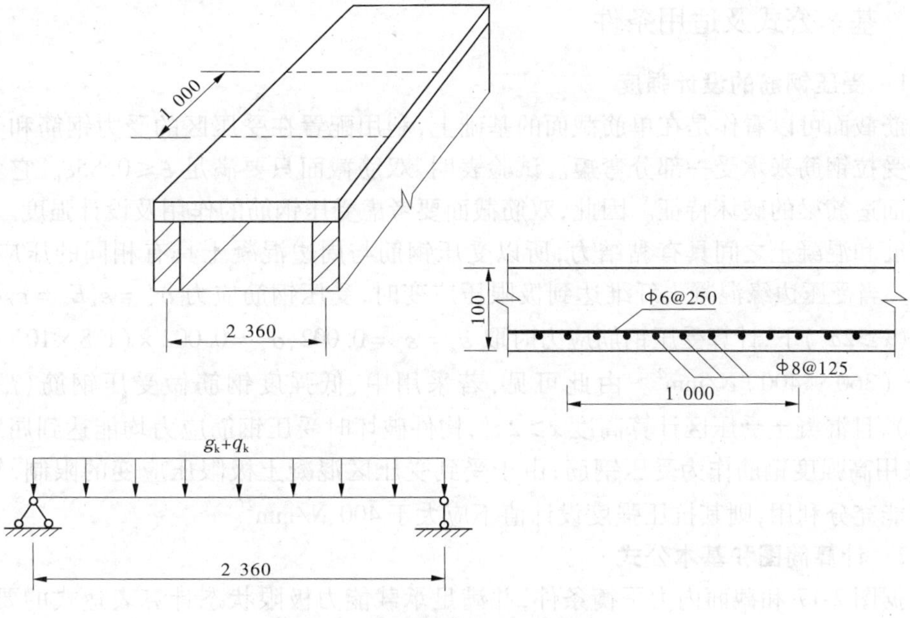

图 2-16　板的配筋图　(单位:mm)

$$h_0 = h - a_s = 600 - (30 + 22/2) = 559(\text{mm})$$

$$x = \frac{f_y A_s}{f_c b} = \frac{300 \times 1\,520}{9.6 \times 250} = 190(\text{mm}) < 0.85\xi_b h_0 = 0.85 \times 0.550 \times 559 = 261(\text{mm})$$

所以,不会发生超筋破坏。

(2)计算梁的承载力。

$$M = f_c bx(h_0 - 0.5x)/K = 9.6 \times 250 \times 190 \times (559 - 0.5 \times 190)/1.20$$
$$= 211.58 \times 10^6/1.20 = 176.32(\text{kN} \cdot \text{m})$$

所以,该梁正截面承受最大弯矩设计值为 176.32 kN·m。

任务 2.4　双筋矩形截面的受弯承载力计算

2.4.1　双筋截面及应用条件

在受拉区和受压区同时配置纵向受力钢筋的截面,称为双筋截面。由于混凝土抗压性能好,价格比钢筋低,用钢筋协助混凝土承受压力是不经济的,但对构件的延性有利。双筋截面通常在下列情况下采用:

(1)截面承受的弯矩很大,按单筋截面计算则 $\xi > 0.85\xi_b$,同时截面尺寸及混凝土强度等级因条件限制不能加大或提高。

(2)构件在不同的荷载组合下,同一截面既承受正弯矩,又承受负弯矩。

(3)在计算抗震设防烈度为 6 度以上地区,为了增加构件的延性,在受压区配置普通钢筋,对结构抗震有利。

2.4.2 基本公式及适用条件

2.4.2.1 受压钢筋的设计强度

双筋截面可以看作是在单筋截面的基础上，利用配置在受压区的受力钢筋和受拉区的部分受拉钢筋来承受一部分弯矩。试验表明，双筋截面只要满足 $\xi \leqslant 0.85\xi_b$，它就具有单筋截面适筋梁的破坏特征。因此，双筋截面要考虑受压钢筋的作用及设计强度。

钢筋和混凝土之间具有黏结力，所以受压钢筋与周边混凝土具有相同的压应变，即 $\varepsilon'_s = \varepsilon_c$。当受压边缘混凝土纤维达到极限压应变时，受压钢筋应力 $\sigma'_s = \varepsilon'_s E_s = \varepsilon_c E_s$。正常情况（$x \geqslant 2a'_s$）下，计算受压钢筋应力时取 $\varepsilon'_s = \varepsilon_c = 0.002$，$\sigma'_s = 0.002 \times (1.8\times10^5 \sim 2.0\times10^5) = (360\sim400)\ \mathrm{N/mm^2}$。由此可见，若采用中、低强度钢筋做受压钢筋（$f'_y \leqslant 400\ \mathrm{N/mm^2}$），且混凝土受压区计算高度 $x \geqslant 2a'_s$，构件破坏时受压钢筋应力均能达到屈服强度 f'_y；若采用高强度钢筋作为受压钢筋，由于受到受压区混凝土极限压应变的限制，钢筋的强度不能充分利用，则其抗压强度设计值不应大于 400 $\mathrm{N/mm^2}$。

2.4.2.2 计算简图和基本公式

根据图 2-17 和截面内力平衡条件，并满足承载能力极限状态计算表达式的要求，可得如下基本计算公式

$$\sum X = 0 \qquad f_c bx + f'_y A'_s = f_y A_s \tag{2-14}$$

$$\sum M = 0 \qquad KM \leqslant f_c bx(h_0 - 0.5x) + f'_y A'_s (h_0 - a'_s) \tag{2-15}$$

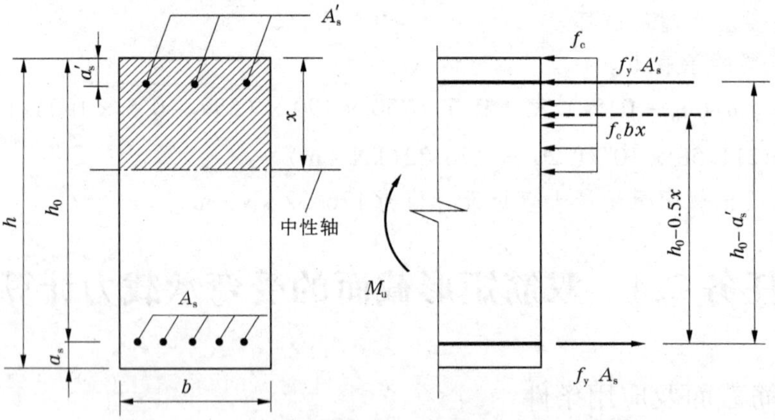

图 2-17 双筋矩形截面梁正截面承载力计算简图

为简化计算，将 $x = \xi h_0$ 及 $\alpha_s = \xi(1-0.5\xi)$ 代入式(2-14)、式(2-15)得

$$f_c b\xi h_0 + f'_y A'_s = f_y A_s \tag{2-16}$$

$$KM \leqslant \alpha_s f_c b h_0^2 + f'_y A'_s (h_0 - a'_s) \tag{2-17}$$

式中 f'_y——受压钢筋的抗压强度设计值，$\mathrm{N/mm^2}$，按附表 1-5 取用；

A'_s——受压钢筋的截面面积，$\mathrm{mm^2}$；

a'_s——受压区钢筋合力点至截面受压边缘的距离，mm。

2.4.2.3　**适用条件**

(1) $x \leqslant 0.85\xi_b h_0$ 或 $\xi \leqslant 0.85\xi_b$；避免发生超筋破坏，保证受拉钢筋应力达到抗拉强度设计值 f_y。

(2) $x \geqslant 2a_s'$；保证受压钢筋应力达到抗压强度设计值 f_y'。因为受压钢筋如太靠近中和轴，将得不到足够的变形，应力无法达到抗压强度设计值，式(2-14)及式(2-15)便不能成立。

若 $x < 2a_s'$，纵向受压钢筋应力尚未达到 f_y'。截面设计时，可偏安全地取受压纵筋合力点 D_s 与受压混凝土合力点 D_c 重合，如图 2-18 所示。以受压钢筋合力点为力矩中心，可得

$$KM \leqslant f_y A_s (h_0 - a_s') \tag{2-18}$$

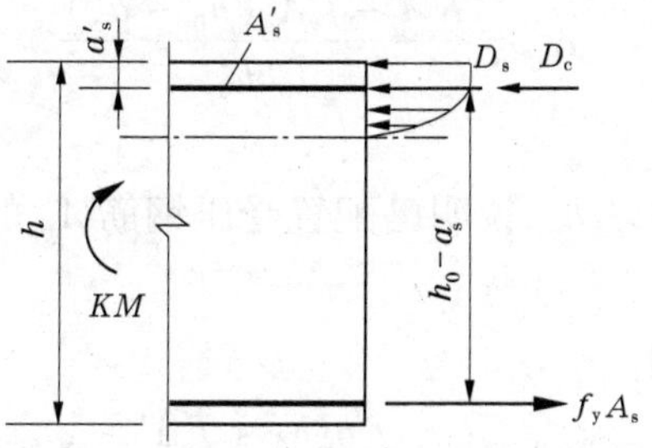

图 2-18　$x < 2a_s'$ 时双筋截面计算图形

上式为双筋截面 $x < 2a_s'$ 时，确定纵向受拉钢筋数量的唯一计算公式。若计算中不考虑受压钢筋的作用，则条件 $x \geqslant 2a_s'$ 即可取消。

双筋截面承受的弯矩较大，相应的受拉钢筋配置较多，一般均能满足最小配筋率的要求，无须验算 ρ_{min} 的条件。

2.4.3　公式应用

2.4.3.1　截面设计

设计双筋截面时，根据已知条件的不同，可能遇到两种情况。

1. 类型 Ⅰ

已知弯矩设计值 M，截面尺寸 b、h，钢筋级别，混凝土强度等级，承载力安全系数 K，需计算受压钢筋截面面积 A_s' 和受拉钢筋截面面积 A_s。

1) 判断是否应采用双筋截面进行设计

根据弯矩计算值 M 及截面宽度 b 的大小，估计受拉钢筋布置的层数选定 a_s 并计算出 h_0，按式(2-6)计算出 α_s 值，并与 α_{smax} 值进行比较。若 $\alpha_s \leqslant \alpha_{smax}$，说明应采用单筋截面；否则，应采用双筋截面。

2) 配筋计算

基本公式只有 2 个，而此时共有 3 个未知数(A_s、A_s'、x)，不能直接求解，需补充一个条件，方程组才能有定解。为充分利用混凝土承受压力，使钢筋的总用量最小，应取 $x = 0.85\xi_b h_0$，即 $\xi = 0.85\xi_b$、$\alpha_s = \alpha_{smax}$ 作为补充条件。

由式(2-16)、式(2-17)可得：

$$A_s' = \frac{KM - \alpha_{smax} f_c b h_0^2}{f_y'(h_0 - a_s')} \tag{2-19}$$

$$A_s = \frac{0.85 f_c b \xi_b h_0 + f'_y A'_s}{f_y} \tag{2-20}$$

3）选配钢筋，绘制配筋图

根据钢筋表，选出符合构造规定的钢筋直径、间距和根数，绘制正截面配筋图。

2. 类型Ⅱ

已知弯矩设计值 M，截面尺寸 b、h，钢筋级别，混凝土强度等级，承载力安全系数 K，受压钢筋截面面积 A'_s，计算受拉钢筋截面面积 A_s。

1）计算截面抵抗矩系数 α_s

$$\alpha_s = \frac{KM - f'_y A'_s (h_0 - a'_s)}{f_c b h_0^2} \tag{2-21}$$

2）计算 ξ、x，求 A_s

若 $\xi > 0.85\xi_b$ 或 $x > 0.85\xi_b h_0$，说明已配置受压钢筋 A'_s 的数量不足，此时应按类型Ⅰ的步骤进行计算。

若 $2a'_s \leqslant x \leqslant 0.85\xi_b h_0$，则

$$A_s = \frac{f_c b \xi h_0 + f'_y A'_s}{f_y} \tag{2-22}$$

若 $x < 2a'_s$，则

$$A_s = \frac{KM}{f_y (h_0 - a'_s)} \tag{2-23}$$

3）选配钢筋，绘制配筋图

根据钢筋表，选出符合构造规定的钢筋直径、间距和根数，绘制正截面配筋图。

双筋矩形梁正截面设计流程图见图2-19。

2.4.3.2 承载力复核

已知截面尺寸、受拉钢筋和受压钢筋截面面积、钢筋级别、混凝土强度等级，验算构件正截面的承载能力，可按下列步骤进行：

（1）确定混凝土受压区计算高度 x。

$$x = \frac{f_y A_s - f'_y A'_s}{f_c b} \tag{2-24}$$

（2）确定梁的承载力。

若 $x > 0.85\xi_b h_0$，取 $x = 0.85\xi_b h_0$，则 $\xi = 0.85\xi_b$、$\alpha_s = \alpha_{smax}$，代入式（2-17），如满足公式，则梁的正截面安全，否则不安全，即要求

$$KM \leqslant \alpha_{smax} f_c b h_0^2 + f'_y A'_s (h_0 - a'_s) \tag{2-25}$$

若 $2a'_s \leqslant x \leqslant 0.85\xi_b h_0$，此时，如满足公式（2-15），则构件的正截面安全，否则不安全。

若 $x < 2a'_s$，此时，如满足公式（2-18），则构件的正截面安全，否则不安全。

【例2-4】 已知某矩形截面简支梁（2级水工建筑物），$b \times h = 250\ \text{mm} \times 500\ \text{mm}$，一类环境条件，计算跨度 $l_0 = 6\ 500\ \text{mm}$，在使用期间承受均布荷载标准值 $g_k = 20\ \text{kN/m}$（包括自重），$q_k = 13.8\ \text{kN/m}$，混凝土强度等级为C20，钢筋为HRB335级。试计算受力钢筋截面面积（假定截面尺寸、混凝土强度等级因条件限制不能增大或提高）。

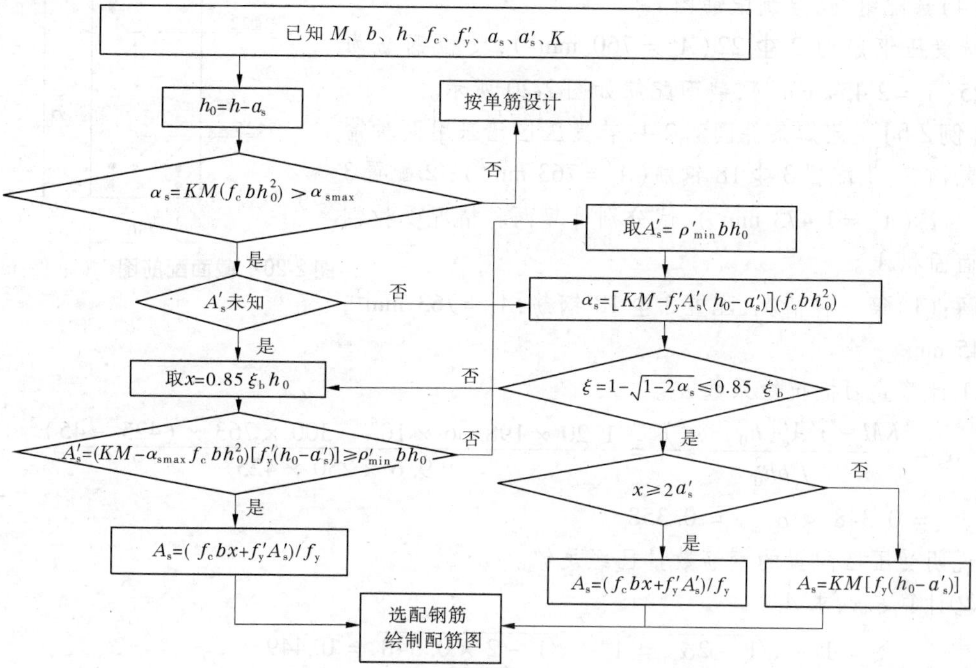

图 2-19　双筋矩形梁正截面设计流程图

解：查附表 1-2、附表 1-5、附表 1-10 得：$f_c=9.6\ \text{N/mm}^2$，$f_y=f'_y=300\ \text{N/mm}^2$，$K=1.20$。

(1) 确定弯矩设计值 M。

$$M=\frac{1}{8}\times(1.05g_k+1.20q_k)l_0^2=\frac{1}{8}\times(1.05\times20+1.20\times13.8)\times6.5^2=198.36(\text{kN}\cdot\text{m})$$

(2) 验算是否应采用双筋截面。

因弯矩较大，初估钢筋布置为两层，取 $a_s=75$ mm，则 $h_0=h-a_s=500-75=425(\text{mm})$。

$$\alpha_s=\frac{KM}{f_cbh_0^2}=\frac{1.20\times198.36\times10^6}{9.6\times250\times425^2}=0.549>\alpha_{smax}=0.358$$

属于超筋破坏，应采用双筋截面进行计算。

(3) 配筋计算。

设受压钢筋为一层，取 $a'_s=45$ mm；为节约钢筋，充分利用混凝土抗压，取 $x=0.85\xi_bh_0$，则 $\alpha_s=\alpha_{smax}$，由式(2-16)、式(2-17)得

$$A'_s=\frac{KM-\alpha_{smax}f_cbh_0^2}{f'_y(h_0-a'_s)}=\frac{1.20\times198.36\times10^6-0.358\times9.6\times250\times425^2}{300\times(425-45)}$$

$$=727(\text{mm}^2)$$

$$A_s=\frac{0.85f_cb\xi_bh_0+f'_yA'_s}{f_y}$$

$$=\frac{0.85\times9.6\times250\times0.550\times425+300\times727}{300}$$

$$=2\,317(\text{mm}^2)$$

(4)选配钢筋,绘制配筋图。

选受压钢筋为 2 Φ 22($A_s' = 760\ mm^2$),受拉钢筋为 5 Φ 25($A_s = 2\ 454\ mm^2$),截面配筋如图 2-20 所示。

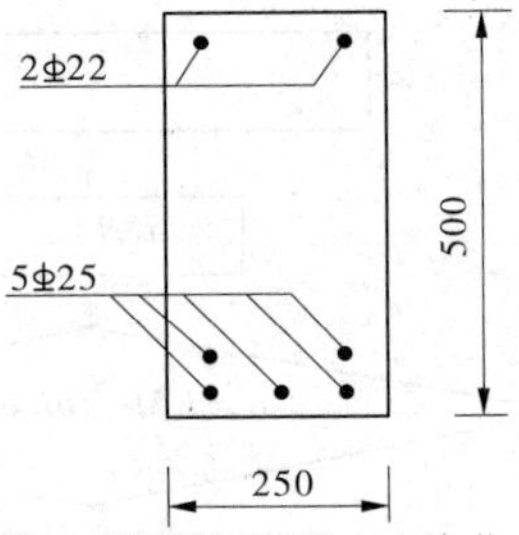

图 2-20 截面配筋图 (单位:mm)

【例 2-5】 已知条件同例 2-4,若受压区已采用两种情况配置钢筋:①配置 3 Φ 18 钢筋($A_s' = 763\ mm^2$);②配置 3 Φ 25 钢筋($A'_s = 1\ 473\ mm^2$),试分别计算两种情况受拉钢筋截面面积 A_s。

解:(1)第一种情况,配置 3 Φ 18 钢筋,$A_s' = 763\ mm^2$,$a_s' = 45\ mm$。

①计算截面抵抗矩系数 α_s。

$$\alpha_s = \frac{KM - f_y'A_s'(h_0 - a_s')}{f_c b h_0^2} = \frac{1.20 \times 198.36 \times 10^6 - 300 \times 763 \times (425 - 45)}{9.6 \times 250 \times 425^2}$$

$$= 0.348 < \alpha_{smax} = 0.358$$

说明受压区配置的钢筋数量已经足够。

②计算 ξ、x,求 A_s。

$$\xi = 1 - \sqrt{1 - 2\alpha_s} = 1 - \sqrt{1 - 2 \times 0.348} = 0.449$$

$$x = \xi h_0 = 0.449 \times 425 = 191(mm) > 2a_s' = 2 \times 45 = 90(mm)$$

$$A_s = \frac{f_c bx + f_y'A_s'}{f_y} = \frac{9.6 \times 250 \times 191 + 300 \times 763}{300} = 2\ 291(mm^2)$$

③选配钢筋,绘制配筋图。

选受拉钢筋为 6 Φ 22($A_s = 2\ 281\ mm^2$),截面配筋如图 2-21(a)所示。

(2)第二种情况,配置 3 Φ 25 钢筋,$A_s' = 1\ 473\ mm^2$,$a_s' = 45\ mm$。

①计算截面抵抗矩系数 α_s。

$$\alpha_s = \frac{KM - f_y'A_s'(h_0 - a_s')}{f_c b h_0^2} = \frac{1.20 \times 198.36 \times 10^6 - 300 \times 1\ 473 \times (425 - 45)}{9.6 \times 250 \times 425^2}$$

$$= 0.162 < \alpha_{smax} = 0.358$$

说明受压区配置的钢筋数量已经足够。

②计算 ξ、x,求 A_s。

$$\xi = 1 - \sqrt{1 - 2\alpha_s} = 1 - \sqrt{1 - 2 \times 0.162} = 0.178$$

$$x = \xi h_0 = 0.178 \times 425 = 76(mm) < 2a_s' = 2 \times 45 = 90(mm)$$

$$A_s = \frac{KM}{f_y(h_0 - a_s')} = \frac{1.20 \times 198.36 \times 10^6}{300 \times (425 - 45)} = 2\ 088(mm^2)$$

③选配钢筋,绘制配筋图。

选受拉钢筋为 3 Φ 25 + 2 Φ 20($A_s = 2\ 101\ mm^2$),截面配筋如图 2-21(b)所示。

【例 2-6】 某水电站厂房(3 级建筑物)中的简支梁,截面尺寸为 200 mm × 500 mm。混凝土强度等级为 C20,受压钢筋 3 Φ 22($A_s' = 1\ 140\ mm^2$,$a_s' = 45\ mm$),一类环境条件,受拉钢筋采用 5 Φ 25($A_s = 2\ 454\ mm^2$,$a_s = 75\ mm$)的配置,承受弯矩设计值为 $M = 215\ kN \cdot m$,

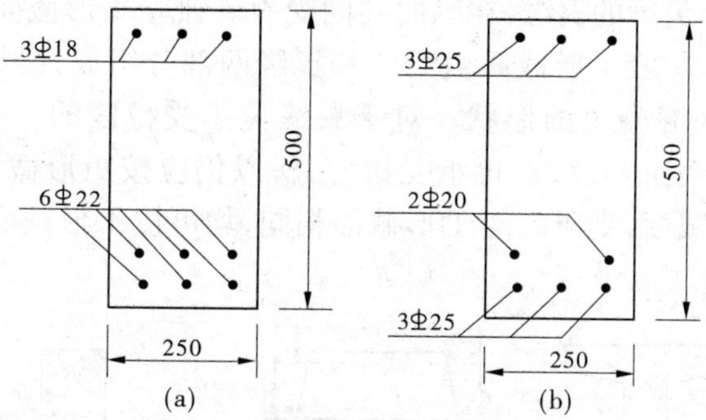

图 2-21　截面配筋图　（单位：mm）

试复核此截面是否安全。

解：查附表 1-2、附表 1-5、附表 1-10、附表 3-1 得：$f_c = 9.6\ \text{N/mm}^2$，$f_y = f'_y = 300\ \text{N/mm}^2$，$K = 1.20$，$c = 35\ \text{mm}$。

受拉钢筋为 5 ⌀ 25 时：

$$h_0 = 500 - 75 = 425(\text{mm})$$

$$x = \frac{f_y A_s - f'_y A'_s}{f_c b} = \frac{300 \times (2\,454 - 1\,140)}{9.6 \times 200} = 205(\text{mm}) > 0.85\xi_b h_0$$

$$= 0.85 \times 0.55 \times 425 = 199(\text{mm})$$

代入式(2-17)计算承载力

$$\alpha_{smax} f_c b h_0^2 + f'_y A'_s (h_0 - a'_s) = 0.358 \times 9.6 \times 200 \times 425^2 + 300 \times 1\,140 \times (425 - 45)$$

$$= 254.11(\text{kN} \cdot \text{m})$$

$$KM = 1.20 \times 215 = 258(\text{kN} \cdot \text{m}) > \alpha_{smax} f_c b h_0^2 + f'_y A'_s (h_0 - a'_s) = 254.11(\text{kN} \cdot \text{m})$$

所以，该构件的正截面不安全。

任务 2.5　T 形截面的受弯承载力计算

2.5.1　T 形截面的概念

钢筋混凝土受弯构件发生正截面破坏时，受拉区混凝土已经开裂。根据正截面承载力计算的基本假定，受拉区拉力全部由受拉钢筋来承担。若将矩形截面的受拉区混凝土去掉一部分，纵向受拉钢筋集中布置在受拉区中部，便成为 T 形截面，如图 2-22 所示。它与原矩形截面相比较，承载能力相同，但节省混凝土，减轻了构件自重。

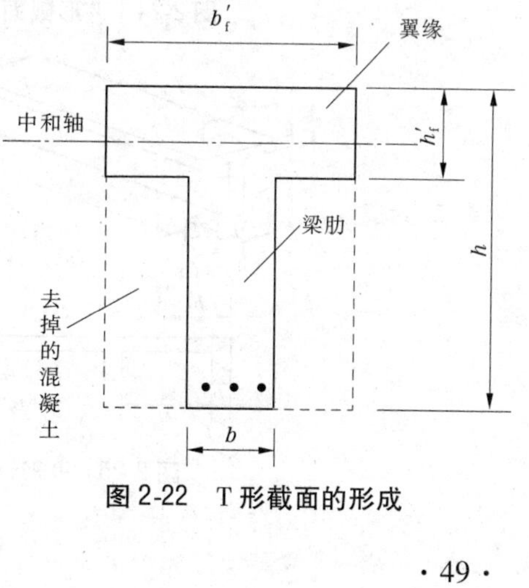

图 2-22　T 形截面的形成

在实际工程中，T 形截面广泛采用。例如，水闸启闭机的工作平台、渡槽槽身、房屋楼盖等结构都是板和梁浇筑在一起形成的整体式肋形结构，对梁进行设计时,板作为梁的翼缘,在纵向共同受力。独立T形截面亦常采用,如厂房中的吊车梁、空心板等。一般T形截面由梁肋和翼缘两部分组成,梁板构件是否属于T形截面,关键在于受压区混凝土的形状。对于翼缘位于受拉区的⊥形截面(即倒T形截面),因受拉后翼缘混凝土开裂,不再承受拉力,所以仍应按矩形截面($b\times h$)计算。对I字形、∏形、空心形等截面,受压区与T形截面相同,均可按T形截面进行计算,如图2-23所示。

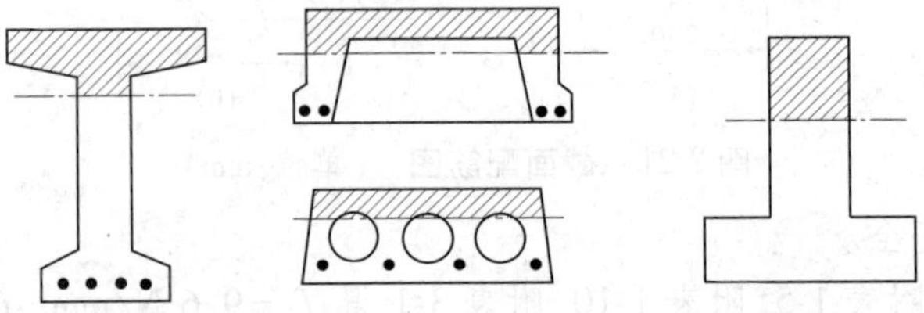

图2-23　I字形、∏形、空心形、⊥形截面

理论上讲,T形截面翼缘宽度 b_f' 越大,截面就越经济。因为在一定弯矩 M 作用下,b_f' 越大,则混凝土受压区计算高度 x 就越小,所需配置的受拉钢筋面积就越小。但试验研究表明,T形截面梁板沿翼缘宽度方向压应力的分布特点是:梁肋部应力最大,离肋部越远则应力越小。为简化计算,规定在一定范围内翼缘压应力呈均匀分布,范围之外翼缘不起作用,这一限定宽度,称为翼缘计算宽度 b_f',如图2-24所示。翼缘计算宽度 b_f' 的计算可参考图2-25、表2-3。计算时,将实际的翼缘宽度与表中各项 b_f' 值进行比较,取其中最小值作为计算值。

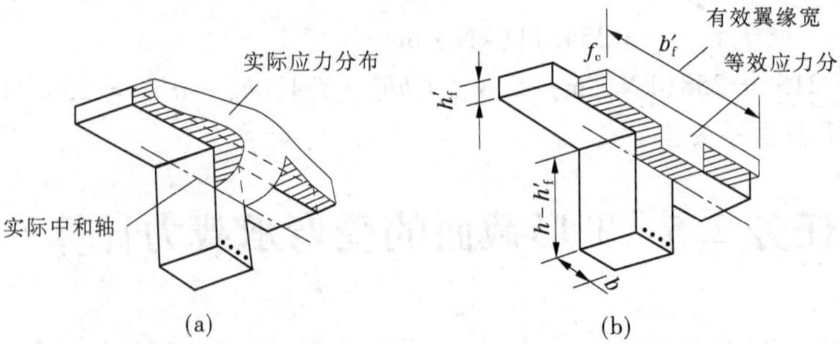

图2-24　T形截面梁受压区实际应力和计算应力图

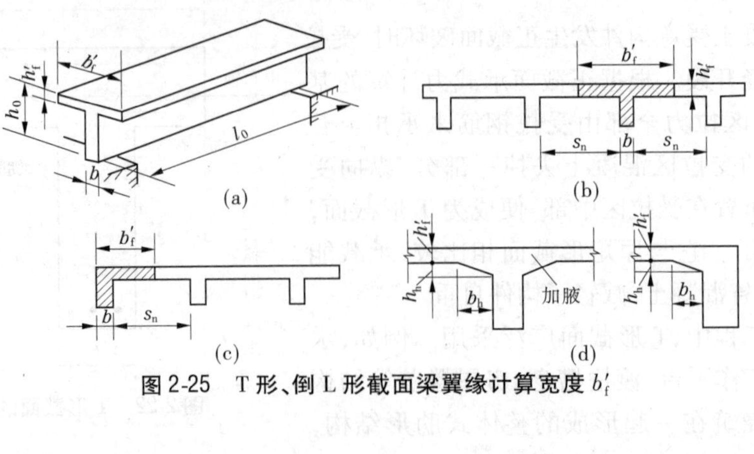

图2-25　T形、倒L形截面梁翼缘计算宽度 b_f'

表 2-3　T 形、I 形及倒 L 形截面受弯构件翼缘计算宽度 b_f'

项次	考虑情况		T 形、I 形截面		倒 L 形截面
			肋形梁(板)	独立梁	肋形梁(板)
1	按计算跨度 l_0 考虑		$l_0/3$	$l_0/3$	$l_0/6$
2	按梁(纵肋)净距 s_n 考虑		$b+s_n$	—	$b+0.5s_n$
3	按翼缘高度 h_f' 考虑	$h_f'/h_0 \geq 0.1$	—	$b+12h_f'$	—
		$0.05 \leq h_f'/h_0 < 0.1$	$b+12h_f'$	$b+6h_f'$	$b+5h_f'$
		$h_f'/h_0 < 0.05$	$b+12h_f'$	b	$b+5h_f'$

注:1. b 为腹板宽度。

2. 如肋形梁在梁跨内设有间距小于纵肋间距的横肋,则可不遵守表中项次 3 的规定。

3. 对于加腋的 T 形、I 形和倒 L 形截面,当受压区加腋的高度 $h_h \geq h_f'$ 且加腋的宽度 $b_h \leq 3h_h$ 时,其翼缘计算宽度可按表中项次 3 的规定分别增加 $2b_h$(T 形、I 形截面)和 b_h(倒 L 形截面)。

4. 独立梁受压区的翼缘板在荷载作用下经验算沿纵肋方向可能产生裂缝时,计算宽度应取用腹板宽度 b。

2.5.2　计算公式及适用条件

2.5.2.1　T 形截面梁的类型及其判别

根据中和轴位置的不同,T 形截面梁可分为两种类型。

第一类 T 形截面:中和轴位于翼缘内,即 $x \leq h_f'$。

第二类 T 形截面:中和轴位于梁肋内,即 $x > h_f'$。

为了建立 T 形截面类型的判别公式,首先建立中和轴恰好通过翼缘与梁肋分界线(即$x = h_f'$)时的计算公式,如图 2-26 所示。

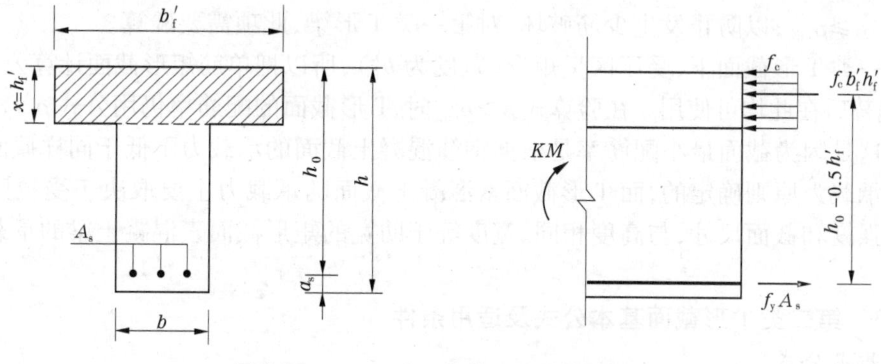

图 2-26　$x = h_f'$时 T 形截面的计算简图

由力的平衡条件得

$$\sum X = 0 \qquad f_c b_f' h_f' = f_y A_s \tag{2-26}$$

$$\sum M = 0 \qquad KM = f_c b_f' h_f' (h_0 - 0.5h_f') \tag{2-27}$$

截面设计时,用已知弯矩 M 与式(2-27)比较

$$KM \leq f_c b_f' h_f' (h_0 - 0.5h_f') \tag{2-28}$$

则属于第一类 T 形截面;否则,属于第二类 T 形截面。

承载力复核时，f_y、A_s 已知，用式(2-26)比较，若符合公式

$$f_yA_s \leqslant f_cb_f'h_f' \tag{2-29}$$

则属于第一类T形截面；否则，属于第二类T形截面。

2.5.2.2 第一类T形截面基本公式及适用条件

1. 基本公式

根据图2-27和截面内力平衡条件，并满足承载能力极限状态计算表达式的要求，可得如下基本公式

$$\sum X = 0 \qquad f_cb_f'x = f_yA_s \tag{2-30}$$

$$\sum M = 0 \qquad KM \leqslant f_cb_f'x(h_0 - 0.5x) \tag{2-31}$$

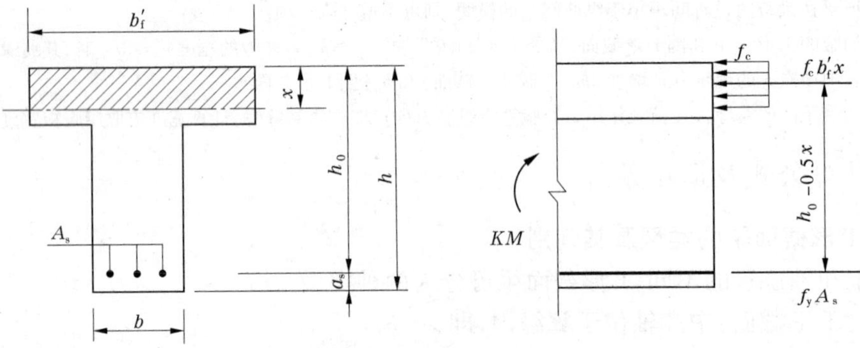

图2-27 第一类T形截面正截面承载力计算图

2. 适用条件

(1)$\xi \leqslant 0.85\xi_b$；以防止发生超筋破坏，对第一类T形梁，此项不必验算。

(2)$\rho \geqslant \rho_{min}$；以防止发生少筋破坏，对第一类T形梁，此项需要验算。

第一类T形截面下，受压区呈矩形(宽度为 b_f')，所以把单筋矩形截面计算公式中的 b 用 b_f' 代替后在此均可使用。在验算式 $\rho \geqslant \rho_{min}$ 时，T形截面的配筋率仍用公式 $\rho = A_s/(bh_0)$ 计算。这是因为截面最小配筋率是根据钢筋混凝土截面的承载力不低于同样截面的素混凝土的承载力原则确定的，而T形截面素混凝土截面的承载力主要取决于受拉区混凝土的抗拉强度和截面尺寸，与高度相同、宽度等于肋宽的矩形截面素混凝土梁的承载力基本相同。

2.5.2.3 第二类T形截面基本公式及适用条件

1. 基本公式

根据图2-28和截面内力平衡条件，并满足承载能力极限状态计算表达式的要求，可得如下基本公式

$$f_cbx + f_c(b_f' - b)h_f' = f_yA_s \tag{2-32}$$

$$KM \leqslant f_cbx(h_0 - 0.5x) + f_c(b_f' - b)h_f'(h_0 - 0.5h_f') \tag{2-33}$$

将 $x = \xi h_0$ 及 $\alpha_s = \xi(1 - 0.5\xi)$ 代入以上两式得

$$f_cb\xi h_0 + f_c(b_f' - b)h_f' = f_yA_s \tag{2-34}$$

$$KM \leqslant \alpha_sf_cbh_0^2 + f_c(b_f' - b)h_f'(h_0 - 0.5h_f') \tag{2-35}$$

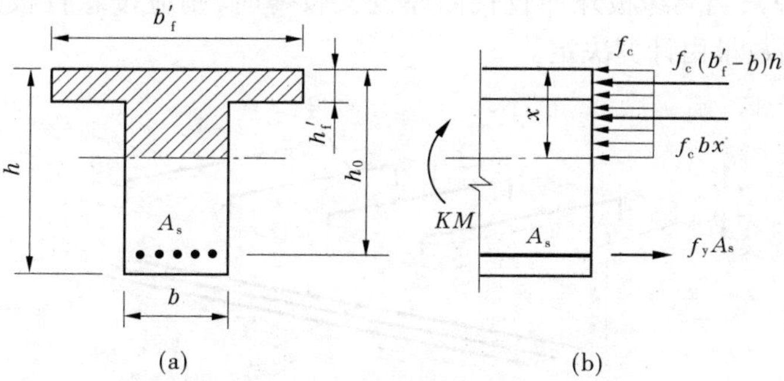

图 2-28　第二类 T 形截面承载力计算图

2. 适用条件

(1) $\xi \leqslant 0.85\xi_b$ 或 $x \leqslant 0.85\xi_b h_0$，以防止发生超筋破坏。

(2) $\rho \geqslant \rho_{min}$，以防止发生少筋破坏。

需要指出的是，第二类 T 形截面受压区的面积较大，所以一般不会发生超筋破坏，故条件 $\xi \leqslant 0.85\xi_b$ 常不必验算。另外，这种 T 形截面梁所需配置的 A_s 较大，均能满足 $\rho \geqslant \rho_{min}$ 的要求。

2.5.3　公式应用

2.5.3.1　截面设计

T 形梁截面尺寸，一般是预先假定或参考同类结构取用，也可按高跨比 $h/l_0 = 1/8 \sim 1/12$ 拟订梁高 h，按高宽比 $h/b = 2.5 \sim 4.0$ 拟订梁宽 b 的思路进行设计。截面设计时，截面尺寸（b、h、b'_f、h'_f）、材料及其强度设计值（f_c、f_y）、截面弯矩计算值 M 均为已知，只有纵向受拉钢筋截面面积 A_s 需计算。计算步骤如下：

(1) 确定翼缘计算宽度 b'_f。将实际翼缘计算宽度与表 2-3 所列各项的计算值进行比较后，取其中最小者作为翼缘计算宽度 b'_f。

(2) 判别 T 形截面的类型。若式(2-28)成立，则属于第一类 T 形截面；否则，属于第二类 T 形截面。

(3) 配筋计算。

若为第一类 T 形截面，则按 $b'_f \times h$ 的矩形截面进行计算。

若为第二类 T 形截面，由式(2-34)或式(2-35)得

$$\alpha_s = \frac{KM - f_c(b'_f - b)h'_f(h_0 - 0.5h'_f)}{f_c b h_0^2} \tag{2-36}$$

$$\xi = 1 - \sqrt{1 - 2\alpha_s}$$

则

$$A_s = \frac{f_c b \xi h_0 + f_c(b'_f - b)h'_f}{f_y} \tag{2-37}$$

验算适用条件：$\xi \leqslant 0.85\xi_b$，$\rho \geqslant \rho_{min}$。

(4) 选配钢筋并绘图。

在独立 T 形梁中，除受拉区配置纵向受力钢筋以外，为保证受压区翼缘与梁肋的整体性，一般在翼缘板的顶面配置横向构造钢筋，其直径不小于 8 mm，每米跨长内不少于 5

根钢筋(见图 2-29),当翼缘板外伸较长而厚度又较薄时,则应按悬臂板计算翼缘的承载力,板顶面的钢筋数量由计算决定。

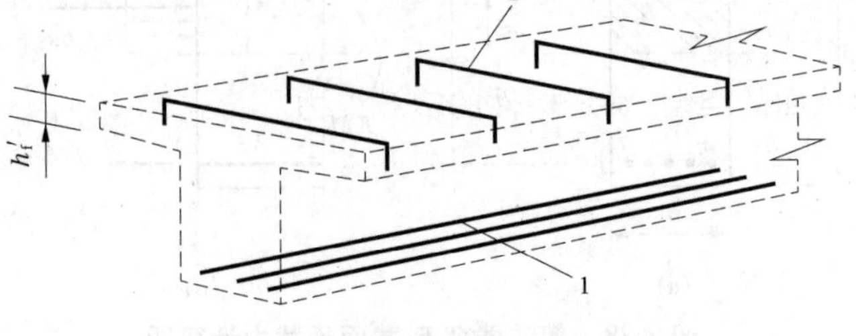

1—纵向受力钢筋;2—翼缘板横向钢筋

图 2-29　翼缘顶面构造钢筋

T 形截面正截面设计流程图见图 2-30。

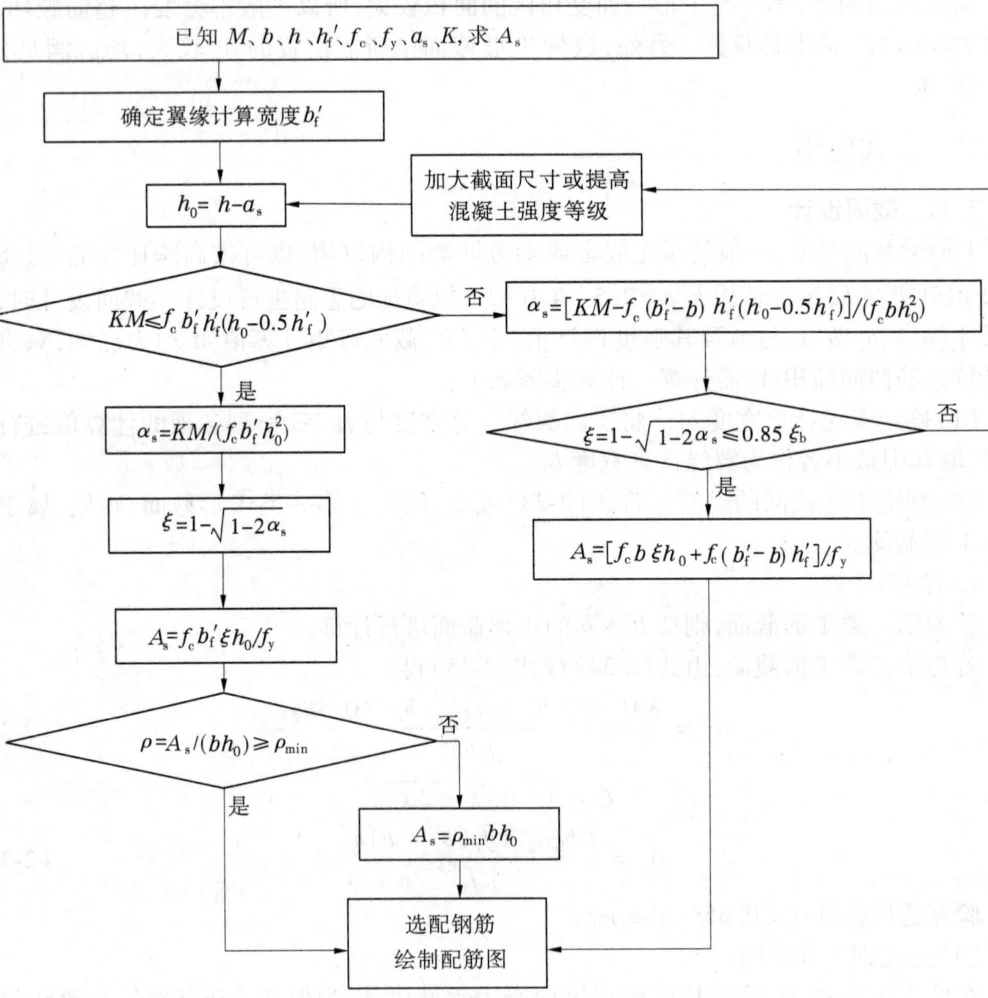

图 2-30　T 形截面正截面设计流程图

2.5.3.2　承载力复核

承载力复核时，截面尺寸（b、b'_f、h、h'_f）、材料强度（f_y、f_c）、受拉钢筋截面面积 A_s 及 a_s 均已知。需要验算的是，在给定承受的外力作用下，构件的正截面是否安全。步骤如下：

（1）确定翼缘的计算宽度 b'_f。

（2）判别 T 形截面的类型，确定构件的承载能力。若式（2-29）成立，则属于第一类 T 形截面，此时，可参照宽度为 b'_f 的单筋矩形截面进行承载力复核；否则，属于第二类 T 形截面，此时，可先由式（2-32）计算出相对受压区高度 x，代入式（2-33）确定构件的承载能力，若满足公式要求，则认为构件的正截面安全，否则不安全。

【例 2-7】　某肋形楼盖（2 级建筑物）的次梁，一类环境，计算跨度 $l_0=6.0$ m，间距为 2.5 m，截面尺寸如图 2-31 所示。在正常使用阶段，梁跨中承受弯矩设计值 $M=125$ kN·m，混凝土强度等级为 C20，HRB335 级钢筋，试计算次梁跨中截面受拉钢筋面积 A_s。

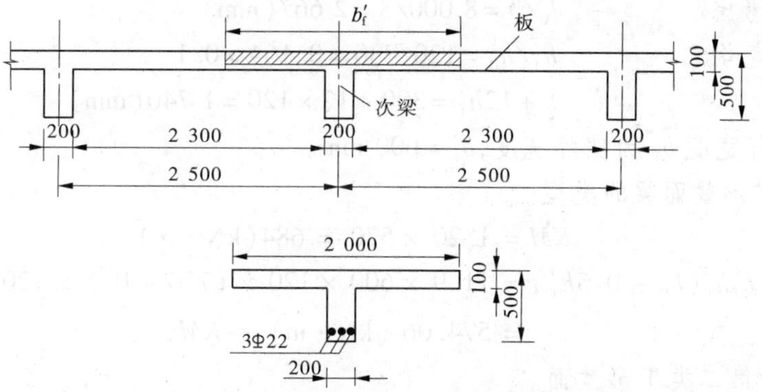

图 2-31　截面配筋图　（单位：mm）

解：查附表 1-2、附表 1-5、附表 1-10 得：$f_c=9.6$ N/mm²，$f_y=300$ N/mm²，$K=1.20$。

（1）确定翼缘计算宽度 b'_f。

估计受拉钢筋需要布置为一层，取 $a_s=45$ mm，则 $h_0=500-45=455$（mm）。

按梁跨 l_0 考虑　　　　$l_0/3=6\ 000/3=2\ 000$（mm）

按翼缘高度 h'_f 考虑　　　$h'_f/h_0=100/455=0.220>0.1$　翼缘不受限制

按梁净距 s_n 考虑　　$b'_f=b+s_n=200+2\ 300=2\ 500$（mm）

翼缘计算宽度 b'_f 取三者中的较小值，即 $b'_f=2\ 000$ mm。

（2）判别 T 形截面的类型。

$$KM=1.20\times125=150(\text{kN}\cdot\text{m})$$

$$f_cb'_fh'_f(h_0-0.5h'_f)=9.6\times2\ 000\times100\times(455-0.5\times100)$$
$$=777.6(\text{kN}\cdot\text{m})>KM=150(\text{kN}\cdot\text{m})$$

所以，属于第一类 T 形截面，按 2 000 mm×500 mm 的单筋矩形截面梁进行计算。

（3）配筋计算。

$$\alpha_s=\frac{KM}{f_cb'_fh_0^2}=\frac{1.20\times125\times10^6}{9.6\times2\ 000\times455^2}=0.038$$

$$\xi=1-\sqrt{1-2\alpha_s}=1-\sqrt{1-2\times0.038}=0.039$$

$$A_s = \frac{f_c b_f' \xi h_0}{f_y} = \frac{9.6 \times 2\,000 \times 0.039 \times 455}{300} = 1\,136(\mathrm{mm}^2)$$

$$\rho = A_s/(bh_0) = 1\,136/(200 \times 455) = 1.24\% > 0.2\%$$

(4)选配钢筋,绘配筋图。

选受拉钢筋为3 Φ 22(A_s=1 140 mm²),正截面配筋如图2-31所示。

【例2-8】 某T形截面吊车梁(3级建筑物),一类环境,计算跨度l_0=8 000 mm,截面尺寸如图2-32所示;承受弯矩设计值M=570 kN·m;混凝土强度等级为C25,HRB400级钢筋。试计算所需要的受拉钢筋截面面积。

解:查附表1-2、附表1-5、附表1-10得:f_c=11.9 N/mm²,f_y=360 N/mm²,K=1.20。

(1)确定翼缘计算宽度b_f'。

因弯矩较大,设受拉钢筋要布置为两层,取a_s=70 mm,则h_0=800−70=730(mm)。

按梁跨l_0考虑　　$l_0/3 = 8\,000/3 = 2\,667(\mathrm{mm})$

按翼缘高度考虑　　$h_f'/h_0 = 120/730 = 0.164 > 0.1$

$b + 12h_f' = 300 + 12 \times 120 = 1\,740(\mathrm{mm})$

取翼缘计算宽度b_f'为实际宽度,b_f'=600 mm。

(2)判别T形截面梁的类型。

$$KM = 1.20 \times 570 = 684(\mathrm{kN \cdot m})$$

$$f_c b_f' h_f'(h_0 - 0.5h_f') = 11.9 \times 600 \times 120 \times (730 - 0.5 \times 120) = 574.06\ (\mathrm{kN \cdot m}) < KM$$

所以,属于第二类T形截面。

(3)配筋计算。

$$\alpha_s = \frac{KM - f_c(b_f' - b)h_f'(h_0 - 0.5h_f')}{f_c b h_0^2} = \frac{1.20 \times 570 \times 10^6 - 11.9 \times (600 - 300) \times 120 \times (730 - 0.5 \times 120)}{11.9 \times 300 \times 730^2} = 0.209$$

$$\xi = 1 - \sqrt{1 - 2\alpha_s} = 1 - \sqrt{1 - 2 \times 0.209} = 0.237$$

$$A_s = \frac{f_c b \xi h_0 + f_c(b_f' - b)h_f'}{f_y} = \frac{11.9 \times 300 \times 0.237 \times 730 + 11.9 \times (600 - 300) \times 120}{360} = 2\,906\ (\mathrm{mm}^2)$$

(4)选配钢筋,绘制配筋图。

选受拉钢筋为6 Φ 25(A_s=2 945 mm²),截面配筋如图2-32所示。

【例2-9】 某T形截面梁(4级建筑物),一类环境,翼缘计算宽度b_f'=1 450 mm,h_f'=100 mm,b=250 mm,h=750 mm,混凝土强度等级C20,HRB335级钢筋,配置纵向受拉钢筋为6 Φ 22(A_s=2 281 mm²,a_s=70 mm)。试计算该梁正截面所能承受的弯矩设计值。

解:查附表1-2、附表1-5、附表1-10得:f_c=9.6 N/mm²,f_y=300 N/mm²,K=1.15。$h_0 = h - a_s = 750 - 70 = 680(\mathrm{mm})$。

(1)判别T形截面梁类型。

$$f_yA_s = 300 \times 2\ 281 = 684\ 300(\mathrm{N})$$

$$f_cb_f'h_f' = 9.6 \times 1\ 450 \times 100 = 1\ 392\ 000(\mathrm{N})$$

$$f_yA_s < f_cb_f'h_f'$$

所以,属于第一类T形截面。

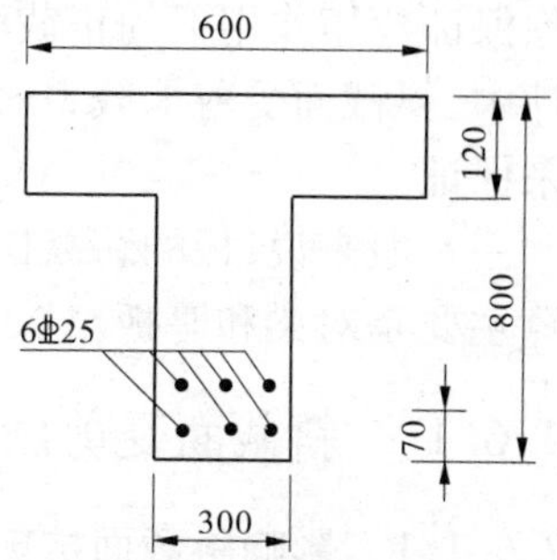

图2-32　截面配筋图

(2)弯矩设计值。

$$x = \frac{f_yA_s}{f_cb_f'} = \frac{684\ 300}{9.6 \times 1\ 450} = 49.16(\mathrm{mm})$$

$$KM \leqslant f_cb_f'x(h_0 - 0.5x) = 9.6 \times 1\ 450 \times 49.16 \times (680 - 0.5 \times 49.16) = 448.51(\mathrm{kN \cdot m})$$

$$M = 448.51/1.15 = 390.01(\mathrm{kN \cdot m})$$

所以,该梁正截面所能承受的弯矩设计值为390.01 kN·m。

任务2.6　钢筋混凝土受弯构件斜截面承载力计算

钢筋混凝土受弯构件在弯矩M和剪力V共同作用的剪弯区段内,构件常会出现斜裂缝(见图2-33),甚至沿斜裂缝发生斜截面破坏,通常破坏较为突然,具有脆性性质,其危险性极大。为了防止发生斜截面破坏,设计时应保证梁有足够的截面尺寸,并配置适量的箍筋和弯起钢筋(箍筋和弯起钢筋通常称为腹筋)。腹筋与纵向钢筋组成了构件的钢筋骨架,与混凝土共同承受截面的弯矩和剪力,防止截面破坏,如图2-33所示。

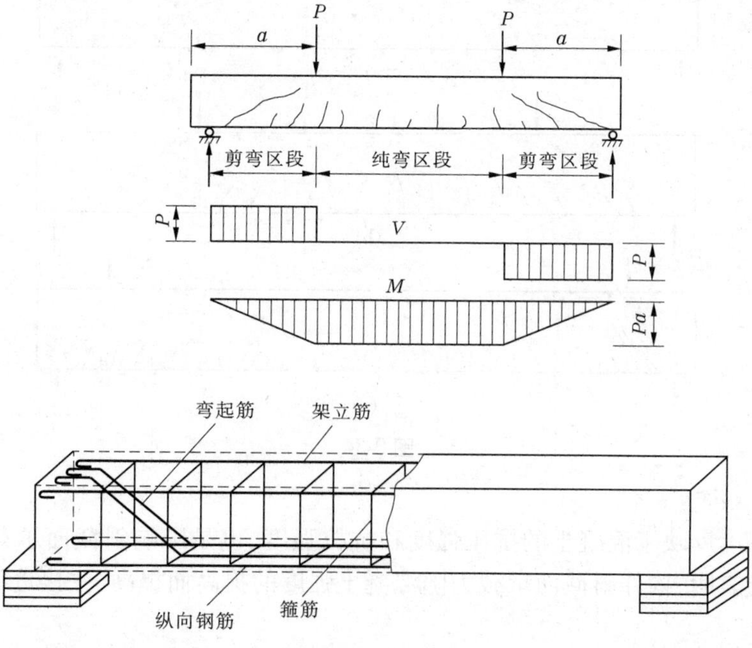

图2-33　梁的钢筋骨架

受弯构件的斜截面承载能力包括斜截面受剪承载力和斜截面受弯承载力。受弯构件除保证弯矩作用下的正截面承载力外,还必须保证构件的斜截面承载力。在实际工程设计中,斜截面受剪承载力通过计算配置腹筋来保证,而斜截面受弯承载力则通过构造措施来保证。

一般来说,板的跨高比较大,具有足够的斜截面承载力,故受弯构件斜截面承载力计算主要是对梁和厚板。

2.6.1 斜截面受剪破坏分析

2.6.1.1 影响斜截面抗剪承载力的主要因素

1. 剪跨比 λ

剪跨比反映了梁中弯矩和剪力的相对大小。对承受分布荷载或其他多种荷载的梁,截面的弯矩 M 与剪力 V 和有效高度 h_0 乘积的比值称为广义剪跨比,即

$$\lambda = \frac{M}{Vh_0} \tag{2-38}$$

对承受集中荷载的梁(见图 2-34),集中荷载作用点到支座之间的距离 a,称为剪跨,这时梁的剪跨比可表示为

$$\lambda = \frac{M}{Vh_0} = \frac{Pa}{Ph_0} = \frac{a}{h_0} \tag{2-39}$$

试验表明,剪跨比对梁的斜裂缝发生和发展状况、破坏形态及斜截面承载力影响很大。对梁顶直接施加集中荷载的梁,剪跨比 λ 是影响受剪承载力的主要因素。

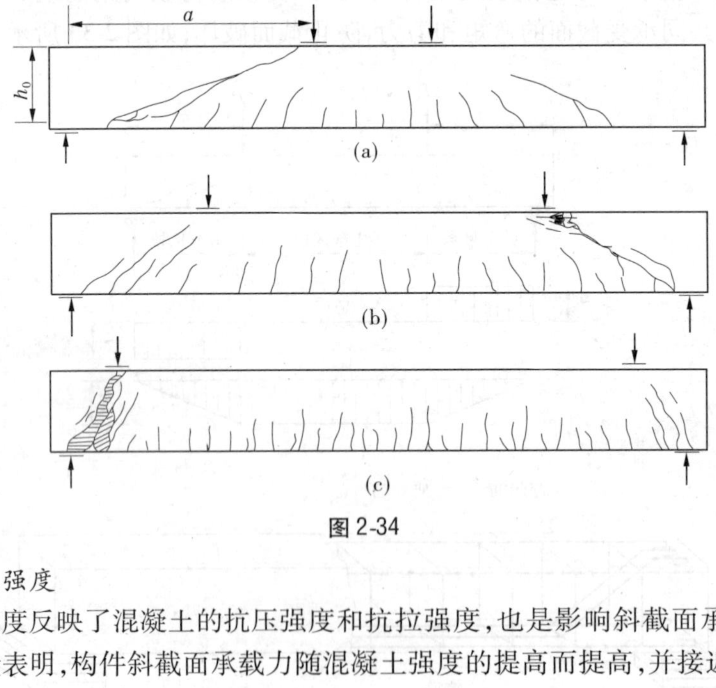

图 2-34

2. 混凝土强度

混凝土强度反映了混凝土的抗压强度和抗拉强度,也是影响斜截面承载力的一个重要因素。试验表明,构件斜截面承载力随混凝土强度的提高而提高,并接近线性关系。

3. 腹筋

斜裂缝出现之前,钢筋和混凝土一样变形很小,所以腹筋的应力很低,对阻止斜裂缝开裂的作用甚微。斜裂缝出现后,与斜裂缝相交的腹筋,不仅可以直接承受部分剪力,还

能阻止斜裂缝开展过宽，延缓斜裂缝的开展，提高斜截面上骨料的咬合力及混凝土的受剪承载力。另外，箍筋可限制纵向钢筋的竖向位移，能有效阻止混凝土沿纵向的撕裂，从而提高纵向钢筋在抗剪中的销栓作用。

4. 纵向钢筋

增加纵向钢筋可抑制斜裂缝向受压区的伸展，从而提高骨料咬合力，并加大了剪压区高度，使混凝土的抗剪能力提高。总之，随着纵向钢筋的增加，梁的受剪承载力有所提高，但增幅不大。

除上述几个主要影响因素外，影响斜截面承载力的因素还有截面形式、截面尺寸和加载方式等。

2.6.1.2 斜截面的破坏形态

试验表明，梁斜截面破坏的主要形态有斜拉破坏、剪压破坏及斜压破坏三种。

1. 斜拉破坏

如图2-34(a)所示，这种破坏常发生在剪跨比 λ 较大($\lambda > 3$)，且腹筋数量配得过少的情况。其破坏过程是，随着荷载的增加，一旦出现斜裂缝，上下延伸形成临界斜裂缝，并迅速向受压边缘发展，直至将整个截面裂通，使梁劈裂为两部分而破坏，往往伴随产生沿纵向钢筋的撕裂裂缝。破坏荷载与开裂荷载很接近。

2. 剪压破坏

如图2-34(b)所示，这种破坏常发生在剪跨比 λ 适中($1 < \lambda \leqslant 3$)，且腹筋配置数量适当的情况，是最典型的斜截面破坏。其破坏过程是，随着荷载的增加，首先在受拉区出现一些垂直裂缝和几条细微的斜裂缝，然后斜向延伸，形成较宽的主裂缝——临界斜裂缝，随着荷载的增大，斜裂缝向荷载作用点缓慢发展，剪压区高度不断减小，斜裂缝的宽度逐渐加宽，与斜裂缝相交的箍筋应力也随之增大，破坏时，受压区混凝土在剪应力和压应力共同作用下被压碎，此时箍筋的应力达到屈服强度。

3. 斜压破坏

如图2-34(c)所示，这种破坏常发生在当梁的剪跨比 λ 较小($\lambda \leqslant 1$)，且腹筋配置过多的情况。其破坏过程是，在荷载作用下，斜裂缝出现后，在裂缝中间形成倾斜的混凝土短柱，随着荷载的增加，这些短柱因混凝土达到轴心抗压强度而被压碎，此时箍筋的应力一般达不到屈服强度。

对于上述三种不同的破坏形态，设计时可以采用不同的方法进行处理，以保证构件具有足够的抗剪安全度。一般用限制截面梁的最小尺寸来防止发生斜压破坏，用满足腹筋的间距及限制箍筋的配箍率来防止斜拉破坏，剪压破坏是斜截面抗剪承载力计算公式建立的依据。

2.6.2 斜截面受剪承载力计算

2.6.2.1 斜截面抗剪承载力计算的基本公式

斜截面抗剪承载力计算，是以剪压破坏特征建立的计算公式。图2-35为配置适量腹筋的简支梁，在主要斜裂缝 AB 出现(临界破坏)时，取 AB 到支座的一段梁作为脱离体，与斜裂缝相交的箍筋和弯起钢筋均可屈服，余留截面混凝土的应力也达到抗压极限强度，斜截面的内力如图2-35所示。

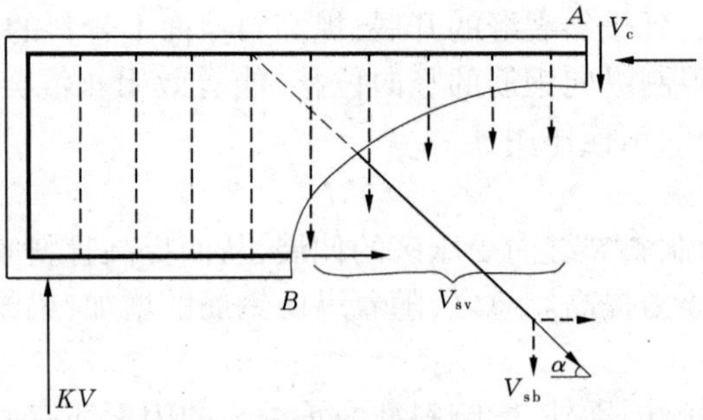

图 2-35　斜截面承载力的组成

根据承载力极限状态计算原则和脱离体竖向力的平衡条件可得

$$KV \leqslant V_c + V_{sv} + V_{sb} \tag{2-40}$$

式中　V——斜截面的剪力设计值，N；

V_c——混凝土的受剪承载力，N；

V_{sv}——箍筋的受剪承载力，N；

V_{sb}——弯起钢筋的受剪承载力，N；

K——承载力安全系数。

若梁不配置弯起钢筋，仅配箍筋，梁的受剪承载力则由混凝土的受剪承载力 V_c 和箍筋的受剪承载力 V_{sv} 两部分组成，并用 V_{cs} 表示，即 $V_{cs}=V_c+V_{sv}$。

由于影响斜截面受剪承载力的因素很多，目前 SL 191—2008 采用的受弯构件斜截面承载力计算公式仍为半理论半经验公式。

1. 仅配箍筋的梁

对于承受一般荷载的矩形、T 形和 I 形截面梁，其受剪承载力计算基本公式为

$$V_{cs} = V_c + V_{sv} = 0.7 f_t b h_0 + 1.25 f_{yv} \frac{A_{sv}}{s} h_0 \tag{2-41}$$

对承受集中力为主的重要的独立梁，其受剪承载力计算基本公式为

$$V_{cs} = V_c + V_{sv} = 0.5 f_t b h_0 + f_{yv} \frac{A_{sv}}{s} h_0 \tag{2-42}$$

式中　f_t——混凝土轴心抗拉强度设计值，N/mm^2，按附表 1-2 采用；

b——矩形截面的宽度或 T 形、I 形截面的腹板宽度，mm；

h_0——截面有效高度，mm；

f_{yv}——箍筋抗拉强度设计值，N/mm^2，按附表 1-5 采用；

A_{sv}——配置在同一截面内箍筋各肢的全部截面面积，mm^2；

s——箍筋间距，mm。

2. 弯起钢筋的受剪承载力 V_{sb}

弯起钢筋的受剪承载力是指通过破坏斜裂缝的斜筋所能承担的最大剪力，其值等于弯起钢筋所承受的拉力在垂直于梁轴线方向的分力（见图 2-35），即

$$V_{sb} = f_y A_{sb} \sin\alpha \tag{2-43}$$

式中　A_{sb}——同一弯起平面内弯起钢筋的截面面积，mm^2；

α——斜截面上弯起钢筋与构件纵向轴线的夹角。

3. 受剪承载力计算表达式

在计算中一般是先配箍筋，必要时再配置弯起钢筋。因此，受剪承载力计算公式又可分为两种情况：

(1)仅配箍筋的梁

$$KV \leqslant V_{cs} \tag{2-44}$$

(2)同时配箍筋和弯起钢筋的梁

$$KV \leqslant V_{cs} + V_{sb} \tag{2-45}$$

2.6.2.2　计算公式的适用条件

斜截面受剪承载力计算公式，是根据有腹筋梁的剪压破坏建立的，因此公式的适用条件必须防止发生斜压破坏和斜拉破坏。

1. 防止斜压破坏的条件——最小截面尺寸

当梁截面尺寸过小，配置的腹筋过多，剪力较大时，梁可能发生斜压破坏，这种破坏形态的构件受剪承载力主要取决于混凝土的抗压强度及构件的截面尺寸，腹筋的应力达不到屈服强度而不能充分发挥作用。为了避免发生斜压破坏，构件的最小截面尺寸必须符合下列条件：

当 $h_w/b \leqslant 4.0$ 时　　$KV \leqslant 0.25 f_c b h_0$　　(2-46)

当 $h_w/b \geqslant 6.0$ 时　　$KV \leqslant 0.2 f_c b h_0$　　(2-47)

当 $4.0 < h_w/b < 6.0$ 时，按直线内插法取用。

式中　V——构件斜截面上最大剪力设计值，N；

b——矩形截面的宽度，T 形截面或 I 形截面的腹板宽度，mm；

h_w——截面的腹板高度，mm，矩形截面取截面的有效高度，T 形截面取截面有效高度减去翼缘高度，I 形截面取腹板净高；

其他符号意义同前。

对截面高度较大，控制裂缝开展宽度要求较严的水工结构构件（例如混凝土渡槽槽身），即使 $h_w/b < 6.0$，其截面仍应符合式(2-47)的要求。对 T 形或 I 形的简支受弯构件，当有实践经验时，式(2-46)中的系数 0.25 可改为 0.3。

在设计中，若不满足最小截面尺寸要求，应加大截面尺寸或提高混凝土强度等级。

2. 防止斜拉破坏的条件——最小配箍率和腹筋最大间距

试验表明：若腹筋配置得过少过稀，一旦斜裂缝出现，由于腹筋的抗剪作用不足以替代斜裂缝发生前混凝土原有的作用，就会发生突然性的斜拉破坏。为了防止发生斜拉破坏，必须满足箍筋的配箍率及腹筋间距的要求。

1)配箍率

箍筋配置的数量可用配箍率 ρ_{sv} 来反映，ρ_{sv} 是箍筋截面面积与相邻箍筋之间腹板水平截面面积的比值，见图 2-36。箍筋配置过少，一旦斜裂缝出现，由于箍筋的抗剪作用不足以替代斜裂缝发生前混凝土原有的作用，就会发生突然性的斜拉破坏。为了防止发生这种破坏，当 $KV > V_c$ 时，箍筋的配置应满足它的最小配箍率 ρ_{svmin} 要求：

HPB235 级钢筋　　$\rho_{sv} = A_{sv}/(bs) \geqslant \rho_{svmin} = 0.15\%$　　(2-48)

HRB335 级钢筋　　$\rho_{sv} = A_{sv}/(bs) \geqslant \rho_{svmin} = 0.10\%$　　(2-49)

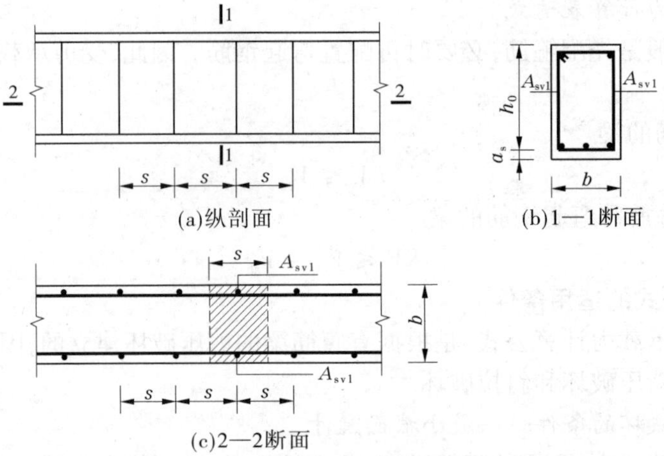

(a)纵剖面 (b)1—1断面

(c)2—2断面

图 2-36 梁的断面图

2)腹筋间距

腹筋间距过大,有可能在两根腹筋之间出现不与腹筋相交的斜裂缝,这时腹筋便不能发挥作用,见图 2-37。同时,箍筋分布的疏密对斜裂缝开展宽度也有影响。因此,对腹筋的最大间距 s_{max} 做了规定,在任何情况下,腹筋间距 s 或 s_1 不得大于表 2-4 中的 s_{max} 数值。

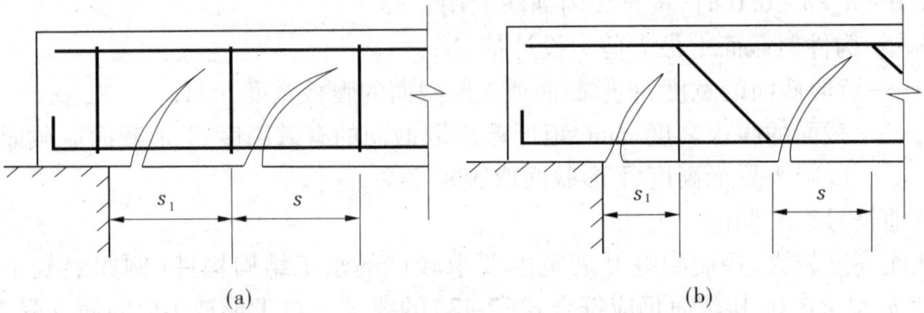

(a) (b)

s_1—支座边缘第一根斜筋或箍筋的距离;s—斜筋或箍筋的间距

图 2-37 腹筋间距过大时产生的影响

表 2-4 梁中箍筋的最大间距 s_{max} (单位:mm)

项次	梁高 h	$KV > V_c$	$KV \leqslant V_c$
1	$h \leqslant 300$	150	200
2	$300 < h \leqslant 500$	200	300
3	$500 < h \leqslant 800$	250	350
4	$h > 800$	300	400

注:薄腹梁的箍筋间距宜适当减小。

2.6.2.3 受剪承载力计算位置

在进行受剪承载力计算时,应先根据危险截面确定受剪承载力的计算位置,对于矩形、T 形和 I 形截面构件,受剪承载力的计算位置(见图 2-38)应按下列规定采用:

(1)支座边缘处的截面 1—1。

(2)受拉区弯起钢筋弯起点处的截面 2—2、3—3。

(3)箍筋截面面积或间距改变处的截面4—4。

(4)腹板宽度改变处的截面。

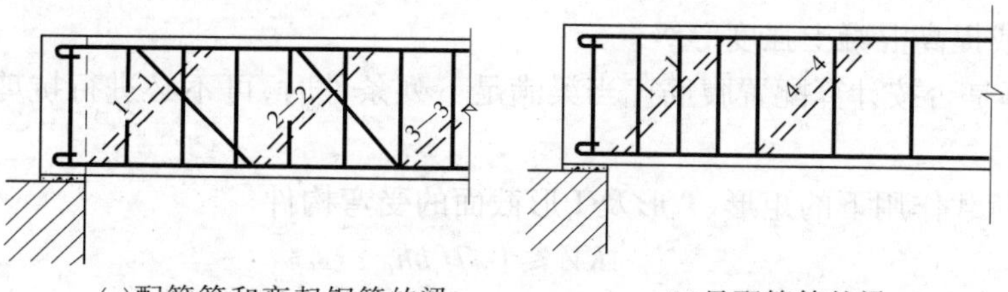

(a)配箍筋和弯起钢筋的梁　　(b)只配箍筋的梁

图2-38　斜截面受剪承载力计算位置

当计算梁的抗剪钢筋时,剪力设计值 V 可按下列方法采用:当计算支座截面的箍筋和第一排(对支座而言)弯起钢筋时,取用支座边缘的剪力设计值,对于仅承受直接作用在构件顶面的分布荷载的梁,可取距离支座边缘 $0.5h_0$ 处的剪力设计值;当计算以后的每一排弯起钢筋时,取前一排(对支座而言)弯起钢筋弯起点处的剪力设计值。弯起钢筋设置的排数,与剪力图形及 V_{cs}/K 值的大小有关。弯起钢筋的计算一直要进行到最后一排弯起钢筋的弯起点,进入 V_{cs}/K 所能控制区之内,如图2-39所示。

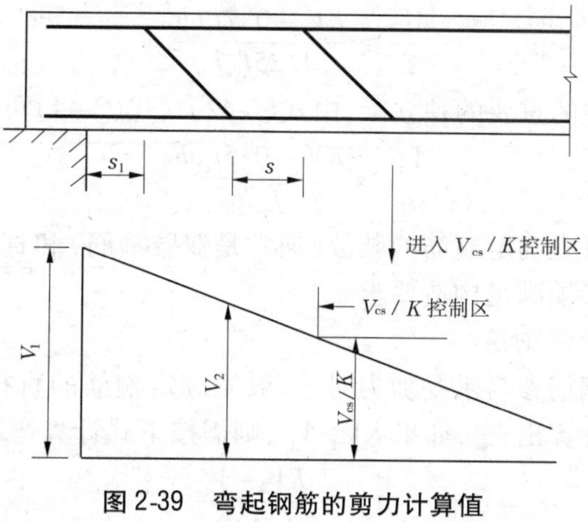

图2-39　弯起钢筋的剪力计算值

在设计构件时,如能满足 $V \leq V_{cs}/K$,则表示构件所配的箍筋足以抵抗荷载引起的剪力。如果 $V > V_{cs}/K$,说明所配的箍筋不能满足抗剪要求,可以采用如下的解决办法:①将箍筋加密或加粗;②增大构件截面尺寸;③提高混凝土强度等级;④将纵向钢筋弯起成为斜筋或加焊斜筋以增加斜截面受剪承载力。在纵向钢筋有可能弯起的情况下,利用弯起的纵向钢筋来抗剪可收到较好的经济效果。

2.6.2.4　斜截面受剪承载力计算步骤和方法

斜截面受剪承载力计算,包括截面设计和承载力复核两个方面。截面设计是在正截面承载力计算完成之后,即在截面尺寸、材料强度、纵向受力钢筋已知的条件下,计算梁内腹筋。承载力复核是在已知截面尺寸和梁内腹筋的条件下,验算梁的抗剪承载力是否满足要求。

1.斜截面受剪承载力计算步骤

(1)做梁的剪力图并确定受剪承载力的计算位置。剪力设计值的计算跨度取构件的净跨度，即 $l_0 = l_n$，并按规定选取计算位置。

(2)截面尺寸验算。按式(2-46)或式(2-47)验算构件的截面尺寸，如不满足，则应加大截面尺寸或提高混凝土强度等级。

(3)验算是否按计算配置腹筋。当梁满足下列条件时，可不必进行抗剪计算，只需满足构造要求：

①一般荷载作用下的矩形、T形及I形截面的受弯构件

$$KV \leqslant 0.7 f_t b h_0 \tag{2-50}$$

②对承受集中力为主的重要的独立梁

$$KV \leqslant 0.5 f_t b h_0 \tag{2-51}$$

2. 腹筋的计算

梁内腹筋通常有两类配置方法：一是仅配箍筋；二是既配箍筋又配弯起钢筋。至于采用哪一种方法，视构件具体情况、剪力的大小及纵向钢筋的数量而定。

1)仅配箍筋

当剪力完全由混凝土和箍筋承担时，箍筋按下列公式计算：

对矩形、T形或I形截面的梁，由式(2-41)、式(2-44)可得

$$\frac{A_{sv}}{s} \geqslant \frac{KV - 0.7 f_t b h_0}{1.25 f_{yv} h_0} \tag{2-52}$$

对承受集中力为主的重要的独立梁，由式(2-42)、式(2-44)可得

$$\frac{A_{sv}}{s} \geqslant \frac{KV - 0.5 f_t b h_0}{f_{yv} h_0} \tag{2-53}$$

计算出 A_{sv}/s 后，可先确定箍筋的肢数(通常是双肢箍筋)和直径，再求出箍筋间距 s。选取箍筋直径和间距必须满足构造要求。

2)既配箍筋又配弯起钢筋

当需要配置弯起钢筋参与承受剪力时，一般先选定箍筋的直径、间距和肢数，然后按式(2-41)或式(2-42)计算出 V_{cs}，如果 $KV > V_{cs}$，则需按下式计算弯起钢筋的截面面积，即

$$A_{sb} \geqslant \frac{KV - V_{cs}}{f_y \sin\alpha_s} \tag{2-54}$$

第一排弯起钢筋上弯点距支座边缘的距离应满足 50 mm $\leqslant s_1 \leqslant s_{max}$，习惯上一般取 $s_1 = 50$ mm或 $s_1 = 100$ mm。弯起钢筋一般由梁中纵向受拉钢筋弯起而成。当纵向钢筋弯起不能满足正截面和斜截面受弯承载力要求时，可设置单独的仅作为受剪的弯起钢筋，这时，弯起钢筋应采用“吊筋”的形式(具体形式及构造参见2.8.3部分)。

3. 配箍率验算

验算配箍率是否满足最小配箍率的要求，以防止发生斜拉破坏。

2.6.2.5 斜截面受剪承载力复核步骤

(1)按式(2-46)、式(2-47)复核构件截面尺寸。

(2)验算箍筋最小直径、箍筋间距等是否满足构造要求，复核配箍率 ρ_{sv}。

(3)复核受剪承载力满足 $KV \leqslant V_{cs} + V_{sb}$。

受弯构件斜截面抗剪计算流程图见图2-40。

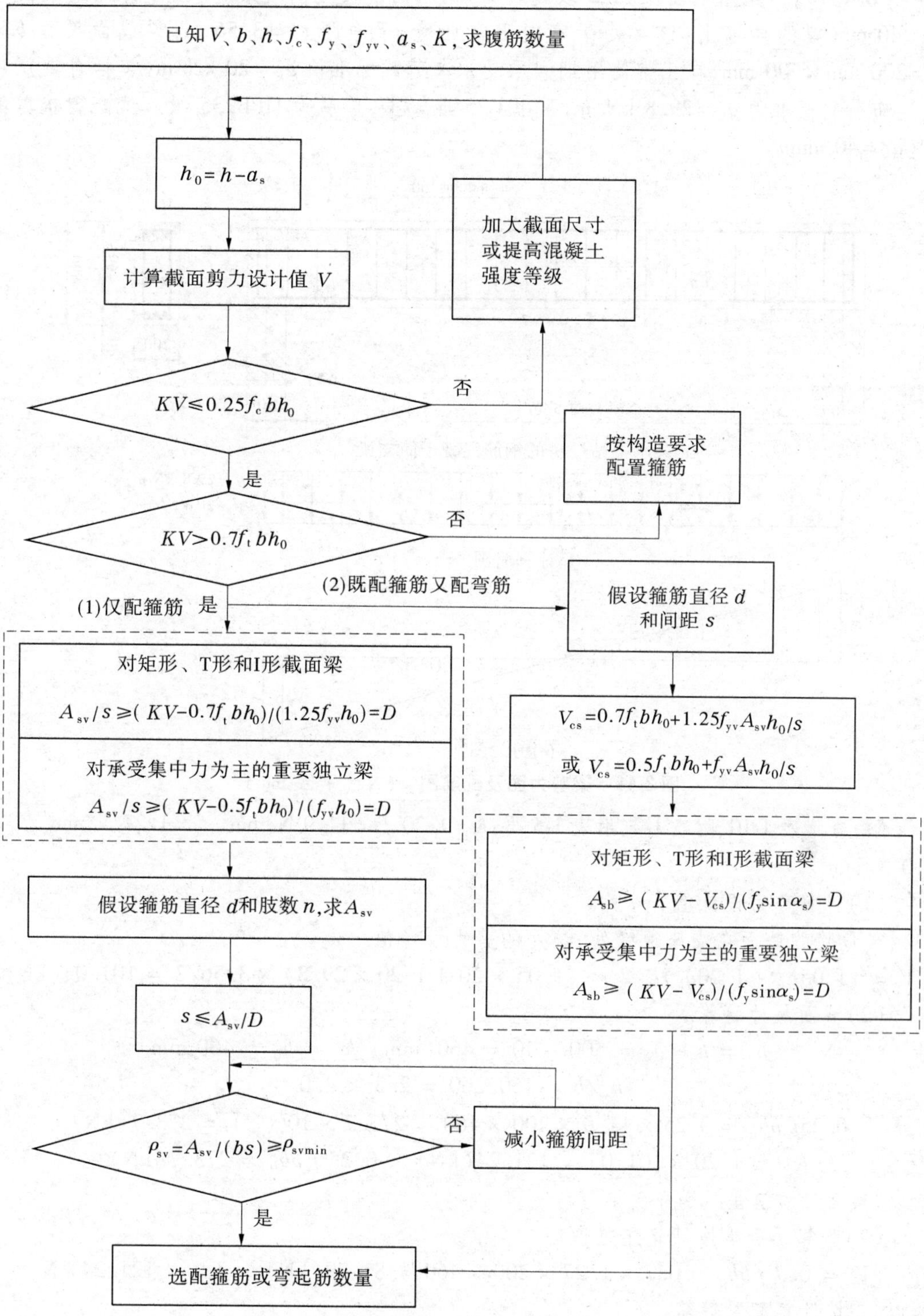

图 2-40　受弯构件斜截面抗剪计算流程图

【例 2-10】 某水电站厂房(2 级建筑物)的钢筋混凝土简支梁(见图 2-41),两端支承在 240 mm 厚的砖墙上,该梁处于室内正常环境,梁净距 $l_n = 3.56$ m,梁截面尺寸 $b \times h = 200$ mm $\times 500$ mm,在正常使用期间承受永久荷载标准值 $g_k = 20$ kN/m(包括自重),可变均布荷载标准值 $q_k = 29.8$ kN/m,采用 C25 混凝土,箍筋为 HPB235 级。试配置抗剪箍筋($a_s = 40$ mm)。

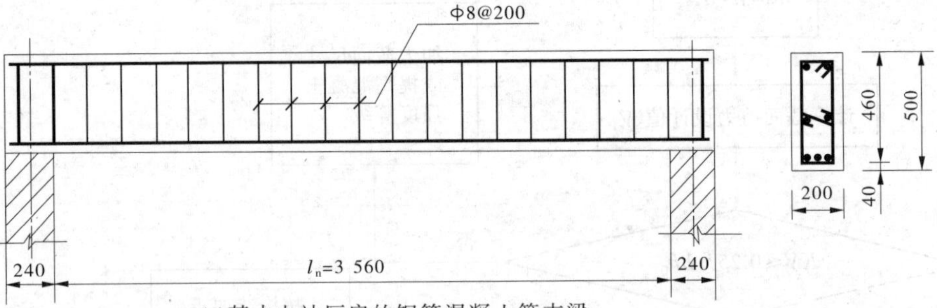

(a)某水电站厂房的钢筋混凝土简支梁

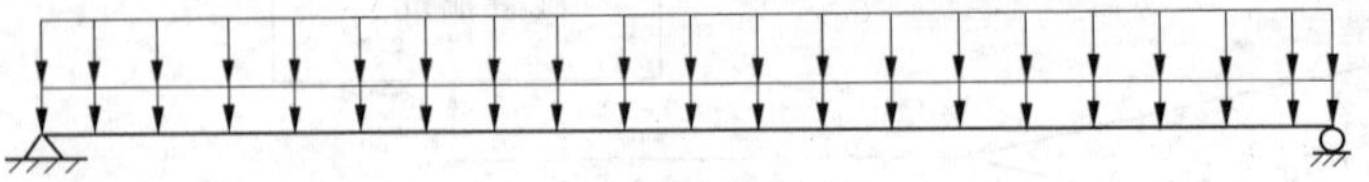

(b)计算简图

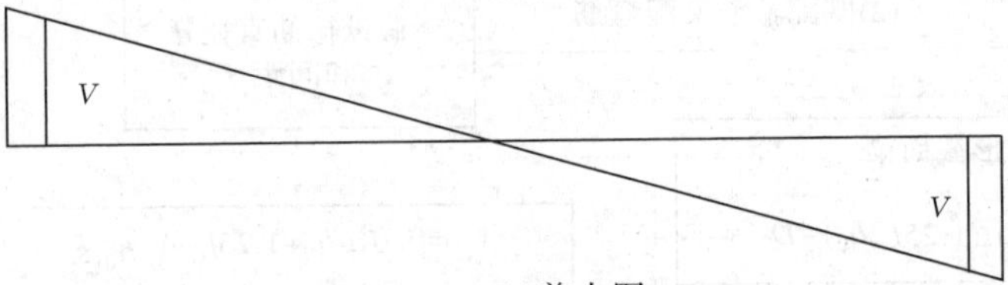

(c)剪力图

图 2-41 梁剪力图及配筋图 (尺寸单位:mm)

解:查附表 1-10、附表 1-2、附表 1-5 得:$K = 1.20$,$f_c = 11.9$ N/mm²,$f_t = 1.27$ N/mm²,$f_{yv} = 210$ N/mm²。

(1)计算剪力设计值。

最危险的截面在支座边缘处,该处的剪力设计值

$$V = (1.05g_k + 1.20q_k)l_n/2 = (1.05 \times 20 + 1.20 \times 29.8) \times 3.56/2 = 101.03(\text{kN})$$

(2)截面尺寸验算。

$$h_0 = h - a_s = 500 - 40 = 460(\text{mm}), h_w = h_0 = 460 \text{ mm}$$

$$h_w/b = 460/200 = 2.3 < 4.0$$

$$0.25f_cbh_0 = 0.25 \times 11.9 \times 200 \times 460 = 273.7 \times 10^3(\text{N}) = 273.7(\text{kN})$$

$$KV = 1.20 \times 101.03 = 121.24(\text{kN}) < 0.25f_cbh_0 = 273.7(\text{kN})$$

所以,截面尺寸满足抗剪条件。

(3)验算是否需按计算配置箍筋。

$$V_c = 0.7f_tbh_0 = 0.7 \times 1.27 \times 200 \times 460 = 81.79(\text{kN}) < KV = 121.24 \text{ kN}$$

所以,需按计算配置箍筋。

(4)仅配箍筋时箍筋数量的确定。

方法一:

$$\frac{A_{sv}}{s} \geqslant \frac{KV - 0.7f_t bh_0}{1.25f_{yv}h_0} = \frac{1.20 \times 101.03 \times 10^3 - 0.7 \times 1.27 \times 200 \times 460}{1.25 \times 210 \times 460}$$

$$= 0.327(\mathrm{mm^2/mm})$$

选用双肢Φ 8 箍筋，$A_{sv} = 101\ \mathrm{mm^2}$，则

$$s \leqslant A_{sv}/0.327 = 101/0.327 = 309(\mathrm{mm})$$

$s_{max} = 200$ mm，取 $s = 200$ mm，即箍筋采用Φ 8@200，沿全梁均匀布置。

方法二：

也可以根据构造规定，选用双肢箍筋Φ 8@200，验算 V_{cs} 是否满足要求。

$$V_{cs} = 0.7f_t bh_0 + 1.25f_{yv}\frac{A_{sv}}{s}h_0 = 0.7 \times 1.27 \times 200 \times 460 + 1.25 \times 210 \times \frac{101}{200} \times 460$$

$$= 142.77(\mathrm{kN}) \geqslant KV = 121.24\ \mathrm{kN}$$

(5)验算最小配箍率。

$$\rho_{sv} = \frac{A_{sv}}{bs} = \frac{101}{200 \times 200} = 0.25\% > \rho_{svmin} = 0.15\%$$

所选的箍筋满足要求。在梁的两侧应沿高度设置2 Φ 12 纵向构造钢筋，并设置Φ 8@600的连系拉筋。

【例2-11】 某水电站副厂房(3级建筑物)，砖墙上支承简支梁，该梁处于二类环境条件。其跨长、截面尺寸如图2-42所示。承受的荷载为：均布荷载 $g_k = 20$ kN/m(包括自重)，$q_k = 15$ kN/m，集中荷载 $G_k = 28$ kN/m。采用C25混凝土，纵向受力钢筋为HRB335级钢筋，箍筋为HPB235级钢筋，梁正截面中已配有受拉钢筋4 Φ 25($A_s = 1\ 964\ \mathrm{mm^2}$)，一排布置，$a_s = 50$ mm。试配置抗剪腹筋。

解：查附表1-2、附表1-5、附表1-10、附表3-1得：$f_c = 11.9\ \mathrm{N/mm^2}$，$f_y = 300\ \mathrm{N/mm^2}$，$f_{yv} = 210\ \mathrm{N/mm^2}$，$f_t = 1.27\ \mathrm{N/mm^2}$，$K = 1.20$，$c = 35$ mm。

(1)内力计算。

支座边缘截面剪力计算值

$$V_{max} = (1.05g_k + 1.20q_k)l_n/2 + 1.05G_k = (1.05 \times 20 + 1.20 \times 15) \times 5.6/2 + 1.05 \times 28 = 138.6(\mathrm{kN})$$

(2)验算截面尺寸。

取 $a_s = 50$ mm，则 $h_0 = h - a_s = 550 - 50 = 500(\mathrm{mm})$，$h_w = h_0 = 500$ mm。

$$h_w/b = 500/250 = 2.0 < 4.0$$

$0.25f_c bh_0 = 0.25 \times 11.9 \times 250 \times 500 = 371.88(\mathrm{kN}) > KV_{max} = 1.20 \times 138.6 = 166.32(\mathrm{kN})$

所以，截面尺寸满足抗剪要求。

(3)验算是否按计算配置腹筋。

$0.7f_t bh_0 = 0.7 \times 1.27 \times 250 \times 500 = 111\ 125(\mathrm{N}) = 111.13(\mathrm{kN}) < KV_{max} = 166.32$ kN

所以，应按计算配置箍筋。

(4)腹筋的计算。

初选双肢箍筋Φ 6@150，$A_{sv} = 57\ \mathrm{mm^2}$，$s = 150\ \mathrm{mm} < s_{max} = 250$ mm。

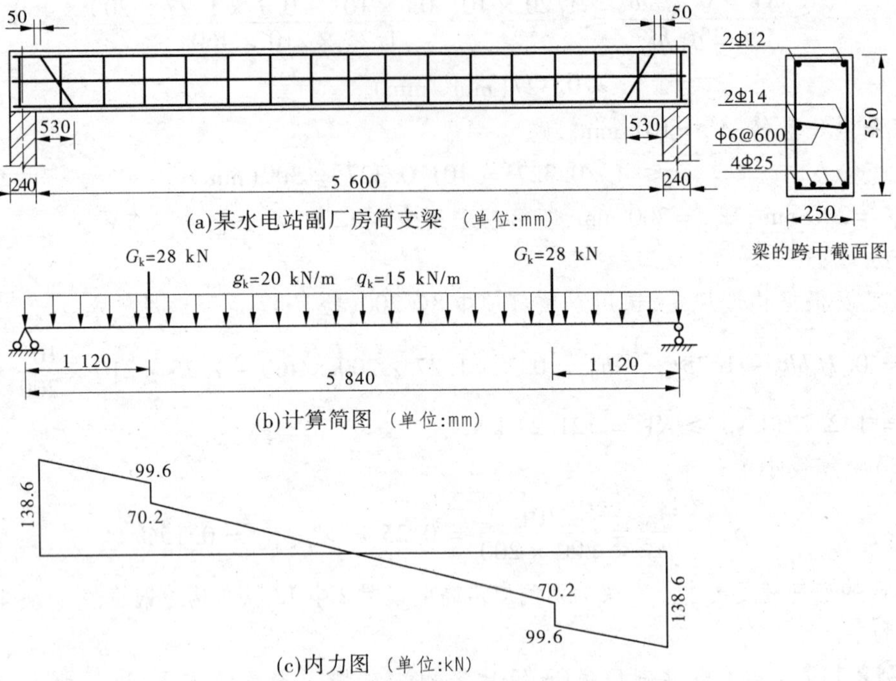

(a)某水电站副厂房简支梁 （单位:mm）

(b)计算简图 （单位:mm）

(c)内力图 （单位:kN）

图 2-42 梁的计算简图及内力图

$$\rho_{sv} = \frac{A_{sv}}{bs} = \frac{57}{250 \times 150} = 0.15\% = \rho_{svmin} = 0.15\%$$

满足最小配箍率的要求。

$$\begin{aligned} V_{cs} &= 0.7 f_t b h_0 + 1.25 f_{yv} A_{sv} h_0 / s \\ &= 0.7 \times 1.27 \times 250 \times 500 + 1.25 \times 210 \times 57 \times 500/150 \\ &= 161.00(\text{kN}) < KV_{max} = 166.32 \text{ kN} \end{aligned}$$

需加配弯起钢筋帮助抗剪，取 $\alpha = 45°$，计算第一排弯起钢筋

$$\begin{aligned} A_{sb} &= (KV_{max} - V_{cs})/(f_y \sin 45°) \\ &= (166.32 - 161.00) \times 10^3/(300 \times 0.707) = 25(\text{mm}^2) \end{aligned}$$

虽然弯起钢筋的截面面积很小，但为了加强梁简支端的受剪承载力，仍从跨中弯起钢筋2 Φ 25(A_{sb1} = 491 mm^2)至梁顶再深入支座。第一排的上弯点安排在离支座边缘 50 mm，即 s_1 = 50 mm < s_{max} = 250 mm，则第一排弯起钢筋的下弯点离支座边缘的距离为 50 + 550 − 2 × 35 = 530(mm)。

该处剪力为

$$\begin{aligned} KV &= 1.20 \times [138.6 - (1.05 \times 20 + 1.20 \times 15) \times 0.53)] \\ &= 1.20 \times 117.93 = 141.52(\text{kN}) < V_{cs} = 161.00 \text{ kN} \end{aligned}$$

所以，不需要弯起第二排钢筋。

架立钢筋选用 2 Φ 12，腰筋选用 2 Φ 14，拉筋选用Φ 6@600。

梁的配筋图如图 2-42 所示。

【例 2-12】 某水电站厂房简支梁，建筑物级别为 2 级，承受均布荷载作用，处于一类环境条件。梁的截面尺寸 $b\times h=200\ \text{mm}\times 400\ \text{mm}$，混凝土采用C20，箍筋采用HPB235级钢筋，截面已配有双肢箍筋Φ8@180。若支座边缘截面剪力设计值 $V=85\ \text{kN}$，试求斜截面承载力，复核该梁是否安全？

解：查附表1-2、附表1-5、附表1-10、附表2-1得：$f_c=9.6\ \text{N/mm}^2$，$f_t=1.1\ \text{N/mm}^2$，$f_{yv}=210\ \text{N/mm}^2$，$K=1.20$，$A_{sv}=101\ \text{mm}^2$，$s=180\ \text{mm}$。取 $a_s=40\ \text{mm}$，$h_0=h-a_s=400-40=360(\text{mm})$。

(1)复核截面尺寸。

$$h_w=h_0=360\ \text{mm}$$

$$h_w/b=360/200=1.80<4.0$$

$$0.25f_cbh_0=0.25\times 9.6\times 200\times 360=172.8(\text{kN})>KV=1.20\times 85=102(\text{kN})$$

所以，截面尺寸满足抗剪条件。

(2)复核配箍率。

$$s=180\ \text{mm}\leqslant s_{max}=200\ \text{mm}$$

$$\rho_{sv}=\frac{A_{sv}}{bs}=\frac{101}{200\times 180}=0.28\%>\rho_{svmin}=0.15\%$$

(3)复核受剪承载力。

$$V_{cs}=0.7f_tbh_0+1.25f_{yv}\frac{A_{sv}}{s}h_0=0.7\times 1.1\times 200\times 360+1.25\times 210\times\frac{101}{180}\times 360$$

$$=108.47(\text{kN})\geqslant KV=102\ \text{kN}$$

所以，受剪承载力满足设计要求。

任务2.7　钢筋混凝土梁的斜截面受弯承载力

在梁的设计中，纵向钢筋和箍筋通常都是由控制截面的内力根据正截面和斜截面的承载力计算公式确定的。如果按最不利内力计算的纵筋既不弯起也不截断，沿梁通长布置，必然会满足任一截面上的承载力要求。这种纵筋沿梁通长布置的配筋方式，构造虽然简单，但钢筋强度没有得到充分利用，是不够经济的。

在实际工程中，为了节省钢材，常在弯矩较小的截面处将部分纵筋切断或弯起做抗剪钢筋用，因而梁就有可能沿着斜截面发生受弯破坏。图2-43为一均布荷载简支梁，当出现斜裂缝 AB 时，则斜截面的弯矩 $M_{AB}=M_A>M_B$，如果一部分纵筋在 B 截面之前被切断或弯起，B 截面所余的纵筋虽然能抵抗正截面的弯矩 M_B，但出现斜裂缝后，就有可能抵抗不了弯矩 M_{AB}，而导致斜截面受弯破坏。那么纵筋在切断或弯起时，如何保证斜截面的受弯承载力？设计中一般是通过绘制正截面抵抗弯矩图的方法予以解决的，根据正截面和斜截面的受弯承载力来确定纵筋的弯起点和截断点的位置。

2.7.1　材料抵抗弯矩图

抵抗弯矩图，简称 M_R 图，它是按照梁内实配的纵筋数量计算并绘制出的各截面所能抵抗的弯矩图。作 M_R 图的过程也就是对钢筋布置进行图解设计的过程。抵抗弯矩可近

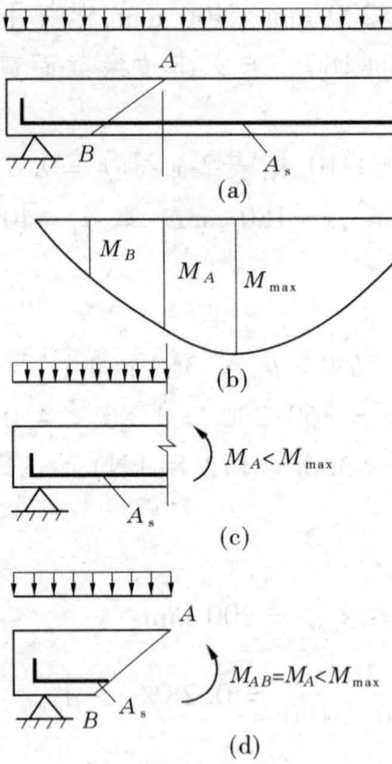

图 2-43　弯矩图与斜截面上的弯矩 M_{AB}

似由下式求出

$$M_R = \frac{1}{K} f_y A_s \left(h_0 - \frac{f_y A_s}{2 f_c b}\right) \tag{2-55}$$

式中　M_R——总的抵抗弯矩值，N·mm；

A_s——实际配置的纵向受拉钢筋截面面积，mm^2。

其中，每根钢筋的抵抗弯矩值，可近似按相应的钢筋截面面积与总受拉钢筋截面面积比分配，即

$$M_{Ri} = A_{si} M_R / A_s \tag{2-56}$$

式中　A_{si}——任意一根纵筋的截面面积，mm^2；

M_{Ri}——任意一根纵筋的抵抗弯矩值，N·mm。

图 2-44 为一承受均布荷载的简支梁，设计弯矩图为 aob，根据 o 点最大弯矩计算所需纵向受拉钢筋 4 Φ 20。钢筋若是通长布置，则按照定义，抵抗弯矩图是矩形 $aa'b'b$。由图 2-44可见，抵抗弯矩图完全包住了设计弯矩图，所以梁各截面正截面和斜截面受弯承

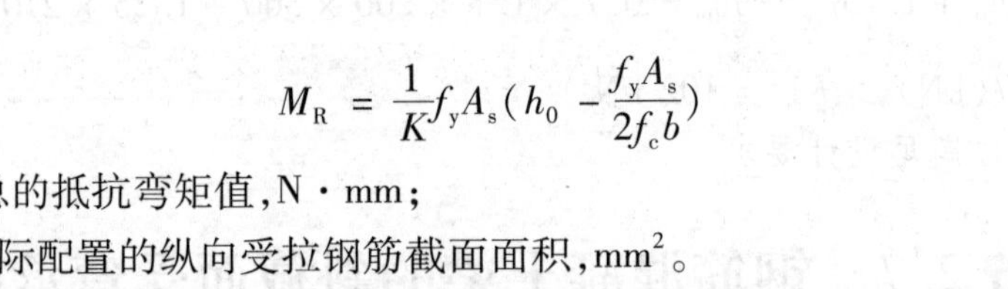

图 2-44　抵抗弯矩图

载力都满足要求。显然在设计弯矩图与抵抗弯矩图之间钢筋强度有富余，且受力弯矩越小，钢筋强度富余就越多。为了节省钢材，可以将其中一部分纵向受拉钢筋在保证正截面和斜截面受弯承载力的条件下弯起或截断。

如图2-45所示，根据钢筋截面面积比例分出各钢筋所能抵抗的弯矩。分界点为l点，l—n是①号钢筋（2 Φ 20）所抵抗的弯矩值；l—m是②号钢筋（2 Φ 20）所抵抗的弯矩值。现拟将①号钢筋截断，首先过点l画一条水平线，该线与设计弯矩图的交点为e、f，其对应的截面为E、F，在E、F截面处为①号钢筋的理论不需要点，因为剩下②号钢筋已足以抵抗设计弯矩，e、f点称为①号钢筋的"理论截断点"。同时也是余下的②号钢筋的"充分利用点"，因为在e、f处的抵抗弯矩恰好与设计弯矩值相等，②号钢筋的抗拉强度被充分利用，值得注意的是，e、f点虽然为①号钢筋的"理论截断点"，实际上①号钢筋是不能在e、f点切断的，还必须再延伸一段锚固长度后才能切断，而且一般在梁的下部受拉区是不切钢筋的。

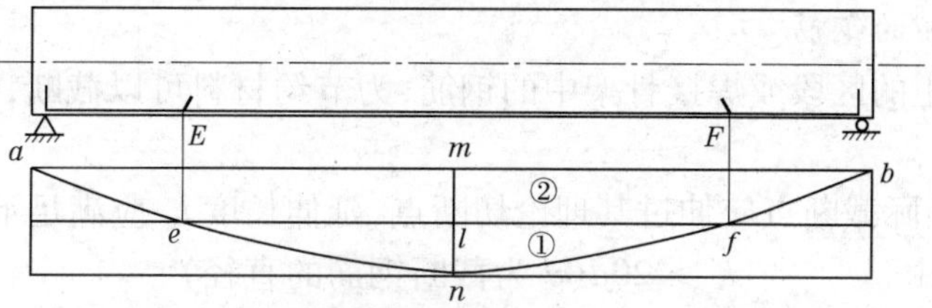

图2-45 钢筋的"理论截断点""充分利用点"

若在e、f处将①号钢筋截断，则这两点抵抗弯矩发生突变，e、f两点处抵抗弯矩减少了ge和hf。其抵抗弯矩图如图2-46所示。

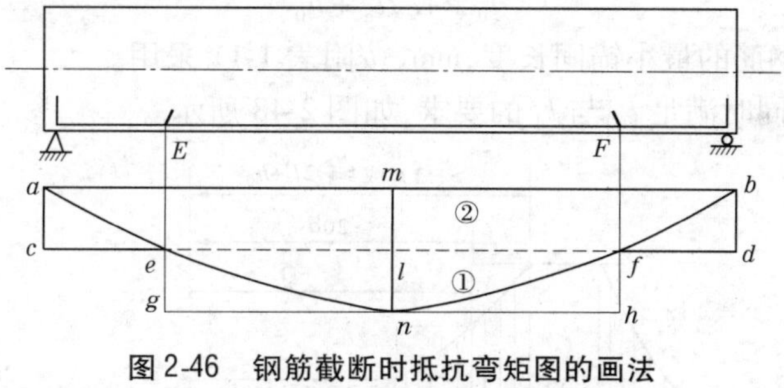

图2-46 钢筋截断时抵抗弯矩图的画法

如图2-47所示，若将①号钢筋在K和L截面处开始弯起，由于该钢筋是从弯起点开始逐渐由拉区进入压区，逐渐脱离受拉工作，所以其抵抗弯矩也是自弯起点逐渐减小，直至弯起钢筋与梁轴线相交截面（I、J截面）处，此时①号钢筋进入了受压区，其抵抗弯矩消失。所以，该钢筋在弯起部分的抵抗弯矩值呈直线变化，即斜线段ki和lj。在i点和j点之外，①号钢筋不再参加正截面受弯工作。其抵抗弯矩图如图2-47中$aciknljdb$所示。

2.7.2 纵向受拉钢筋的截断与弯起位置

2.7.2.1 纵向受拉钢筋的截断

1. 梁跨中正弯矩钢筋

为了保证斜截面的受弯承载力，梁内纵向受拉钢筋一般不宜在受拉区截断。因为截断处受力钢筋截面面积突然减小，引起混凝土拉应力突然增大，从而导致在纵筋的截断处

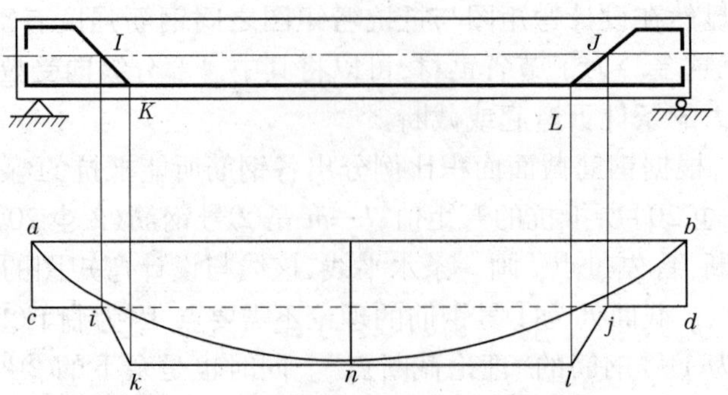

图 2-47　钢筋弯起时抵抗弯矩图的画法

过早出现裂缝,故对梁底承受正弯矩的钢筋不宜采取截断方式。将计算上不需要的钢筋弯起作为抗剪钢筋或作为承受支座负弯矩的钢筋,不弯起的钢筋则直接伸入支座内锚固。

2. 支座负弯矩的钢筋

对承受负弯矩的区段或焊接骨架中的钢筋,为节约材料可以截断,但截断长度必须符合以下规定:

(1)钢筋的实际截断点应伸过其理论切断点,延伸长度 l_w 应满足下列要求:

当 $KV \leqslant V_c$ 时　　$l_w \geqslant 20d$(d 为截断钢筋的直径)

当 $KV > V_c$ 时　　$l_w \geqslant h_0$ 和 $l_w \geqslant 20d$

(2)钢筋的充分利用点至该钢筋的实际截断点的距离 l_d 还应满足下列要求:

当 $KV \leqslant V_c$ 时　　$l_d \geqslant 1.2l_a$

当 $KV > V_c$ 时　　$l_d \geqslant 1.2l_a + h_0$

式中　l_a——受拉钢筋的最小锚固长度,mm,按附表 1-11 采用。

在设计中必须同时满足 l_w 与 l_d 的要求,如图 2-48 所示。

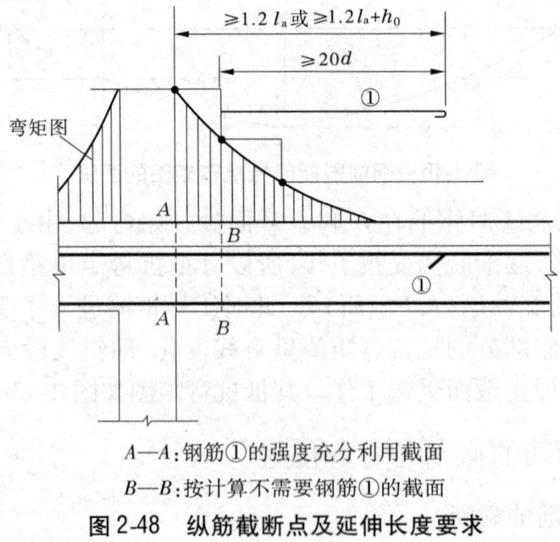

A—A:钢筋①的强度充分利用截面

B—B:按计算不需要钢筋①的截面

图 2-48　纵筋截断点及延伸长度要求

2.7.2.2　纵向受拉钢筋的弯起

纵向受拉钢筋弯起时,应同时满足下列两种要求。

1. 保证正截面的受弯承载力

在梁的受拉区中，如果弯起钢筋的弯起点设在正截面的受弯承载力计算不需要该钢筋截面前，弯起钢筋与梁中心线的交点就应在钢筋的“理论不需要点”外，必须使整个抵抗弯矩图都包在设计弯矩图之外，如图 2-49 所示。

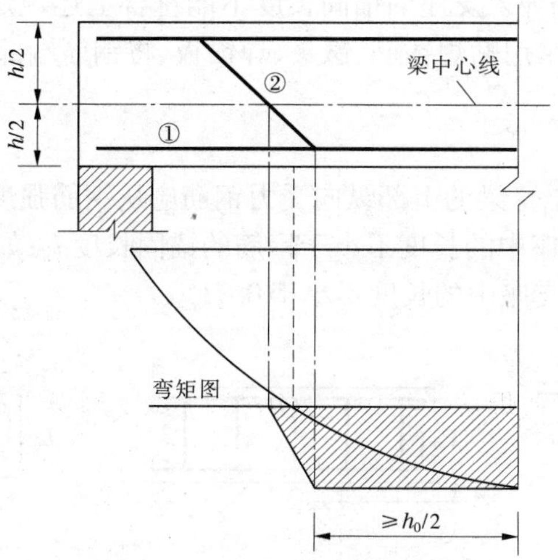

图 2-49　纵向受拉钢筋的弯起

2. 保证斜截面的受弯承载力

图 2-48 中截面 A 是钢筋①的充分作用点。在伸过截面 A 一段距离 a 以后，钢筋①被弯起。纵筋的弯起点与该钢筋“充分利用点”的距离应满足：

$$a \geqslant 0.5h_0 \tag{2-57}$$

式中　a——弯起钢筋的弯起点到该钢筋充分利用点间的距离，mm；

h_0——截面的有效高度，mm。

以上要求可能与腹筋最大间距的限制条件相矛盾，尤其在承受负弯矩的支座附近容易出现这个问题，这是由于同一根弯筋同时抗弯又抗剪而引起的。腹筋最大间距的限制是为保证斜截面的受剪承载力满足要求，而 $a \geqslant 0.5h_0$ 的条件是为保证斜截面的受弯承载力满足要求。当两者发生矛盾时，只能考虑弯起钢筋的一种作用，一般以满足受弯要求而另加斜筋受剪。

任务 2.8　钢筋骨架的构造规定

为了使钢筋骨架适应受力的需要和便于施工，SL 191—2008 对钢筋骨架的构造做出了相应规定。

2.8.1　纵向钢筋构造

2.8.1.1　纵向受力钢筋在支座中的锚固

1. 简支梁支座

在构件的简支端，弯矩为零。当梁端剪力较小，不会出现斜裂缝时，受力筋适当伸入支座即可。但当剪力较大引起斜裂缝时,就可能导致锚固破坏,所以简支梁下部纵向受力钢筋伸入支座的锚固长度 l_{as}(见图 2-50(a)),应符合下列条件:

(1)当 $KV \leqslant V_c$ 时,$l_{as} \geqslant 5d$。

(2)当 $KV > V_c$ 时,$l_{as} \geqslant 12d$(带肋钢筋)或 $l_{as} \geqslant 15d$(光圆钢筋)。

当下部纵向受力钢筋伸入支座的锚固长度不能符合上述规定时,可在梁端将钢筋向上弯(见图 2-50(b)),或采用贴焊锚筋、镦头、焊锚板、将钢筋端部焊接在支座的预埋件上等专门锚固措施。

2. 悬臂梁支座

如图 2-50(c)所示,悬臂梁的上部纵向受力钢筋应从钢筋强度被充分利用的截面(即支座边缘截面)起伸入支座中的长度不小于钢筋的锚固长度 l_a;如梁的下部纵向钢筋在计算上作为受压钢筋,伸入支座中的长度不小于 $0.7l_a$。

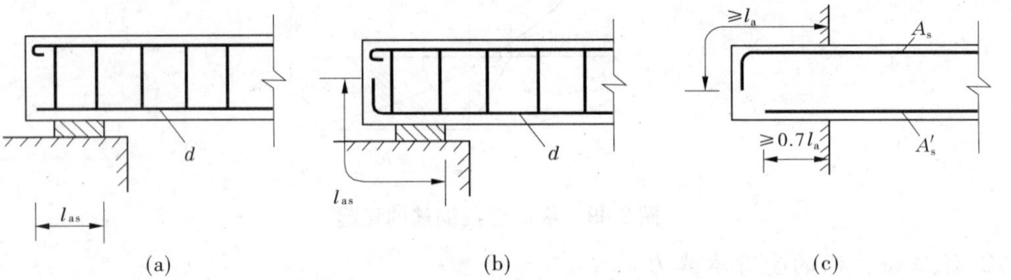

图 2-50 纵向受力钢筋在支座内的锚固

3. 中间支座

连续梁中间支座的上部纵向钢筋应贯穿支座或节点,按承载力需要变化。下部纵向钢筋应伸入支座或节点,当计算中不利用其强度时,其伸入长度应符合上述对简支梁端 $KV > V_c$ 时的规定;当计算中充分利用其强度时,受拉钢筋的伸入长度不小于钢筋的锚固长度 l_a,受压钢筋的伸入长度不小于 $0.7l_a$。框架中间层、顶层端节点钢筋的锚固要求见 SL 191—2008。

2.8.1.2 架立钢筋

为了使纵向受力钢筋和箍筋能绑扎成骨架,在箍筋的四角必须沿梁全长配置纵向钢筋,在没有纵向受力钢筋的区段,则应补设架立钢筋(见图 2-51)。

当梁跨 $l<4$ m 时,架立钢筋直径 d 不宜小于 8 mm;当 $l=4\sim6$ m 时,d 不宜小于 10 mm;当 $l>6$ m 时,d 不宜小于 12 mm。

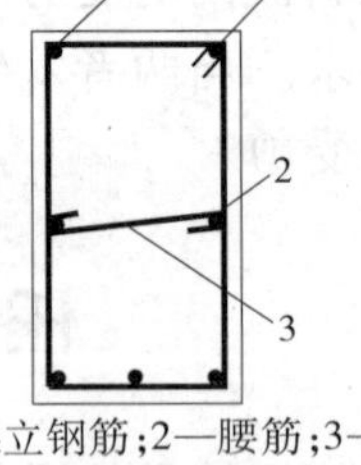

1—架立钢筋;2—腰筋;3—拉筋

图 2-51 架立钢筋、腰筋及拉筋

2.8.1.3 腰筋及拉筋

当梁的截面高度较大时,为防止温度变形及混凝土收缩等原因使梁中部产生竖向裂缝,同时也为了增强钢筋骨架的刚度,增强梁的抗扭作用,当梁的腹板高度 $h_w \geqslant 450$ mm 时,应在梁的两侧沿高度设置纵向构造钢筋,称为腰筋,并用拉筋(见图 2-51)连系固定。每侧腰筋的截面面积不应小于腹板截面面积 bh_w 的 0.1%,且间距不宜大于 200 mm。拉筋直径一般与箍筋相同,拉筋间距常取为箍筋间距的倍数,一般为 500 ~ 700 mm。

2.8.2　箍筋构造

2.8.2.1　箍筋的形状和肢数

箍筋除可以提高梁的抗剪能力外，还能固定纵筋的位置。箍筋的形状有封闭式和开口式两种。封闭式箍筋可以提高梁的抗扭能力，故常采用此种形式。配有受压钢筋的梁，必须用封闭式箍筋。箍筋可按需要采用双肢或四肢（见图 2-52），在绑扎骨架中，双肢箍筋最多能扎结 4 根排在一排的纵向受压钢筋，否则应采用四肢箍筋（即复合箍筋）；或当梁宽大于 400 mm，一排纵向受压钢筋多于 3 根时，也应采用四肢箍筋。

2.8.2.2　箍筋的最小直径

对高度 $h>800$ mm 的梁，箍筋直径不宜小于 8 mm；对高度 $h\leqslant 800$ mm 的梁，箍筋直径不宜小于 6 mm。当梁内配有计算需要的纵向受压钢筋时，箍筋直径不应小于 $d/4$（d 为受压钢筋中的最大直径）。为了方便箍筋加工成型，常用直径有 6 mm、8 mm、10 mm。考虑到高强度的钢筋延性较差，施工时成型困难，箍筋一般采用 HPB235 级和 HRB335 级钢筋。

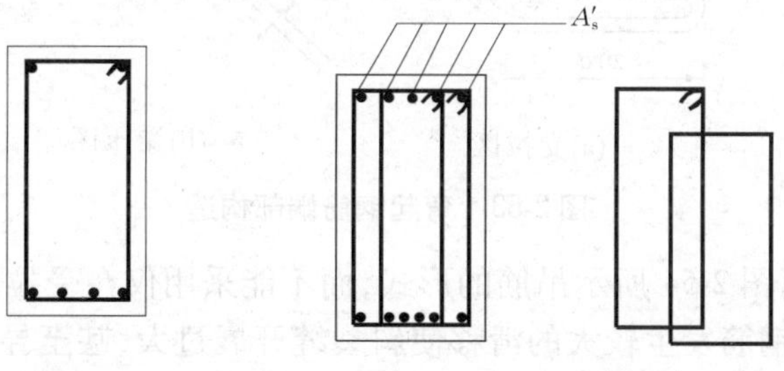

(a)双肢箍筋　　(b)四肢箍筋

图 2-52　箍筋的肢数

2.8.2.3　箍筋的布置

若按计算需要配置箍筋，一般可在梁的全长均匀布置箍筋，也可以在梁两端剪力较大的部位布置得密一些。若按计算不需配置箍筋，对高度 $h>300$ mm 的梁，仍应沿全梁布置箍筋；对高度 $h\leqslant 300$ mm 的梁，可仅在构件端部各 1/4 跨度范围内配置箍筋，但当在构件中部 1/2 跨度范围内有集中荷载作用时，箍筋仍应沿梁全长布置。箍筋一般从梁边（或墙边）50 mm 处开始设置。

2.8.2.4　箍筋的最大间距

箍筋的最大间距不得大于表 2-4 所列的数值。

当梁中配有计算需要的受压钢筋时，箍筋的间距在绑扎骨架中不应大于 $15d$，在焊接骨架中不应大于 $20d$（d 为受压钢筋中的最小直径），同时在任何情况下均不应大于 400 mm；当一排内纵向受压钢筋多于 5 根且直径大于 18 mm 时，箍筋间距不应大于 $10d$。在绑扎纵向钢筋的搭接长度范围内，当钢筋受拉时，其箍筋间距不应大于 $5d$，且不大于 100 mm；当钢筋受压时，箍筋间距不应大于 $10d$，且不大于 200 mm。在此，d 为搭接钢筋中的最小直径。箍筋直径不应小于搭接钢筋较大直径的 0.25 倍。

2.8.3 弯起钢筋构造

2.8.3.1 最大间距

弯起钢筋的最大间距同箍筋一样，不得大于表 2-4 所列的数值。

2.8.3.2 弯起角度

梁中承受剪力的钢筋，宜优先采用箍筋。当需要设置弯起钢筋时，弯起钢筋的弯起角一般为 45°，当梁高 $h \geq 700$ mm 时也可用 60°。当梁宽较大时，为使弯起钢筋在整个宽度范围内受力均匀，宜在同一截面内同时弯起两根钢筋。

2.8.3.3 弯起钢筋的锚固

弯起钢筋的弯折终点应留有足够长的直线锚固长度（见图 2-53），其长度在受拉区不应小于 $20d$，在受压区不应小于 $10d$。对光圆钢筋，其末端应设置弯钩。位于梁底和梁顶角部的纵向钢筋不应弯起。

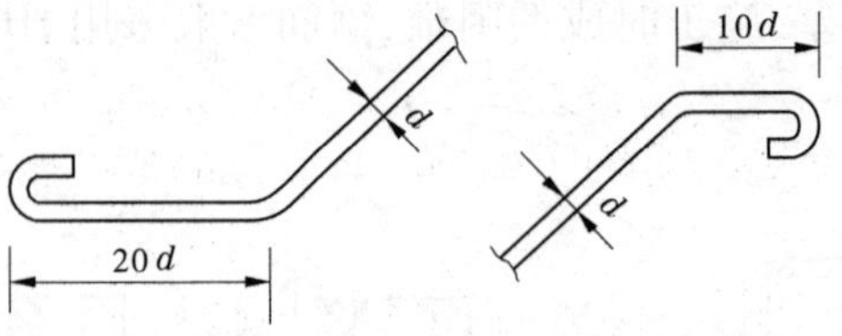

(a)受拉区　　(b)受压区

图 2-53　弯起钢筋端部构造

弯起钢筋应采用图 2-54 所示吊筋的形式，而不能采用仅在受拉区有较少水平段的浮筋，以防止由于弯起钢筋发生较大的滑移使斜裂缝开展过大，甚至导致斜截面受剪承载力的降低。

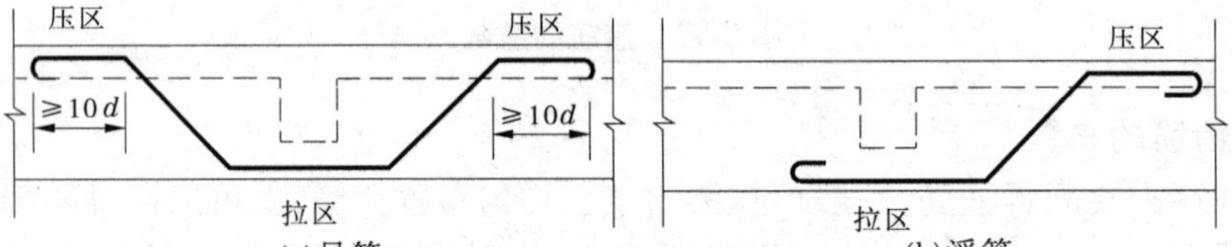

(a)吊筋　　(b)浮筋

图 2-54　吊筋及浮筋

任务 2.9　钢筋混凝土结构施工图

2.9.1 模板图

模板图主要在于注明构件的外形尺寸，以制作模板之用，同时用它计算混凝土方量。模板图一般比较简单，所以比例尺不要太大，但尺寸一定要全。构件上的预埋铁件一般可表示在模板图上。简单的构件，模板图可与配筋图合并。

2.9.2　配筋图

配筋图表示钢筋骨架的形状以及在模板中的位置，主要为绑扎骨架用。凡规格、长度或形状不同的钢筋必须编以不同的编号，写在小圆圈内，并在编号引线旁注上这种钢筋的根数及直径。最好在每根钢筋的两端及中间都注上编号，以便于查清每根钢筋的来龙去脉。

2.9.3　钢筋表

钢筋表是列表表示构件中所有不同编号的钢筋种类、规格、形状、长度、根数、质量等，主要为下料及加工成型用，同时可用来计算钢筋用量。

编制钢筋表主要是计算钢筋的长度，下面以一简支梁为例介绍钢筋长度的计算方法，如图 2-55 所示。

2.9.3.1　直钢筋

图中的钢筋①③④号为直钢筋，其直段上所注长度 $=l$（构件长度）$-2c$（c 为混凝土保护层），此长度再加上两端弯钩长即为钢筋全长。一般每个弯钩长度为 $6.25d$。①号受力钢筋是 HRB335 级，它的全长为 $6\ 000-2\times30=5\ 940$（mm）。③号架立钢筋和④号腰筋都是 HPB235 级钢筋，③号架立钢筋的全长为 $6\ 000-2\times30+2\times6.25\times12=6\ 090$（mm），④号腰筋的全长为 $6\ 000-2\times30+2\times6.25\times14=6\ 115$（mm）。

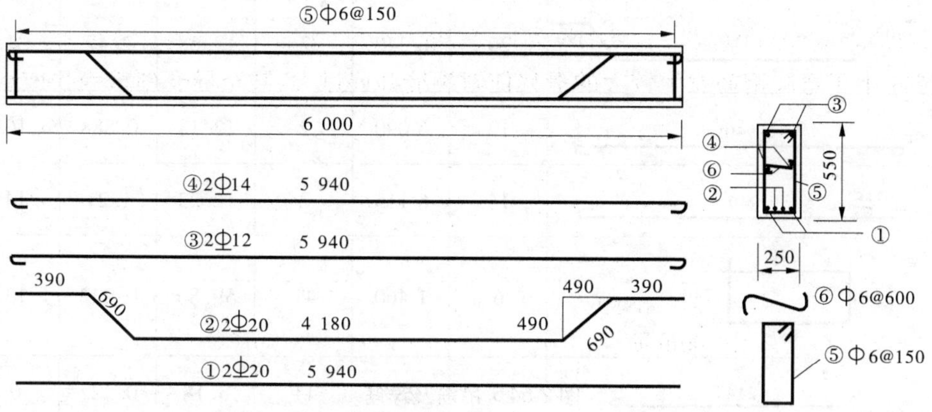

图 2-55　钢筋长度的计算　（尺寸单位：mm）

2.9.3.2　弯起钢筋

②号钢筋的弯起部分的高度是以钢筋外皮计算的，即由梁高 550 mm 减去上下混凝土保护层，$550-60=490$（mm）。由于弯折角等于 45°，故弯起部分的底宽及斜边分别为 490 mm 及 690 mm。弯起后的水平直段长度由抗剪计算为 390 mm。②号钢筋的中间水平直段长由计算得出，即 $6\ 000-2\times30-2\times390-2\times490=4\ 180$（mm），最后可得②号弯起钢筋的全长为 $4\ 180+2\times690+2\times390=6\ 340$（mm）。

2.9.3.3　箍筋和拉筋

箍筋尺寸一般标注内口尺寸，即构件截面外形尺寸减去主筋混凝土保护层。在注箍筋尺寸时,要注明所注尺寸是内口。

箍筋的弯钩大小与主筋的粗细有关,根据箍筋与主筋直径的不同,箍筋两个弯钩的增加长度见表 2-5。

⑤号箍筋的长度为 2 ×(490 +190)+100 =1 460(mm)(内口)。

⑥号拉筋的长度为 250 -2 ×30 +4 ×6 =214(mm)。

此简支梁的钢筋表见表 2-6。

表 2-5　箍筋两个弯钩的增加长度　　(单位:mm)

主筋直径	箍筋直径				
	5	6	8	10	12
10 ~ 25	80	100	120	140	180
28 ~ 32		120	140	160	210

表 2-6　钢筋表

编号	形状	直径(mm)	长度(mm)	根数(根)	总长(m)	每米质量(kg/m)	质量(kg)
①		20	5 940	2	11. 88	2. 47	29. 34
②		20	6 340	2	12. 68	2. 47	31. 32
③		12	6 090	2	12. 18	0. 888	10. 82
④		14	6 115	2	12. 23	1. 21	14. 80
⑤	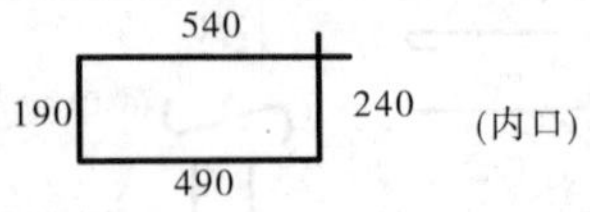	6	1 460	41	59. 86	0. 222	13. 29
⑥	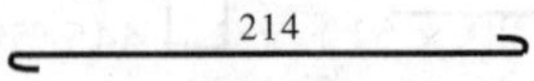	6	289	11	3. 18	0. 222	0. 71
总质量(kg)							100. 28

必须注意的是,钢筋表内的钢筋长度不是钢筋加工时的断料长度。由于钢筋在弯折及弯钩时要伸长一些,因此断料长度应等于计算长度扣除钢筋伸长值。伸长值和弯折角度大小等有关数据,可参阅施工手册。

2. 9. 4　说明或附注

说明或附注中包括说明之后可以减少图纸工作量的内容以及一些在施工过程中必须引起注意的事项,例如尺寸单位、钢筋保护层厚度、混凝土强度等级、钢筋级别、钢筋弯钩取值以及其他施工注意事项。

任务2.10 钢筋混凝土外伸梁设计实例

某水电站副厂房砖墙上承受均布荷载作用的外伸梁，该梁处于一类环境条件。其跨长、截面尺寸如图2-56所示。水工建筑物级别为2级，在正常使用期间承受永久荷载标准值 $g_{1k}=12$ kN/m、$g_{2k}=46$ kN/m（包括自重），可变均布荷载标准值 $q_{1k}=36$ kN/m、$q_{2k}=51$ kN/m，采用C20混凝土，纵向钢筋为HRB335级，箍筋为HPB235级。试设计此梁，并绘制配筋图。

1.基本资料

材料强度：C20混凝土，$f_c=9.6\ \text{N/mm}^2$，$f_t=1.1\ \text{N/mm}^2$；纵向钢筋HRB335级，$f_y=300\ \text{N/mm}^2$；箍筋HPB235级，$f_{yv}=210\ \text{N/mm}^2$。

截面尺寸：$b=300$ mm，$h=700$ mm。

计算参数：$K=1.20$，$c=30$ mm。

2.内力计算

1）计算跨度

简支段 $l_{01}=7$ m

悬臂段 $l_{02}=2$ m

2）支座反力 R_A、R_B

$$R_B=\frac{\frac{1}{2}\times(1.05g_{1k}+1.20q_{1k})l_{01}^2+(1.05g_{2k}+1.20q_{2k})l_{02}(l_{01}+\frac{l_{02}}{2})}{l_{01}}$$

$$=\frac{\frac{1}{2}\times(1.05\times12+1.20\times36)\times7^2+(1.05\times46+1.20\times51)\times2\times(7+\frac{2}{2})}{7}$$

$$=445.59(\text{kN})$$

$$R_A=(1.05g_{1k}+1.20q_{1k})l_{01}+(1.05g_{2k}+1.20q_{2k})l_{02}-R_B$$

$$=(1.05\times12+1.20\times36)\times7+(1.05\times46+1.20\times51)\times2-445.59$$

$$=164.01(\text{kN})$$

3）剪力、弯矩值计算

支座边缘截面的剪力值

$$V_A=R_A-(1.05\times12+1.20\times36)\times\frac{0.37}{2}$$

$$=164.01-(1.05\times12+1.20\times36)\times\frac{0.37}{2}$$

$$=153.69(\text{kN})$$

$$V_B^R=(1.05\times46+1.20\times51)\times(2-\frac{0.37}{2})=198.74(\text{kN})$$

$$V_B^L = R_A - (1.05 \times 12 + 1.20 \times 36) \times (7 - \frac{0.37}{2})$$

$$= 164.01 - (1.05 \times 12 + 1.20 \times 36) \times (7 - \frac{0.37}{2})$$

$$= -216.27(\text{kN})$$

AB 跨的最大弯矩

$$M_{max} = 164.01 \times 2.939 - (1.05 \times 12 + 1.20 \times 36) \times 2.939 \times \frac{2.939}{2} = 241.03(\text{kN} \cdot \text{m})$$

B 支座截面弯矩

$$M_B = -(1.05 \times 46 + 1.20 \times 51) \times 2 \times \frac{2}{2} = -219(\text{kN} \cdot \text{m})$$

做此梁在荷载作用下的弯矩图及剪力图，如图 2-56 所示。

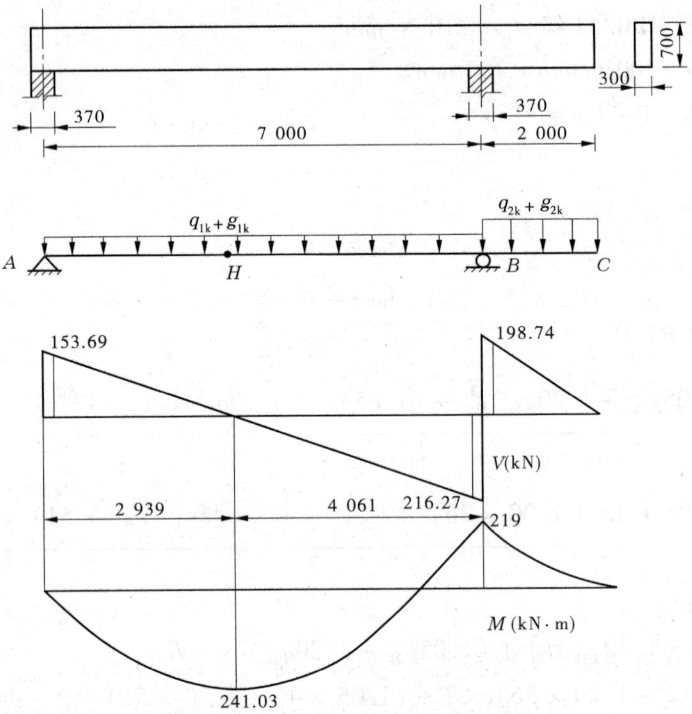

图 2-56　梁的计算简图及内力图

3. 验算截面尺寸

估计纵向钢筋排一排，取 $a_s = 45$ mm，则 $h_0 = h - a_s = 700 - 45 = 655$(mm)，$h_w = h_0 = 655$ mm。

$$h_w/b = 655/300 = 2.18 < 4.0$$

$$0.25 f_c b h_0 = 0.25 \times 9.6 \times 300 \times 655 = 4.716 \times 10^5(\text{N}) = 471.6 \text{ kN}$$
$$> KV_{max} = 1.20 \times 216.27 = 259.52(\text{kN})$$

所以，截面尺寸满足抗剪要求。

4. 计算纵向钢筋

计算过程及结果见表2-7,配筋见图2-57。

表2-7 纵向受拉钢筋计算表

计算内容	跨中 H 截面	支座 B 截面
M(kN·m)	241.03	219
KM(kN·m)	289.24	262.8
$\alpha_s=\frac{KM}{f_c b h_0^2}$	0.234	0.213
$\xi=1-\sqrt{1-2\alpha_s}\leqslant 0.85\xi_b=0.468$	0.271	0.242
$A_s=\frac{f_c b\xi h_0}{f_y}$(mm²)	1 704	1 522
选配钢筋	2 Φ 22 +2 Φ 25	4 Φ 22
实配钢筋面积 $A_{s实}$(mm²)	1 742	1 520
$\rho=\frac{A_{s实}}{bh_0}\geqslant\rho_{min}=0.15\%$	0.89%	0.77%

5. 计算抗剪钢筋

1)验算是否按计算配置钢筋

$$0.7f_t bh_0=0.7\times1.1\times300\times655=151.305\times10^3(\text{N})$$
$$=151.31\ \text{kN}<KV_{min}=1.20\times153.69=184.43(\text{kN})$$

所以,必须由计算确定抗剪腹筋。

2)受剪箍筋计算

按构造规定在全梁配置双肢箍筋Φ 8@220,则 $A_{sv}=101\ \text{mm}^2$,$s<s_{max}=250$ mm。

$$\rho_{sv}=A_{sv}/(bs)=101/(300\times220)=0.153\%>\rho_{svmin}=0.15\%$$

所以,满足最小配箍率的要求。

$$V_{cs}=0.7f_t bh_0+1.25f_{yv}A_{sv}h_0/s$$
$$=0.7\times1.1\times300\times655+1.25\times210\times101\times655/220=230.24(\text{kN})$$

3)弯起钢筋的设置

(1)支座 B 左侧。

$$KV_B^L=1.20\times216.27=259.52(\text{kN})>V_{cs}=230.24\ \text{kN}$$

所以,需加配弯起钢筋帮助抗剪。取 $\alpha=45°$,并取 $V_1=V_B^L$,计算第一排弯起钢筋:

$$A_{sb1}=(KV_1-V_{cs})/(f_y\sin45°)$$
$$=(1.20\times216.27-230.24)\times10^3/(300\times0.707)=138(\text{mm}^2)$$

由支座承担负弯矩的纵筋弯下 2 Φ 22（$A_{sb1}=760\ mm^2$）。第一排弯起钢筋的上弯点安排在离支座边缘 250 mm，即 $s_1=s_{max}=250$ mm。

由图 2-57 可见，第一排弯起钢筋的下弯点离支座边缘的距离为：250 +（700 − 2 ×30）= 890（mm）。该处剪力为

$$KV_2 = 1.20\times[216.27-(1.05\times12+1.20\times36)\times0.89]$$
$$=199.93\ (kN) < V_{cs}=230.24\ kN$$

所以，不需弯起第二排钢筋抗剪。

（2）支座 B 右侧。

$$KV_B^R=1.20\times198.74=238.49(kN)>V_{cs}=230.24\ kN$$

所以，需配置弯起钢筋。又因为 $V_B^L>V_B^R$，故可同样弯下 2 Φ 22 即可满足要求，不必再进行计算。第一排弯起钢筋的下弯点距支座边缘的距离为 890 mm，此处的 $KV_2=1.20\times[198.74-0.89\times(1.05\times46+1.20\times51)]=121.54(kN)<V_{cs}$，故不必再弯起第二排钢筋。

（3）支座 A。

$$KV_A=1.20\times153.69=184.43(kN)<V_{cs}=230.24\ kN$$

但为了加强梁的受剪承载力，仍由跨中弯起 2 Φ 22 至梁顶再伸入支座。第一排弯起钢筋的上弯点安排在离支座边缘 100 mm 处，$s=100\ mm<s_{max}=250$ mm。第一排弯起钢筋的下弯点离支座边缘的距离为：100 +（700 − 2 ×30）= 740（mm）。

6. 钢筋的布置设计

钢筋的布置设计要利用抵抗弯矩图（M_R 图）进行图解。为此，先将弯矩图（M 图）、梁的纵剖面图按比例画出（见图 2-57），再在 M 图上作 M_R 图。

（1）跨中正弯矩的 M_R 图。跨中 M_{max} 为 241.03 kN · m，需配 $A_s=1\ 704\ mm^2$ 的纵向钢筋，现实配 2 Φ 22 +2 Φ 25（$A_s=1\ 742\ mm^2$），因两者钢筋截面面积相近，故可直接在 M 图上的 M_{max} 处，按各钢筋面积的比例划分出 2 Φ 25 及 2 Φ 22 钢筋能抵抗的弯矩值，这就可确定出各根钢筋各自的充分利用点和理论切断点。按预先布置，要从跨中弯起②号钢筋至支座 B 和支座 A，①号钢筋将直通而不再弯起。由图 2-57 可以看出跨中钢筋的弯起点至充分利用点的距离 a 均满足大于 $0.5h_0=328$ mm 的条件。

（2）支座 B 负弯矩区的 M_R 图。支座 B 需配纵筋 1 522 mm^2，实配 4 Φ 22（$A_s=1\ 520\ mm^2$），两者钢筋截面面积也相近，故可直接在 M 图上的支座 B 处四等分，每一等分即为 1 Φ 22所能承担的弯矩。在支座 B 左侧要弯下 2 Φ 22（②号钢筋）；另两根放在角隅的③号钢筋因要绑扎箍筋形成骨架，兼作架立钢筋，必须全梁直通。在支座 B 右侧只需弯下 2 Φ 22。

在梁的两侧应沿高度设置两排 2 Φ 12 纵向构造钢筋，并设置Φ 8@ 660 的连系拉筋。

7. 施工图绘制

梁的抵抗弯矩图及配筋图见图 2-57，钢筋表见表 2-8。

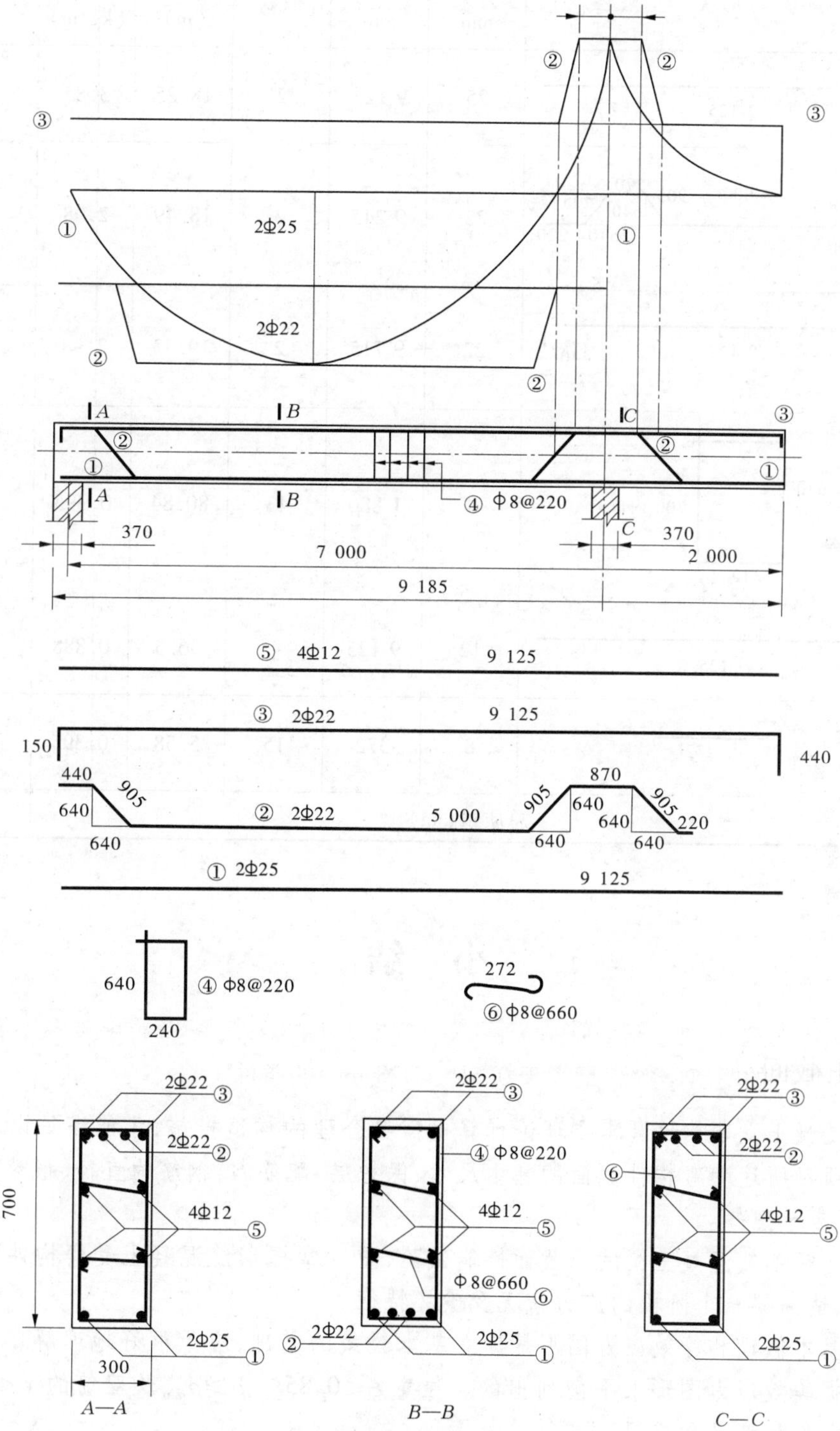

图 2-57　梁的抵抗弯矩图及配筋图　（尺寸单位：mm）

表 2-8 钢筋表

编号	形状	直径 mm	长度 mm	根数	总长 (m)	每米质量 (kg/m)	质量 (kg)
①	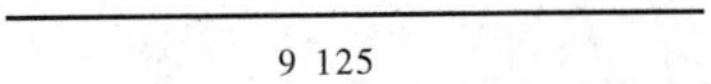	25	9 125	2	18.25	3.85	70.26
②	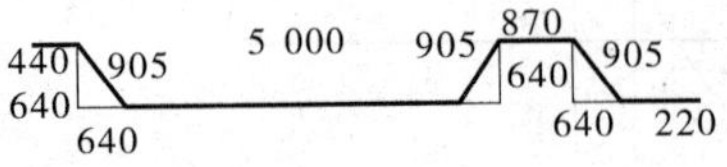	22	9 245	2	18.49	2.98	55.10
③	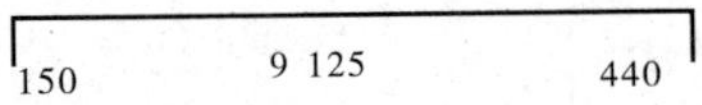	22	9 715	2	19.43	2.98	57.90
④	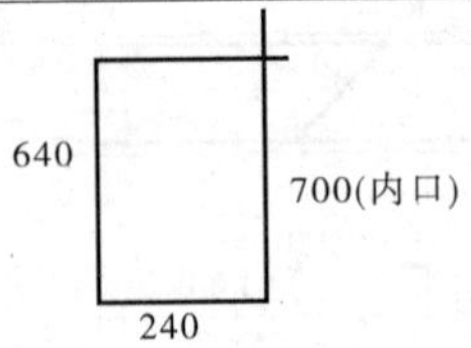	8	1 880	43	80.84	0.395	31.93
⑤	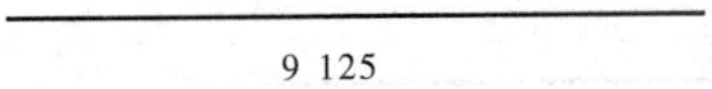	12	9 125	4	36.5	0.888	32.41
⑥		8	372	15	5.58	0.395	2.20
	总质量(kg)						249.8

小　结

一、正截面

钢筋混凝土受弯构件既需要理论计算也需要合理的构造措施,才能满足设计和使用要求。本项目所述受弯构件截面的基本尺寸、保护层、配筋率,钢筋的直径、根数、间距、选用、布置等应予熟知。

深刻理解钢筋混凝土梁的正截面性能试验,重点掌握钢筋混凝土受弯构件正截面的破坏特征、适筋梁三个阶段的应力情况及破坏特征。

四个基本假设和等效应力图形是建立基本公式的基础,应予很好地理解。基本计算公式是根据等效应力图形求平衡列出的。注意 $\xi \leqslant 0.85\xi_b$、$\rho \geqslant \rho_{min}$ 及双筋的 $x < 2a_s'$ 等公式的适用条件的意义和应用。

正截面承载力计算包括截面设计和承载力复核。单筋矩形截面的截面设计和承载力复核时可以直接利用基本公式求解；双筋矩形截面的截面设计时要考虑 A'_s 是否已知，如 A'_s 未知，则应补充条件 $x=0.85\xi_b h_0$；T形截面则应首先确定受压翼缘的计算宽度 b'_f，并判断属于第一类或第二类后再行设计。

二、斜截面

影响斜截面受剪承载力的因素主要有剪跨比、混凝土强度、箍筋强度及配箍率和纵向钢筋配筋率等，计算公式是以主要影响参数为变量，以试验统计为基础建立起来的。

钢筋混凝土斜截面受剪的主要破坏形态有斜拉破坏、斜压破坏和剪压破坏，这三种破坏均为脆性破坏。斜截面的受剪承载力计算公式对应于剪压破坏，对于斜拉破坏和斜压破坏，一般是采用构造措施加以避免，即限制最小截面尺寸、最大箍筋间距、最小箍筋直径及最小配箍筋率。

斜截面承载力计算包括截面设计和承载力复核。计算时要注意斜截面承载力可能有多处比较薄弱的地方，都要进行计算复核，即应考虑不同区段的 V_{cs} 及 $V_{cs}+V_{sb}$ 的控制范围，分别计算。

材料抵抗弯矩图是按照梁实配的纵向钢筋的数量计算并画出的各截面所能抵抗的弯矩图，要掌握利用材料抵抗弯矩图并根据正截面和斜截面的承载力来确定纵筋的弯起点和截断点的位置。

钢筋混凝土结构既需要理论计算也需要合理的构造措施，才能满足设计和使用要求。本项目所述纵向钢筋的锚固要求及箍筋直径、肢数、间距等要求应予熟知。

技能考核题

一、思考题

1. 简述钢筋混凝土适筋梁三个工作阶段的主要特征。

2. 适筋梁、超筋梁及少筋梁的破坏特征有什么不同？

3. 何谓单筋截面？何谓双筋截面？两者区别的关键是什么？

4. 混凝土保护层的主要作用有哪些？梁和板的保护层如何确定？

5. 复核单筋截面承载力时，若 $x>0.85\xi_b h_0$，如何计算其承载力？

6. 何谓受拉钢筋配筋率？现浇实心板、矩形及T形截面梁的常用配筋率范围各是多少？

7. 何谓相对界限受压区计算高度 ξ_b，它在承载力计算中的作用是什么？

8. 单筋矩形截面公式(2-4)是如何推导的？

9. ξ 值定义是什么？写出其公式，并推出 ξ 与配筋率 ρ 之间的关系式。

10. 计算双筋截面时，若 A_s、A'_s 均未知，x 如何取值？若 A'_s 已知，应当如何求 A_s？

11. 截面设计时，为什么要限制 $x\leq 0.85\xi_b h_0$？在受压区配置钢筋时，为什么要求 $x>2a'_s$？

12. 提高梁板构件正截面承载能力的措施有哪些？

13. 截面计算时,如何判别T形截面梁的类型？承载力复核时,如何判别T形截面梁的类型？

14. 某T形梁截面尺寸已定,钢筋数量不限,试列出其最大承载力表达式。

15. 梁中配置的钢筋共有哪几类？

16. 图2-58为截面尺寸相同,材料相同(即f_c、f_y相同),但配筋率不同的四种梁板构件的正截面,试分别回答下列问题：

(1)截面的破坏类型是什么？

(2)截面破坏时钢筋应力应达到多大值？

(3)截面破坏时钢筋和混凝土强度是否得到了充分利用？

(4)受压区高度大小是多少？

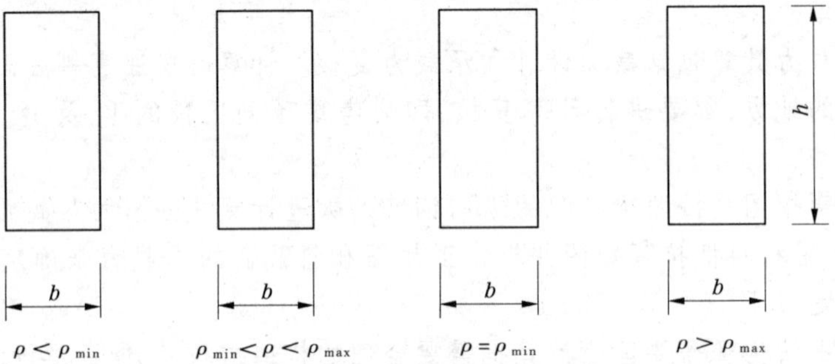

图2-58

17. 钢筋混凝土梁的斜截面破坏形态主要有哪三种？其破坏特征各是什么？

18. 影响斜截面抗剪承载力的主要因素有哪些？

19. 有腹筋梁斜截面受剪承载计算公式是由哪种破坏形态建立起来的？该公式的适用条件是什么？

20. 在梁的斜截面承载力计算中,若计算结果不需要配置腹筋,那么该梁是否仍需配置箍筋和弯起钢筋？若需要,应如何确定？

21. 在斜截面受剪承载力计算时,为什么要验算截面尺寸和最小配箍率？

22. 什么是抵抗弯矩图(M_R图)？当纵向受拉钢筋截断或弯起时,M_R图上有什么变化？

23. 在绘制M_R图时,如何确定每一根钢筋所抵抗的弯矩？其“理论截断点”或“充分利用点”又是如何确定的？

24. 梁中纵向钢筋的弯起与截断应满足哪些要求？

25. 斜截面受剪承载力的计算位置如何确定？在计算弯起钢筋时,剪力值如何确定？

26. 箍筋的最小直径和箍筋的最大间距分别与什么有关？

27. 当受力钢筋伸入支座的锚固长度不满足要求时,可采取哪些措施？

28. 架立钢筋的直径大小与什么有关？当截面的腹板高度超过多少时需设置腰筋和拉筋？

二、选择题

1. 钢筋混凝土梁抗裂验算时截面的应力阶段是(　　)。

A. 第Ⅱ阶段　　B. 第Ⅰ阶段末尾

C. 第Ⅱ阶段开始　　D. 第Ⅱ阶段末尾

2. 甲、乙两人设计同一根屋面大梁。甲设计的大梁出现了多条裂缝,最大裂缝宽度约为 0.15 mm;乙设计的大梁只出现一条裂缝,但最大裂缝宽度达到 0.43 mm。你认为(　　)。

A. 甲的设计比较差　　B. 甲的设计比较好

C. 两人的设计各有优劣　　D. 两人的设计都不好

3. 进行受弯构件截面设计时,若按初选截面计算的配筋率大于最大配筋率,说明(　　)。

A. 配筋过少　　B. 初选截面过小

C. 初选截面过大　　D. 钢筋强度过高

4. 截面尺寸与材料品种确定后,梁的正截面抗弯承载力与受拉纵向钢筋配筋率 ρ 之间的关系是(　　)。

A. ρ 愈大,正截面抗弯承载力也愈大

B. ρ 愈小,正截面抗弯承载力也愈大

C. 当 $\rho_{min} \leqslant \rho \leqslant \rho_{max}$ 时,ρ 愈大,正截面抗弯承载力也愈大

D. 正截面抗弯承载力与 ρ 无关

5. 钢筋混凝土梁实际配筋率等于最大配筋率时发生的破坏,称为(　　)。

A. 适筋破坏　　B. 超筋破坏　　C. 少筋破坏　　D. 界限破坏

6. 提高受弯构件正截面受弯能力最有效的方法是(　　)。

A. 提高混凝土强度等级　　B. 增加保护层厚度

C. 增加截面高度　　D. 增加截面宽度

7. 在梁的配筋率不变的条件下,梁高 h 与梁宽 b 相比,对 KM 的影响(　　)。

A. h 影响小　　B. 两者相当　　C. h 影响大　　D. 不一定

8. 双筋截面受弯构件正截面承载力计算公式适用条件 $x \geqslant 2a'_s$ 是为了保证(　　)。

A. 受压钢筋应力达到抗压强度设计值 f'_y

B. 受拉钢筋应力达到抗拉强度设计值 f_y

C. 受压混凝土达到抗压强度设计值 f_c

D. 受压混凝土达到极限压应变

9. 某简支梁截面为倒 T 形,其正截面承载力计算应按(　　)截面计算。

A. 第一类 T 形截面　B. 第二类 T 形截面　C. 矩形截面　　D. T 形截面

10. T 形截面梁配筋率的计算公式应为(　　)。

A. $\rho = A_s/(bh_0)$　　B. $\rho = A_s/(bh)$　　C. $\rho = A_s/(b'_f h_0)$　　D. $\rho = A_s/(b'_f h)$

11. 有腹筋梁抗剪力计算公式中的 $0.7f_t bh_0$ 是代表(　　)抗剪能力。

A. 混凝土的　　B. 不仅是混凝土的

C. 纵向钢筋与混凝土的　　　　D. 纵向钢筋的

12. 箍筋对斜裂缝的出现(　　)。

A. 影响很大　　B. 不如纵向钢筋大　　C. 无影响　　D. 影响不大

13. 抗剪公式适用的上限值,是为了保证(　　)。

A. 构件不发生斜压破坏　　B. 构件不发生剪压破坏

C. 构件不发生斜拉破坏　　D. 箍筋不致配得太多

14. 在(　　)情况下,梁斜截面宜设置弯起钢筋。

A. 梁剪力小

B 剪力很大,仅配箍筋不足时(箍筋直径过小或间距过大)

C. 跨中梁下部具有较多的 $+M$ 纵向钢筋,而支座 $-M$ 小

D. 为使纵向钢筋强度得以充分利用来承受 $-M$

15. 为了保证梁正截面及斜截面的抗弯强度,在做弯矩抵抗图时,应当保证(　　)。

A. 弯起点距该根钢筋的充分利用点的距离 $\geq h_0/2$

B. 弯起点距该根钢筋的充分利用点距离 $<h_0/2$

C. 弯起点距该根钢筋的充分利用点距离 $\geq h_0/2$,且弯矩抵抗图不进入弯矩图中

D. 弯起点距该根钢筋的充分利用点距离 $<h_0/2$,且弯矩抵抗图不进入弯矩图中

16. 限制梁的最小配箍率是防止梁发生(　　)破坏。

A. 斜拉　　B. 少筋　　C. 斜压　　D. 剪压

17. 限制梁中箍筋最大间距是为了防止(　　)。

A. 箍筋配置过少,出现斜拉破坏　　B. 斜裂缝不与箍筋相交

C. 箍筋对混凝土的约束能力降低　　D. 箍筋配置过少,出现斜压破坏

18. 已知某 2 级建筑物中的矩形截面梁,$b \times h = 200\ \mathrm{mm} \times 550\ \mathrm{mm}$,承受均布荷载作用,配有双肢Φ 6@200 箍筋。混凝土采用 C20,箍筋采用 HPB235 级,$a = 45\ \mathrm{mm}$,该梁能承担的剪力计算值为(　　)。

A. 85 kN　　B. 91 kN　　C. 95 kN　　D. 98 kN

19. 提高梁的斜截面受剪承载力最有效的措施是(　　)。

A. 提高混凝土强度等级　　B. 加大截面宽度

C. 加大截面高度　　D. 增加箍筋或弯起钢筋

20. 关于受拉钢筋锚固长度 l_a,说法正确的是(　　)。

A. 随混凝土强度等级的提高而增大

B. 随钢筋直径的增大而减小

C. 随钢筋等级的提高而增大

D. 条件相同,光圆钢筋的锚固长度小于变形钢筋

三、计算题

1. 某 2 级建筑物的矩形截面梁,二类环境条件,计算跨度 $l_0 = 6\ 000\ \mathrm{mm}$,承受弯矩设计值 $M = 156\ \mathrm{kN \cdot m}$,采用混凝土强度等级 C25、HRB335 级钢筋时,试确定梁的截面尺寸并计算受拉钢筋截面面积 A_s。

2. 某 3 级建筑物的现浇钢筋混凝土板，一类环境条件，计算跨度 $l_0=2\ 760$ mm，板上作用均布可变标准值 $q_k=2.6$ kN/m，水磨石地面及细石混凝土垫层厚度为 25 mm（容重为 22 kN/m^3），板底粉刷白灰浆厚度为 12 mm（容重为 17 kN/m^3），混凝土强度等级为 C20，HRB335 级钢筋。试确定板厚 h（必须满足 $h \geq l_0/35$）和受拉钢筋截面面积 A_s。

3. 已知矩形截面简支梁（2 级建筑物），截面尺寸 $b \times h=250$ mm × 550 mm。二类环境，混凝土强度等级 C25，HRB335 级钢筋，跨中承受弯矩设计值 $M=135$ kN · m。试求钢筋截面面积 A_s。

4. 某 2 级建筑物的矩形梁，一类环境条件，截面尺寸 $b \times h=250$ mm × 600 mm，混凝土强度等级为 C20，HRB335 级钢筋，配置一排受拉钢筋为 4 Φ 25，试求该梁实际能承受的弯矩。

5. 试按下列情况，列表计算各截面的受弯承载力（一类环境），并分析混凝土强度等级、钢筋级别、截面尺寸（高度、宽度）等因素对受弯承载力的影响。

（1）截面尺寸 $b \times h=250$ mm × 500 mm，混凝土强度等级为 C20，4 Φ 20 钢筋。

（2）截面尺寸 $b \times h=250$ mm × 500 mm，混凝土强度等级为 C20，6 Φ 20 钢筋。

（3）截面尺寸 $b \times h=250$ mm × 500 mm，混凝土强度等级为 C30，4 Φ 20 钢筋。

（4）截面尺寸 $b \times h=250$ mm × 500 mm，混凝土强度等级为 C20，4 Φ 20 钢筋。

（5）截面尺寸 $b \times h=250$ mm × 550 mm，混凝土强度等级为 C20，4 Φ 20 钢筋。

（6）截面尺寸 $b \times h=220$ mm × 500 mm，混凝土强度等级为 C20，4 Φ 20 钢筋。

6. 已知 3 级建筑物的矩形截面简支梁，截面尺寸 $b \times h=250$ mm × 550 mm，一类环境条件，混凝土强度等级为 C20，HRB335 级钢筋，承受弯矩设计值为 $M=205$ kN · m。试计算：

（1）该正截面所需要的受力钢筋截面面积。

（2）在受压区已配置 3 Φ 22 时，计算受拉钢筋截面面积。

7. 某 2 级建筑物的矩形梁，截面尺寸 $b \times h=250$ mm × 600 mm，二类环境条件，计算跨度 $l_0=6\ 500$ mm，在使用期间承受均布荷载标准值 $g_k=25$ kN/m（包括自重），$q_k=20$ kN/m。混凝土强度等级为 C25，HRB335 级钢筋。试计算受力钢筋截面面积。

8. 某电站厂房（2 级建筑物）的简支梁的计算跨度 $l_0=5\ 800$ mm，截面尺寸 $b \times h=250$ mm × 550 mm，配置受拉钢筋 6 Φ 22（$a_s=75$ mm）及受压钢筋 3 Φ 18（$a_s'=45$ mm），采用混凝土强度等级 C25，HRB335 级钢筋。现因为检修设备需临时在跨中承受一集中荷载 $Q_k=70$ kN，同时承受梁与铺板自重产生的均布荷载值 $g_k=15$ kN/m。试复核此梁正截面在检修期间是否安全？

9. 某 2 级建筑物的双筋截面梁，截面尺寸 $b \times h=250$ mm × 500 mm，承受弯矩设计值 $M=160$ kN · m，采用混凝土强度等级为 C20，受压纵向钢筋为 2 Φ 16，受拉纵向钢筋采用 4 Φ 20 和 3 Φ 25 两种配置。试复核在上述两种配筋情况下，此梁正截面是否安全。

10. 某 3 级建筑物的矩形截面梁，截面尺寸为 $b \times h=300$ mm × 600 mm，承受弯矩设计值双筋截面 $M=180$ kN · m，采用混凝土强度等级为 C30，受压区已配置 2 Φ 18 受压钢筋，试配置该截面受拉钢筋截面面积。

11. 某 2 级建筑物的独立 T 形梁，计算跨度 $l_0=8\ 000$ mm，$b_f'=750$ mm，$h_f'=120$ mm，

$b=250$ mm，$h=750$ mm；正常情况下跨中承受弯矩设计值 $M=200$ kN·m；采用混凝土强度等级 C30，HRB400 级钢筋。试计算跨中截面所需的受拉钢筋截面面积。

12. 现浇混凝土肋形楼盖的次梁，如图 2-59 所示。2 级建筑物，一类环境，计算跨度 $l_0=7.5$ m，间距为 2.4 m，现浇板厚 100 mm，梁高 550 mm，梁肋宽 200 mm。在使用阶段，梁跨中承受弯矩设计值 $M=109$ kN·m，混凝土强度等级为 C20，HRB335 级钢筋，试计算次梁跨中截面受拉钢筋截面面积 A_s。

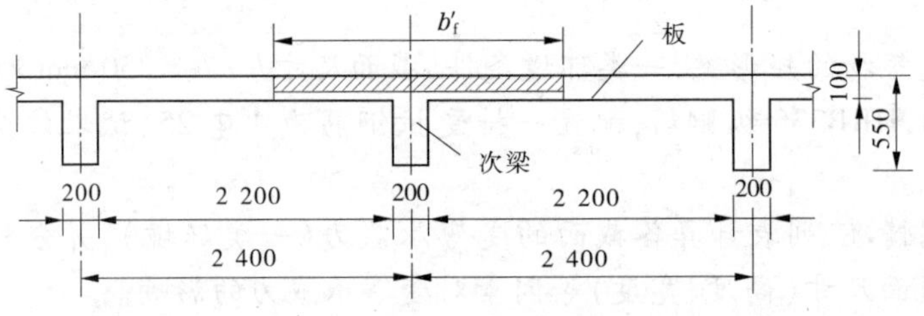

图 2-59 （单位：mm）

13. 某 2 级建筑物的吊车梁，翼缘计算宽度 $b'_f=650$ mm，$h'_f=110$ mm，$b=250$ mm，$h=750$ mm，计算跨度 $l_0=6\ 000$ mm，在使用阶段跨中承受弯矩设计值 $M=420$ kN·m，混凝土强度等级为 C25，HRB400 级钢筋。试计算跨中截面所需要的受拉钢筋截面面积。

14. 某 T 形截面梁，2 级建筑物，翼缘计算宽度 $b'_f=1\ 400$ mm，$h'_f=120$ mm，$b=250$ mm，$h=700$ mm，混凝土强度等级为 C25，HRB335 级钢筋，配置受拉钢筋为 6 Φ 22，承受弯矩设计值 $M=450$ kN·m。试复核该梁正截面是否安全？

15. 某 2 级建筑物的吊车梁，一类环境，翼缘计算宽度 $b'_f=800$ mm，$h'_f=110$ mm，$b=200$ mm，$h=600$ mm，计算跨度 $l_0=6\ 000$ mm，在使用阶段跨中承受弯矩设计值 $M=250$ kN·m，混凝土强度等级为 C25，HRB335 级钢筋。试配置该截面钢筋。

16. 某钢筋混凝土简支梁，一类环境条件，水工建筑物级别为 2 级，截面尺寸 $b\times h=250\ \text{mm}\times 550$ mm，梁的净跨 $l_n=4.76$ m，承受永久荷载标准值 $g_k=20$ kN/m（包括自重），可变均布荷载标准值 $q_k=30$ kN/m；采用 C25 混凝土，HPB235 级箍筋，取 $a_s=45$ mm。试为该梁配置箍筋。

17. 某建筑物级别为 2 级的钢筋混凝土梁，截面尺寸 $b\times h=250\ \text{mm}\times 500$ mm，在均布荷载作用下，产生的最大剪力设计值 $V=198$ kN，采用 C25 混凝土，HPB235 级箍筋，取 $a_s=45$ mm。试进行箍筋计算。

18. 某建筑物级别为 2 级的矩形截面简支梁，梁的净跨 $l_n=5$ m，截面尺寸 $b\times h=200\ \text{mm}\times 500$ mm，梁承受的最大剪力设计值 $V=150$ kN，采用 C25 混凝土，配置 4 Φ 20 的 HRB335 级纵筋，HPB235 级箍筋，取 $a_s=45$ mm。试计算腹筋数量。

19. 某承受均布荷载的楼板连续次梁，该建筑物级别为 3 级。截面尺寸 $b=250$ mm，$h=600$ mm，$b'_f=1\ 600$ mm，$h'_f=80$ mm；承受剪力设计值 $V=168$ kN；采用 C25 混凝土，HRB335 级纵筋，HPB235 级箍筋，取 $a_s=45$ mm。试配置腹筋。

20. 已知矩形截面梁，建筑物级别为 2 级。截面尺寸 $b\times h=200\ \text{mm}\times 550$ mm，承受均布荷载作用，配有双肢Φ 8@200 箍筋。混凝土采用 C20，箍筋采用 HPB235 级钢筋。若支座边缘截面剪力设计值 $V=112$ kN，取 $a_s=45$ mm，试按斜截面承载力复核该梁是否安全？

项目3　钢筋混凝土构件正常使用极限状态验算

知识目标

明确在钢筋混凝土构件设计中为什么要进行正常使用极限状态的验算；

理解正常使用极限状态与承载能力极限状态计算的区别；

理解SL 191—2008所采用公式的来源、符号的含义及公式建立时依据的应力状态；

理解单筋矩形截面梁、板抗裂验算、裂缝宽度验算及变形验算的相关知识。

能力目标

能够熟练应用公式对梁、板进行抗裂验算、裂缝宽度验算及变形验算。

钢筋混凝土结构设计必须满足承载能力极限状态的要求，以保证结构安全可靠；此外，还应满足结构正常使用极限状态对裂缝和变形控制的要求，以保证结构构件的适用性和耐久性。随着建筑材料日益向轻质、高强方向发展，构件截面尺寸在进一步减小，裂缝及变形问题就变得更加突出。在有些情况下，正常使用极限状态的验算也有可能成为设计中的控制情况。

由于超过正常使用极限状态而产生的后果，不如超过承载能力极限状态所产生的后果那么严重，因此正常使用极限状态的目标可靠指标比承载能力极限状态的目标可靠指标小。按正常使用极限状态进行验算时，荷载和材料强度分别采用其标准值。

任务3.1　抗裂验算

抗裂验算是针对使用上要求不允许出现裂缝的构件而进行的验算。所以，构件抗裂验算以受拉区混凝土将裂未裂的极限状态为依据。

对承受水压的轴心受拉构件、小偏心受拉构件，由于整个截面受拉，混凝土开裂后有可能贯穿整个截面，引起水的渗漏，应按荷载效应标准组合进行抗裂验算。对于发生裂缝后会引起严重渗漏的其他构件，也应进行抗裂验算。例如，简支的矩形截面输水渡槽底板纵向结构计算时为受弯构件，在纵向弯矩的作用下底板位于受拉区，一旦开裂，裂缝就会贯穿底板截面造成漏水，虽为受弯构件也应进行抗裂验算。因此，在纵向计算时属严格要求抗裂的构件,应按抗裂条件进行验算。当有可靠防渗漏措施不影响正常使用时,也可不进行抗裂验算,只需限制裂缝的开展宽度。

3.1.1 轴心受拉构件

3.1.1.1 抗裂极限状态

钢筋混凝土轴心受拉构件在即将发生开裂时,混凝土的拉应力达到其轴心抗拉强度 f_t(见图 3-1),拉应变达到其极限拉应变 ε_{tu}。这时由于钢筋与混凝土保持共同变形,因此钢筋拉应力可根据钢筋和混凝土应变相等的关系求得,即 $\sigma_s = \varepsilon_s E_s = \varepsilon_{tu} E_s$。令 $\alpha_E = E_s / E_c$,则 $\sigma_s = \alpha_E \varepsilon_{tu} E_c = \alpha_E f_t$。所以,混凝土在即将开裂时,钢筋应力 σ_s 是同位置处混凝土应力的 α_E 倍。

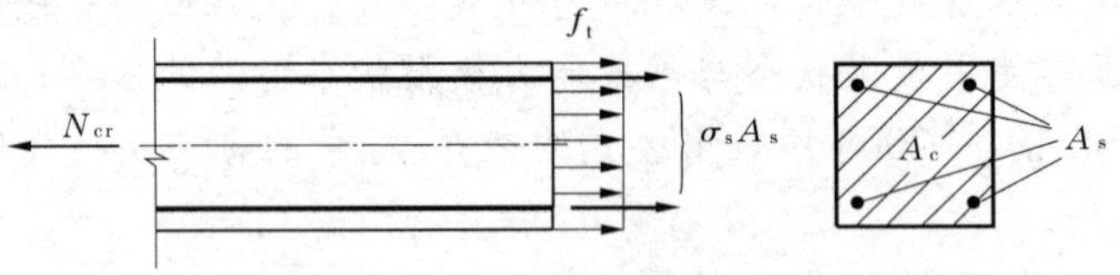

图 3-1　轴心受拉构件抗裂轴力示意

若以 A_s 表示受拉钢筋的截面面积,以 A_{s0} 表示将钢筋 A_s 换算成假想的混凝土的换算截面面积,则换算截面面积承受的拉力应与原钢筋承受的拉力相同,即

$$\sigma_s A_s = f_t A_{s0} \tag{3-1}$$

将 $\sigma_s = \alpha_E f_t$ 代入式(3-1),可得

$$A_{s0} = \alpha_E A_s \tag{3-2}$$

式(3-2)表明,在混凝土开裂之前,钢筋与混凝土满足变形协调的条件,所以截面面积为 A_s 的纵向受拉钢筋相当于截面面积为 $\alpha_E A_s$ 的受拉混凝土作用,$\alpha_E A_s$ 就称为钢筋 A_s 的换算截面面积。构件总的换算截面面积为

$$A_0 = A_c + \alpha_E A_s \tag{3-3}$$

式中　A_c——混凝土截面面积,mm^2。

由力的平衡条件得

$$N_{cr} = f_t A_c + \sigma_s A_s = f_t A_c + \alpha_E f_t A_s = f_t (A_c + \alpha_E A_s) = f_t A_0 \tag{3-4}$$

3.1.1.2 抗裂验算公式

在实际工程中,裂缝会使结构渗漏,影响结构的耐久性,而且易在裂缝面上形成渗透应力,危及结构安全。为此,在正常使用极限状态验算时,应满足目标可靠指标的要求,故引进拉应力限制系数 α_{ct},形成有限拉应力状态,并且混凝土抗拉强度取用标准值 f_{tk},荷载也取用标准值,则轴心受拉构件在荷载效应的标准组合下的抗裂验算公式是

$$N_k \leqslant \alpha_{ct} f_{tk} A_0 \tag{3-5}$$

式中　N_k——按荷载标准值计算的轴向拉力值,N;

f_{tk}——混凝土轴心抗拉强度标准值,N/mm^2;

α_{ct}——混凝土拉应力限制系数,对荷载效应的标准组合 α_{ct} 可取 0.85;

A_0——换算截面面积,mm^2。

3.1.2　受弯构件

3.1.2.1　抗裂极限状态

由试验得知，受弯构件正截面在即将开裂的瞬间，其应力状态处于第Ⅰ应力阶段的末尾，如图 3-2 所示。此时，受拉区边缘的拉应变达到混凝土的极限拉应变 ε_{tu}，受拉区应力分布为曲线形，具有明显的塑性特征，最大拉应力达到混凝土的抗拉强度 f_t。而受压区混凝土仍接近于弹性工作状态，其应力分布图形为三角形。

3.1.2.2　开裂弯矩 M_{cr}

根据试验结果，在计算受弯构件的开裂弯矩 M_{cr} 时，可假定混凝土受拉区应力分布为图 3-3 所示的梯形图形，塑化区高度占受拉区高度的一半。

按图 3-3 所示的应力图形，利用平截面假定，可求出混凝土边缘应力与受压区高度之间的关系。然后根据力和力矩的平衡条件，求出截面开裂弯矩 M_{cr}。

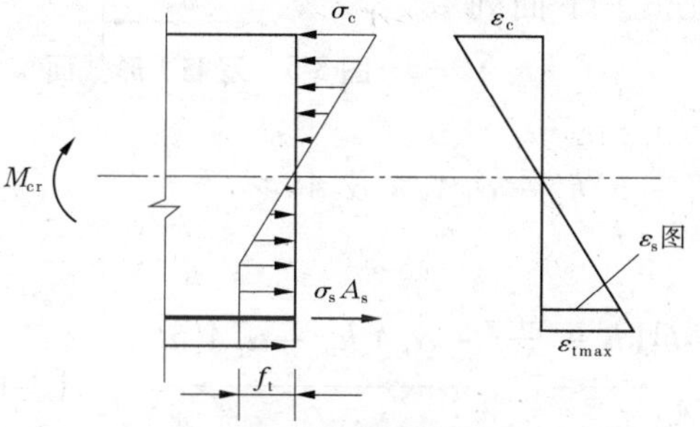

图 3-2　受弯构件正截面第Ⅰ应力阶段末实际的应力与应变图形

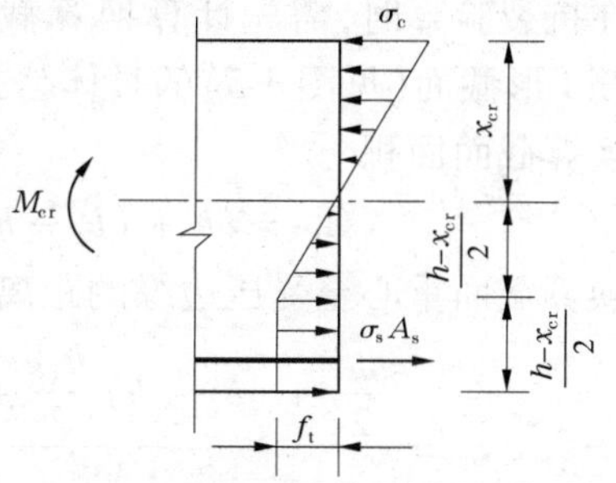

图 3-3　受弯构件正截面第Ⅰ应力阶段末假定的应力图形

但上述方法比较烦琐，为了计算方便，采用等效换算的方法，即在保持开裂弯矩相等的条件下，将受拉区梯形应力图形等效折算成直线分布的应力图形（见图 3-4），此时，受拉区边缘应力由 f_t 折算为 $\gamma_m f_t$，γ_m 称为截面抵抗矩的塑性系数。

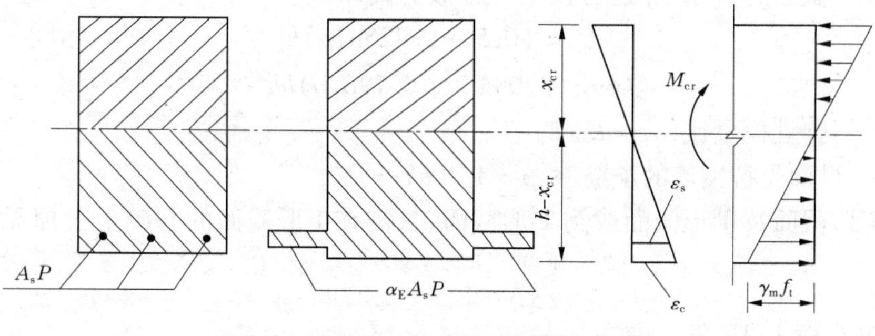

图 3-4　受弯构件正截面抗裂弯矩计算图

经过这样的换算，就可把构件视作截面面积 $A_0 = A_c + \alpha_E A_s + \alpha_E A'_s$ 的匀质弹性体，引用工程力学公式，得出受弯构件正截面开裂弯矩 M_{cr} 的计算公式

$$M_{cr} = \gamma_m f_t W_0 \tag{3-6}$$

$$W_0 = I_0/(h - y_0) \tag{3-7}$$

式中 W_0——换算截面 A_0 受拉边缘的弹性抵抗矩，mm^3；

y_0——换算截面重心至受压边缘的距离，mm；

I_0——换算截面对其重心轴的惯性矩，mm^4；

γ_m——截面抵抗矩的塑性系数，按附表 3-4 采用。

3.1.2.3 抗裂验算公式

为满足目标可靠指标的要求，对受弯构件同样引入拉应力限制系数 α_{ct}，荷载和材料强度均取用标准值。这样，受弯构件在荷载效应的标准组合下，应按下列公式进行抗裂验算

$$M_k \leqslant \alpha_{ct}\gamma_m f_{tk} W_0 \tag{3-8}$$

式中 M_k——按荷载标准值计算的弯矩值，N·mm；

其他符号意义同前。

3.1.2.4 换算截面的特征值

在抗裂验算时，需先计算换算截面的特征值。下面列出双筋 I 形截面（见图 3-5）的具体公式。

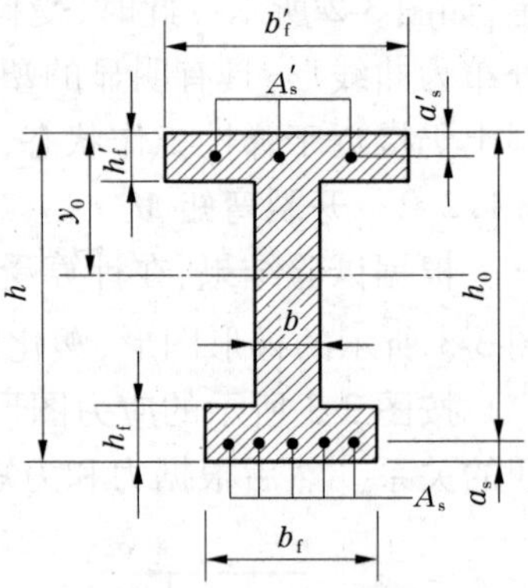

图 3-5 双筋 I 形截面

换算截面面积

$$A_0 = bh + (b_f - b)h_f + (b'_f - b)h'_f + \alpha_E A_s + \alpha_E A'_s \tag{3-9}$$

换算截面重心至受压边缘的距离

$$y_0 = \frac{\frac{bh^2}{2} + (b'_f - b)\frac{h'^2_f}{2} + (b_f - b)h_f(h - \frac{h_f}{2}) + \alpha_E A_s h_0 + \alpha_E A'_s a'_s}{A_0} \tag{3-10}$$

换算截面对其重心轴的惯性矩

$$I_0 = \frac{b'_f y_0^3}{3} - \frac{(b'_f - b)(y_0 - h'_f)^3}{3} + \frac{b_f(h - y_0)^3}{3} -$$

$$\frac{(b_f - b)(h - y_0 - h_f)^3}{3} + \alpha_E A_s(h_0 - y_0)^2 + \alpha_E A'_s(y_0 - a'_s)^2 \tag{3-11}$$

单筋矩形截面的 y_0 及 I_0 也可按下列近似公式计算

$$y_0 = (0.5 + 0.425\alpha_E\rho)h \tag{3-12}$$

$$I_0 = (0.083\ 3 + 0.19\alpha_E\rho)bh^3 \tag{3-13}$$

式中 α_E——弹性模量比，$\alpha_E = E_s/E_c$；

ρ——纵向受拉钢筋的配筋率，$\rho = A_s/(bh_0)$。

对于矩形截面及 T 形截面或倒 T 形截面，只需在 I 形截面的基础上去掉无关的项即可。

3.1.3 偏心受拉构件

偏心受拉构件可采用与受弯构件相同的方法分析计算抗裂性能，即将钢筋截面面积换算为混凝土截面面积，然后用材料力学匀质弹性体的公式进行计算。在荷载效应的标准组合下，按下列公式进行验算

$$M_k/W_0 + N_k/A_0 \leqslant \gamma_{偏拉}\alpha_{ct}f_{tk} \tag{3-14}$$

式中　$\gamma_{偏拉}$——偏心受拉构件的截面抵抗矩塑性系数。

从图 3-6 可以看出，偏心受拉构件受拉区塑化效应与受弯构件的塑化效应相比有所减弱，这是因为它的受拉区应变梯度比受弯构件的应变梯度要小。但它的塑化效应又比轴心受拉构件的大，因为轴心受拉构件的应变梯度为零。因此，偏心受拉构件的塑性影响系数 $\gamma_{偏拉}$ 应处于 γ_m（受弯构件的截面抵抗矩塑性系数）与 1（轴心受拉构件的塑性影响系数）之间，可近似地认为 $\gamma_{偏拉}$ 是随截面的平均拉应力 $\sigma = N_k/A_0$ 的大小，按线性规律在 1 与 γ_m 之间变化。

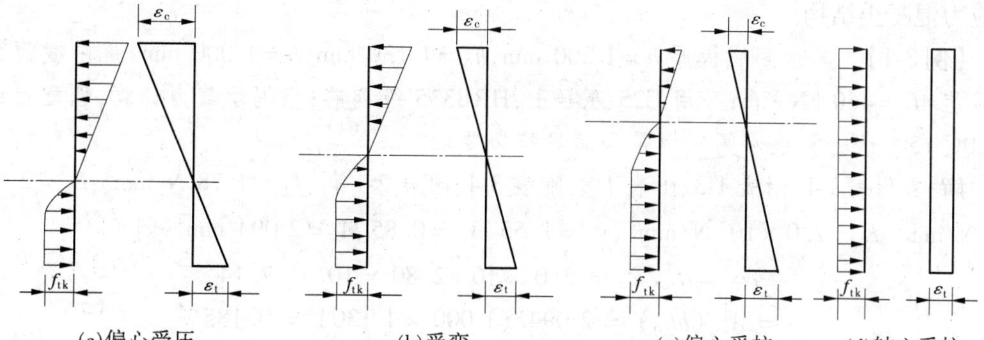

图 3-6　不同受力特征构件即将开裂时的应力及应变图

当平均拉应力 $\sigma = 0$（受弯）时，$\gamma_{偏拉} = \gamma_m$；当平均拉应力 $\sigma = \alpha_{ct} f_{tk}$（轴心受拉）时，$\gamma_{偏拉} = 1$，则

$$\gamma_{偏拉} = \gamma_m - (\gamma_m - 1)\frac{N_k}{A_0 \alpha_{ct} f_{tk}} \tag{3-15}$$

将式(3-15)代入式(3-14)，并经变换后，就可得出偏心受拉构件的抗裂验算公式：

$$N_k \leqslant \frac{\gamma_m \alpha_{ct} f_{tk} A_0 W_0}{e_0 A_0 + \gamma_m W_0} \tag{3-16}$$

式中　N_k——按荷载标准值计算的轴向力值，N；

e_0——轴向拉力的偏心距，N，$e_0 = M_k/N_k$；

其他符号意义同前。

3.1.4　偏心受压构件

与偏心受拉构件的计算原理相同，偏心受压构件在荷载效应的标准组合下，按下列公式进行抗裂验算

$$M_k/W_0 - N_k/A_0 \leqslant \gamma_{偏压} \alpha_{ct} f_{tk} \tag{3-17}$$

偏心受压构件由于受拉区应变梯度较大，塑化效应比较充分，其塑性影响系数 $\gamma_{偏压}$ 比受弯构件的 γ_m 大。但在实际应用中，为简化计算并考虑偏于安全，取与受弯构件相同的数值，即取 $\gamma_{偏压} = \gamma_m$。

用 γ_m 取代了 $\gamma_{偏压}$，并令 $e_0 = M_k/N_k$（短期组合），则式(3-17)可转换为

$$N_k \leqslant \frac{\gamma_m \alpha_{ct} f_{tk} A_0 W_0}{e_0 A_0 - W_0} \tag{3-18}$$

3.1.5 提高构件抗裂能力的措施

对于钢筋混凝土的抗裂能力而言，钢筋所起的作用不大，如果取混凝土的极限拉应变 $\varepsilon_{tu}=0.000\,1\sim0.000\,15$，则混凝土即将开裂时，钢筋的拉应力 $\sigma_s\approx(0.000\,1\sim0.000\,15)\times2.0\times10^5=20\sim30(\text{N/mm}^2)$。可见，此时钢筋的应力是很低的，所以用增加钢筋的办法来提高构件的抗裂能力是极不经济也不合理的。提高构件抗裂能力的主要方法是加大构件截面尺寸、提高混凝土的强度等级、在局部混凝土中掺入钢纤维等，最有利的措施是采用预应力混凝土结构。

【例 3-1】 某水闸底板厚 $h=1\,200$ mm，$h_0=1\,130$ mm，$b=1\,000$ mm，跨中截面荷载效应值 $M_k=460$ kN·m；采用 C25 混凝土，HRB335 级钢筋；根据承载力计算，已配置钢筋 Φ 20@150。试验算该水闸底板是否满足抗裂要求？

解：查附表 1-1、附表 1-3、附表 1-8、附表 3-4、附表 2-1 得：$f_{tk}=1.78$ N/mm²、$E_c=2.80\times10^4$ N/mm²、$E_s=2.0\times10^5$ N/mm²、$\gamma_m=1.55$、$\alpha_{ct}=0.85$、$A_s=2\,094$ mm²，则

$$\alpha_E=E_s/E_c=2.0\times10^5/2.80\times10^4=7.14$$

$$\rho=A_s/(bh_0)=2\,094/(1\,000\times1\,130)=0.185\%$$

(1)按式(3-10)、式(3-11)计算 y_0 及 I_0。

$$y_0=\frac{\dfrac{bh^2}{2}+\alpha_EA_sh_0}{bh+\alpha_EA_s}=\frac{\dfrac{1\,000\times1\,200^2}{2}+7.14\times2\,094\times1\,130}{1\,000\times1\,200+7.14\times2\,094}=607(\text{mm})$$

$$I_0=\frac{by_0^3}{3}+\frac{b(h-y_0)^3}{3}+\alpha_EA_s(h_0-y_0)^2$$

$$=\frac{1\,000\times607^3}{3}+\frac{1\,000\times(1\,200-607)^3}{3}+7.14\times2\,094\times(1\,130-607)^2$$

$$=1.481\times10^{11}(\text{mm}^4)$$

如改用近似式(3-12)、式(3-13)计算 y_0 及 I_0，则

$$y_0=(0.5+0.425\alpha_E\rho)h=(0.5+0.425\times7.14\times0.185\%)\times1\,200=607(\text{mm})$$

$$I_0=(0.083\,3+0.19\alpha_E\rho)bh^3=(0.083\,3+0.19\times7.14\times0.185\%)\times1\,000\times1\,200^3$$

$$=1.483\times10^{11}(\text{mm}^4)$$

由以上计算结果可以看出近似式(3-12)、式(3-13)足够精确。

(2)按式(3-8)验算是否抗裂。

考虑截面高度的影响，对 γ_m 值进行修正，得

$$\gamma_m=(0.7+300/1\,200)\times1.55=1.47$$

$$\alpha_{ct}f_{tk}\gamma_mW_0=\alpha_{ct}f_{tk}\gamma_m\frac{I_0}{h-y_0}=0.85\times1.78\times1.47\times\frac{1.481\times10^{11}}{1\,200-607}$$

$$=555.46\times10^6(\text{N}\cdot\text{mm})$$

$$=555.46\ \text{kN}\cdot\text{m}>M_k=460\ \text{kN}\cdot\text{m}$$

所以，该水闸底板跨中截面满足抗裂要求。

任务3.2 裂缝宽度验算

混凝土裂缝产生的原因十分复杂,可分为荷载作用下引起的裂缝和非荷载因素引起的裂缝两种,本项目所涉及的抗裂及裂缝宽度验算,仅限于荷载作用产生的裂缝。对于非荷载因素产生的裂缝,如水化热、温度变化、收缩、基础不均匀沉降等原因而产生的裂缝,主要通过控制施工质量、改进结构形式、认真选择原材料、配置构造钢筋等措施来解决。

在使用荷载的作用下,钢筋混凝土结构截面上的拉应力常常大于混凝土的抗拉强度,在正常使用状态下必然会有裂缝产生,即构件总是带裂缝工作的。如果裂缝过宽,会降低混凝土的抗渗性和抗冻性等使用功能,影响结构的耐久性和外观。因此,对使用上要求限制裂缝宽度的构件,应进行裂缝宽度控制验算。按荷载效应标准组合所求的最大裂缝宽度不应超过附表3-3规定的限值。

3.2.1 裂缝开展前后的应力状态

为了建立裂缝宽度的计算公式,首先应了解裂缝出现前后构件各截面的应力应变状态。现以受弯构件纯弯段为例予以讨论。

在裂缝出现前,截面受拉区的拉力由钢筋与混凝土共同承担。沿构件长度方向,各截面受拉钢筋应力及受拉混凝土应力大体上分别保持均等。

因为各截面混凝土的实际抗拉强度稍有差异,随着荷载的增加,在某一最薄弱的截面上首先出现第一条裂缝(见图3-7中的a截面)。有时也可能在几个截面上同时出现第一批裂缝。在裂缝截面,裂开的混凝土不再承受拉力,拉力转移由钢筋承担,钢筋应力会突然增大,应变也突增。加上原来因受拉伸长的混凝土应力释放后又瞬间产生回缩,所以裂缝一出现就有一定的宽度。

由于混凝土向裂缝两侧回缩受到钢筋的黏结约束,混凝土将随着远离裂缝截面而重新建立起拉应力。当荷载再有增加时,在离裂缝截面某一长度处混凝土拉应力增大到混凝土实际抗拉强度,其附近某一薄弱截面又将出现第二条裂缝(见图3-7中的截面b)。

随着荷载的增加,在裂缝陆续出现后,沿构件长度方向,钢筋与混凝土的应力是随着裂缝的位置而变化的(如图3-8所示)。

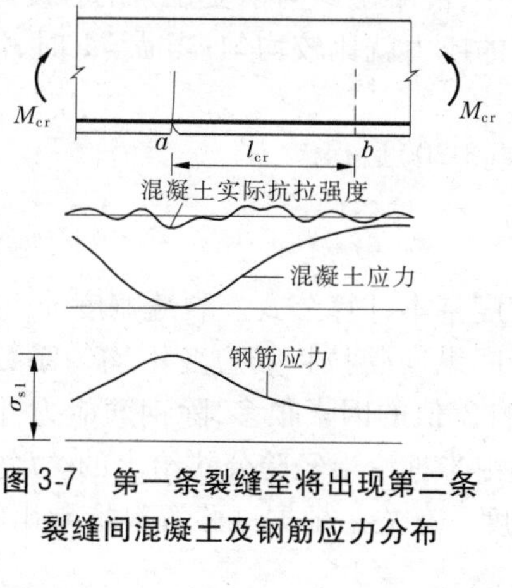

图3-7 第一条裂缝至将出现第二条裂缝间混凝土及钢筋应力分布

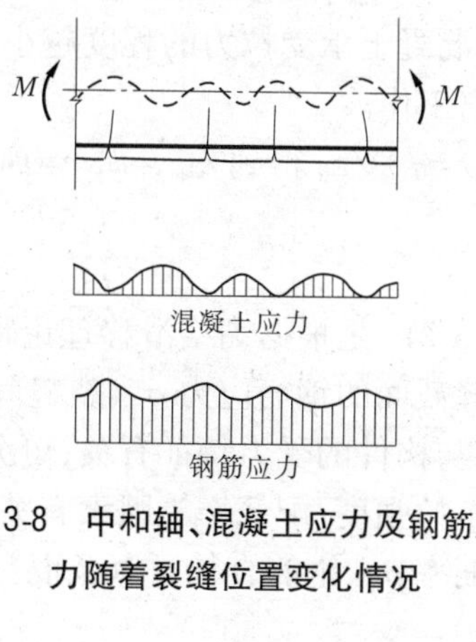

图3-8 中和轴、混凝土应力及钢筋应力随着裂缝位置变化情况

由于混凝土质量的不均匀性,因而裂缝的间距总是有疏有密,裂缝开展宽度有大有小。裂缝间距越大,裂缝开展越宽;荷载越大,裂缝开展越宽。

3.2.2 平均裂缝宽度

如果把混凝土的性质理想化,当荷载达到抗裂弯矩 M_{cr} 时,出现第一条裂缝。在裂缝截面,混凝土拉应力下降为零,钢筋应力突增至 σ_s。离开裂缝截面,混凝土仍然受拉,且离裂缝截面越远,受力越大,在应力达到 f_t 处,就是出现第二条裂缝的地方。接着又会相继出现第三条裂缝、第四条裂缝……所以,理论上裂缝是等间距分布的,而且也几乎是同时发生的。此后,荷载的增加只引起裂缝开展宽度加大而不再产生新的裂缝,而且各条裂缝的宽度,在同一荷载下也是相等的。

由图 3-9 可知,裂缝开展后,在钢筋重心处裂缝宽度 w_m 应等于两条相邻裂缝之间的钢筋伸长与混凝土伸长之差,即

$$w_m = \varepsilon_{sm} l_{cr} - \varepsilon_{cm} l_{cr} \tag{3-19}$$

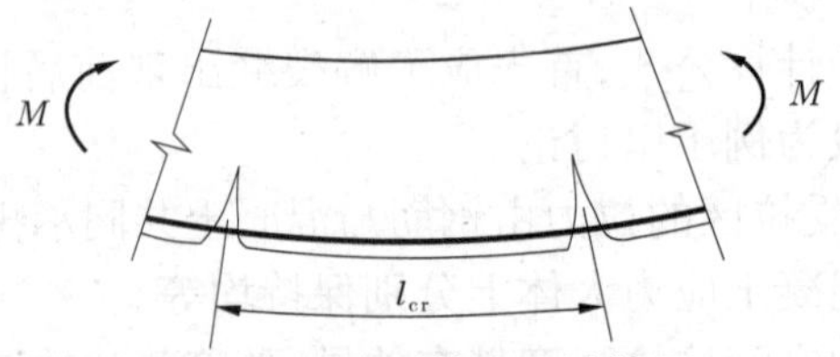

图 3-9 平均裂缝宽度计算图

式中 ε_{sm}、ε_{cm}——相邻的两条裂缝间钢筋及混凝土的平均应变;

l_{cr}——裂缝间距,mm。

混凝土的拉伸变形极小,可以近似认为 $\varepsilon_{cm}=0$,则式(3-19)可改写为

$$w_m = \varepsilon_{sm} l_{cr} \tag{3-20}$$

可以看出,裂缝截面处钢筋应变 ε_s 相对最大,非裂缝截面的钢筋应变逐渐减小,在整个 l_{cr} 长度内,钢筋的平均应变 ε_{sm} 小于裂缝截面处钢筋的应变 ε_s,原因是裂缝之间的混凝土仍能承受部分拉力(见图 3-8)。用受拉钢筋应变不均匀系数 ψ 来表示裂缝之间因混凝土承受拉力而对钢筋应变所引起的影响,它是钢筋平均应变 ε_{sm} 与裂缝截面钢筋应变 ε_s 的比值,即 $\psi=\varepsilon_{sm}/\varepsilon_s$。显然 ψ 不会大于 1。ψ 值越小,混凝土参与承受拉力的程度越大;ψ 值越大,混凝土承受拉力的程度越小,各截面钢筋的应力就比较均匀;当 $\psi=1$ 时,混凝土完全脱离工作。

由 $\psi=\varepsilon_{sm}/\varepsilon_s$ 得到 $\varepsilon_{sm}=\psi\varepsilon_s=\psi\sigma_s/E_s$,代入式(3-20)后得

$$w_m = \psi \frac{\sigma_s}{E_s} l_{cr} \tag{3-21}$$

式(3-21)是根据黏结滑移理论得出的裂缝宽度基本计算公式。裂缝宽度 w_m 主要取决于裂缝截面的钢筋应力 σ_s、裂缝间距 l_{cr} 和裂缝间纵向受拉钢筋应变不均匀系数 ψ,其中 σ_s 值与构件的受力特征有关,可分别计算;影响 ψ 值的因素很多,除钢筋应力外,还与混凝土抗拉强度、配筋率等因素有关,目前大都是由半理论半经验公式给出的。l_{cr} 主要与有效配筋率 ρ_{te}、钢筋直径 d 以及混凝土保护层厚度 c 有关。根据试验资料推导出的裂缝

间距的半理论半经验公式为

$$l_{cr} = k_1 c + k_2 \frac{d}{\rho_{te}} \tag{3-22}$$

式中　k_1、k_2——试验常数，可由大量试验资料确定。

将 l_{cr} 代入式(3-21)就可求出平均裂缝宽度 w_m。

3.2.3　裂缝宽度验算公式

3.2.3.1　裂缝宽度验算公式

由于混凝土质量的不均匀性，裂缝间距有疏有密，每条裂缝的开展宽度有大有小，衡量裂缝开展宽度是否超过允许值，应以最大裂缝宽度为准。SL 191—2008 中最大裂缝宽度计算公式是在式(3-21)、式(3-22)的基础上，结合试验结果后给出的。因此，配置带肋钢筋的矩形、T 形及 I 形截面的受拉、受弯及偏心受压钢筋混凝土构件，按荷载效应标准组合的最大裂缝宽度 w_{max} 按下式计算

$$w_{max} = \alpha \frac{\sigma_{sk}}{E_s}\left(30 + c + 0.07 \frac{d}{\rho_{te}}\right) \tag{3-23}$$

$$\rho_{te} = \frac{A_s}{A_{te}}$$

式中　α——考虑构件受力特征和荷载长期作用的综合影响系数，对受弯构件和偏心受压构件取 $\alpha = 2.1$，对偏心受拉构件取 $\alpha = 2.4$，对轴心受拉构件取 $\alpha = 2.7$；

c——纵向受拉钢筋的混凝土保护层厚度，mm，当 $c > 65$ mm 时取 $c = 65$ mm；

d——钢筋直径，mm，当钢筋用不同直径时，式中的 d 改用换算直径 $4A_s/u$，此处 u 为纵向受拉钢筋截面总周长；

ρ_{te}——纵向受拉钢筋的有效配筋率，当 $\rho_{te} < 0.03$ 时取 $\rho_{te} = 0.03$；

A_{te}——有效受拉混凝土截面面积，mm^2；

A_s——受拉区纵向钢筋截面面积，mm^2，对受弯、偏心受拉及大偏心受压构件，A_s 取受拉区纵向钢筋截面面积，对全截面受拉的偏心受拉构件，A_s 取拉应力较大一侧的钢筋截面面积，对轴心受拉构件，A_s 取全部纵向钢筋的截面面积；

σ_{sk}——按荷载标准值计算的构件纵向受拉钢筋应力，N/mm^2。

对受弯、偏心受拉及大偏心受压构件，A_{te} 取为其重心与受拉钢筋 A_s 重心相一致的混凝土面积，即 $A_{te} = 2a_s b$(见图 3-10)，其中 a_s 为 A_s 重心至截面受拉边缘的距离，b 为矩形截面的宽度，对有受拉翼缘的倒 T 形及 I 形截面 b 为受拉翼缘宽度；对轴心受拉构件 A_{te} 取为 $2a_s l_s$，但不大于构件全截面面积，其中 a_s 为一侧钢筋重心至截面近边缘的距离，l_s 为沿截面周边配置的受拉钢筋重心连线的总长度。

3.2.3.2　纵向受拉钢筋应力 σ_{sk} 的计算公式

1. 轴心受拉构件

$$\sigma_{sk} = N_k / A_s \tag{3-24}$$

2. 受弯构件

在正常使用荷载作用下，可假定受弯构件裂缝截面的受压区混凝土处于弹性阶段，应

力图形为三角形分布，受拉区混凝土作用忽略不计，根据截面应变应符合平截面假定，可求得应力图形的内力臂 z，一般近似地取 $z=0.87h_0$，如图 3-11 所示。所以

$$\sigma_{sk}=\frac{M_k}{0.87h_0A_s} \tag{3-25}$$

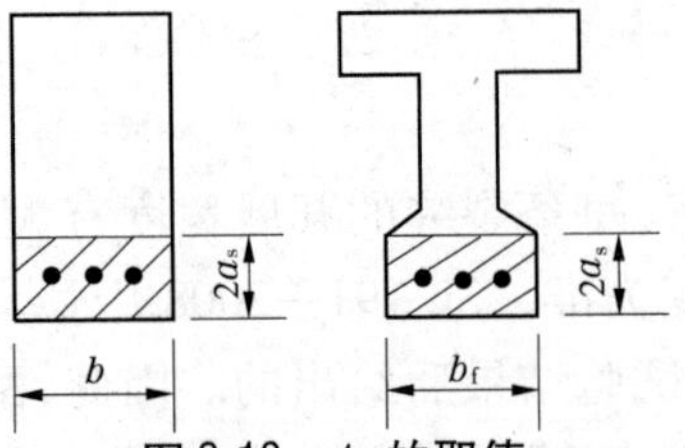

图 3-10　A_{te} 的取值

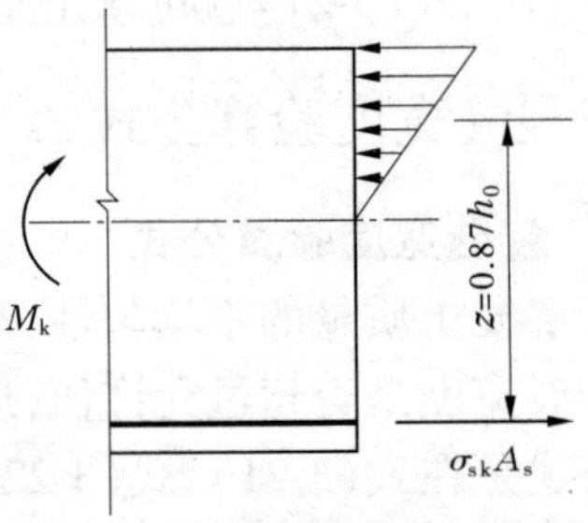

图 3-11　受弯构件截面应力图形

3. 大偏心受压构件

在正常使用荷载下，大偏心受压构件的截面应力图形的假设与受弯构件相同（见图 3-12）。纵向受拉钢筋应力的计算公式为

$$\sigma_{sk}=\frac{N_k}{A_s}\left(\frac{e}{z}-1\right) \tag{3-26}$$

$$z=\left[0.87-0.12(1-\gamma_f')\left(\frac{h_0}{e}\right)^2\right]h_0 \tag{3-27}$$

$$e=\eta_s e_0+y_s \tag{3-28}$$

$$\eta_s=1+\frac{1}{4\,000\frac{e_0}{h_0}}\left(\frac{l_0}{h}\right)^2 \tag{3-29}$$

式中　e——轴向压力作用点至纵向受拉钢筋合力点的距离，mm；

z——纵向受拉钢筋合力点至受压区合力点的距离，mm；

η_s——使用阶段的偏心距增大系数，当 $l_0/h_0\leq 14$ 时，可取 $\eta_s=1.0$；

y_s——截面重心至纵向受拉钢筋合力点的距离，mm；

γ_f'——受压翼缘面积与腹板有效面积的比值，$\gamma_f'=(b_f'-b)h_f'/(bh_0)$，其中 b_f'、h_f' 分别为受压翼缘的宽度、高度，当 $h_f'>0.2h_0$ 时，取 $h_f'=0.2h_0$。

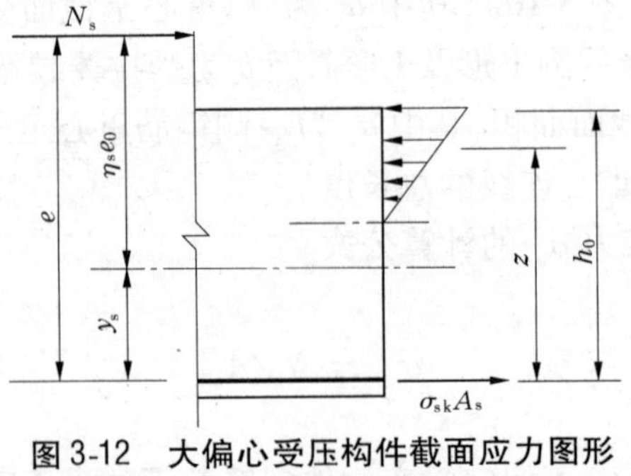

图 3-12　大偏心受压构件截面应力图形

4. 偏心受拉构件

根据前述假定及截面内力平衡条件,可推导出矩形截面相对受压区高度和内力臂 z(见图3-13)。纵向受拉钢筋应力的计算公式为

$$\sigma_{sk} = \frac{N_k}{A_s}(1 \pm 1.1\frac{e_s}{h_0}) \tag{3-30}$$

式中　e_s——轴向拉力作用点至纵向受拉钢筋(对全截面受拉的偏心受拉构件,为拉应力较大一侧的钢筋)合力点的距离,mm。

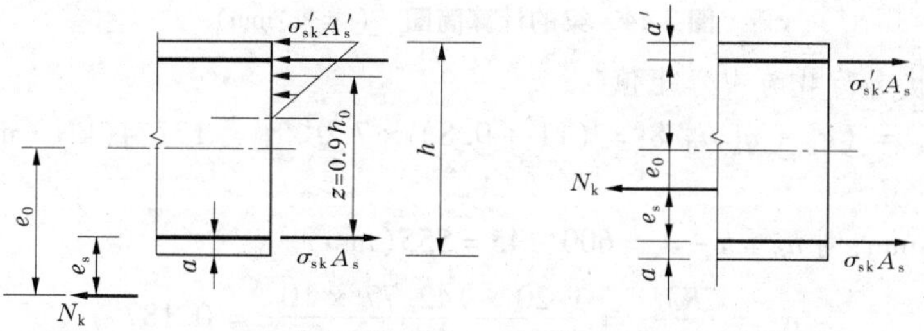

(a)大偏心受拉　(b)小偏心受拉

图3-13　偏心受拉构件截面应力图形

对大偏心受拉构件,式(3-30)中括号内取正号;对小偏心受拉构件,式(3-30)中括号内取负号。

必须注意:式(3-23)的应用,不适用于弹性地基梁、板及围岩中的衬砌结构。对需要控制裂缝宽度的配筋不应选用光圆钢筋。对于偏心受压构件,当 $e_0/h_0 \leqslant 0.55$ 时,正常使用阶段裂缝宽度较小,均能符合要求,不必验算。对于某些可变荷载在总效应组合中占的比重很大但只是短时间内存在的构件,如水电站厂房吊车梁,可将计算所得的最大裂缝宽度 w_{max} 乘以系数0.85。

当计算所得的最大裂缝宽度 w_{max} 超过附表3-3规定的裂缝限值时,则认为不满足裂缝宽度的要求,应采取相应措施,以减小裂缝宽度。例如,适当减小钢筋直径;采用带肋钢筋;必要时可适当增加配筋量,以降低使用阶段的钢筋应力。对于限制裂缝宽度而言,最有效的方法是采用预应力混凝土结构。

【例3-2】 某3级水工建筑物中的钢筋混凝土矩形截面简支梁,处于露天环境,正常使用状况下承受荷载标准值 $g_k = 11$ kN/m(包括自重),$q_k = 9.8$ kN/m,梁截面尺寸为 $b \times h = 250$ mm × 600 mm,梁的计算跨度 $l_0 = 7.0$ m,混凝土强度等级选用C25,纵向受拉钢筋采用HRB335级,试求纵向受拉钢筋截面面积,并验算梁的裂缝宽度是否满足要求,如图3-14所示。

解: 查附表1-2、附表1-1、附表1-5、附表1-3、附表1-8、附表1-10、附表3-3得:$f_c = 11.9$ N/mm², $f_{tk} = 1.78$ N/mm², $f_y = 300$ N/mm², $E_c = 2.80 \times 10^4$ N/mm², $E_s = 2.0 \times 10^5$ N/mm², $K = 1.20$, $w_{lim} = 0.3$ mm。

(1)内力计算。

承载力极限状态跨中弯矩值

$$M = (1.05g_k + 1.2q_k)l_0^2/8 = (1.05 \times 11 + 1.2 \times 9.8) \times 7.0^2/8 = 142.77(\text{kN} \cdot \text{m})$$

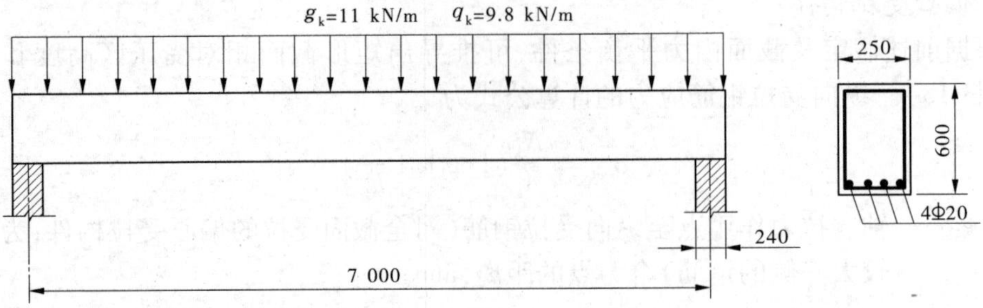

图 3-14 梁的计算简图 （单位:mm）

正常使用状态荷载跨中弯矩值

$$M_k = (g_k + q_k)l_0^2/8 = (11 + 9.8) \times 7.0^2/8 = 127.4(\text{kN} \cdot \text{m})$$

(2)配筋计算。

取 $a_s = 45$ mm,则 $h_0 = h - a_s = 600 - 45 = 555(\text{mm})$。

$$\alpha_s = \frac{KM}{f_c b h_0^2} = \frac{1.20 \times 142.77 \times 10^6}{11.9 \times 250 \times 555^2} = 0.187$$

$$\xi = 1 - \sqrt{1 - 2\alpha_s} = 1 - \sqrt{1 - 2 \times 0.187} = 0.209 < 0.85\xi_b = 0.85 \times 0.55 = 0.468$$

$$A_s = f_c b \xi h_0 / f_y = 11.9 \times 250 \times 0.209 \times 555/300 = 1\ 150(\text{mm}^2)$$

$$\rho = 1\ 150/(250 \times 555) = 0.83\% > \rho_{min} = 0.2\%$$

所以,选受拉纵筋为 4 Φ 20(A_s =1 256 mm²)。

(3)裂缝宽度验算。

受弯构件 α=2.1,钢筋直径 d=20 mm,保护层厚度 c=35 mm。

$$\rho_{te} = \frac{A_s}{A_{te}} = \frac{A_s}{2a_s b} = \frac{1\ 256}{2 \times 45 \times 250} = 0.055\ 8$$

$$\sigma_{sk} = \frac{M_k}{0.87h_0A_s} = \frac{127.4 \times 10^6}{0.87 \times 555 \times 1\ 256} = 210.07(\text{N/mm}^2)$$

$$w_{max} = \alpha \frac{\sigma_{sk}}{E_s}\left(30 + c + 0.07\frac{d}{\rho_{te}}\right) = 2.1 \times \frac{210.07}{2.0 \times 10^5} \times \left(30 + 35 + 0.07 \times \frac{20}{0.055\ 8}\right)$$

$$= 0.199(\text{mm}) < w_{lim} = 0.3\ \text{mm}$$

所以,该梁的裂缝宽度满足要求。

【例 3-3】 一矩形截面偏心受压柱,采用对称配筋。截面尺寸 $b \times h$ = 400 mm × 600 mm,柱的计算长度 l_0 = 4.5 m;受拉钢筋和受压钢筋均为 4 Φ 25($A_s = A_s'$ = 1 964 mm²);混凝土强度等级为 C25;混凝土保护层厚度 c = 30 mm。由荷载标准值产生的内力 N_k = 400 kN,弯矩 M_k = 200 kN · m。最大裂缝宽度限值 w_{lim} = 0.30 mm。试按 SL 191—2008 规范验算裂缝宽度是否满足要求?

解:

$$\frac{l_0}{h} = \frac{4\ 500}{600} = 7.5 < 8, \text{故}\ \eta = 1.0$$

$$a_s = c + \frac{d}{2} = 30 + \frac{25}{2} \approx 43(\text{mm})$$

$$h_0 = h - a_s = 600 - 43 = 557(\text{mm})$$

$$e_0 = \frac{M_k}{N_k} = \frac{200}{400} = 0.5(\text{m}) = 500 \text{ mm}$$

因$\frac{e_0}{h_0} = \frac{500}{557} = 0.90 > 0.55$，故需验算裂缝宽度。

$$e = \eta e_0 + \frac{h}{2} - a_s = 1.0 \times 500 + \frac{600}{2} - 43 = 757(\text{mm})$$

$$z = \left[0.87 - 0.12\left(\frac{h_0}{e}\right)^2\right]h_0 = \left[0.87 - 0.12 \times \left(\frac{557}{757}\right)^2\right] \times 557 = 448(\text{mm})$$

$$\sigma_{sk} = \frac{N_k}{A_s}\left(\frac{e}{z} - 1\right) = \frac{400 \times 10^3}{1\ 964} \times \left(\frac{757}{448} - 1\right) = 140(\text{N/mm}^2)$$

$$\rho_{te} = \frac{A_s}{A_{te}} = \frac{A_s}{2a_s b} = \frac{1\ 964}{2 \times 43 \times 400} = 0.057$$

$$w_{max} = \alpha \frac{\sigma_{sk}}{E_s}\left(30 + c + 0.07\frac{d}{\rho_{te}}\right) = 2.1 \times \frac{140}{2.0 \times 10^5} \times \left(30 + 30 + 0.07 \times \frac{25}{0.057}\right)$$

$$= 0.133(\text{mm}) < w_{lim} = 0.30 \text{ mm}$$

所以，该受压柱满足裂缝宽度要求。

任务 3.3　变形验算

在水工建筑物中，由于稳定和使用上的要求，构件的截面尺寸设计得都比较大，刚度也大，变形一般都满足要求。但吊车梁或门机轨道梁等构件，变形过大时会妨碍吊车或门机的正常行驶；闸门顶梁变形过大时会使闸门顶梁与胸墙底梁之间止水失效。对于这类有严格限制变形要求的构件以及截面尺寸特别单薄的装配式构件，应进行变形验算，以控制构件的变形。

变形验算只限于受弯构件的挠度验算。构件的挠度计算值不应超过附表 3-5 规定的挠度限值，即$f_{max} \leqslant f_{lim}$。

3.3.1　钢筋混凝土受弯构件的挠度试验

由工程力学可知，对于均质弹性材料梁，挠度的计算公式为

$$f = S\frac{Ml_0^2}{EI} \tag{3-31}$$

式中　S——与荷载形式、支承条件有关的系数，如计算承受均布荷载的简支梁的跨中挠度时 $S = 5/48$，计算跨中承受一集中荷载作用的简支梁的跨中挠度时 $S = 1/12$；

l_0——梁的计算跨度，mm；

EI——梁的截面抗弯刚度。

对于均质线弹性材料，当梁的截面尺寸和材料确定后，截面的抗弯刚度 EI 就为常数。由式(3-31)可知弯矩 M 与挠度 f 成线性关系，如图 3-15 中的虚线 OD 所示。

钢筋混凝土梁随着荷载的增加，其抗弯刚度逐渐降低。适筋梁的弯矩 M 与挠度 f 的

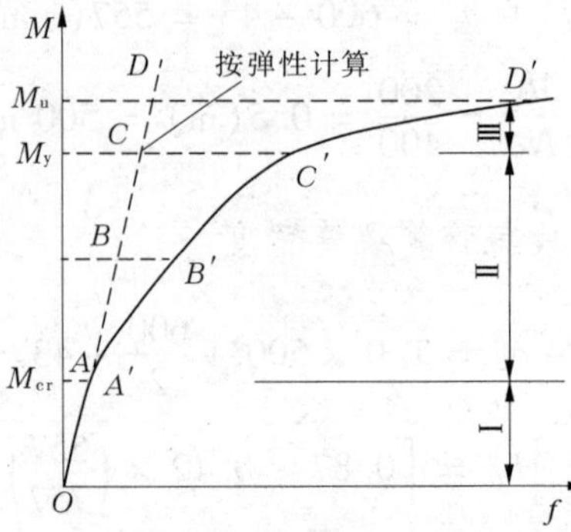

图 3-15 适筋梁实测的 $M \sim f$ 曲线

关系曲线为图 3-15 中的 $OA'B'C'D'$实线,可分为三个阶段:

(1)裂缝出现之前(阶段Ⅰ),曲线 OA'与 OA 非常接近。临近出现裂缝时,受拉混凝土出现了塑性变形,变形模量也略有降低。所以,f 值增加稍快,曲线略微向下弯曲。

(2)出现裂缝后(阶段Ⅱ),$M \sim f$ 曲线在开裂瞬间发生明显的转折,出现了第一个转折点(A')。配筋率越低的构件,转折越明显。这不仅因为混凝土塑性的发展,变形模量降低,而且由于截面开裂,并随着荷载的增加裂缝不断扩展,混凝土有效受力截面减小,截面的抗弯刚度逐步降低,曲线 $A'B'$偏离直线的程度也就随着荷载的增加而非线性增加。

(3)钢筋屈服后(阶段Ⅲ),$M \sim f$ 曲线在钢筋刚屈服时出现第二个明显的转折点(C')。之后,由于裂缝的迅速扩展和受压区出现明显的塑性变形,截面刚度急剧下降,弯矩稍许增加就会引起挠度的剧增。

由此可知,钢筋混凝土梁由于塑性变形的出现以及裂缝的产生和发展,导致变形模量降低和截面惯性矩下降,使截面的抗弯刚度随着荷载的增加而不断降低。对其正常使用状况(属第Ⅰ、Ⅱ阶段)下的挠度进行计算时,采用恒定的刚度 EI 就不能反映梁的实际工作情况。所以,用抗弯刚度 B 取代式(3-31)中的 EI,B 是随弯矩 M 的增大而减小的变量。刚度 B 确定后仍可按工程力学的计算公式计算梁的挠度,所以钢筋混凝土梁的变形(挠度)计算就归结为抗弯刚度 B 的计算。

3.3.2 受弯构件的刚度 B

3.3.2.1 未出现裂缝的受弯构件的短期刚度 B_s

对不出现裂缝的钢筋混凝土受弯构件,由于截面未削弱,I 值不受影响,但混凝土受拉区塑性的出现,造成其弹性模量有所降低,梁的实际刚度比 EI 值稍低,考虑混凝土出现塑性时弹性模量降低的系数 0.85。所以,只需将刚度 EI 稍加修正,即可反映不出现裂缝的钢筋混凝土梁的实际情况。B_s 可采用下式计算

$$B_s = 0.85E_cI_0 \tag{3-32}$$

式中 B_s——不出现裂缝的钢筋混凝土受弯构件的短期刚度;

E_c——混凝土的弹性模量,N/mm^2;

I_0——换算截面对其重心轴的惯性矩,mm^4。

3.3.2.2 出现裂缝的受弯构件的短期刚度 B_s

对于出现裂缝的钢筋混凝土受弯构件,矩形截面、T形截面及I形截面的短期刚度计算公式如下

$$B_s = (0.025 + 0.28\alpha_E\rho)(1 + 0.55\gamma_f' + 0.12\gamma_f)E_c bh_0^3 \tag{3-33}$$

式中 B_s——出现裂缝的钢筋混凝土受弯构件的短期刚度;

γ_f'——受压翼缘面积与腹板有效面积的比值,$\gamma_f' = (b_f' - b)h_f'/(bh_0)$,其中 b_f'、h_f' 分别为受压翼缘的宽度、高度,当 $h_f' > 0.2h_0$ 时取 $h_f' = 0.2h_0$;

γ_f——受拉翼缘面积与腹板有效面积的比值,$\gamma_f = (b_f - b)h_f/(bh_0)$,其中 b_f、h_f 分别为受拉翼缘的宽度、高度。

应当指出,计算受弯构件的刚度 B_s 时,对于简支梁、板可取跨中截面的刚度,即配筋率 ρ 值按跨中截面选取;对于悬臂梁板可取支座截面的刚度,即配筋率 ρ 值按支座截面选取;对于等截面的连续梁板,刚度可取跨中截面和支座截面刚度的平均值。

3.3.2.3 受弯构件的刚度 B

荷载效应标准组合作用下的矩形截面、T形截面及I形截面受弯构件的刚度 B 可按下式计算

$$B = 0.65B_s \tag{3-34}$$

3.3.3 受弯构件的挠度验算

钢筋混凝土受弯构件的刚度 B 知道后,挠度值就可按工程力学公式求得,仅需用 B 代替公式中弹性体刚度 EI 即可。所求得的挠度计算值不应超过规定的限值(见附表3-5),即

$$f_{max} = S\frac{M_k l_0^2}{B} \leqslant f_{lim} \tag{3-35}$$

若验算挠度不能满足要求,则表示构件的截面抗弯刚度不足。增加截面尺寸、提高混凝土强度等级、增加配筋量及选用合理的截面(如T形或I形等)都可提高构件的刚度。但合理而有效的措施是增大截面的高度。

【例3-4】 验算例3-2中梁的变形。

查附表3-5得受弯构件的挠度限值 $f_{lim} = l_0/300$。

解:(1)计算梁的短期刚度 B_s。

$$\alpha_E = E_s/E_c = 2.0\times10^5/(2.80\times10^4) = 7.14$$

$$\gamma_f' = \gamma_f = 0,\ S = 5/48,\ l_0 = 7\,000\ \text{mm}$$

$$\rho = \frac{A_s}{bh_0} = \frac{1\,256}{250\times555} = 0.009\,05$$

$$\begin{aligned}B_s &= (0.025 + 0.28\alpha_E\rho)(1 + 0.55\gamma_f' + 0.12\gamma_f)E_c bh_0^3\\ &= (0.025 + 0.28\times7.14\times0.009\,05)\times2.80\times10^4\times250\times555^3\\ &= 5.16\times10^{13}\ (\text{N/mm}^2)\end{aligned}$$

(2)计算梁的刚度 B。

$$B = 0.65B_s = 0.65\times5.16\times10^{13} = 3.35\times10^{13}\ (\text{N/mm}^2)$$

(3)验算梁的挠度。

$$f_{\max}=S\frac{M_k l_0^2}{B}=\frac{5}{48}\times\frac{127.4\times10^6\times7\,000^2}{3.35\times10^{13}}=19.4(\text{mm})<f_{\lim}=l_0/300=23.3\text{ mm}$$

所以,满足要求。

小 结

进行承载力极限状态的计算是为了满足结构构件的安全性要求,而进行正常使用极限状态的验算是为了满足其适用性和耐久性的要求,后者如果不满足,造成的后果不如前者严重,因此在进行正常使用极限状态的验算时采用材料强度和荷载的标准值。

在抗裂验算中,引入折算截面的概念,将钢筋的面积换算为混凝土的面积,从而把整个截面看作由同一材料组成,借助工程力学公式建立了钢筋混凝土抗裂验算公式。

由于混凝土的非匀质性和混凝土强度的离散性,裂缝的间距和宽度也是不均匀的,因而有平均裂缝间距、宽度以及最大裂缝宽度。在使用阶段允许发生裂缝的构件,其最大裂缝宽度必须严格地控制在 SL 191—2008 允许的范围内。

变形验算基本上采用工程力学中挠度的计算公式。但截面抗弯刚度不仅随弯矩增大而减小,同时也随着荷载的持续作用而减小,截面抗弯刚度需要修正,因此变形验算实际上是构件截面刚度的计算。

技能考核题

一、思考题

1. 钢筋混凝土构件正常使用极限状态验算包括哪些内容?验算时荷载与材料强度是如何选取的?

2. 塑性系数 γ_m 是根据什么原则确定的?在受弯、偏心受拉、偏心受压及轴心受拉构件中的塑性系数 γ_m 的相对大小如何?

3. 提高钢筋混凝土构件抗裂能力的措施有哪些?

4. 钢筋混凝土构件最大裂缝宽度超过允许值时,应采取哪些措施?

5. 试述钢筋混凝土构件裂缝宽度验算的步骤。

6. 实际工程中怎样进行钢筋的代换?

7. 钢筋混凝土受弯构件在荷载作用下开裂后,其刚度为什么不能直接简单地用 EI 来计算?

8. 试述钢筋混凝土受弯构件挠度验算的步骤。

9. 为什么采用恒定的刚度 EI 不能反映梁的实际工作情况?

10. 钢筋混凝土受弯构件挠度验算不满足时,采取的措施有哪些?

二、选择题

1. 有两个截面尺寸、混凝土强度等级、钢筋级别均相同,但配筋率 ρ 不同的轴心受拉构件，在它们即将开裂时(　　)。

A. ρ 大的构件，钢筋应力 σ_s 小

B. ρ 小的构件，σ_s 大

C. 两个构件的 σ_s 均相同增大

D. ρ 大的构件，钢筋应力 σ_s 大

2. 在其他条件不变的情况下，钢筋混凝土适筋梁裂缝出现时的弯矩 M_{cr} 与破坏时的极限弯矩 M_u 的比值，随着配筋率 ρ 的增大而(　　)。

A. M_{cr}/M_u 增大　　B. M_{cr}/M_u 减小

C. M_{cr}/M_u 不变　　D. M_{cr}/M_u 突减

3. 甲、乙两人设计同一根屋面大梁。甲设计的大梁出现了多条裂缝，最大裂缝宽度约为 0.15 mm；乙设计的大梁只出现一条裂缝，但最大裂缝宽度达到 0.43 mm。你认为(　　)。

A. 甲的设计比较差　　B. 甲的设计比较好

C. 两人的设计各有优劣　　D. 两人的设计都不好

4. 长期荷载作用下，钢筋混凝土梁的挠度会随时间而增长，其主要原因是(　　)。

A. 受拉钢筋产生塑性变形　　B. 受拉混凝土产生塑性变形

C. 受压混凝土产生塑性变形　　D. 受压混凝土产生徐变

5. 钢筋混凝土梁抗裂验算时截面的应力阶段是(　　)。

A. 第Ⅱ阶段　　B. 第Ⅰ阶段末尾

C. 第Ⅱ阶段开始　　D. 第Ⅱ阶段末尾

6. 下列表达中，错误的一项是(　　)

A. 规范验算的裂缝宽度是指钢筋重心处构件侧表面的裂缝宽度

B. 提高钢筋混凝土板的抗裂性能最有效的办法是增加板厚或提高混凝土的强度等级

C. 解决混凝土裂缝问题最根本的措施是施加预应力

D. 凡与水接触的钢筋混凝土构件均需抗裂

7. 某钢筋混凝土梁，原设计配置 4 Φ 20，能满足承载力、裂缝宽度和挠度要求。现根据等强原则用了 3 Φ 25 替代，那么钢筋代换后(　　)。

A. 仅需重新验算裂缝宽度，不需验算挠度

B. 不必验算裂缝宽度，而需重新验算挠度

C. 两者都必须重新验算

D. 两者都不必重新验算

8. 若提高 T 形梁的混凝土强度等级，下列各判断中你认为哪个不正确？(　　)

A. 梁的承载力提高有限　　B. 梁的抗裂性有提高

C. 梁的最大裂缝宽度显著减小　　D. 对梁的挠度影响不大

三、计算题

1. 某钢筋混凝土压力水管，内径 $r = 800$ mm，管壁厚 120 mm，采用 C25 混凝土，纵向受力 HRB335 级钢筋。管内承受水压力标准值 $p_k = 0.2\ \text{N/mm}^2$。水工建筑物的级别为 2

级。试配置钢筋并进行抗裂验算。

2. 某水闸为 3 级水工建筑物，其底板厚 $h=1\ 500$ mm，$h_0=1\ 430$ mm。跨中截面荷载效应值 $M_k=520$ kN·m，采用 C25 混凝土，纵向受力钢筋为 HRB335 级。由正截面承载力计算已配置钢筋 Φ22@200。试进行抗裂验算。

3. 某钢筋混凝土矩形截面简支梁（水工建筑物的级别为 2 级），处于露天环境。截面尺寸 $b\times h=250$ mm $\times 650$ mm，计算跨度 $l_0=7.2$ m；采用 C25 混凝土，纵向受力钢筋 HRB335 级；使用期间承受均布荷载，荷载标准值为：永久荷载 $g_k=14$ kN/m（包括自重），可变荷载 $q_k=7$ kN/m。试求纵向受拉钢筋截面面积 A_s，并验算最大裂缝开展宽度是否满足要求？

4. 某矩形截面大偏心受压柱，建筑物的级别为 3 级，采用对称配筋。截面尺寸 $b\times h=300$ mm $\times 500$ mm，柱的计算长度 $l_0=6$ m；受拉钢筋和受压钢筋均为 3 Φ 25（$A_s=A'_s=1\ 473$ mm^2）；混凝土强度等级为 C25，纵向钢筋 HRB335 级；混凝土保护层厚度 $c=30$ mm。荷载效应组合值 $N_k=300$ kN，$M_k=150$ kN·m。试验算裂缝最大宽度是否满足要求？

5. 某水电站副厂房楼盖中的钢筋混凝土矩形截面简支梁（建筑物的级别为 2 级），截面尺寸 $b\times h=250$ mm $\times 550$ mm；采用 C25 混凝土，纵向钢筋为 HRB335 级；梁的计算跨度 $l_0=6.5$ m；使用期间承受均布荷载，其中永久荷载（包括自重）标准值 $g_k=9.6$ kN/m，可变荷载标准值 $q_k=12$ kN/m，试求纵向受拉钢筋截面面积 A_s，并验算该梁的裂缝最大宽度、跨中挠度是否满足要求？

项目4 钢筋混凝土柱设计

知识目标

了解受压构件纵向受力钢筋和箍筋的作用；

了解受压短柱和长柱的破坏特征；

了解偏心受压构件的正截面承载力公式；

掌握偏心受拉构件的区分条件；

掌握偏心受拉构件承载力的相关计算。

技能目标

掌握受压构件的材料、截面形式尺寸以及配筋构造要求；

掌握轴心受压构件普通箍筋柱的正截面承载力计算；

掌握矩形截面对称配筋的偏心受压构件的设计；

能进行偏心受拉构件配筋设计和承载力检验；

能熟练使用计算机软件进行配筋图的绘制；

能识别施工图纸。

以承受轴向压力为主的构件属于受压构件。受压构件是钢筋混凝土结构中最常见的构件之一，如水闸工作桥立柱、渡槽排架立柱、水电站厂房立柱，闸墩、桥墩、箱形涵洞，屋架的上弦杆、受压腹杆，高层建筑中的框架柱、剪力墙等都属于受压构件。根据轴向压力作用位置不同，受压构件可分为轴心受压构件和偏心受压构件两种类型。

如图4-1所示，当截面上只作用有轴向压力且轴向压力作用线与构件重心轴重合时，称为轴心受压构件；当轴向压力作用线与构件重心轴不重合时，称为偏心受压构件。轴心压力 N 和弯矩 M 共同作用，与偏心距为 e_0（$e_0 = M / N$）的轴向压力 N 作用是等效的，因此，同时承受轴心压力 N 和弯矩 M 作用的构件，也是偏心受压构件。

实际工程中，真正的轴心受压构件是不存在的。由于施工时钢筋位置和截面几何尺寸的误差、构件混凝土浇筑的不均匀、实际的荷载合力对构件截面重心来说总是或多或少存在着偏心，钢筋的不对称布置，装配式构件安装定位的不准确，都会导致轴向力产生偏心。但有些构件，如恒载较大的等跨多层房屋的中间柱、桁架的受压腹杆、码头中的桩等构件，因为主要承受轴向压力，弯矩很小，一般可忽略弯矩的影响，近似按轴心受压构件设计。实际工程中的单层厂房边柱、一般框架边柱、屋架上弦杆、拱等构件均属于偏心受压构件。

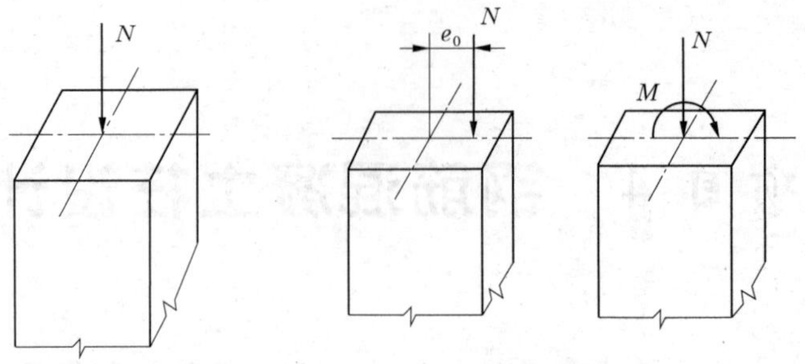

(a)轴心受压构件 (b)偏心受压构件

图 4-1 受压构件

任务 4.1 受压构件的构造规定

4.1.1 材料选择

混凝土强度等级对受压构件的承载力影响较大。采用强度等级较高的混凝土,可减小构件截面尺寸并节省钢材,比较经济。受压构件常用的混凝土强度等级是 C25 或更高强度等级的混凝土;若截面尺寸不是由强度条件确定(如闸墩、桥墩),也可采用 C15 混凝土。

受压构件内配置的受力钢筋一般采用 HRB335 级、HRB400 级或 RRB400 级钢筋。对受压钢筋来说,不宜采用高强度钢筋,这是因为钢筋的抗压强度受到混凝土极限压应变的限制,不能充分发挥其高强度作用。箍筋一般采用 HPB235 级、HRB335 级钢筋,也可采用 HRB400 级钢筋。

4.1.2 截面形式和尺寸

为便于制作模板,轴心受压构件截面一般采用矩形、正方形,有时也可采用圆形或多边形。偏心受压构件常采用矩形截面,截面长边布置在弯矩作用方向,截面长短边尺寸之比一般为 1.5 ~2.5。为了减轻自重,预制装配式受压柱也可采用工形截面,某些水电站厂房的框架立柱也有采用 T 形截面的。

受压构件截面尺寸与长度相比不宜太小,因为构件越细长,纵向弯曲的影响越大,承载力降低得越多,不能充分利用材料的强度。水工建筑中,现浇立柱的边长不宜小于 300 mm。若立柱边长小于 300 mm,混凝土施工缺陷所引起的影响就较为严重,在设计计算时,混凝土强度设计值应乘以系数 0.8。水平浇筑的装配式柱则不受此限制。

为了施工支模方便,截面尺寸宜使用整数,截面边长在 800 mm 及其以下时,宜取 50 mm 的倍数;截面边长在 800 mm 以上时,可取 100 mm 的倍数。

4.1.3 纵向钢筋

(1)配筋率。受压构件内纵向钢筋的数量不能过少;否则构件破坏时呈脆性,对抗震不利。同时,钢筋太少,在荷载长期作用下,由于混凝土的徐变,容易引起钢筋过早屈服。

轴心受压柱全部纵向钢筋的配筋率 $\rho' = A'_s/A$ 不得小于 0.6%（HPB235 级和 HRB335 级）或 0.55%（HRB400 级和 RRB400 级），偏心受压柱的受压钢筋或受拉钢筋的配筋率均不得小于 0.25%（HPB235 级）或 0.2%（HRB335 级、HRB400 级和 RRB400 级钢筋）。

纵向钢筋也不宜过多，配筋过多既不经济，也不便于施工。受压构件内全部纵向钢筋的经济配筋率为 0.8% ~2.0%。若荷载较大及截面尺寸受限制，配筋率可适当提高，但全部纵向钢筋配筋率不宜超过 5%。

（2）根数与直径。正方形和矩形柱中纵向钢筋的根数不得少于 4 根，每边不得少于 2 根；圆形柱中纵向钢筋宜沿周边均匀布置，根数不宜少于 8 根，且不应少于 6 根。纵向受力钢筋直径 d 不宜小于 12 mm，过小则钢筋骨架柔性大，施工不便。为了减少钢筋在施工时可能产生的纵向弯曲，最好采用较粗的钢筋。工程中通常在 12 ~ 32 mm 范围内选择。

（3）布置与间距。轴心受压构件的纵向受力钢筋应沿周边均匀布置，偏心受压构件的纵向受力钢筋则沿垂直于弯矩作用平面的两个侧面布置。柱截面每个角必须有一根钢筋。

轴心受压柱中各边的纵向受力钢筋和偏心受压柱中垂直于弯矩作用平面的侧面上的纵向受力钢筋，其间距（中距）不应大于 300 mm。现浇时（竖向浇筑混凝土）纵向钢筋的净距不应小于 50 mm，如图 4-2 所示。在水平位置上浇筑的预制柱，其纵向钢筋的最小净距可参照梁的规定取用。

当偏心受压柱的截面长边 $h \geqslant 600$ mm 时，沿平行于弯矩作用平面的两个侧面应设置直径为 10 ~ 16 mm 的纵向构造钢筋，其间距不应大于 400 mm，并相应设置复合箍筋或连系拉筋。

（4）纵向钢筋的混凝土保护层厚度的要求与梁相同。

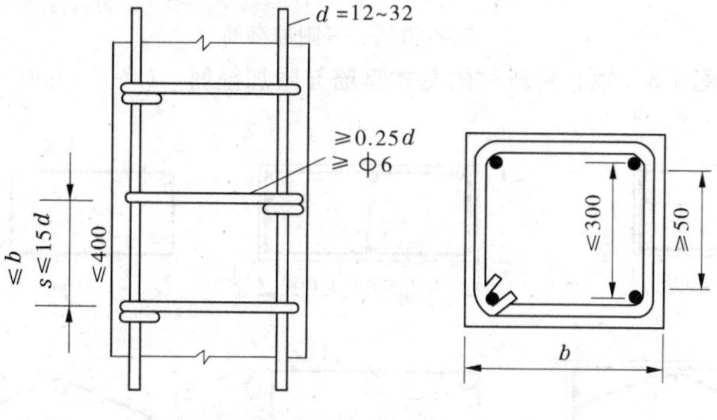

图 4-2　纵向钢筋与箍筋　（单位：mm）

4.1.4　箍筋

（1）作用与形状。受压构件中的箍筋既可保证纵向钢筋的位置正确，又可防止纵向钢筋受压时向外弯凸和混凝土保护层横向胀裂剥落，还可以抵抗剪力，从而提高柱的承载能力和延性。箍筋应做成封闭式，并与纵筋绑扎或焊接形成整体骨架。

（2）直径与间距。箍筋直径不应小于 0.25 倍纵向钢筋的最大直径，且不应小于 6 mm。箍筋的间距（中距）不应大于 400 mm，亦不应大于构件截面的短边尺寸；同时，在绑扎骨架中不应大于 15d；在焊接骨架中不应大于 20d（d 为纵向钢筋的最小直径），如图 4-2 所示。

当纵向钢筋采用绑扎搭接时，箍筋直径不应小于搭接钢筋较大直径的 0.25 倍。搭接长度范围内的箍筋应加密，当搭接钢筋受拉时，其箍筋间距 s 不应大于 $5d$，且不应大于 100 mm；当搭接钢筋受压时，箍筋间距不应大于 $10d$，且不应大于 200 mm（d 为搭接钢筋中的最小直径）。当搭接受压钢筋直径 $d > 25$ mm 时，尚应在搭接接头两个端面外 100 mm 范围内各设置两个箍筋。

当全部纵向受力钢筋的配筋率超过 3% 时，箍筋直径不宜小于 8 mm，间距不应大于 $10d$（d 为纵向钢筋的最小直径），且不应大于 200 mm。箍筋末端应做成 135°弯钩且弯钩末端平直段长度不应小于箍筋直径的 10 倍，箍筋也可焊成封闭环式。

（3）复合箍筋。当柱截面短边尺寸大于 400 mm 且各边纵向钢筋多于 3 根时，或当柱截面短边尺寸不大于 400 mm，但各边纵向钢筋多于 4 根时，应设置复合箍筋，以防止位于中间的纵向钢筋向外弯凸。复合箍筋布置原则是尽可能使每根纵向钢筋均处于箍筋的转角处，若纵向钢筋根数较多，允许纵向钢筋隔一根位于箍筋的转角处。以使纵向钢筋能在两个方向受到固定。轴心受压柱的复合箍筋布置如图 4-3 所示。偏心受压柱的复合箍筋布置如图 4-4 所示。

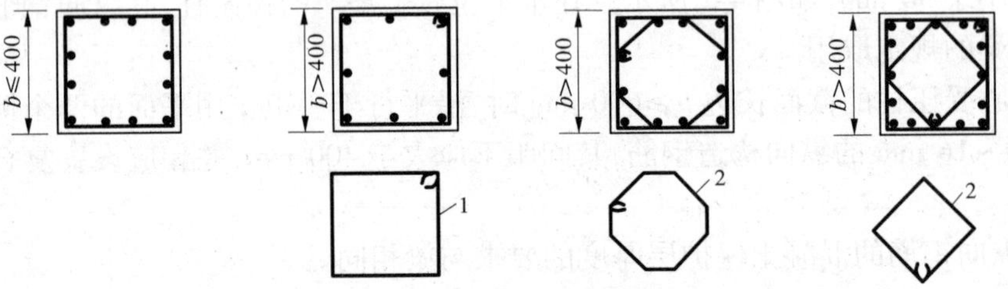

1—基本箍筋；2—附加箍筋

图 4-3 轴心受压柱的基本箍筋与附加箍筋 （单位：mm）

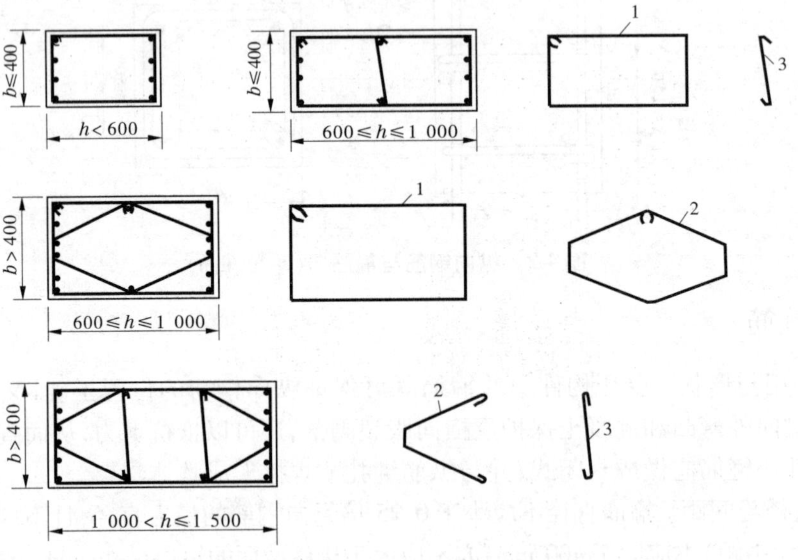

1—基本箍筋；2—附加箍筋；3—拉筋

图 4-4 偏心受压柱的基本箍筋与附加箍筋 （单位：mm）

当柱中纵向钢筋按构造配置,钢筋强度未充分利用时,箍筋的配置要求可适当放宽。

任务4.2　轴心受压构件正截面承载力计算

柱是工程中最具有代表性的受压构件。钢筋混凝土轴心受压柱按照箍筋的作用及配置方式的不同分为两种:配有纵向钢筋和普通箍筋的柱,简称普通箍筋柱;配有纵筋和螺旋式或焊接环式箍筋的柱,简称螺旋箍筋柱。常见的轴心受压柱是普通箍筋柱。本任务仅学习普通箍筋柱的正截面受压承载力计算。

受压构件承载力计算理论也是建立在试验基础之上的。试验表明,构件的长细比对构件承载力影响较大。轴心受压构件的长细比是计算长度 l_0 与截面最小回转半径 i 或矩形截面的短边尺寸 b 之比。当 $l_0/i \leqslant 28$ 或 $l_0/b \leqslant 8$ 时,为短柱;当 $l_0/i > 28$ 或 $l_0/b > 8$ 时,为长柱。

4.2.1　受力分析和破坏形态

4.2.1.1　短柱

配有纵筋和箍筋的短柱,在轴心压力作用下,短柱全截面均匀受压。当荷载较小时,由于钢筋与混凝土之间存在黏结力,材料处于弹性状态,混凝土与钢筋始终保持共同变形,两者压应变始终保持一致,整个截面的压应变是均匀分布的,混凝土与钢筋的应力比值基本上等于两者弹性模量之比。

随着荷载逐渐增大,混凝土塑性变形开始发展,其变形模量降低。压缩变形增加的速度快于荷载增长速度,随着柱子变形的增大,混凝土应力增加得越来越慢,而钢筋由于在屈服之前一直处于弹性阶段,所以其应力增加始终与其应变成正比。两者的应力比值不再等于弹性模量之比。若荷载长期持续作用,混凝土将发生徐变,钢筋与混凝土之间会产生应力重分配,使混凝土的应力有所降低,钢筋的应力有所增加。

当轴向压力达到柱子破坏荷载的90%时,柱子由于横向变形达到极限而出现与压力方向平行的纵向裂缝如图4-5(a)所示,混凝土保护层剥落,最后箍筋间的纵向钢筋向外弯凸,混凝土被压碎,整个柱子也就破坏了,如图4-5(b)所示。

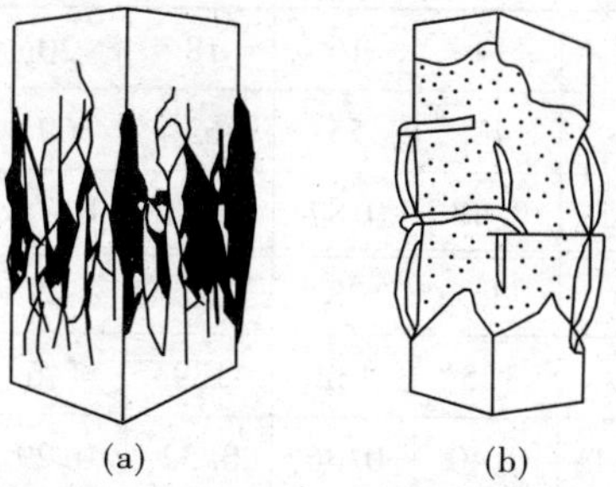

(a)　　(b)

图4-5　轴心受压短柱的破坏形态

试验表明,柱子延性的好坏主要取决于箍筋的数量和形式。箍筋数量越多,对柱子的侧向约束程度越大,柱子的延性就越好。特别是螺旋箍筋,对增加延性的效果更有效。

短柱破坏时，对一般中等强度的钢筋，是纵筋先达到屈服强度，此时荷载仍可继续增加，最后混凝土达到其极限压应变，构件破坏。当采用高强度钢筋时，也可能在混凝土达到极限应力时，钢筋没有达到屈服强度，在继续变形一段后，构件破坏。因此，在柱内采用高强钢筋作为受压钢筋时，不能充分发挥其高强度作用，这是不经济的。

4.2.1.2　**长柱**

长柱的破坏荷载小于短柱，且柱子越细长破坏荷载小得越多。由试验得知，长柱在轴向压力作用下，不仅发生压缩变形，同时还发生纵向弯曲，产生横向挠度。在荷载不大时，长柱全截面受压，但由于发生弯曲，内凹一侧的压应力比外凸一侧的压应力大。在破坏前，横向挠度增加得很快，使长柱的破坏比较突然。破坏时，凹侧混凝土被压碎，纵向钢筋被压弯而向外弯凸（见图4-6）。凸侧由受压突然变为受拉，出现水平的受拉裂缝。

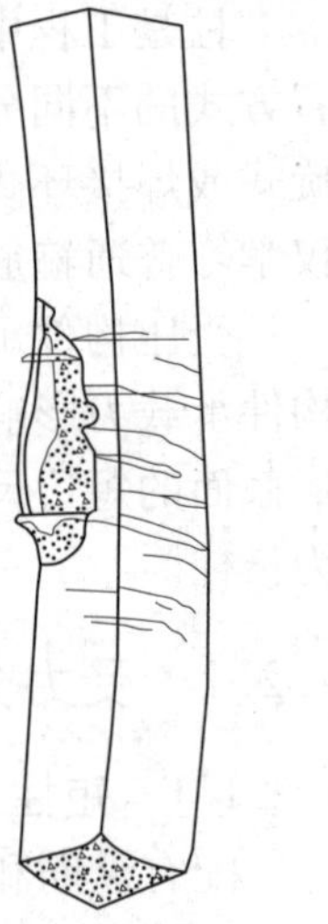

图4-6　轴心受压长柱的破坏形态

这一现象的发生是由于工程中的轴心受压柱都存在各种偶然因素造成的初始偏心距，这一初始偏心距对短柱的影响可以忽略不计，而对长柱的影响较大。长柱在荷载作用下，初始偏心距产生附加弯矩，附加弯矩产生的横向挠度又加大了偏心距，相互影响的结果使长柱最终在轴向压力和弯矩共同作用下发生破坏。很细长的长柱还有可能发生失稳破坏。

将截面尺寸、混凝土强度等级和配筋面积相同的长柱与短柱比较，发现长柱的承载力小于短柱，并且柱子越细长则小得越多。因此，设计中必须考虑长细比对承载力降低的影响，常用稳定系数 φ 表示长柱承载力较短柱降低的程度。影响 φ 值的主要因素是柱的长细比，混凝土强度等级和配筋率对 φ 值的影响很小，可以忽略不计。

当 $l_0/b\leqslant 8$ 时，为短柱，可不考虑纵向弯曲的影响（侧向挠度很小，不影响构件的承载能力），取 $\varphi=1.0$；当 $l_0/b>8$ 时，为长柱，φ 值随 l_0/b 的增大而减小，φ 值与 l_0/b 的关系见表4-1。轴心受压构件长细比超过一定数值后，构件可能发生“失稳破坏”，因此，对一般建筑物的柱子，常限制长细比 $l_0/b\leqslant 30$ 及 $l_0/h\leqslant 25$（b 为截面短边尺寸，h 为长边尺寸）。

表4-1　钢筋混凝土轴心受压柱的稳定系数 φ

l_0/b	≤8	10	12	14	16	18	20	22	24	26	28
l_0/i	≤28	35	42	48	55	62	69	76	83	90	97
φ	1.0	0.98	0.95	0.92	0.87	0.81	0.75	0.70	0.65	0.60	0.56
l_0/b	30	32	34	36	38	40	42	44	46	48	50
l_0/i	104	111	118	125	132	139	146	153	160	167	174
φ	0.52	0.48	0.44	0.40	0.36	0.32	0.29	0.26	0.23	0.21	0.19

注：l_0 为构件计算长度，按表4-2计算；b 为矩形截面的短边尺寸；i 为截面最小回转半径。

受压构件的计算长度 l_0 与构件的两端约束情况有关，可由表4-2查得。在实际工程中，支座情况并非理想的完全固定或完全铰接，应根据具体情况按照规范规定确定柱的计算长度。

表 4-2　构件的计算长度 l_0

构件及两端约束情况		计算长度 l_0
直杆	两端固定	$0.5l$
	一端固定,一端为不移动的铰	$0.7l$
	两端均为不移动的铰	$1.0l$
	一端固定,一端自由	$2.0l$
拱	三铰拱	$0.58S$
	双铰拱	$0.54S$
	无铰拱	$0.36S$

注:l 为构件支点间长度;S 为拱轴线长度。

4.2.2　普通箍筋柱正截面受压承载力计算公式

4.2.2.1　计算公式

根据上述受力分析,轴心受压构件正截面受压承载力计算简图如图 4-7 所示。根据计算简图和内力平衡条件,并满足承载能力极限状态设计表达式的要求,可得轴心受压普通箍筋柱正截面受压承载力计算公式

$$KN \leqslant \varphi(f_c A + f_y' A_s') \tag{4-1}$$

式中　K——承载力安全系数,由附表 1-10 查得;

N——轴向压力设计值,N;

φ——钢筋混凝土轴心受压柱稳定系数,由表 4-1 查得;

f_c——混凝土轴心抗压强度设计值,N/mm^2;

A——构件截面面积,mm^2,当纵向钢筋配筋率 $\rho' = A_s'/A > 3.0\%$ 时,A 应改用混凝土净截面面积 A_n,$A_n = A - A_s'$;

f_y'——纵向钢筋抗压强度设计值,N/mm^2;

A_s'——全部纵向钢筋的截面面积,mm^2。

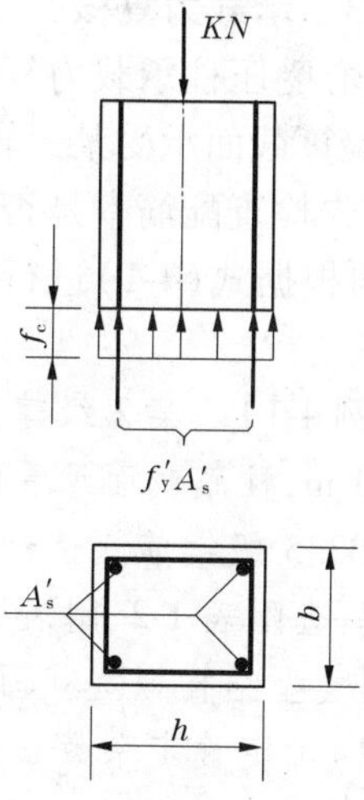

图 4-7　轴心受压构件正截面受压承载力计算简图

4.2.2.2　截面设计

柱的截面尺寸可由构造要求或参照同类结构确定。然后根据构件的长细比由表 4-1 查出 φ 值,再用式(4-2)计算钢筋截面面积。

$$A_s' = \frac{KN - \varphi f_c A}{\varphi f_y'} \tag{4-2}$$

计算出钢筋截面面积 A_s' 后,应验算配筋率 $\rho' = A_s'/A$ 是否合适(柱子的合适配筋率为 0.8% ~2.0%)。如果 ρ' 过小或过大,说明截面尺寸选择不当,需要重新选择并计算。

轴心受压构件正截面设计流程图见图 4-8。

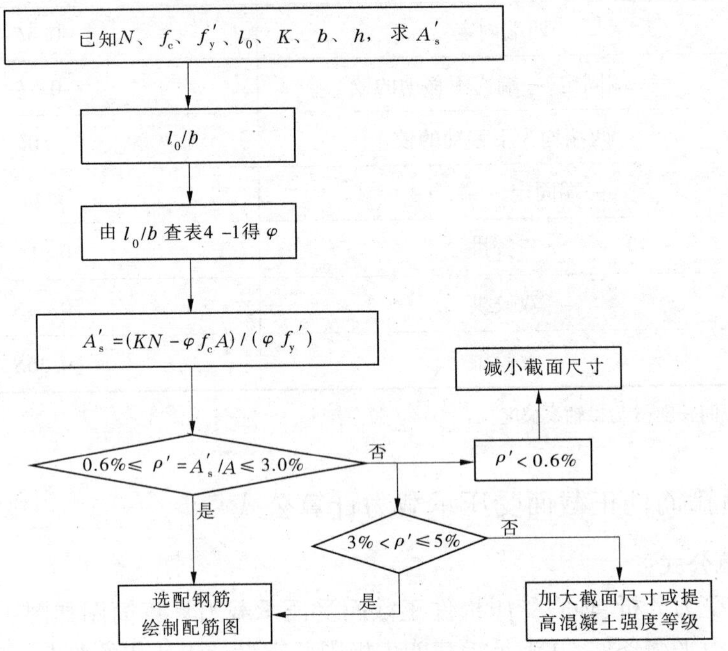

图 4-8 轴心受压构件正截面设计流程图

4.2.2.3 承载力复核

轴心受压柱承载力复核,是已知构件的计算长度、截面尺寸、材料强度、纵向钢筋截面面积,验算截面承受某一轴向压力时是否安全,即计算截面能承担多大的轴向压力。

首先检查配筋率是否满足经济配筋率的要求,然后根据构件的长细比由表 4-1 查出 φ 值,再根据式(4-1)进行复核,若式(4-1)得到满足,则截面承载力足够;反之,截面承载力不够。

【例 4-1】 某 2 级建筑物中的现浇轴心受压柱,柱底固定,顶部为不移动铰接,柱高 $H = 6.3$ m,柱底截面承受的轴心压力设计值 $N = 1\ 860$ kN(包括自重),采用 C25 混凝土及 HRB335 级钢筋。试设计截面并配筋。

解: 查附表 1-2、附表 1-5、附表 1-10 得:$f_c = 11.9\ \text{N/mm}^2$,$f_y' = 300\ \text{N/mm}^2$,$K = 1.20$,参照同类型结构拟定截面尺寸为 400 mm × 400 mm。

(1)确定稳定系数 φ。

由表 4-2 可得,$l_0 = 0.7H = 0.7 \times 6\ 300 = 4\ 410$(mm)。

$l_0/b = 4\ 410/400 \approx 11.0 > 8$,属长柱,由表 4-1 查得 $\varphi = 0.965$。

(2)计算 A_s'。

$$A_s' = \frac{KN - \varphi f_c A}{\varphi f_y'} = \frac{1.20 \times 1\ 860 \times 10^3 - 0.965 \times 11.9 \times 400^2}{0.965 \times 300} = 1\ 363(\text{mm}^2)$$

$$\rho' = A_s'/A = 1\ 363/400^2 = 0.9\% > \rho'_{min} = 0.6\%$$

ρ'在经济配筋率范围内，拟定的截面尺寸合理。

(3)选配钢筋并绘制截面配筋图。

受压钢筋选用4 Φ 22(A_s' =1 520 mm^2)，箍筋选用Φ 6@250。截面配筋见图4-9。

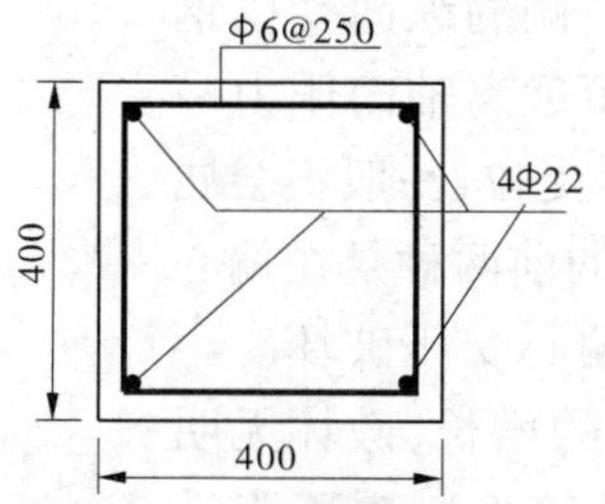

图4-9　柱截面配筋图

任务4.3　偏心受压构件正截面承载力分析

同时承受轴向压力和弯矩的构件，称为偏心受压构件。偏心受压构件是最基本的、应用最广泛的构件之一，而且在正截面承载力计算上具有一般性。

4.3.1　偏心受压构件的破坏形态及其特征

偏心受压构件的破坏形态，与偏心距的大小及配筋量有关。根据钢筋混凝土偏心受压构件正截面的受力特点及破坏特征，偏心受压构件可分为大偏心受压构件和小偏心受压构件两种类型。

4.3.1.1　大偏心受压破坏(受拉破坏)

当轴向力的偏心距较大时，靠近轴向力一侧的部分截面受压、远离轴向力一侧的部分截面受拉，如果受拉区配置的受拉钢筋数量适当，则构件在受力后，首先在受拉区产生横向裂缝。随着荷载不断增加，裂缝将不断开展延伸，受拉钢筋应力增长较快，首先达到屈服强度，随着钢筋塑性的增加，中和轴向受压区移动，使受压区高度迅速减小，压应变急剧增加，最后混凝土达到极限压应变而被压碎，受压钢筋应力达到屈服强度，构件破坏。由于这种破坏发生于轴向力偏心矩较大的情况，因此称为大偏心受压破坏。其破坏过程与配筋适中的双筋受弯构件类似。由于破坏是从受拉区开始的，故这种破坏又称为受拉破坏。大偏心受压破坏前具有明显的预兆，钢筋屈服后构件的变形急剧增大，裂缝显著开展，属于延性破坏。形成受拉破坏的条件是：偏心距较大，同时受拉钢筋数量适当。图4-10为大偏心受压破坏截面应力图形。

4.3.1.2　小偏心受压破坏(受压破坏)

小偏心受压破坏包括下列三种情况：

(1)偏心距很小时，构件全截面受压，如图4-11(a)所示。

(2)偏心距较小时，截面大部分受压，小部分受拉，如图4-11(b)所示。

(3)偏心距较大且受拉钢筋配置过多时，截面部分受拉，部分受压，如图4-11(c)

所示。

上述三种情况，尽管破坏时应力状态有所不同，但破坏特征是相似的。即靠近轴向压力一侧的受压混凝土先达到极限压应变而被压坏（所以称为受压破坏），与此同时，这一侧的纵向受压钢筋应力也达到抗压屈服强度；而远离轴向压力一侧的纵向钢筋，不论是受压还是受拉，一般不会屈服。由于上述三种破坏情况中的前两种是在偏心距较小时发生的，故统称为小偏心受压破坏。小偏心受压破坏前变形没有急剧的增长，破坏无明显预兆（裂缝开展不明显，变形较小），属于脆性破坏。当截面给定时，其承载能力主要取决于压区混凝土及受压钢筋。形成受压破坏的条件是：偏心距较小；或偏心距较大但受拉钢筋数量过多。

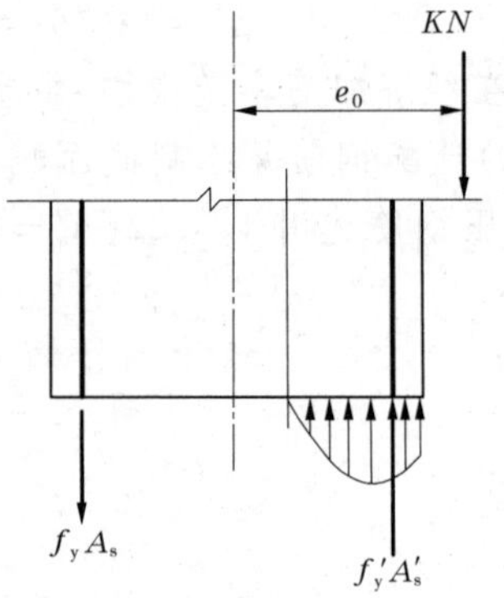

图 4-10　大偏心受压破坏截面应力图形

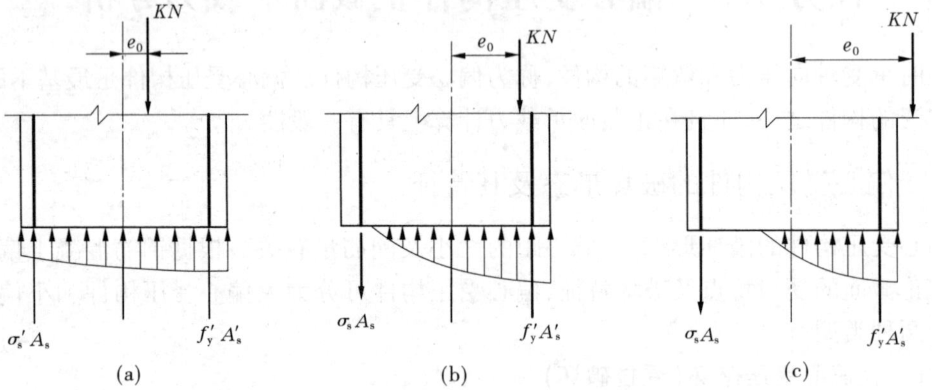

图 4-11　小偏心受压破坏截面应力图形

4.3.2　大、小偏心受压破坏的分界

大、小偏心受压破坏形态的根本区别就在于远离轴向力一侧的纵向钢筋在破坏时是否达到受拉屈服。这与配有受压钢筋的适筋梁和超筋梁的破坏情况完全一致。即在远离轴向力一侧的钢筋受拉屈服的同时，受压区混凝土恰好达到极限压应变值。这种破坏为大、小偏心受压的界限破坏。当 $\xi \leq \xi_b$ 时，截面破坏时远离轴向力一侧的钢筋受拉屈服，属于大偏心受压；当 $\xi > \xi_b$ 时，截面破坏时远离轴向力一侧的钢筋无论受拉或受压均未达到屈服，属于小偏心受压。

4.3.3　偏心受压构件的纵向弯曲对其承载力的影响

偏心受压构件在偏心轴向力的作用下将产生纵向弯曲变形，从而使细长的构件产生附加挠度 f（见图 4-12），以致使轴向力 N 对跨长中间截面重心的实际偏心距从初始偏心

距 e_0 增大到e_0+f，偏心矩的增大，使得作用在截面上的弯矩也随之增大，从而导致构件承载力降低。显然，长细比越大，偏心受压构件在轴向压力和弯矩共同作用下的压弯效应越大，产生的附加挠度也越大，承载力降低越多。对于长细比较小的短柱，由于纵向弯曲较小，一般可以忽略不计纵向弯曲对正截面承载力的影响。而对于长细比较大的长柱，纵向弯曲的影响则不能忽略。试验表明，偏心受压长柱的承载力低于相同截面尺寸和配筋的偏心受压短柱。

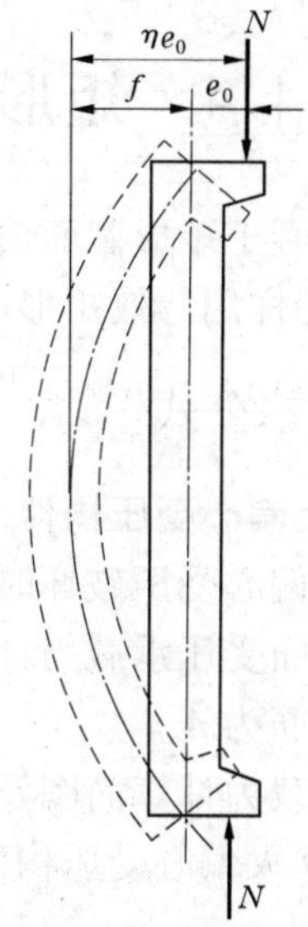

图 4-12　偏心受压长柱纵向弯曲变形

因此，钢筋混凝土偏心受压长柱承载力计算应考虑长细比对承载力降低的影响。考虑的方法是将初始偏心距 e_0乘以一个大于 1 的偏心距增大系数 η，即

$$e_0+f=\left(1+\frac{f}{e_0}\right)e_0=\eta e_0 \qquad (4\text{-}3)$$

根据偏心受压构件试验挠度曲线的实测结果和理论分析，SL 191—2008 给出了偏心距增大系数的计算公式。对矩形、T 形、工形、圆形和环形截面偏心受压构件，其偏心距增大系数可按下列公式计算

$$\eta=1+\frac{1}{1\,400\dfrac{e_0}{h_0}}\left(\frac{l_0}{h}\right)^2\zeta_1\zeta_2 \qquad (4\text{-}4)$$

$$\zeta_1=\frac{0.5f_cA}{KN} \qquad (4\text{-}5)$$

$$\zeta_2=1.15-0.01l_0/h \qquad (4\text{-}6)$$

式中　e_0——轴向压力对截面重心的偏心距，mm，$e_0=M/N$，当 $e_0<h_0/30$ 时，取 $e_0=h_0/30$；

l_0——构件的计算长度，mm，一般情况下按表 4-2 确定；

h——截面高度，mm；

h_0——截面有效高度，mm；

A——构件截面面积，mm^2；

ζ_1——考虑截面应变对截面曲率的影响系数，当 $\zeta_1>1$ 时取 $\zeta_1=1.0$，大偏心受压构件直接取 $\zeta_1=1.0$；

ζ_2——考虑构件长细比对截面曲率的影响系数，当 $l_0/h<15$ 时取 $\zeta_2=1.0$。

当 $l_0/h\leqslant 8$ 时，属于短柱，可取偏心距增大系数 $\eta=1.0$；当 $8<l_0/h\leqslant 30$ 时，属于中长柱，η 按式（4-4）计算；当 $l_0/h>30$ 时，属于细长柱，构件可能引起失稳破坏，应加以避免。

任务4.4 矩形截面偏心受压构件正截面承载力计算

钢筋混凝土矩形截面偏心受压构件的正截面承载力计算采用的基本假定与受弯构件基本相同，同样用等效矩形应力图形代替混凝土受压区的实际应力图形。

4.4.1 基本公式

4.4.1.1 大偏心受压构件

根据大偏心受压破坏时的截面应力图形（见图4-10）和基本假定，简化出大偏心受压构件的正截面受压承载力计算简图（见图4-13），靠近轴向力一侧的钢筋为 A_s'，远离轴向力一侧的钢筋为 A_s。

根据承载力计算简图及截面力系平衡条件，并满足承载能力极限状态设计表达式的要求，可建立大偏心受压构件正截面受压承载力计算基本公式如下

$$KN \leqslant f_c bx + f_y' A_s' - f_y A_s \tag{4-7}$$

$$KNe \leqslant f_c bx(h_0 - 0.5x) + f_y' A_s'(h_0 - a_s') \tag{4-8}$$

式中 e——轴向压力作用点至钢筋 A_s 合力点的距离，mm，$e = \eta e_0 + h/2 - a_s$；

e_0——轴向压力对截面重心的偏心距，mm，$e_0 = M/N$；

η——轴向压力偏心距增大系数；

a_s——远侧钢筋 A_s 合力点至截面近边缘的距离，mm；

a_s'——近侧钢筋 A_s'合力点至截面近边缘的距离，mm；

A_s、A_s'——配置在远离或靠近轴向压力一侧的纵向钢筋截面面积，mm^2；

其他符号意义同前。

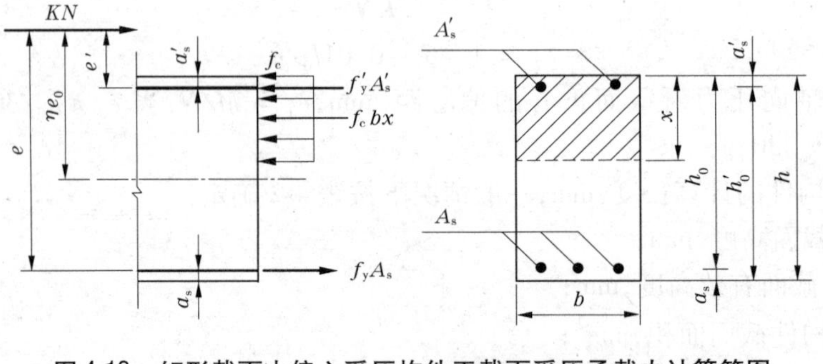

图4-13 矩形截面大偏心受压构件正截面受压承载力计算简图

为了计算方便，可将基本公式改写为如下的实用公式，将 $x = \xi h_0$ 代入基本公式(4-7)和式(4-8)中，并令 $\alpha_s = \xi(1 - 0.5\xi)$，则可得出

$$KN \leqslant f_c bx + f_y' A_s' - f_y A_s \tag{4-9}$$

$$KNe \leqslant \alpha_s f_c b h_0^2 + f_y' A_s'(h_0 - a_s') \tag{4-10}$$

基本公式和实用公式应满足下列适用条件：

(1)为了保证构件破坏时受拉钢筋应力能达到屈服强度，应满足 $x \leqslant \xi_b h_0$ 或 $\xi \leqslant \xi_b$。

(2)为了保证构件破坏时，受压钢筋应力能达到屈服强度，应满足 $x \geqslant 2a_s'$。

当 $x < 2a_s'$ 时，为偏于安全并为计算方便起见，可近似取 $x = 2a_s'$，并对受压钢筋 A_s' 合力点取矩可得

$$KNe' \leqslant f_y A_s (h_0 - a_s') \tag{4-11}$$

式中　e'——轴向压力作用点至受压钢筋 A_s' 合力点的距离，mm，$e' = \eta e_0 - h/2 + a_s'$。

4.4.1.2　**小偏心受压构件**

根据小偏心受压破坏时的截面应力图形(见图 4-11)和基本假定，简化出小偏心受压构件的正截面受压承载力计算简图(见图 4-14)。靠近轴向力一侧的钢筋为 A_s'，远离轴向力一侧的钢筋为 A_s。

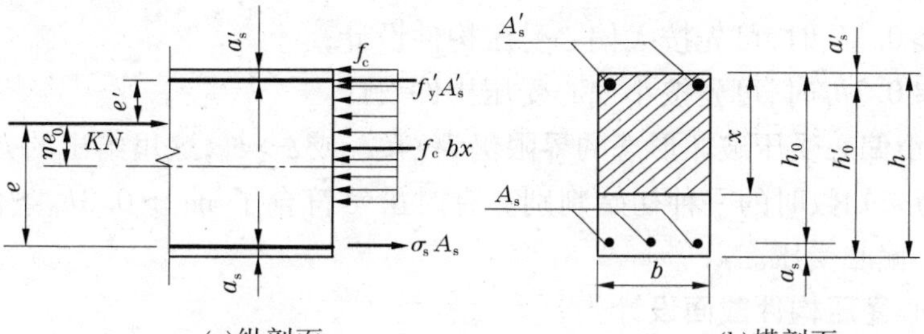

图 4-14　矩形截面小偏心受压构件正截面受压承载力计算简图

根据承载力计算简图和截面内力平衡条件，并满足承载能力极限状态设计表达式的要求，可建立矩形截面小偏心受压构件正截面受压承载力计算基本公式如下

$$KN \leqslant f_c bx + f_y' A_s' - \sigma_s A_s \tag{4-12}$$

$$KNe \leqslant f_c bx(h_0 - 0.5x) + f_y' A_s' (h_0 - a_s') \tag{4-13}$$

式中　e——轴向压力作用点至钢筋 A_s 合力点之间的距离，mm，$e = \eta e_0 + h/2 - a_s$。

基本公式应满足下列适用条件：

(1)$x > \xi_b h_0$ 或 $\xi > \xi_b$；

(2)$x \leqslant h$，当 $x > h$ 时应取 $x = h$。

远离轴向力一侧的纵向钢筋 A_s，无论是受压还是受拉，均未达到屈服，其应力 σ_s 随 ξ 呈线性变化，可按下列近似公式进行计算

$$\sigma_s = \frac{\xi - 0.8}{\xi_b - 0.8} f_y \tag{4-14}$$

按上式计算的钢筋应力应符合下列条件

$$-f_y' \leqslant \sigma_s \leqslant f_y$$

当 $KN > f_c bh$ 时，由于偏心矩很小而轴向力很大，构件全截面受压($x = h$)，若远离轴向力一侧的钢筋 A_s 配得过少，则该侧混凝土就可能先达到极限压应变而破坏，钢筋 A_s 也同时达到屈服强度，称为反向破坏。为了防止这种情况发生，以 A_s' 为矩心建立方程对 A_s 复核，A_s 应满足如下条件

$$KNe' \leqslant f_c bh(h_0' - 0.5h) + f_y' A_s (h_0' - a_s) \tag{4-15}$$

式中　e'——轴向力作用点至钢筋 A_s' 合力点的距离，mm，$e' = 0.5h - a_s' - e_0$，为偏于安全

考虑取 $\eta=1.0$；

h_0'——受压钢筋 A_s' 合力点至钢筋 A_s 一侧混凝土表面的距离，mm，$h_0'=h-a_s'$。

4.4.2 非对称配筋截面的设计

偏心受压构件截面设计，首先由结构内力分析得出作用在控制截面上的轴向力设计值 N 和弯矩设计值 M，根据经验或参照同类结构选择材料及拟定截面尺寸，然后计算钢筋截面面积 A_s 及 A_s' 并进行配筋。当计算结果不合理时，则对初拟的截面尺寸进行调整，然后再重新进行计算。

截面设计时，应先根据 ξ 的大小判别偏心受压的类型。在钢筋截面面积未知的情况下，无法确定 ξ 的数值，实际设计时可先按下列条件做初步的判别：

(1) 当 $\eta e_0>0.3h_0$ 时，可先按大偏心受压构件设计；

(2) 当 $\eta e_0\leqslant 0.3h_0$ 时，可先按小偏心受压构件设计。

但区分大、小偏心受压破坏形态的界限仍为 $\xi\leqslant\xi_b$ 或 $\xi>\xi_b$，这里给出的方法是在开始设计时 ξ 值尚为未知数时的一种初始判别。有时虽然符合了 $\eta e_0>0.3h_0$ 条件，计算结果仍有可能属于小偏心受压。

4.4.2.1 **大偏心受压构件截面设计**

大偏心受压构件按非对称配筋方式进行截面设计时，将会遇到以下两种情况：

1. 第一种情况(A_s 和 A_s' 均未知)

这种情况下，大偏心受压构件实用公式(4-9)和式(4-10)中有三个未知量 A_s、A_s' 和 ξ，需要补充一个条件才能求解。通常以充分发挥混凝土抗压作用，从而使钢筋总用量(A_s+A_s')最省作为补充条件。

为充分发挥混凝土的抗压作用，即取 $x=\xi_b h_0$。此时，$\xi=\xi_b$，$\alpha_s=\alpha_{sb}=\xi_b(1-0.5\xi_b)$。将 $\alpha_s=\alpha_{sb}$ 代入式(4-10)求 A_s'

$$A_s'=\frac{KNe-\alpha_s f_c bh_0^2}{f_y'(h_0-a_s')} \tag{4-16}$$

若 $A_s'\geqslant\rho_{\min}'bh_0$，则将已求得的 A_s' 和 $\xi=\xi_b$ 代入式(4-9)求 A_s

$$A_s=\frac{f_c b\xi_b h_0+f_y'A_s'-KN}{f_y} \tag{4-17}$$

若 $A_s'<\rho_{\min}'bh_0$，则取 $A_s'=\rho_{\min}'bh_0$，然后按第二种已知 A_s' 的情况求 A_s。按式(4-17)求出的 A_s 若小于 $\rho_{\min}bh_0$，则按 $A_s=\rho_{\min}bh_0$ 配筋。

2. 第二种情况(已知 A_s'，求 A_s)

这种情况下，大偏心受压构件实用公式(4-9)和式(4-10)中仅有两个未知量 A_s 和 ξ，可直接求解如下

$$\alpha_s=\frac{KNe-f_y'A_s'(h_0-a_s')}{f_c bh_0^2},\xi=1-\sqrt{1-2\alpha_s},x=\xi h_0$$

若 $2a_s'\leqslant x\leqslant\xi_b h_0$ 时，说明受压钢筋 A_s' 数量配置适当，能够充分发挥作用，而且受拉钢筋也能达到屈服，可由式(4-9)计算 A_s，即

$$A_s = \frac{f_c b\xi h_0 + f_y' A_s' - KN}{f_y} \tag{4-18}$$

当 $x > \xi_b h_0$ 时，说明已配置的受压钢筋 A_s' 数量不足。若 A_s' 可以调整，可按第一种情况重新计算 A_s' 和 A_s；若 A_s' 不可调整，应加大截面尺寸和提高混凝土强度等级重新计算，使其满足 $x \leqslant \xi_b h_0$ 的条件；当然也可考虑按小偏心受压重新设计。

当 $x < 2a_s'$ 时，说明受压钢筋 A_s' 达不到屈服，可由式(4-11)计算 A_s，即

$$A_s = \frac{KNe'}{f_y(h_0 - a_s')} \tag{4-19}$$

式中，$e' = \eta e_0 - h/2 + a_s'$。

A_s 按最小配筋率并满足构造要求配置。大偏心受压构件截面设计流程图骤见图 4-15。

4.4.2.2　小偏心受压构件截面设计

小偏心受压构件截面设计时，共有三个未知量 A_s、A_s' 和 x，但其基本公式只有两个独立方程。实用上可按下列步骤计算：

1. 计算 A_s

小偏心受压构件远离轴向力一侧的钢筋 A_s 可能受拉也可能受压，破坏时其应力 σ_s 一般达不到屈服强度，为节约钢材，A_s 可按最小配筋率配置。

$$A_s = \rho_{\min} b h_0 \tag{4-20}$$

当 $KN > f_c bh$ 时，应按公式(4-15)验算距轴向力较远的一侧钢筋截面面积 A_s，即

$$A_s = \frac{KN(0.5h - a_s' - e_0) - f_c bh(h_0' - 0.5h)}{f_y'(h_0' - a_s)} \tag{4-21}$$

A_s 应取式(4-20)和式(4-21)中的较大值。

2. 计算 ξ 和 A_s'

将式(4-14)及 $x = \xi h_0$ 代入式(4-12)和式(4-13)，求解 ξ。

若 $\xi < 1.6 - \xi_b$，说明钢筋 A_s 没有屈服，可按式(4-13)求得 A_s'，计算完毕。

若 $\xi \geqslant 1.6 - \xi_b$，说明钢筋 A_s 已经受压屈服，可取 $\sigma_s = -f_y'$ 及 $\xi = 1.6 - \xi_b$（当 $\xi \geqslant h/h_0$ 时，取 $\xi = h/h_0$），代入式(4-13)和式(4-12)分别求得 A_s' 和 A_s，计算完毕。求出的 A_s' 和 A_s 必须满足最小配筋率要求。

小偏心受压构件截面设计流程图见图 4-16。

4.4.3　非对称配筋截面承载力复核

偏心受压构件的承载力复核，一般是已知截面尺寸、混凝土强度等级、钢筋级别、纵向钢筋面积 A_s 和 A_s'、计算长度 l_0，需要验算在给定偏心距 e_0（或轴向力设计值 N）时，构件所能承受的轴向力设计值 N（或弯矩作用平面的弯矩设计值）。

4.4.3.1　弯矩作用平面内的承载力复核

1. 已知偏心距 e_0，求构件所能承受的轴向力设计值 N

此时的未知数为 x 和 N 两个，故可先求 x。此时可先按大偏心受压构件正截面受压承载力计算简图（见图 4-13），对轴向力 N 的作用点取矩可得

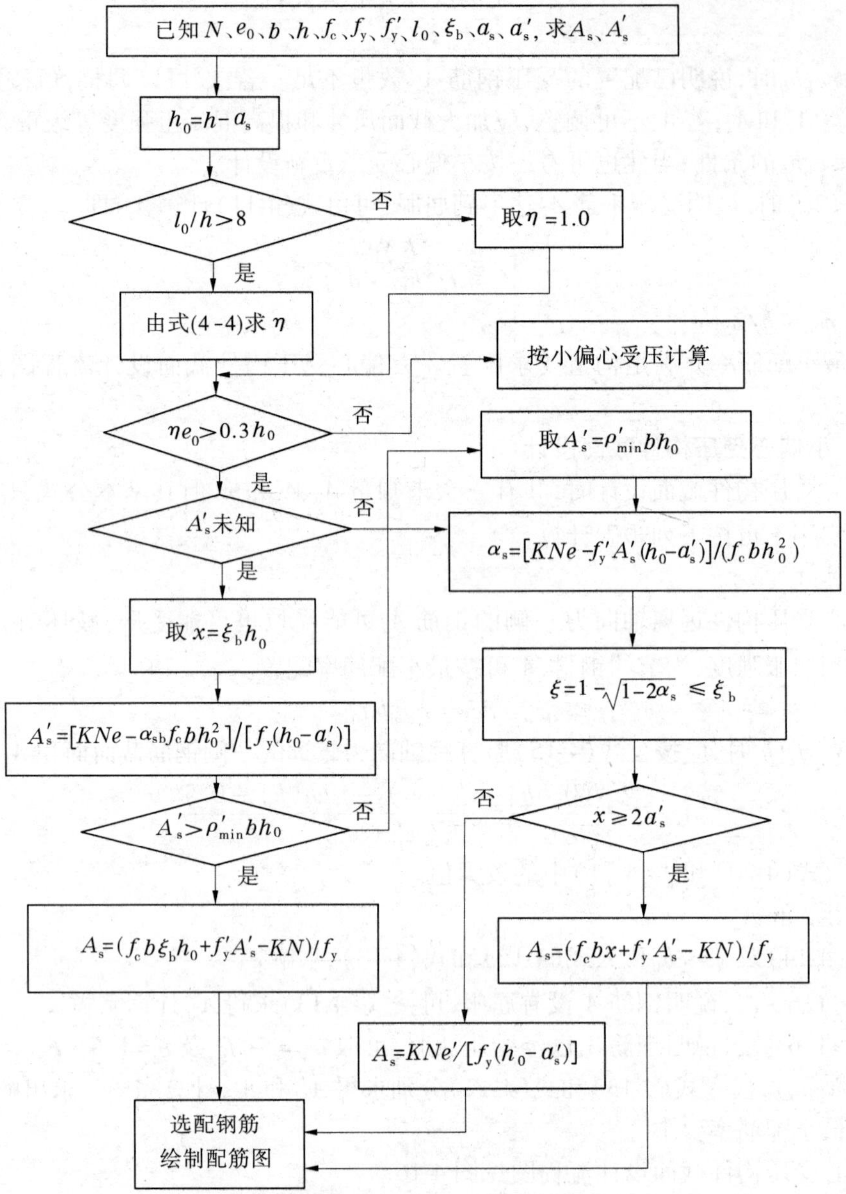

图 4-15　大偏心受压构件截面设计流程图

$$f_c bx(e-h_0+0.5x)=f_yA_se\pm f_y'A_s'e' \tag{4-22}$$

式中，$e=\eta e_0+h/2-a_s$，$e'=\eta e_0-h/2+a_s'$。

注意：当轴向力作用在A_s和A_s'之间时用“+”号，当轴向力作用在A_s和A_s'之外时用“-”号。

由式(4-22)可解得x。

(1)求出的$x\leqslant\xi_b h_0$时，为大偏心受压。

当$x\geqslant 2a_s'$时，将x代入式(4-7)即可求出构件所能承受的轴向力设计值N。

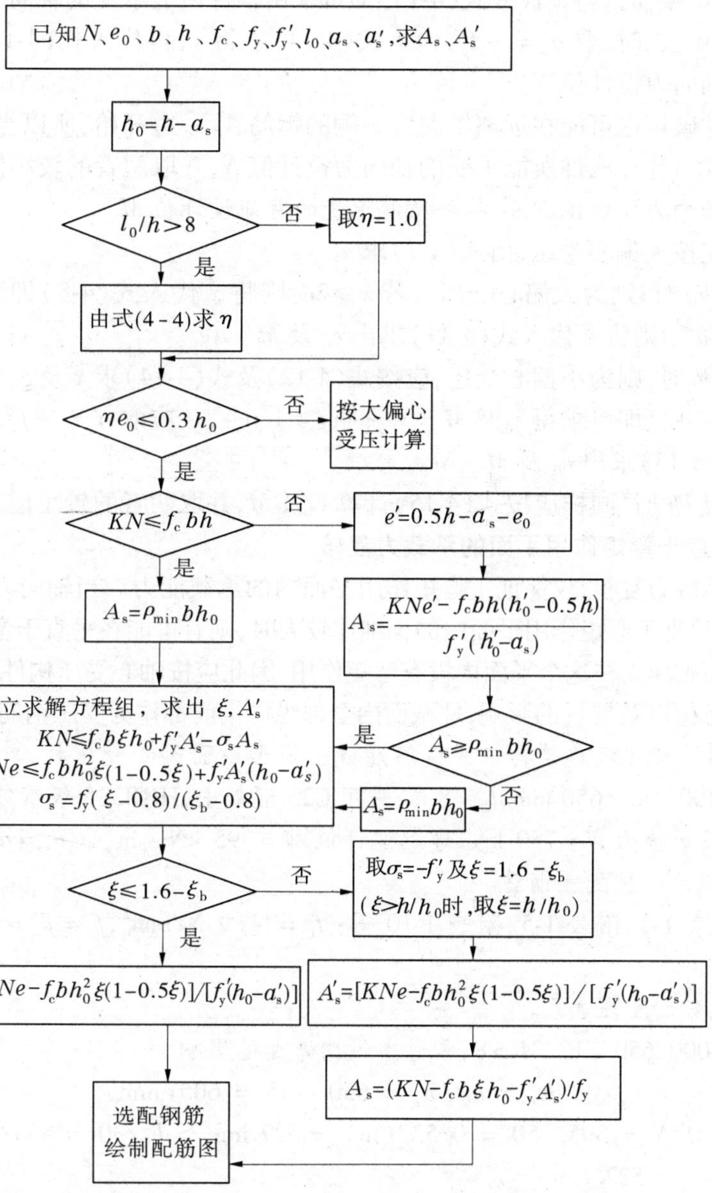

图 4-16　小偏心受压构件截面设计流程图

当 $x<2a_s'$ 时，将 x 代入式(4-11)计算构件所能承受的轴向力设计值 N。

(2)求出的 $x>\xi_b h_0$ 时，为小偏心受压构件。

根据小偏心受压构件正截面受压承载力计算简图(见图 4-14)，对轴向力 N 的作用点取矩可得

$$f_c bx(e-h_0+0.5x)=\sigma_s A_s e+f_y' A_s' e' \tag{4-23}$$

式中，$e=\eta e_0+h/2-a_s$，$e'=h/2-\eta e_0-a_s'$。

将式(4-14)代入式(4-23)计算 x 及 ξ。

当$\xi<1.6-\xi_b$时，将x代入式(4-13)即可求出构件所能承受的轴向力设计值N。

当$\xi\geqslant1.6-\xi_b$时，取$\sigma_s=-f_y'$，代入式(4-23)求得x，再代入式(4-12)即可求出构件所能承受的轴向力设计值N。

有时构件破坏也可能在远离轴向力一侧的钢筋A_s一边开始，所以当$KN>f_cbh$时，还必须用式(4-15)计算构件所能承受的轴向力设计值N，并取两者的较小值。

2. 已知轴向力设计值N，求构件所能承受的弯矩设计值M

此时可先按大偏心受压，由式(4-7)求x。

当$x\leqslant\xi_bh_0$时，则为大偏心受压。若$x\geqslant2a_s'$则将x代入式(4-8)即可求得e_0及$M=Ne_0$。若$x<2a_s'$，则将x代入式(4-11)求出e_0及$M=Ne_0$。

当$x>\xi_bh_0$时，则为小偏心受压，应按式(4-12)及式(4-14)求x及ξ，如$\xi<1.6-\xi_b$，则将x代入式(4-13)即可求得e_0及$M=Ne_0$；如$\xi\geqslant1.6-\xi_b$，应取$\sigma_s=-f_y'$，并按式(4-12)求出x，代入式(4-13)求出e_0及$M=Ne_0$。

当$KN>f_cbh$时，同样应按式(4-15)计算e_0及M，并取两者的较小值。

4.4.3.2 垂直于弯矩作用平面的承载力复核

前面的承载力复核，仅保证了弯矩作用平面内的承载能力。当轴向力较大而偏心距较小时，或者是垂直于弯矩作用平面内的长细比较大时，则有可能在垂直于弯矩作用平面内发生纵向弯曲而破坏。在这个平面内没有弯矩作用，因此应按轴心受压构件进行承载力复核，计算时须考虑稳定系数φ的影响，柱截面内全部纵向钢筋都作为受压钢筋参与计算。

【例4-2】 某2级建筑物中的钢筋混凝土矩形截面偏心受压柱，其控制截面的截面尺寸$b\times h=400\text{ mm}\times650\text{ mm}$，$l_0=8\text{ m}$，采用C25混凝土，HRB335级钢筋。控制截面承受的轴向压力设计值为$N=750\text{ kN}$，弯矩设计值$M=395\text{ kN}\cdot\text{m}$，取$a_s=a_s'=45\text{ mm}$。按非对称配筋方式给该柱配置钢筋。

解：查附表1-2、附表1-5、附表1-10得：$f_c=11.9\text{ N/mm}^2$，$f_y=f_y'=300\text{ N/mm}^2$，$K=1.20$。

(1)判别偏心受压类型。

$l_0/h=8\,000/650=12.31>8$，需考虑纵向弯曲的影响。

$$h_0=h-a_s=650-45=605(\text{mm})$$

$$e_0=M/N=395/750=0.527(\text{m})=527\text{ mm}>h_0/30=605/30=20(\text{mm})$$

所以，取$e_0=527\text{ mm}$。

$$\zeta_1=\frac{0.5f_cA}{KN}=\frac{0.5\times11.9\times400\times650}{1.20\times750\times10^3}=1.72>1.0\text{，取}\zeta_1=1.0\text{。}$$

$l_0/h=12.31<15$，取$\zeta_2=1.0$。

$$\eta=1+\frac{1}{1\,400\frac{e_0}{h_0}}\left(\frac{l_0}{h}\right)^2\zeta_1\zeta_2=1+\frac{1}{1\,400\times\frac{527}{605}}\times\left(\frac{8\,000}{650}\right)^2\times1.0\times1.0=1.124$$

$\eta e_0=1.124\times527=592(\text{mm})>0.3h_0=0.3\times605=182(\text{mm})$，按大偏心受压计算。

$$e=\eta e_0+h/2-a_s=592+650/2-45=872(\text{mm})$$

(2)计算A_s'和A_s。

$$\alpha_{sb} = \xi_b(1 - 0.5\xi_b) = 0.550 \times (1 - 0.5 \times 0.550) = 0.399$$

$$A_s' = \frac{KNe - \alpha_{sb} f_c b h_0^2}{f_y'(h_0 - a_s')}$$

$$= \frac{1.20 \times 750 \times 10^3 \times 872 - 0.399 \times 11.9 \times 400 \times 605^2}{300 \times (605 - 45)}$$

$$= 534(\text{mm}^2) > \rho'_{\min} b h_0 = 0.2\% \times 400 \times 605 = 484(\text{mm}^2)$$

$$A_s = \frac{f_c b \xi_b h_0 + f_y' A_s' - KN}{f_y}$$

$$= \frac{11.9 \times 400 \times 0.550 \times 605 + 300 \times 534 - 1.20 \times 750 \times 10^3}{300}$$

$$= 2\ 814(\text{mm}^2) > \rho_{\min} b h_0 = 0.2\% \times 400 \times 605 = 484(\text{mm}^2)$$

实配受压钢筋 3 Φ 16($A_s' = 603\ \text{mm}^2$),受拉钢筋 5 Φ 28($A_s = 3\ 079\ \text{mm}^2$),箍筋为Φ 8@200,附加箍筋为Φ@200,纵向构造钢筋为 2 Φ 16($402\ \text{mm}^2$)。配筋图如图 4-17 所示。

(3)垂直于弯矩作用平面内的承载力复核。

$l_0/b = 8\ 000/400 = 20$,查表 4-1 得 $\varphi = 0.75$。

$$KN = 1.20 \times 750 = 900(\text{kN}) \leqslant \varphi(f_c A + f_y' A_s')$$

$$= 0.75 \times [11.9 \times 400 \times 650 + 300 \times (402 + 603 + 3\ 079)]$$

$$= 3\ 239\ 400(\text{N}) = 3\ 239.4\ \text{kN}$$

所以,垂直于弯矩作用平面的截面承载力满足要求。

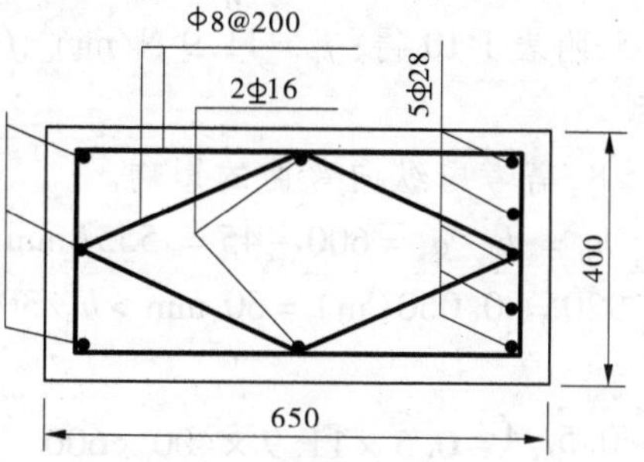

图 4-17　截面配筋图

【例 4-3】　基本数据同例 4-2 的钢筋混凝土受压柱,受压侧钢筋已配 3 Φ 22($A_s' = 1\ 140\ \text{mm}^2$),试求 A_s,并绘制配筋图。

解: 例 4-2 已计算出 $h_0 = 605$ mm,$e_0 = 527$ mm,$\eta = 1.124$,$e = 872$ mm。

(1)计算受压区高度 x。

$$\alpha_s = \frac{KNe - f_y' A_s'(h_0 - a_s')}{f_c b h_0^2}$$

$$= \frac{1.20 \times 750 \times 10^3 \times 872 - 300 \times 1\ 140 \times (605 - 45)}{11.9 \times 400 \times 605^2} = 0.341$$

$\xi = 1 - \sqrt{1 - 2\alpha_s} = 1 - \sqrt{1 - 2 \times 0.341} = 0.436 < \xi_b = 0.550$,属大偏心受压

$$x = \xi h_0 = 0.436 \times 605 = 264(\text{mm}) > 2a_s' = 90 \text{ mm}$$

(2)计算 A_s。

$$A_s = (f_c b \xi h_0 + f_y' A_s' - KN)/f_y$$
$$= (11.9 \times 400 \times 0.436 \times 605 + 300 \times 1\ 140 - 1.20 \times 750 \times 10^3)/300$$
$$= 2\ 325(\text{mm}^2) > \rho_{\min} b h_0 = 0.2\% \times 400 \times 605 = 484(\text{mm}^2)$$

实配受拉钢筋 5 Φ 25(A_s =2 454 mm^2),箍筋为Φ 8@200,纵向构造钢筋为 2 Φ 16,拉筋为Φ 8@200。配筋图如图 4-18 所示。

(3)垂直于弯矩作用平面的承载力复核(略)。

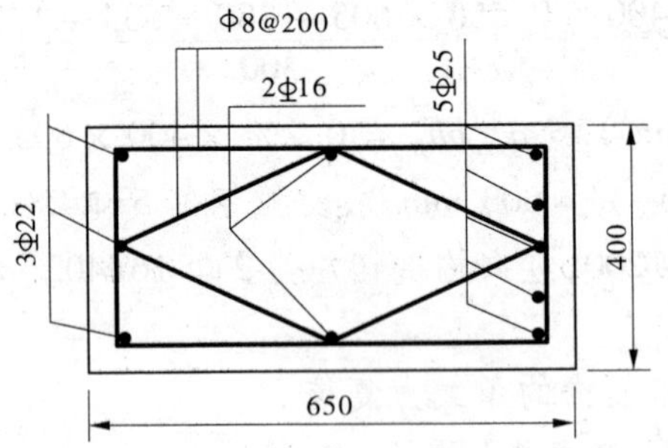

图 4-18　截面配筋图

【例 4-4】　某 2 级建筑物中的钢筋混凝土矩形截面偏心受压柱,其控制截面的截面尺寸 $b \times h$ = 400 mm×600 mm,l_0 = 6 m,采用 C25 混凝土,HRB335 级钢筋。控制截面承受的轴向压力设计值 N=1 920 kN,弯矩设计值 M =115 kN · m,取 $a_s = a_s'$ =45 mm。按非对称配筋方式给该柱配置钢筋。

解:查附表 1-2、附表 1-5、附表 1-10 得:f_c =11.9 N/mm²,$f_y = f_y'$ = 300 N/mm²,K=1.20。

(1)判别偏心受压类型。

l_0/h =6 000/600 =10 >8,需考虑纵向弯曲的影响。

$$h_0 = h - a_s = 600 - 45 = 555(\text{mm})$$

$$e_0 = M/N = 115/1\ 920 = 0.060(\text{m}) = 60 \text{ mm} > h_0/30 = 555/30 = 19(\text{mm})$$

所以,取 e_0 =60 mm。

$$\zeta_1 = \frac{0.5 f_c A}{KN} = \frac{0.5 \times 11.9 \times 400 \times 600}{1.20 \times 1\ 920 \times 10^3} = 0.620$$

l_0/h = 10 <15,取 ζ_2 =1.0。

$$\eta = 1 + \frac{1}{1\ 400 \frac{e_0}{h_0}} \left(\frac{l_0}{h}\right)^2 \zeta_1 \zeta_2 = 1 + \frac{1}{1\ 400 \times \frac{60}{555}} \times \left(\frac{6\ 000}{600}\right)^2 \times 0.620 \times 1.0 = 1.410$$

$\eta e_0 = 1.410 \times 60 = 85(\text{mm}) < 0.3h_0 = 0.3 \times 555 = 167(\text{mm})$,按小偏心受压柱计算

(2)确定远侧纵向钢筋 A_s。

$$KN = 1.20 \times 1\ 920 = 2\ 304(\text{kN}) < f_c bh = 11.9 \times 400 \times 600 = 2\ 856(\text{kN})$$

所以,A_s 按最小配筋率配置,$A_s = \rho_{\min} b h_0 = 0.002 \times 400 \times 555 = 444(\text{mm}^2)$。

(3)求近侧纵向钢筋 A_s'。

$$e = \eta e_0 + h/2 - a_s = 1.410 \times 60 + 600/2 - 45 = 340(\text{mm})$$

将式(4-14)及 $x = \xi h_0$ 代入式(4-12)和式(4-13)得

$$KN = f_c b\xi h_0 + f_y' A_s' - (\xi - 0.8) f_y A_s / (\xi_b - 0.8)$$

$$KNe = f_c b\xi h_0 (h_0 - 0.5\xi h_0) + f_y' A_s' (h_0 - a_s')$$

将已知数据代入可得

$$1.2 \times 1\,920 \times 10^3 = 11.9 \times 400 \times 555\xi + 300A_s' - 300 \times 444(\xi - 0.8)/(\xi_b - 0.8)$$

$$1.2 \times 1\,920 \times 10^3 \times 340 = 11.9 \times 400 \times 555\xi(555 - 0.5 \times 555\xi) + 300A_s'(555 - 45)$$

联立以上两式可得

$$733\,099\,500\xi^2 + 152\,847\,000\xi - 609\,062\,400 = 0$$

解出 $\xi = 0.813 < 1.6 - \xi_b = 1.6 - 0.550 = 1.05$；$x = \xi h_0 = 0.813 \times 555 = 451$ mm。

将 x 代入式(4-13)即 $KNe \leqslant f_c bx(h_0 - 0.5x) + f_y' A_s'(h_0 - a_s')$，可得 $A_s' = 496\ \text{mm}^2$。

实配受拉钢筋 3 Φ 14($A_s = 461\ \text{mm}^2$)；受压钢筋为 3 Φ 16($A_s' = 603\ \text{mm}^2$)；箍筋为 Φ 8@200，纵向构造钢筋为 2 Φ 16($A_s = 402\ \text{mm}^2$)，拉筋为 Φ 8@200。配筋图如图 4-19 所示。

(3)垂直于弯矩作用平面内的承载力复核。

$l_0/b = 6\,000/400 = 15$，查表 4-1 得 $\varphi = 0.895$。

$$\begin{aligned} KN &= 1.20 \times 1\,920 = 2\,304(\text{kN}) \\ &\leqslant \varphi(f_c A + f_y' A_s') = 0.895 \times [11.9 \times 400 \times 600 + 300 \times (402 + 461 + 603)] \\ &= 2\,950\ \text{kN} \end{aligned}$$

所以，垂直于弯矩作用平面的截面承载力满足要求。

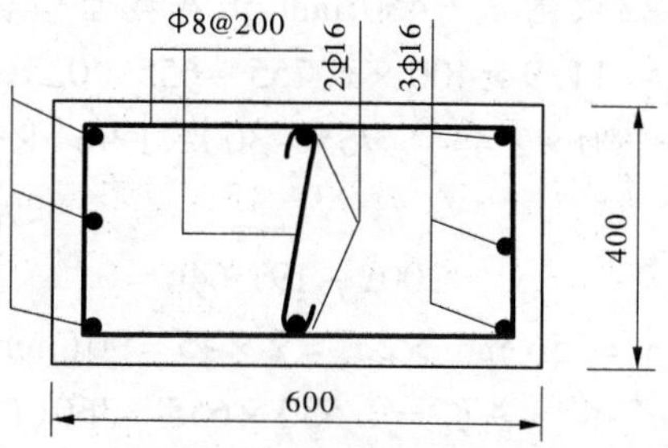

图 4-19　截面配筋图

【例 4-5】　某 2 级建筑物中矩形截面受压柱，截面尺寸 $b \times h = 400\ \text{mm} \times 600\ \text{mm}$，$a_s = a_s' = 45$ mm。$l_0 = 3$ m，采用 C25 混凝土，HRB335 级钢筋。A_s 选用 4 Φ 20($A_s = 1\,256\ \text{mm}^2$)，$A_s'$ 选用 4 Φ 22($A_s' = 1\,520\ \text{mm}^2$)，$N = 1\,200$ kN，试计算该截面在 h 方向能承受的弯矩设计值。

解：查附表 1-2、附表 1-5、附表 1-10 得：$f_c = 11.9\ \text{N/mm}^2$，$f_y = f_y' = 300\ \text{N/mm}^2$，$K = 1.20$。

由式(4-7)得

$$x = \frac{KN - f_y' A_s' + f_y A_s}{f_c b} = \frac{1.2 \times 1\,200 \times 10^3 - 300 \times 1\,520 + 300 \times 1\,256}{11.9 \times 400}$$

$$= 286(mm) < \xi_b h_0 = 0.550 \times 555 = 305(mm)$$

所以，属于大偏压情况。$x = 286\ mm > 2a_s' = 2 \times 45 = 90(mm)$，说明受压钢筋能达到屈服强度。由式(4-8)得

$$e = \frac{f_c bx(h_0 - 0.5x) + f_y' A_s'(h_0 - a_s')}{KN}$$

$$= \frac{11.9 \times 400 \times 286 \times (555 - 0.5 \times 286) + 300 \times 1\ 520 \times (555 - 45)}{1.2 \times 1\ 200 \times 10^3} = 551(mm)$$

由于 $l_0/h = 3\ 000/600 = 5 \leqslant 8$，可取 $\eta = 1$。

由 $e = \eta e_0 + h/2 - a_s$ 可以解出

$$e_0 = (e - h/2 + a_s)/\eta = (551 - 300 + 45)/1 = 296(mm)$$

$$M = Ne_0 = 1\ 200 \times 10^3 \times 296 = 355(kN \cdot m)$$

所以，该截面在 h 方向能承受的弯矩设计值为 355 kN · m。

【例 4-6】 某 3 级建筑物中矩形截面受压柱，截面尺寸 $b \times h = 400\ mm \times 700\ mm$，$a_s = a_s' = 45$ mm。采用 C25 混凝土，HRB335 级钢筋。A_s 选用 5 Φ 25($A_s = 2\ 454\ mm^2$)，A_s' 选用 4 Φ 25($A_s' = 1\ 964\ mm^2$)，柱的计算长度 $l_0 = 5$ m，轴向力在 h 方向的偏心距 $e_0 = 450$ mm。求截面所能承受的轴向力设计值 N。

解： 查附表 1-2、附表 1-5、附表 1-10 得：$f_c = 11.9\ N/mm^2$，$f_y = f_y' = 300\ N/mm^2$，$K = 1.20$。

由于 $l_0/h = 5\ 000/700 = 7.1 \leqslant 8$，可取 $\eta = 1$。

$$e = \eta e_0 + h/2 - a_s = 450 + 700/2 - 45 = 755(mm)$$

$$e' = \eta e_0 - h/2 + a_s' = 450 - 700/2 + 45 = 145(mm)$$

将已知数据代入式(4-22)，因 $e_0 = 450$ mm，力在截面外取负号得

$$11.9 \times 400 \times x(755 - 655 + 0.5x)$$

$$= 300 \times 2\ 454 \times 755 - 300 \times 1\ 964 \times 145$$

解得

$$x^2 + 200x - 197\ 646 = 0$$

$$x = 356\ mm > 2a_s' = 2 \times 45 = 90(mm)$$

$$2a_s' < x < \xi_b h_0 = 0.550 \times 655 = 360(mm)$$

由式(4-7)得

$$N = \frac{f_c bx + f_y' A_s' - f_y A_s}{K} = \frac{11.9 \times 400 \times 356 + 300 \times 1\ 964 - 300 \times 2\ 454}{1.20} = 1\ 290(kN)$$

所以，该截面能承受的轴向力设计值为 1 290 kN。

任务 4.5 对称配筋的矩形截面偏心受压构件

由任务 4.4 可知，不论是大偏心受压构件，还是小偏心受压构件，截面两侧的钢筋面积 A_s 和 A_s' 都是由各自的计算公式得出的，数量一般不相等，这种配筋方式称为非对称配筋。非对称配筋钢筋用量较省，但施工不方便。

在工程实践中,常在构件截面两侧配置相等的钢筋($A_s = A_s'$,$f_y = f_y'$,$a_s = a_s'$),称为对称配筋。与非对称配筋相比,对称配筋用钢量较多,但构造简单,施工方便,且施工中不会出现差错。特别是构件在不同的荷载组合下,同一截面可能承受数量相近的正负弯矩时,更应采用对称配筋。例如,厂房(或渡槽)的排(刚)架立柱在不同方向的风荷载作用时,同一截面可能承受数值相差不大的正负弯矩,此时就应该设计成对称配筋。

对称配筋是偏心受压构件的一种特殊情况,构件截面设计时,也需要先判别偏心受压类型。判别方法是:先假定是大偏心受压,将 $A_s = A_s'$, $f_y = f_y'$,$a_s = a_s'$代入式(4-7)得

$$x = KN/(f_c b) \tag{4-24}$$

若 $x \leqslant \xi_b h_0$,则为大偏心受压;若 $x > \xi_b h_0$,则为小偏心受压。

4.5.1 大偏心受压对称配筋

若 $2a_s' \leqslant x \leqslant \xi_b h_0$,按大偏心受压构件承载力计算公式(4-8)确定 A_s',并取 $A_s = A_s'$。

$$A_s = A_s' = \frac{KNe - f_c bx(h_0 - 0.5x)}{f_y'(h_0 - a_s')} \tag{4-25}$$

式中,$e = \eta e_0 + h/2 - a_s$。

若 $x < 2a_s'$,则由式(4-11)计算钢筋截面面积

$$A_s' = A_s = \frac{KNe'}{f_y(h_0 - a_s')} \tag{4-26}$$

式中,$e' = \eta e_0 - h/2 + a_s'$。

A_s、A_s'均需满足最小配筋率要求。

4.5.2 小偏心受压对称配筋

当 $x > \xi_b h_0$时,按小偏心受压构件进行计算。

将 $A_s = A_s'$,$x = \xi h_0$及 $\sigma_s = \dfrac{\xi - 0.8}{\xi_b - 0.8} f_y$ 代入基本公式(4-12)及式(4-13)得

$$KN \leqslant f_c b \xi h_0 + f_y A_s \frac{\xi_b - \xi}{\xi_b - 0.8} \tag{4-27}$$

$$KNe \leqslant f_c b h_0^2 \xi(1 - 0.5\xi) + f_y' A_s'(h_0 - a_s') \tag{4-28}$$

式(4-27)与式(4-28)中包含 ξ 和 A_s 两个未知量,将两式联立求解,理论上可求出 ξ 及 A_s,然而,联立求解 ξ 需要解 ξ 的三次方程,求解十分困难,必须简化。考虑到在小偏心受压范围内 ξ 值在0.55~1.1之间变动,相应的 $\alpha_s = \xi(1 - 0.5\xi)$ 在0.4~0.5之间变动,为简化计算,取 $\xi(1 - 0.5\xi) = 0.45$,代入 ξ 的三次方程式中,则 ξ 的近似公式为

$$\xi = \frac{KN - \xi_b f_c b h_0}{\dfrac{KNe - 0.45 f_c b h_0^2}{(0.8 - \xi_b)(h_0 - a_s)} + f_c b h_0} + \xi_b \tag{4-29}$$

将 ξ 代入式(4-28),计算出钢筋截面面积

$$A_s = A_s' = \frac{KNe - f_c b h_0^2 \xi(1 - 0.5\xi)}{f_y'(h_0 - a_s')} \tag{4-30}$$

不论是大偏心受压构件还是小偏心受压构件，实际配置的 A_s、A_s' 均应满足最小配筋率要求。

对称配筋截面承载力复核方法和步骤与非对称配筋截面承载力复核基本相同。对于对称配筋的小偏心受压构件，由于 $A_s = A_s'$，因此不必再进行反向破坏验算。

【例 4-7】 某 2 级建筑物中的钢筋混凝土矩形截面偏心受压柱，采用对称配筋，截面尺寸 $b \times h = 400\ \text{mm} \times 600\ \text{mm}$，$a_s = a_s' = 45\ \text{mm}$，计算长度 $l_0 = 7.6\ \text{m}$，采用 C25 混凝土及 HRB335 级钢筋，已知该柱在使用期间截面承受的内力设计值为 $N = 670\ \text{kN}$，$M = 316\ \text{kN·m}$。试配置该柱钢筋。

解： 基本资料 $l_0 = 7.6\ \text{m}$，$f_c = 11.9\ \text{N/mm}^2$，$f_y = f_y' = 300\ \text{N/mm}^2$，$K = 1.20$。

$$h_0 = h - a_s = 600 - 45 = 555(\text{mm})$$

$l_0/h = 7\,600/600 = 12.7 > 8$，需考虑纵向弯曲的影响。

(1) 计算 η 值。

$$e_0 = M/N = 316/670 = 0.472(\text{mm}) = 472\ \text{mm}$$

$$\zeta_1 = \frac{0.5 f_c A}{KN} = \frac{0.5 \times 11.9 \times 400 \times 600}{1.20 \times 670 \times 10^3} = 1.776 > 1.0，取\ \zeta_1 = 1.0$$

$$l_0/h = 7\,600/600 = 12.7 < 15，取\ \zeta_2 = 1.0$$

$$\eta = 1 + \frac{1}{1\,400 \dfrac{e_0}{h_0}}\left(\frac{l_0}{h}\right)^2 \zeta_1 \zeta_2 = 1 + \frac{1}{1\,400 \times \dfrac{472}{555}} \times (12.7)^2 \times 1.0 \times 1.0 = 1.135$$

(2) 判别偏心受压类型。

$$x = KN/(f_c b) = 1.20 \times 670 \times 10^3/(11.9 \times 400) = 169(\text{mm}) < \xi_b h_0 = 0.550 \times 555 = 305(\text{mm})$$

所以，属大偏心受压。

(3) 配筋计算。

$$e = \eta e_0 + h/2 - a_s = 1.135 \times 472 + 600/2 - 45 = 791(\text{mm})$$

$$2a_s' = 2 \times 45 = 90(\text{mm}) < x = 169\ \text{mm} < \xi_b h_0 = 305(\text{mm})$$

$$A_s = A_s' = \frac{KNe - f_c bx(h_0 - 0.5x)}{f_y'(h_0 - a_s')}$$

$$= \frac{1.20 \times 670 \times 10^3 \times 791 - 11.9 \times 400 \times 169 \times (555 - 0.5 \times 169)}{300 \times (555 - 45)}$$

$$= 1\,683(\text{mm}^2) > \rho_{\min} b h_0 = 0.2\% \times 400 \times 555 = 444(\text{mm}^2)$$

两侧纵筋均选用 3 Φ 28（$A_s = A_s' = 1\,847\ \text{mm}^2$），箍筋和拉筋均选用 Φ 8@200。配置纵向构造钢筋 2 Φ 14（$308\ \text{mm}^2$），配筋图如图 4-20 所示。

(4) 复核垂直于弯矩作用平面的承载力。

$$l_0/b = 7\,600/400 = 19，查表\ 4\text{-}1\ 得\ \varphi = 0.78$$

$$KN = 1.20 \times 670 = 804(\text{kN}) \leqslant \varphi\,[f_c A + f_y'(A_s + A_s')]$$

$$= 0.78 \times [11.9 \times 400 \times 600 + 300 \times (2 \times 1\,847 + 308)]$$

$$= 3\,164(\text{kN})$$

所以，承载能力满足要求。

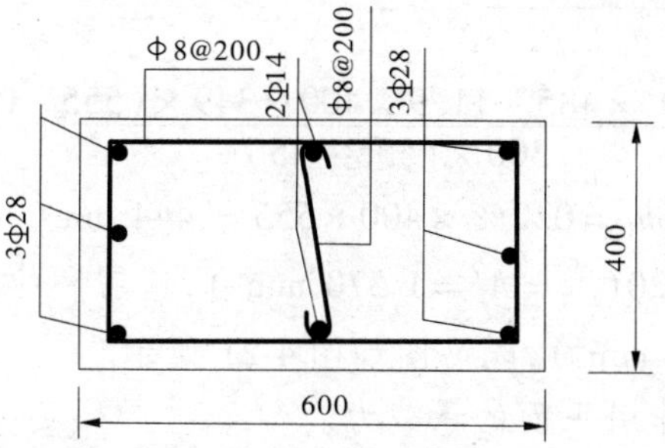

图4-20　截面配筋图

【例4-8】　某2级建筑物中的钢筋混凝土矩形截面偏心受压柱，采用对称配筋，截面尺寸 $b\times h=400\ \text{mm}\times 600\ \text{mm}$，$a_s=a_s'=45\ \text{mm}$，计算长度 $l_0=8.0\ \text{m}$，采用C25混凝土及HRB335级钢筋，已知该柱在使用期间截面承受的内力设计值为 $N=1\ 495\ \text{kN}$，$M=260\ \text{kN·m}$。试配置该柱钢筋。

解：基本资料 $l_0=8.0\ \text{m}$，$f_c=11.9\ \text{N/mm}^2$，$f_y=f_y'=300\ \text{N/mm}^2$，$K=1.20$。

$$h_0=h-a_s=600-45=555(\text{mm})$$

$l_0/h=8\ 000/600=13.3>8$，需考虑纵向弯曲的影响。

(1)计算 η 值。

$$e_0=M/N=260/1\ 495=0.174(\text{m})=174\ \text{mm}$$

$$\zeta_1=\frac{0.5f_cA}{KN}=\frac{0.5\times 11.9\times 400\times 600}{1.20\times 1\ 495\times 10^3}=0.796$$

$$l_0/h=13.3<15，取\ \zeta_2=1.0$$

$$\eta=1+\frac{1}{1\ 400\frac{e_0}{h_0}}\left(\frac{l_0}{h}\right)^2\zeta_1\zeta_2=1+\frac{1}{1\ 400\times\frac{174}{555}}\times(13.3)^2\times 0.796\times 1.0=1.321$$

(2)判别偏心受压类型。

$$x=\frac{KN}{f_cb}=\frac{1.20\times 1\ 495\times 10^3}{11.9\times 400}=377(\text{mm})>\xi_bh_0=0.550\times 555=305(\text{mm})$$

所以，属小偏心受压。

$$e=\eta e_0+h/2-a_s=1.321\times 174+300-45=485(\text{mm})$$

$$\xi=\frac{KN-\xi_bf_cbh_0}{\frac{KNe-0.45f_cbh_0^2}{(0.8-\xi_b)(h_0-a_s')}+f_cbh_0}+\xi_b$$

$$=\frac{1.20\times 1\ 495\times 10^3-0.550\times 11.9\times 400\times 555}{\frac{1.20\times 1\ 495\times 10^3\times 485-0.45\times 11.9\times 400\times 555^2}{(0.8-0.550)\times(555-45)}+11.9\times 400\times 555}+0.550$$

$$=0.629$$

$$x=\xi h_0=0.629\times 555=349(\text{mm})$$

(3)计算钢筋面积。

$$A_s = A_s' = \frac{KNe - f_c bx(h_0 - 0.5x)}{f_y'(h_0 - a_s')}$$

$$= \frac{1.20 \times 1\,495 \times 10^3 \times 485 - 11.9 \times 400 \times 349 \times (555 - 0.5 \times 349)}{300 \times (555 - 45)}$$

$$= 1\,555 \text{ mm}^2 > \rho_{\min} bh_0 = 0.2\% \times 400 \times 555 = 444 \text{ mm}^2$$

两侧纵筋均选用 5 Φ 20($A_s = A_s' = 1\,570 \text{ mm}^2$),箍筋和拉筋均选用Φ 8@200。配置纵向构造钢筋 2 Φ 16(402 mm²),配筋图如图 4-21 所示。

(4)复核垂直于弯矩作用平面的承载力。

$$l_0/b = 8\,000/400 = 20\text{,查表 4-1 得 } \varphi = 0.75$$

$$KN = 1.20 \times 1\,495 = 1\,794(\text{kN}) \leqslant \varphi[f_c A + f_y'(A_s + A_s')]$$

$$= 0.75 \times [11.9 \times 400 \times 600 + 300 \times (2 \times 1\,570 + 402)]$$

$$= 2\,938.95(\text{kN})$$

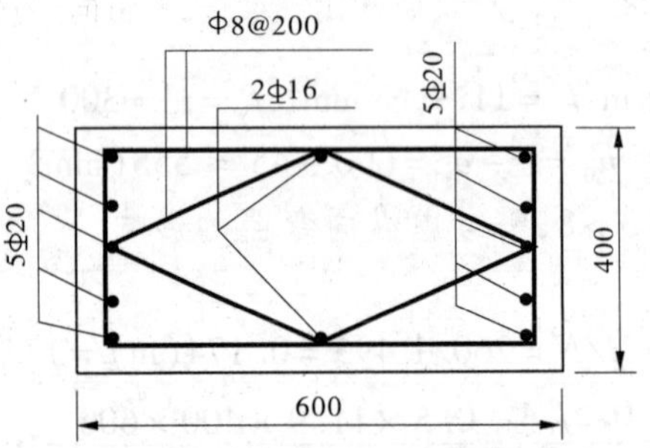

图 4-21 截面配筋图

任务 4.6 偏心受压构件斜截面受剪承载力计算

在实际工程中,有不少构件同时承受轴向压力、弯矩和剪力的作用,如框架柱、排架柱等。这类构件由于轴向压力的存在,对其抗剪能力有明显的影响。因此,对于斜截面受剪承载力计算,必须考虑轴向压力的影响。

试验结果表明,轴向压力对受剪承载力起着有利影响。轴向压力能限制构件斜裂缝的出现和开展,增加混凝土剪压区高度,从而提高混凝土的受剪承载力。但轴向压力对受剪承载力的有利作用是有限度的。为了与梁的斜截面受剪承载力计算公式相协调,矩形、T 形和 I 形截面的偏心受压构件斜截面受剪承载力计算公式为

$$KV \leqslant V_c + V_{sv} + V_{sb} + 0.07N \tag{4-31}$$

式中 N——与剪力设计值 V 相应的轴向压力设计值,当 $N > 0.3 f_c A$ 时,取 $N = 0.3 f_c A$,此处,A 为构件的截面面积。

如能符合下列要求

$$KV \leqslant V_c + 0.07N \tag{4-32}$$

则可不进行斜截面受剪承载力计算,仅需按构造要求配置箍筋抗剪。

为防止发生斜压破坏,矩形、T形和I形截面的偏心受压构件,其截面尺寸应满足下式要求

$$KV \leqslant 0.25f_c bh_0 \tag{4-33}$$

偏心受压构件斜截面受剪承载力的计算步骤与梁相类似,这里不再重述。

任务4.7 受拉构件承载力计算

由于混凝土是一种非匀质材料,加之施工上的误差,无法做到轴向拉力能通过构件任意横截面的重心连线,因此理想的轴心受拉构件在工程中是没有的。但是对于承受轴向拉力为主的构件,当偏心距很小(或弯矩很小)时,为方便计算,可近似按轴心受拉构件计算。如圆形水池的池壁、受内水压力作用忽略自重的圆形水管管壁、自重忽略不计的桁架和拱的拉杆,都是轴心受拉构件。埋在地下的受内水压力和管外土压力作用的圆形水管、在水压力作用下的渡槽底板、矩形水池的池壁、承受节间荷载的桁架下弦杆等属于偏心受拉构件。

(1)纵向受拉钢筋的构造要求:

①为了增强钢筋与混凝土之间的黏结力并减少构件的裂缝开展宽度,受拉构件的纵向受力钢筋宜采用直径稍细的带肋钢筋。轴心受拉构件的受力钢筋应沿构件周边均匀布置,偏心受拉构件的受力钢筋布置在垂直于弯矩作用平面的两边。

②轴心受拉和小偏心受拉构件(如桁架和拱的拉杆)中的受力钢筋不得采用绑扎接头,必须采用焊接;大偏心受拉构件中的受拉钢筋,当直径大于28 mm时,也不宜采用绑扎接头。

③为了避免受拉钢筋配置过少引起的脆性破坏,受拉钢筋的用量不应小于最小配筋率配筋。

④纵向钢筋的混凝土保护层厚度的要求与梁相同。

(2)箍筋的构造要求:

在受拉构件中,箍筋的作用是与纵向钢筋形成骨架,固定纵向钢筋在截面中的位置;对于有剪力作用的偏心受拉构件,箍筋主要起抗剪作用。受拉构件中的箍筋,其构造要求与受弯构件箍筋相同。

4.7.1 轴心受拉构件的正截面受拉承载力计算

在轴心受拉构件中,混凝土开裂以前,混凝土与钢筋共同承担拉力。混凝土开裂以后,裂缝截面与构件轴线垂直,并贯穿于整个截面,在裂缝截面上,混凝土退出工作,全部拉力由纵向钢筋承担。当纵向钢筋受拉屈服时,构件达到其极限承载力而破坏。

由上述分析得出,轴心受拉构件正截面受拉承载力计算简图(见图4-22)。根据承载力计算简图和内力平衡条件,并满足承载能力极限状态设计表达式的要求,可建立基本公式如下

$$KN \leqslant f_y A_s \tag{4-34}$$

式中 N——轴向拉力设计值,N;

K——承载力安全系数；

A_s——全部纵向钢筋的截面面积，mm^2。

受拉钢筋截面面积按式(4-34)计算得

$$A_s = KN/f_y \tag{4-35}$$

应该注意，轴心受拉构件的钢筋用量并不完全由强度要求决定，在许多情况下，裂缝宽度对纵向钢筋用量起决定作用。

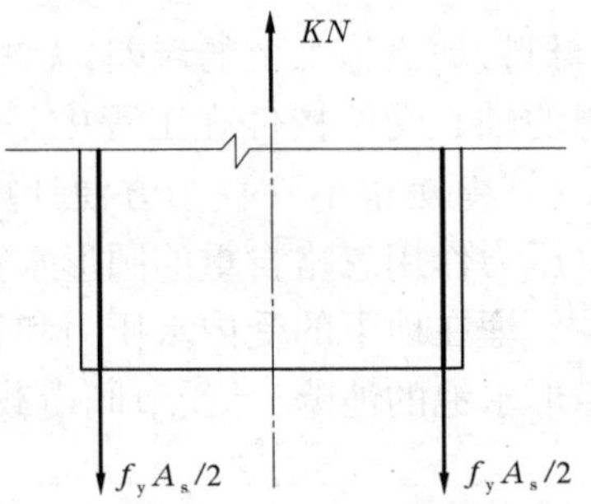

图 4-22　轴心受拉构件正截面受拉承载力计算简图

【例 4-9】　已知某钢筋混凝土屋架为 2 级建筑物，其下弦拉杆截面尺寸 $b \times h = 400$ mm × 400 mm，承受的轴心拉力设计值为 590 kN，采用 C25 混凝土和 HRB335 级钢筋。求截面配筋。

解：查附表 1-5、附表 1-10 得 $f_y = 300\ N/mm^2$，$K = 1.20$，代入式(4-35)得

$$A_s = KN/f_y = (1.2 \times 590 \times 10^3)/300$$

$$= 2\ 360(mm^2) > 2\rho_{min}bh = 2 \times 0.002 \times 400 \times 400 = 640(mm^2)$$

纵向钢筋选用 8 Φ 20($A_s = 2\ 513\ mm^2$)，拉杆截面的配筋图如图 4-23 所示。

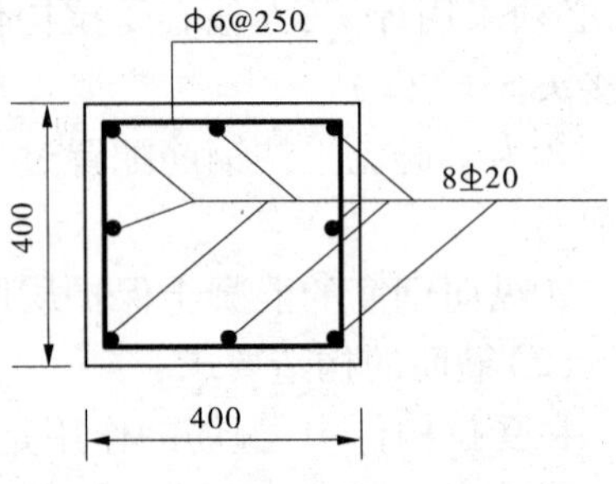

图 4-23　拉杆截面配筋图　（单位:mm）

4.7.2　偏心受拉构件承载力计算

4.7.2.1　大、小偏心受拉构件的界限

如图 4-24 所示，距轴向拉力 N 较近一侧的纵向钢筋为 A_s，较远一侧的纵向钢筋为 A_s'。试验表明，根据轴向力偏心距 e_0 的不同，偏心受拉构件的破坏特征可分为以下两种情况：

(1) 轴向拉力作用在钢筋 A_s 和 A_s' 之外，即偏心距 $e_0 > h/2 - a_s$ 时，称为大偏心受拉，如图 4-24(a)所示。

由于拉力 N 的偏心距较大，受力后截面部分受拉，部分受压，随着荷载的增加，受拉区混凝土开裂，这时受拉区拉力仅由受拉钢筋 A_s 承担，而受压区压力由混凝土和受压钢筋 A_s' 共同承担。随着荷载进一步增加，裂缝进一步扩展，受拉区钢筋 A_s 达到屈服强度 f_y，受压区进一步缩小，以致混凝土被压碎，同时受压钢筋 A_s' 的应力也达到屈服强度 f_y'，其破坏形态与大偏心受压构件类似。大偏心受拉构件破坏时，构件截面不会裂通，截面上有受

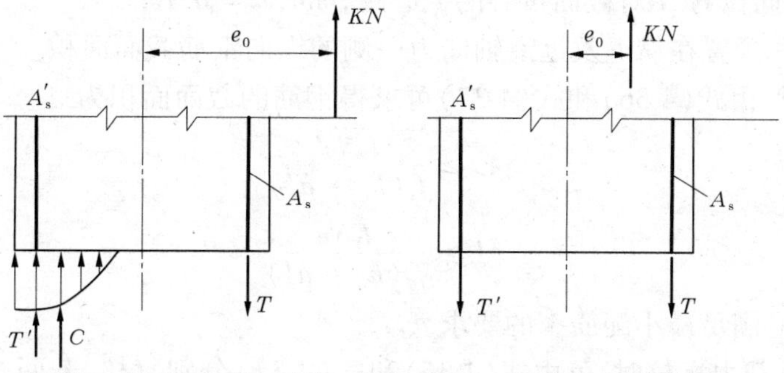

(a)当N作用在A_s与A_s'之外时　(b)当N作用在A_s与A_s'之间时

图4-24　大、小偏心受拉的界限

压区存在，否则截面受力不会平衡。

(2)轴向拉力N作用在钢筋A_s与A_s'之间，即偏心距$e_0 \leqslant h/2 - a_s$时，称为小偏心受拉，如图4-24(b)所示。

当偏心距较小时，受力后即为全截面受拉，随着荷载的增加，混凝土达到极限拉应变而开裂，进而全截面裂通，最后钢筋应力达到屈服强度，构件破坏；当偏心距较大时，混凝土开裂前截面部分受拉，部分受压，在受拉区混凝土开裂以后，裂缝迅速发展至全截面裂通，混凝土退出工作，这时截面将全部受拉，随着荷载的不断增加，最后钢筋应力达到屈服强度，构件破坏。

因此，只要拉力N作用在钢筋A_s与A_s'之间，不管偏心距大小如何，构件破坏时均为全截面受拉，拉力由A_s与A_s'共同承担，构件受拉承载力取决于钢筋的抗拉强度。小偏心受拉构件破坏时，构件全截面裂通，截面上不会有受压区存在；否则，截面受力不会平衡。

4.7.2.2　小偏心受拉构件

如前所述，小偏心受拉构件在轴向力作用下，截面达到破坏时，全截面受拉裂通，拉力全部由钢筋A_s和A_s'承担，其应力均达到屈服强度。小偏心受拉构件正截面承载力计算简图如图4-25所示。根据承载力计算简图及内力平衡条件，并满足承载能力极限状态设计表达式的要求，可建立基本公式如下

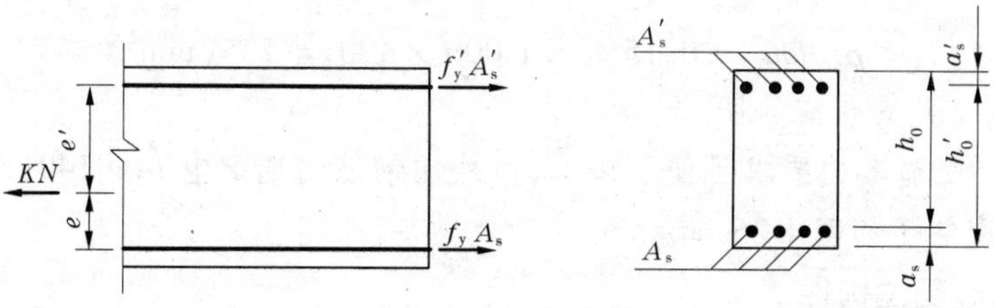

图4-25　小偏心受拉构件正截面受拉承载力计算简图

$$KNe' \leqslant f_y A_s (h_0 - a_s') \tag{4-36}$$

$$KNe \leqslant f_y A_s' (h_0 - a_s') \tag{4-37}$$

式中　e'——轴向拉力N至钢筋A_s'合力点之间的距离，mm，$e' = h/2 - a_s' + e_0$；

e——轴向拉力N至钢筋A_s合力点之间的距离，mm，$e = h/2 - a_s - e_0$；

e_0——轴向拉力 N 对截面重心的偏心距,mm,$e_0 = M/N$;

A_s、A_s'——配置在靠近及远离轴向力一侧的纵向钢筋截面面积。

截面设计时,由式(4-36)和式(4-37)可求得钢筋的截面面积为

$$A_s \geqslant \frac{KNe'}{f_y(h_0 - a_s')} \tag{4-38}$$

$$A_s' \geqslant \frac{KNe}{f_y(h_0 - a_s')} \tag{4-39}$$

A_s 及 A_s'均应满足最小配筋率的要求。

构件截面承载力复核时,可由式(4-36)和式(4-37)分别复核,若两式均得到满足,则截面承载力满足要求;否则,不满足要求。

【例 4-10】 某钢筋混凝土输水涵洞为 2 级建筑物,涵洞截面尺寸如图 4-26 所示。该涵洞采用 C25 混凝土及 HRB335 级钢筋($f_y = 300\ \text{N/mm}^2$),使用期间在自重、土压力及动水压力作用下,每米涵洞长度内,控制截面 A—A 的内力为:弯矩设计值 $M = 38\ \text{kN} \cdot \text{m}$(以外壁受拉为正),轴心拉力设计值 $N = 340\ \text{kN}$(以受拉为正),$K = 1.20$,$a_s = a_s' = 60\ \text{mm}$,涵洞壁厚为 550 mm,试配置 A—A 截面的钢筋。

解:(1)判别偏心受拉构件类型。

$$h_0 = h - a_s = 550 - 60 = 490(\text{mm})$$

$$e_0 = M/N = 38/340 = 0.112(\text{m}) = 112\ \text{mm} < h/2 - a_s = 550/2 - 60 = 215(\text{mm})$$

所以,属于小偏心受拉构件。

(2)计算纵向钢筋 A_s 和 A_s'。

$$e = h/2 - a_s - e_0 = 550/2 - 60 - 112 = 103(\text{mm})$$

$$e' = h/2 - a_s' + e_0 = 550/2 - 60 + 112 = 327(\text{mm})$$

根据式(4-38)和式(4-39)得

$$A_s = \frac{KNe'}{f_y(h_0 - a_s')} = \frac{1.20 \times 340 \times 10^3 \times 327}{300 \times (490 - 60)} = 1\,034(\text{mm}^2)$$

$$> \rho_{\min} b h_0 = 0.15\% \times 1\,000 \times 490 = 735(\text{mm}^2)$$

$$A_s' = \frac{KNe}{f_y(h_0 - a_s')} = \frac{1.20 \times 340 \times 10^3 \times 103}{300 \times (490 - 60)} = 326(\text{mm}^2)$$

$$< \rho_{\min} b h_0 = 0.15\% \times 1\,000 \times 490 = 735(\text{mm}^2)$$

(3)选配钢筋并绘制配筋图。

为满足最小配筋率的要求且便于施工,内外侧钢筋均选配Φ 14@140($A_s = A_s' = 1\,100\ \text{mm}^2/\text{m}$),截面配筋图如图 4-26 所示。

4.7.2.3 **大偏心受拉构件**

大偏心受拉构件的破坏形态与大偏心受压构件相似,即在受拉一侧混凝土发生裂缝后,钢筋承受全部拉力,而在另一侧形成受压区。随着荷载的增加,裂缝继续开展,受压区混凝土面积减小,最后受拉钢筋先达到屈服强度 f_y,随后受压区混凝土被压碎而破坏。计算时所采用的应力图形与大偏心受压构件相似。因此,其计算公式及步骤与大偏心受压构件也相似,但轴向力 N 的方向相反。

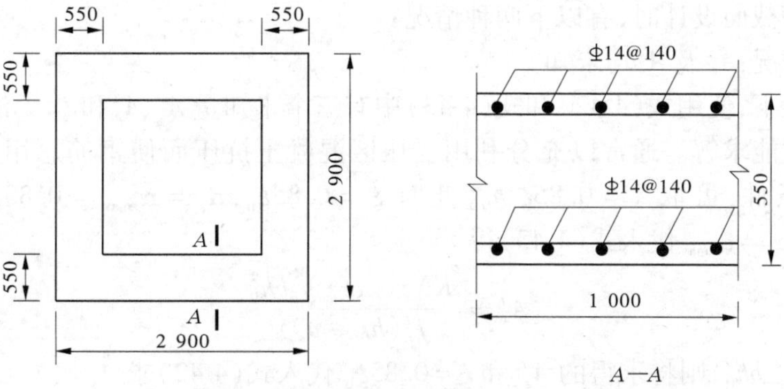

图4-26　输水涵洞截面与A—A截面配筋图　（单位：mm）

1. 基本公式

根据图4-27所示的大偏心受拉构件正截面受拉承载力计算简图及内力平衡条件，并满足承载能力极限状态设计表达式的要求，可得矩形截面大偏心受拉构件正截面受拉承载力计算的基本公式

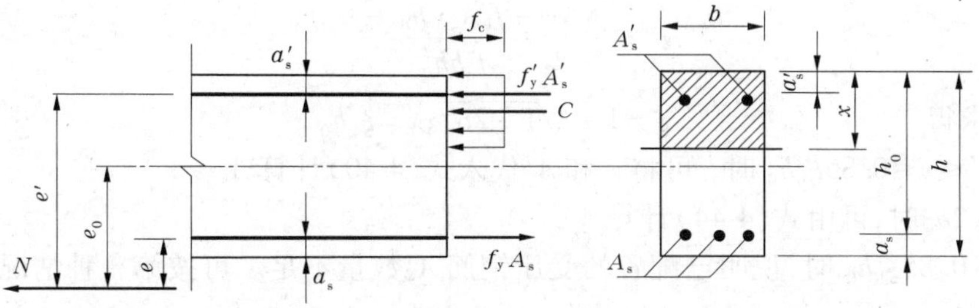

图4-27　矩形截面大偏心受拉构件正截面受拉承载力计算简图

$$KN \leqslant f_yA_s - f_cbx - f_y'A_s' \tag{4-40}$$

$$KNe \leqslant f_cbx(h_0 - 0.5x) + f_y'A_s'(h_0 - a_s') \tag{4-41}$$

式中　e——轴向力N作用点到近侧受拉钢筋A_s合力点之间的距离，mm，$e = e_0 - h/2 + a_s$；

其他符号意义同前。

基本公式的适用条件为：$x \leqslant 0.85\xi_b h_0$；$x \geqslant 2a_s'$。

为了计算方便，可将$x = \xi h_0$代入基本式(4-40)和式(4-41)中，并令$\alpha_s = \xi(1 - 0.5\xi)$，则可将基本公式改写为如下的实用公式

$$KN \leqslant f_yA_s - f_cb\xi h_0 - f_y'A_s' \tag{4-42}$$

$$KNe \leqslant \alpha_s f_cbh_0^2 + f_y'A_s'(h_0 - a_s') \tag{4-43}$$

当$x < 2a_s'$时，则上述两式不再适用。此时，可假设混凝土压力合力点与受压钢筋A_s'合力点重合，取以A_s'为矩心的力矩平衡方程得

$$KNe' \leqslant f_yA_s(h_0 - a_s') \tag{4-44}$$

式中　e'——轴向力N作用点到受压钢筋A_s'合力点之间的距离，mm，$e' = e_0 + h/2 - a_s'$。

2. 截面设计

当已知截面尺寸、材料强度及偏心拉力计算值N，按非对称配筋方式进行矩形截面大

偏心受拉构件截面设计时，有以下两种情况：

第一种情况：A_s 及 A_s' 均未知。

这种情况下，使用式(4-42)和式(4-43)中有三个未知量 A_s、A_s' 和 ξ，无法求解，需要补充一个条件才能求解。通常以充分利用受压区混凝土抗压而使钢筋总用量($A_s + A_s'$)最省作为补充条件，可取 $x = 0.85\xi_b h_0$，此时 $\xi = 0.85\xi_b$，$\alpha_s = \alpha_{smax} = 0.85\xi_b(1 - 0.5 \times 0.85\xi_b)$。将 $\alpha_s = \alpha_{smax}$ 代入式(4-43)得

$$A_s' = \frac{KNe - \alpha_{smax} f_c b h_0^2}{f_y'(h_0 - a_s')} \tag{4-45}$$

若 $A_s' \geqslant \rho_{min}' b h_0$，则将求得的 A_s' 和 $\xi = 0.85\xi_b$ 代入式(4-42)求 A_s

$$A_s = (0.85 f_c b \xi_b h_0 + f_y' A_s' + KN)/f_y \tag{4-46}$$

若 $A_s' < \rho_{min}' b h_0$，可取 $A_s' = \rho_{min}' b h_0$。然后按第二种情况求 A_s。按式(4-46)求出的 A_s 需满足最小配筋率的要求。

第二种情况：已知 A_s'，求 A_s。

这种情况下，使用式(4-42)和式(4-43)中有两个未知量 A_s 和 ξ，求解步骤如下：

由式(4-43)得

$$\alpha_s = \frac{KNe - f_y' A_s'(h_0 - a_s')}{f_c b h_0^2}$$

进而求得 $\xi = 1 - \sqrt{1 - 2\alpha_s}$；$x = \xi h_0$

当 $2a_s' \leqslant x \leqslant 0.85\xi_b h_0$ 时，可将 x 和 A_s' 代入式(4-40)计算 A_s。

当 $x < 2a_s'$ 时，可由式(4-44)计算 A_s。

当 $x > 0.85\xi_b h_0$ 时，说明已配置的受压钢筋 A_s' 数量不足。可按第一种情况重新计算 A_s' 和 A_s。

大偏心受拉构件截面设计流程图如图 4-28 所示。

3. 承载力复核

当截面尺寸、材料强度及配筋面积已知，要复核截面的承载力是否满足要求时，可联立式(4-40)及式(4-41)求得 x。

当 $2a_s' \leqslant x \leqslant 0.85\xi_b h_0$ 时，将 x 代入式(4-40)复核承载力，当式(4-40)满足时，截面承载力满足要求，否则不满足要求。

当 $x > 0.85\xi_b h_0$ 时，则取 $x = 0.85\xi_b h_0$ 代入式(4-41)复核承载力，当式(4-41)满足时，则截面承载力满足要求，否则不满足要求。

当 $x < 2a_s'$ 时，由式(4-44)复核截面承载力。当式(4-44)满足时，截面承载力满足要求，否则不满足要求。

【例 4-11】 某渡槽(3 级建筑物)底板设计时，沿水流方向取单宽板带为计算单元(取 $b = 1\,000$ mm)，取底板厚度 $h = 300$ mm，计算简图如图 4-29 所示，已知跨中截面上弯矩设计值 $M = 36$ kN·m(底板下部受拉)，轴心拉力设计值 $N = 21$ kN，$K = 1.20$，根据结构耐久性要求取 $a_s = a_s' = 40$ mm，采用 C25 混凝土($f_c = 11.9$ N/mm²)及 HRB335 级钢筋($f_y = f_y' = 300$ N/mm²)，试配置跨中截面的钢筋并绘制配筋图。

解：(1)判别偏心受拉构件类型。

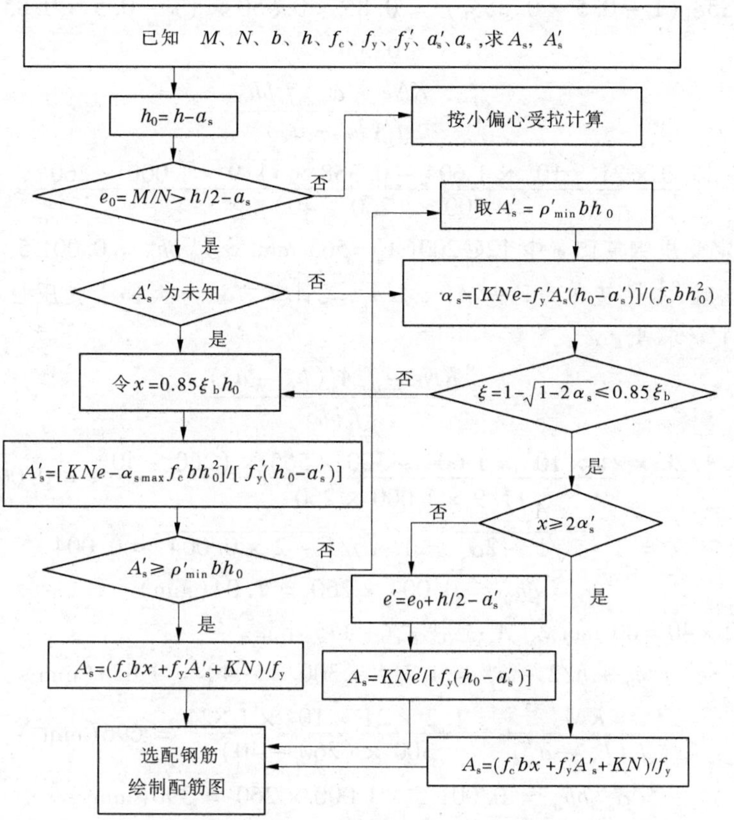

图 4-28　大偏心受拉构件截面设计流程图

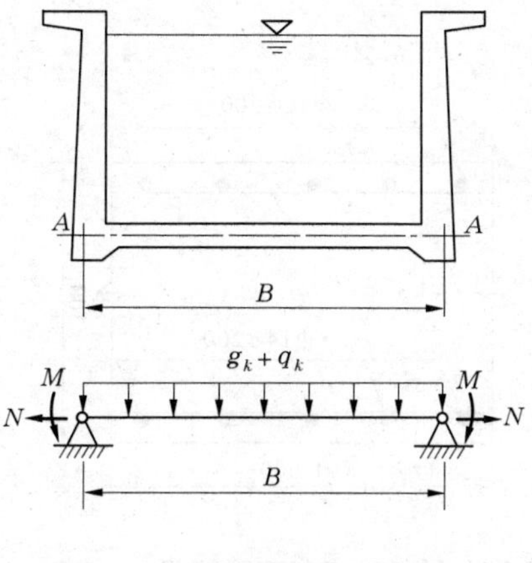

图 4-29　渡槽底板计算简图

$e_0=M/N=36/21=1.714(\text{m})=1\ 714\ \text{mm}>h/2-a_s=300/2-40=110(\text{mm})$

所以,属于大偏心受拉构件。

(2)计算受压钢筋 A_s'。

$$h_0=h-a_s=300-40=260(\text{mm})$$

$$e=e_0-h/2+a_s=1\ 714-300/2+40=1\ 604(\text{mm})$$

$$\alpha_{smax} = 0.85\xi_b(1-0.5\times0.85\xi_b) = 0.85\times0.550\times(1-0.5\times0.85\times0.550) = 0.358$$

$$A_s' = \frac{KNe-\alpha_{smax}f_c bh_0^2}{f_y'(h_0-a_s')}$$

$$= \frac{1.20\times21\times10^3\times1\,604-0.358\times11.9\times1\,000\times260^2}{300\times(260-40)} < 0$$

按构造规定受压钢筋配置Φ 12@200($A_s'=565\ \text{mm}^2>\rho'_{min}bh_0=0.001\,5\times1\,000\times260=390(\text{mm}^2)$),此时,本题转化为已知$A_s'$,求$A_s$,其计算方法与大偏心受压柱相似。

(3)已知A_s',求A_s。

$$\alpha_s = \frac{KNe-f_y'A_s'(h_0-a_s')}{f_c bh_0^2}$$

$$= \frac{1.20\times21\times10^3\times1\,604-300\times565\times(260-40)}{11.9\times1\,000\times260^2} = 0.004$$

$$\xi = 1-\sqrt{1-2\alpha_s} = 1-\sqrt{1-2\times0.004}\approx0.004$$

$$x = \xi h_0 = 0.004\times260 = 1.04(\text{mm})$$

$x<2a_s'=2\times40=80$ mm,则 A_s 应按式(4-44)计算。

$$e' = e_0+h/2-a_s' = 1\,714+300/2-40 = 1\,824(\text{mm})$$

$$A_s = \frac{KNe'}{f_y(h_0-a_s')} = \frac{1.2\times21\times10^3\times1\,824}{300\times(260-40)} = 696(\text{mm}^2)$$

$$>\rho_{min}bh_0 = 0.001\,5\times1\,000\times260 = 390(\text{mm}^2)$$

受拉钢筋选用Φ 14@200(实际钢筋面积 $A_s=769\ \text{mm}^2$)。

(4)绘制配筋图。

配筋图如图4-30所示。

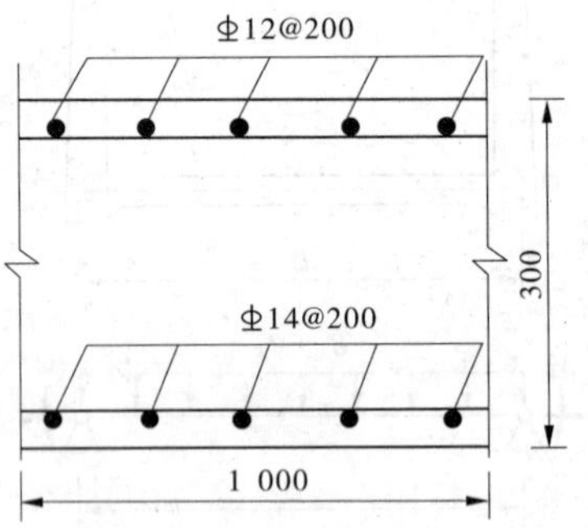

图4-30 渡槽底板断面配筋图 (单位:mm)

4.7.2.4 偏心受拉构件对称配筋的计算

对称配筋的偏心受拉构件,不论大小偏心受拉情况,均按小偏心受拉构件的式(4-36)计算 A_s 及 A_s',同时应满足最小配筋率的要求。

4.7.2.5 偏心受拉构件斜截面承载力计算

当偏心受拉构件同时作用有剪力时,应进行斜截面受剪承载力的计算。轴向拉力 N

的存在会使构件更容易出现斜裂缝,使原来不贯通的裂缝有可能贯通,使剪压区面积减小。因此,与受弯构件相比,偏心受拉构件的斜截面受剪承载力要低一些。

为了与受弯构件的斜截面受剪承载力计算公式相协调,矩形截面、T形截面和I形截面的偏心受拉构件斜截面受剪承载力计算公式为

$$KV \leqslant V_c + V_{sv} + V_{sb} - 0.2N \tag{4-47}$$

式中 N——与剪力设计值V相应的轴向拉力设计值。

当上式右边的计算值小于$(V_{sv} + V_{sb})$时,应取为$(V_{sv} + V_{sb})$,且箍筋的受剪承载力V_{sv}值不应小于$0.36f_t bh_0$。

为防止发生斜压破坏,矩形截面、T形截面和I形截面的偏心受拉构件,其截面尺寸应满足下式要求:

$$KV \leqslant 0.25f_c bh_0 \tag{4-48}$$

受拉构件斜截面受剪承载力的计算步骤与梁类似,这里不再重述。

小 结

本项目要求学生通过了解受压构件的构造要求,掌握轴心受压构件和偏心受压构件的承载力计算,并能掌握画图和识图的基本技能,能独立完成受压构件的配筋设计,正确识别施工图纸。理解轴心受拉构件的分类、受力特征及受拉构件的构造要求,掌握轴心受拉构件和矩形截面偏心受拉构件正截面承载力计算方法。

技能考核题

一、选择题

1. 轴心受压构件稳定系数φ主要与(　　)有关。

A. 长细比　　B. 混凝土强度等级　　C. 钢筋强度　　D 纵筋配筋

2. 当轴压柱的长细比很大时,易发生(　　)。

A 压碎破坏　　B. 弯曲破坏　　C. 失稳破坏　　D. 断裂破坏

3. 钢筋混凝土大偏心受压构件的破坏特征是(　　)。

A. 远离轴向力一侧的受拉钢筋先达到抗拉屈服强度,随后压区混凝土被压碎,受压钢筋亦达到抗压屈服强度

B. 远离轴向力一侧的受拉钢筋应力不定,靠近轴向力作用一侧的混凝土先被压碎,同时受压钢筋也达到抗压屈服强度

C. 靠近轴向力一侧的压区混凝土先被压碎,同时受压钢筋也达到屈服强度,随后另一侧的受拉钢筋达到抗拉屈服强度

D. 靠近轴向力一侧的压区混凝土先被压碎,此时受压钢筋应力不定,而远离轴向力一侧的受拉钢筋达到抗拉屈服强度

4. 矩形截面大偏心受压构件截面设计时令$x = \xi bh_0$,这是为了(　　)。

A. 保证不发生小偏心受压构件

B. 保证破坏时,远离轴向力作用一侧的钢筋应力能达到屈服强度

C. 使钢筋用量最少

D. 使混凝土用量最少

5. 矩形截面小偏心受压构件截面设计时 A_s 可按最小配筋率及构造要求配置,这是为了(　　)。

A. 保证构件破坏时,A_s 的应力达到屈服强度,以充分利用钢筋的抗拉作用

B. 保证构件破坏不是从 A_s 一侧先被压坏引起

C. 节约钢筋用量,因为构件破坏时 A_s 的应力一般达不到屈服强度

D. 简化设计过程

6. 大偏心受压构件与小偏心受压构件破坏的共同点是(　　)

A. 受压混凝土破坏　　B. 受压钢筋达到屈服强度

C. 受拉区混凝土拉裂　　D. 远离纵向力一侧钢筋受拉

7. 大偏心受拉构件设计时,若已知受压钢筋截面面积 A'_s,计算出 $\xi > \xi_b$,则说明(　　)。

A. A'_s 过多　　B. A'_s 过少　　C. A_s 过多　　D. A_s 过少

8. 大偏心受拉构件的破坏特征与(　　)构件类似。

A. 小偏心受拉　　B. 大偏心受压　　C. 受剪　　D. 小偏心受压

9. 对于小偏心受拉构件,当轴向拉力值一定时,则(　　)。

A. 若偏心距 e_0 改变,则总用量 $A_s + A'_s$ 不变

B. 若偏心距 e_0 改变,则总用量 $A_s + A'_s$ 改变

C. 若偏心距 e_0 增大,则总用量 $A_s + A'_s$ 增大

D. 若偏心距 e_0 增大,则总用量 $A_s + A'_s$ 减少

10. 偏心受拉构件的受剪承载力(　　)。

A. 随着轴向力的增加而增加

B. 随着轴向力的减少而增加

C. 小偏心受拉时随着轴向力的增加而增加

D. 大偏心受拉时随着轴向力的增加而增加

二、计算题

1. 某2级建筑物中的轴心受压柱,室内环境,截面尺寸为300 mm×300 mm,柱计算长度 l_0 = 4.6 m,采用C25混凝土,HRB335级钢筋。柱底截面承受的轴心压力设计值 N 为760 kN,试计算柱底截面受力钢筋面积并配筋。

2. 某3级建筑物中的正方形截面轴心受压柱,露天环境,柱高7.2 m,两端为不移动铰支座,采用C25混凝土,HRB335级钢筋。计算截面承受的轴心压力设计值 N = 2 150 kN(不包括自重)。试设计该柱。

3. 某3级建筑物中的轴心受压柱,室内环境,截面尺寸为350 mm×350 mm,柱高4.2 m,两端为不移动铰支座,采用C25混凝土,已配8 Φ 16钢筋。作用在截面上的轴心压力

设计值 N =1 200 kN。试复核截面是否安全？

4. 某2级建筑物中的矩形截面偏心受压柱，露天环境，截面尺寸 $b\times h=400$ mm×600 mm，柱的计算长度 $l_0=5.5$ m，采用C25混凝土，HRB400级钢筋，$a_s=a_s'=45$ mm。控制截面承受的轴向压力设计值 $N=800$ kN，弯矩计算值 $M=320$ kN·m。试按非对称配筋方式给该柱配置钢筋。

5. 计算题4中的钢筋混凝土受压柱，受压侧已配3 Φ 25，试求 A_s，并画配筋图。

6. 某1级建筑物中的矩形截面偏心受压柱，露天环境，截面尺寸 $b\times h=400$ mm×600 mm，柱的计算长度 $l_0=6.5$ m，采用C25混凝土，HRB335级钢筋。截面承受的轴向力设计值 $N=580$ kN，偏心距 $e_0=500$ mm，取 $a_s=a_s'=45$ mm。采用非对称配筋方式，试计算钢筋 A_s 和 A_s'。

7. 某钢筋混凝土受压柱，条件同计算题6，受压侧已配3 Φ 20，试求 A_s。

8. 计算题4中的钢筋混凝土受压柱，若采用对称配筋，试配置该柱钢筋。

9. 某2级建筑物中的矩形截面偏心受压柱，室内环境，截面尺寸 $b\times h=400$ mm×500 mm，计算长度 $l_0=5$ m，采用C30混凝土，HRB400级钢筋，承受内力设计值 N =1 100 kN，$M=330$ kN·m。$a_s=a_s'=45$ mm，试按对称配筋配置该柱钢筋。

10. 某1级建筑物中的矩形截面偏心受压柱，露天环境，截面尺寸 $b\times h=400$ mm×500 mm，$l_0=7.2$ m，采用C30混凝土，HRB400级钢筋，计算截面承受内力设计值 N=1 700 kN，$M=130$ kN·m，$a_s=a_s'=45$ mm，试按对称配筋方式给该柱配置钢筋。

11. 某1级建筑物中的矩形截面偏心受压柱，露天环境，截面尺寸 $b\times h=400$ mm×500 mm，$l_0=5.2$ m，采用C30混凝土，HRB335级钢筋，计算截面承受内力设计值 $N=210$ kN，$M=150$ kN·m，$a_s=a_s'=45$ mm，试按对称配筋和非对称两种方式给该柱配置钢筋。

12. 某2级建筑物中的矩形截面偏心受压柱，露天环境，截面尺寸 $b\times h=400$ mm×600 mm，$l_0=4.5$ m，采用C25混凝土，HRB335级钢筋，计算截面承受内力设计值 N=2 500 kN，$M=250$ kN·m，$a_s=a_s'=50$ mm，试按对称配筋和非对称两种方式给该柱配置钢筋。

13. 某2级建筑物中矩形截面受压柱，截面尺寸 $b\times h=500$ mm×700 mm，$a_s=a_s'=45$ mm。$l_0=4$ m，采用C25混凝土，HRB335级钢筋。A_s 选用4 Φ 22（A_s =1 520 mm^2），A_s' 选用4 Φ 25（A_s' = 1 964 mm^2），N = 1 300 kN，试计算该截面在 h 方向能承受的弯矩设计值。

14. 某3级建筑物中矩形截面受压柱，截面尺寸 $b\times h$ = 400 mm×600 mm，$a_s=a_s'$ = 45 mm。采用C25混凝土，HRB335级钢筋。A_s 选5 Φ 22（A_s =1 900 mm^2），A_s' 选4 Φ 22（A_s' =1 520 mm^2），柱的计算长度 $l_0=6$ m，轴向力在 h 方向的偏心距 $e_0=460$ mm。求截面所能承受的轴向力设计值 N。

15. 某2级水工建筑物中的矩形截面受拉构件，截面尺寸 $b\times h=300$ mm×400 mm，采用C20混凝土，HRB335级钢筋，承受轴向拉力设计值 $N=360$ kN，弯矩设计值 $M=36$ kN·m，$a_s=a_s'=45$ mm。试确定钢筋面积 A_s 和 A_s'。

16. 某1级水工建筑物中的矩形截面受拉构件，截面尺寸 $b\times h=300$ mm×450 mm，采用C20混凝土，HRB335级钢筋，承受轴向拉力设计值 $N=602$ kN，弯矩设计值 $M=60.5$

kN · m，$a_s = a_s' = 45$ mm。试按对称和不对称配筋两种情况确定钢筋面积 A_s 和 A_s'。

17. 某 2 级水工建筑物中的偏心受拉构件，截面尺寸 $b \times h = 350$ mm × 600 mm，采用 C25 混凝土和 HRB335 级钢筋，承受轴向拉力设计值 $N = 250$ kN，弯矩设计值 $M = 112.5$ kN · m，$a_s = a_s' = 45$ mm，试对该构件进行配筋。

18. 某钢筋混凝土矩形水池（3 级水工建筑物），壁厚 300 mm，沿池壁 1 m 高的垂直截面上作用的内力设计值 $N = 240$ kN，$M = 120$ kN · m，采用 C25 混凝土和 HRB400 级钢筋，$a_s = a_s' = 40$ mm，试确定钢筋面积 A_s 和 A_s'。

19. 某 3 级水工建筑物中的偏心受拉构件，截面 $b \times h = 400$ mm × 550 mm，采用 C20 混凝土和 HRB335 级钢筋，$a_s = a_s' = 45$ mm，按下列两种情况计算钢筋面积：①承受轴向拉力设计值 $N = 450$ kN，弯矩设计值 $M = 150$ kN · m；②轴向拉力设计值 $N = 450$ kN，弯矩设计值 $M = 60$ kN · m。

20. 某钢筋混凝土输水涵洞为 3 级建筑物，涵洞截面尺寸如图 6-5 所示。该涵洞采用 C25 混凝土及 HRB335 级钢筋（$f_y = 300$ N/mm^2），使用期间在自重、土压力及动水压力作用下，每米涵洞长度内，控制截面 A—A 的内力为：弯矩设计值 $M = 36$ kN · m（以外壁受拉为正），轴心拉力设计值 $N = 205$ kN（以受拉为正），$K = 1.20$，$a_s = a_s' = 60$ mm，涵洞壁厚为 550 mm，试配置 A—A 截面的钢筋。

21. 某渡槽（1 级建筑物）底板设计时，沿水流方向取单宽板带为计算单元（取 b = 1 000 mm），取底板厚度 $h = 300$ mm，计算简图如图 6-8 所示，已知跨中截面上弯矩设计值 $M = 43$ kN · m（底板下部受拉），轴心拉力设计值 $N = 27$ kN，$K = 1.20$，根据结构耐久性要求取 $a_s = a_s' = 40$ mm，采用 C25 混凝土（$f_c = 11.9$ N/mm^2）及 HRB335 级钢筋（$f_y = f_y' = 300$ N/mm^2），试配置跨中截面的钢筋并绘制配筋图。

项目5 肋形结构设计

知识目标

掌握计算跨度的计算方法；

理解折算荷载、内力包络图的概念及最不利荷载布置原则；

理解单向板肋形结构、次梁、主梁的配筋构造；

理解双向板肋形结构的配筋构造；

掌握肋形结构钢筋用量计算的相关知识。

技能目标

能进行单向板肋形结构、次梁、主梁的设计计算；

能进行双向板肋形结构的设计计算；

能绘制与识读肋形结构配筋图；

能计算肋形结构的钢筋用量。

肋形结构是由板和支撑板的梁所组成的板梁结构，根据施工方法的不同可分为整体式和装配式两种。整体式肋形结构整体性好、刚度大、抗震性好，在实际工程中应用广泛。图5-1是整体式水电站主厂房屋盖，图5-2是整体式渡槽，图5-3是由板、次梁、主梁组成的整体式楼面结构。

肋形结构主要承受垂直于板面的荷载作用，板上荷载传递路径为：荷载→板→次梁（或墙）→主梁（或墙）→柱（或墙）→基础→地基。整体式肋形结构根据梁格的布置情况可分为两种类型：

（1）单向板肋形结构。当梁格布置使板块的两个方向的跨度之比 $l_2/l_1 \geqslant 3$ 时，板上的荷载主要沿短向传递给次梁（或墙），短向为板的主要弯曲方向，受力钢筋沿短向布置，长向仅布置分布钢筋，这就是单向板肋形结构。单向板肋形结构的优点是计算简单、施工方便。

（2）双向板肋形结构。当板块的两个方向的跨度之比 $l_2/l_1 \leqslant 2$ 时，板在两个方向上的弯曲变形相近，板上荷载沿两个方向传递给四边的支撑，板是双向受力，两个方向都要布置受力钢筋，故称为双向板肋形结构。双向板肋形结构的优点是经济美观。

当长边与短边长度之比大于2，但小于3，即 $2 < l_2/l_1 < 3$ 时，宜按双向板计算；当按沿短边方向受力的单向板计算时，应沿长边方向布置足够数量的构造钢筋。

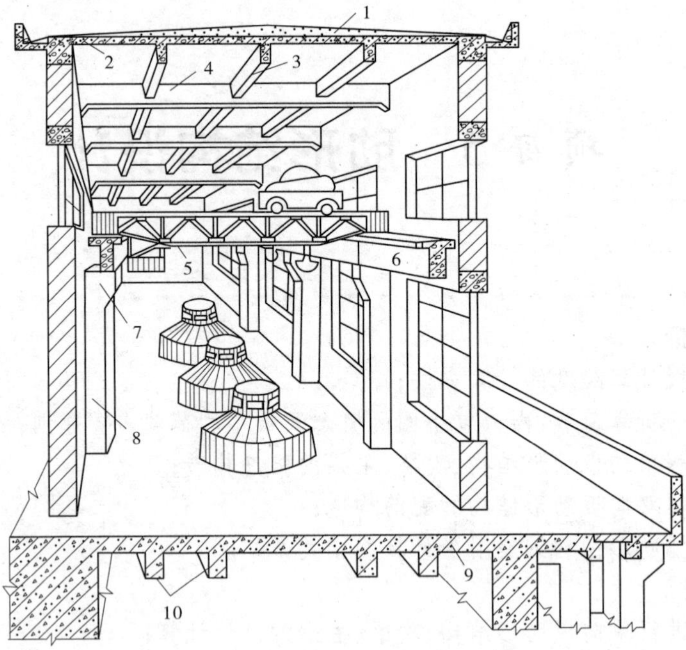

1—屋面构造;2—屋面板;3,10—纵梁;4—横梁;5—吊车;
6—吊车梁;7—牛腿;8—柱;9—楼板

图 5-1　整体式水电站主厂房屋盖

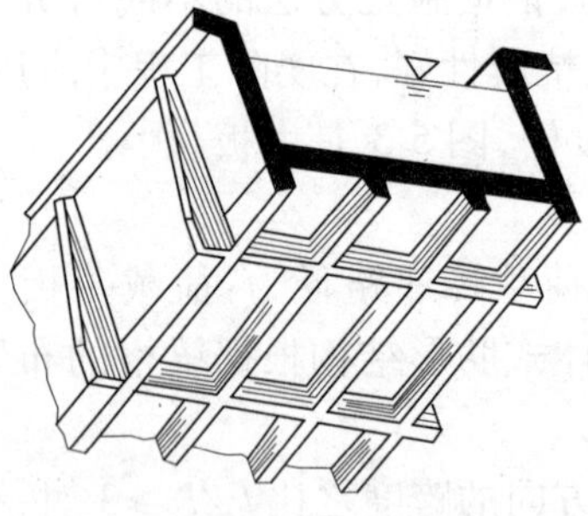

图 5-2　整体式渡槽

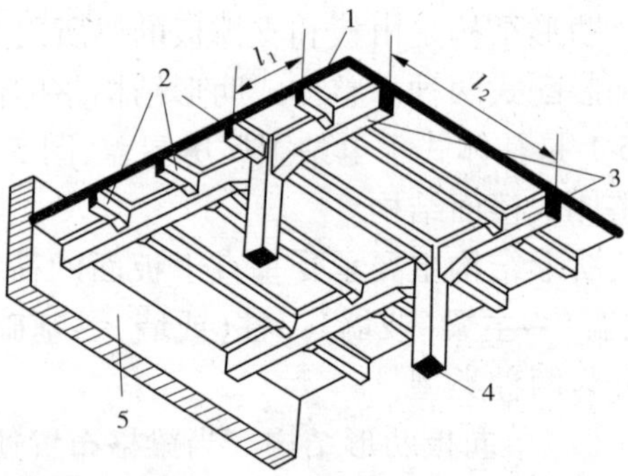

1—板;2—次梁;3—主梁;4—柱;5—墙

图 5-3　整体式楼面结构

结构平面布置的原则是:满足使用要求,技术经济合理,方便施工。

在板、次梁、主梁、柱的梁格布置中,柱距决定了主梁的跨度,主梁的间距决定了次梁的跨度,次梁的间距决定了板的跨度,板的跨度直接影响板厚,而板厚的增加对材料用量影响较大。根据工程经验,一般建筑中较为合理的板、梁跨度为:板跨 1.5 ~2.7 m,次梁跨度4 ~6 m,主梁跨度 5 ~8 m。对于特殊的肋形结构,必须根据使用的需要布置梁格。

任务5.1 整体式单向板肋形结构设计

【例5-1】 某水电站副厂房楼盖,为3级水工建筑物,其平面尺寸为25 m×21.6 m,平面布置如图5-4所示。

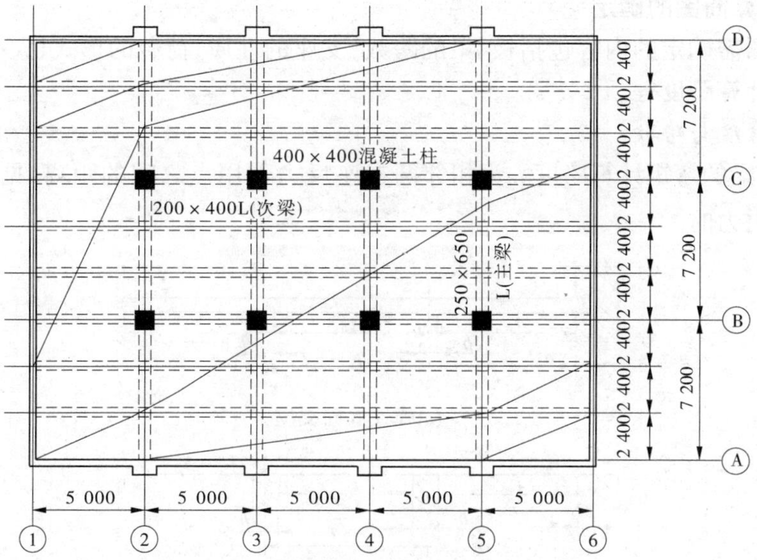

图5-4 肋形楼盖结构平面布置图 (单位:mm)

楼板上层采20 mm厚水泥砂浆(容重为20 kN/m^2)抹面,中层为钢筋混凝土现浇板(容重为25 kN/m^2),20 mm厚混合砂浆顶棚抹灰(容重为17 kN/m^2)。四周为普通砖砌墙,墙厚均为240 mm,直接承载主梁位置设有扶壁,尺寸如图5-4所示。钢筋混凝土柱为400 mm×400 mm。楼面荷载:均布可变荷载标准值为6 kN/m^2。混凝土强度等级C25。梁内受力钢筋采用HRB400级,其余钢筋采用HPB235级或HRB335级。该厂房为3级水工建筑物,一类环境条件。试为此楼盖配置钢筋并绘制结构施工图。

该案例需要确定板、次梁与主梁的尺寸和配筋,绘制配筋图,计算钢筋用量。

整体式单向板肋形结构是由板、次梁和主梁整体浇筑在一起的梁板结构。设计时要将其分解为板、次梁和主梁分别进行计算。下面首先介绍板的设计。

5.1.1 板的设计

板的设计包括结构平面布置、截面尺寸拟定、计算简图的确定、内力计算、配筋计算与构造、绘制配筋图等内容。

5.1.1.1 结构平面布置

采用横墙承重方案,即主梁横向布置,次梁纵向布置。主梁跨度为7.2 m,次梁的跨度为5.0 m,主梁每跨内布置两根次梁,板的跨度为2.4 m。此时,板的长短跨之比为5.0/2.4 =2.1 >2.0,可按单向板设计,但按规范规定,应沿长边方向布置足够的构造钢筋。楼盖平面布置见图5-4。

5.1.1.2 截面尺寸拟定

连续板的截面尺寸可按高跨比关系和刚度要求确定：单向板厚 $h \geq l/40$，双向板厚 $h \geq l/50$。一般建筑的板厚最小为 60 mm，工业厂房的板厚最小为 80 mm。在水工建筑物中，由于板在工程中所处部位及受力条件不同，板厚 h 可在相当大的范围内变化。一般薄板厚度大于 100 mm，特殊情况下适当加厚。

5.1.1.3 计算简图的确定

计算简图需确定的内容包括板、梁的跨数，支座的性质，荷载的形式、大小及其作用位置和各跨的计算跨度等。

1. 计算跨度与跨数

连续板、梁的弯矩计算跨度 l_0 为相邻两支座反力作用点之间的距离，见图 5-5。按弹性方法计算内力时

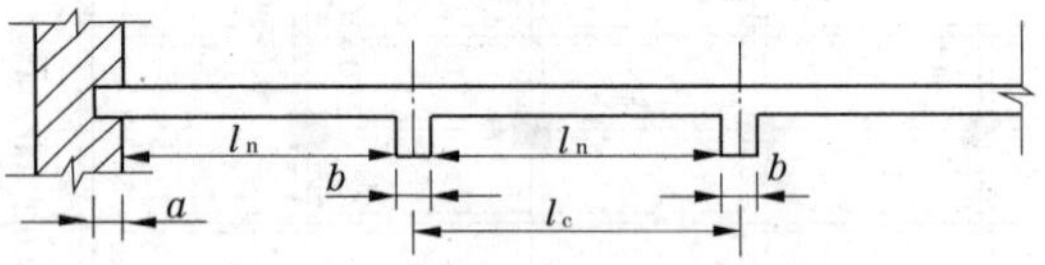

(a)弹性嵌固支座

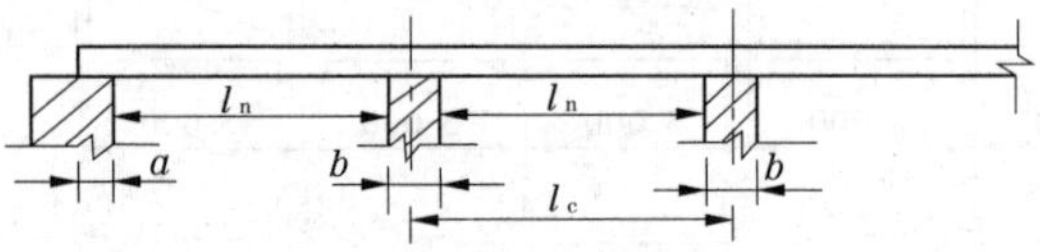

(b)自由支座

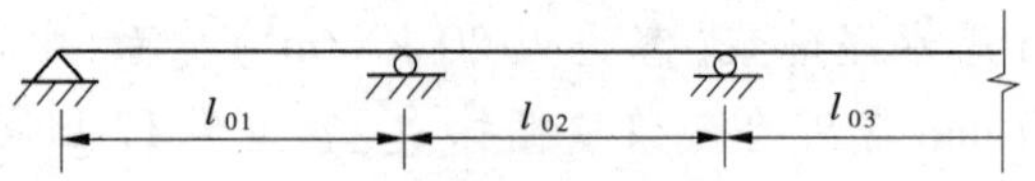

(c)计算简图

图 5-5 连续板、梁的计算跨度

连续板　　边跨　　$l_{01} = l_n + b/2 + h/2$ 或 $l_{01} = l_c = l_n + a/2 + b/2 \leq 1.1 l_n$

　　　　　中跨　　$l_{02} = l_c$　当 $b > 0.1 l_c$ 时，取 $l_{02} = 1.1 l_n$

式中 l_n——板、梁的净跨度，mm；

l_c——支座中心线间的距离，mm；

h——板厚，mm；

b——次梁(或主梁)的宽度，mm；

a——板、梁伸入支座的长度，mm。

计算跨度 l_0 分别取其较小值。

在计算剪力时，计算跨度取净跨，即 $l_0 = l_n$。

当等跨连续梁、板的跨数超过五跨时，可按五跨计算，即两边各取两跨及中间任一跨，并将中间这一跨的内力值作为各中间跨的内力值。这样既简化了计算，又满足实际工程精度要求。

2. 荷载计算

作用在板和梁上的荷载划分范围如图 5-6(a)所示。板通常是取 1 m 宽的板带作为

计算单元，板上单位长度的荷载包括永久荷载 g_k 和可变荷载 q_k。

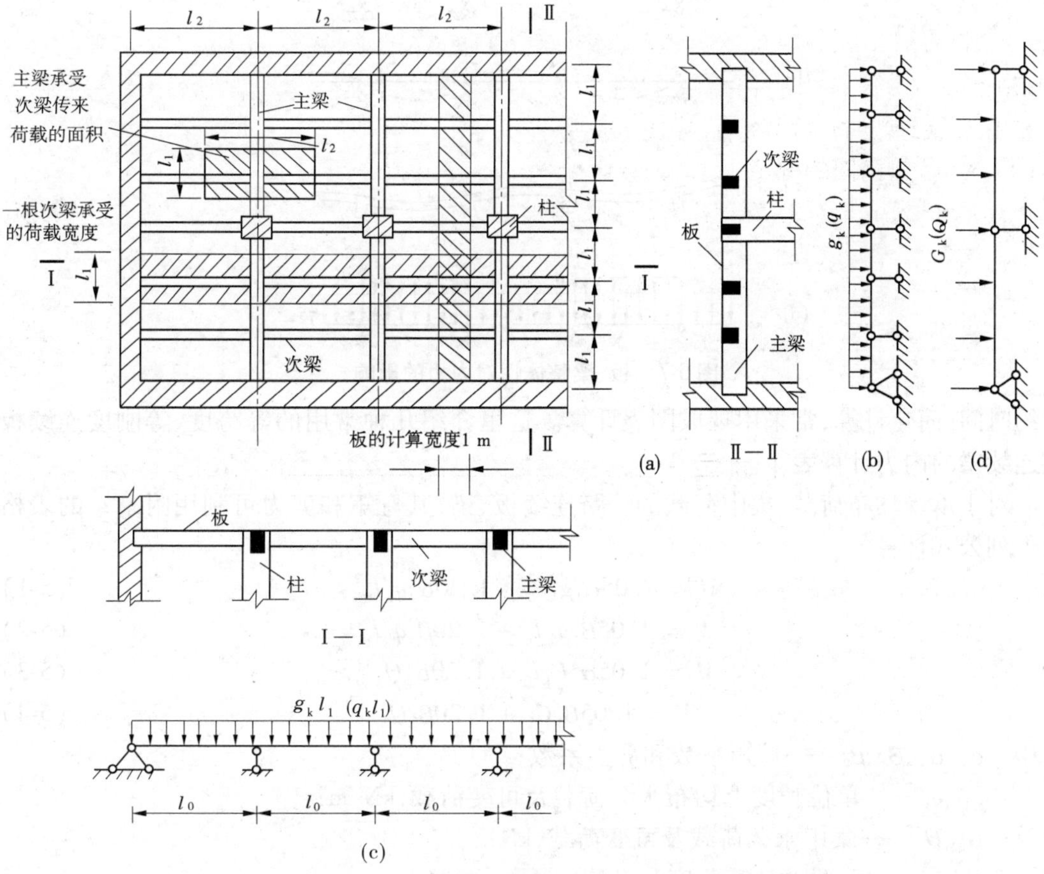

图 5-6　梁、板的荷载计算范围与计算简图

3. 支座的简化与修正

图 5-6 所示的多跨连续板，其周边直接搁置在砖墙上，应当视为铰支座。板的中间支撑为次梁，计算时假设为铰支座，这样，板简化为以边墙和次梁为铰支座的多跨连续板，如图 5-6(b)所示。

以上对支座的简化，忽略了支座抗扭刚度的影响，这与实际情况不符，支座的实际转角小于铰支座的转角。在实际工程中通常采用调整荷载来修正。其方法是用折算荷载(加大永久荷载和减小可变荷载)来代替实际荷载(见图 5-7)，即

连续板折算荷载　　　$g'_k = g_k + q_k/2$　　$q'_k = q_k/2$

式中　g'_k、q'_k——折算永久荷载及折算可变荷载；

g_k、q_k——实际的永久荷载及可变荷载。

5.1.1.4　**内力计算**

1. 利用图表计算内力

水工建筑中连续板、梁的内力一般按弹性理论方法计算，就是把钢筋混凝土板、梁看作均质弹性构件，用工程力学的原理计算，常用力法和弯矩分配法。在实际工程中，为了

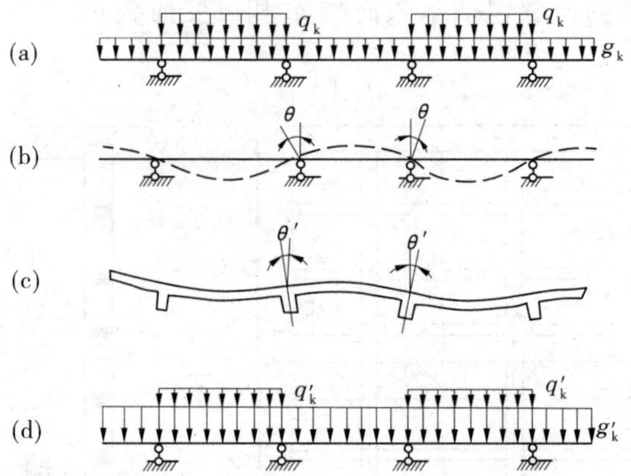

图 5-7 板、梁整体性对内力的影响

节约时间，简化计算，常采用现成图表计算。这里介绍几种常用的等跨度、等刚度连续板与连续梁的内力计算表。

对于承受均布荷载、集中荷载的等跨连续板、梁，其弯矩和剪力可利用附录 4 的表格按下列公式计算

$$M = 1.05\alpha_1 g_k' l_0^2 + 1.20\alpha_2 q_k' l_0^{\,2} \tag{5-1}$$

$$V = 1.05\beta_1 g_k' l_n + 1.20\beta_2 q_k' l_n \tag{5-2}$$

$$M = 1.05\alpha_1 G_k l_0 + 1.20\alpha_2 Q_k l_0 \tag{5-3}$$

$$V = 1.05\beta_1 G_k + 1.20\beta_2 Q_k \tag{5-4}$$

式中 α_1、α_2、β_1、β_2——弯矩系数和剪力系数；

g_k'、q_k'——单位长度上均布永久荷载及可变荷载，kN/m；

G_k、Q_k——集中永久荷载及可变荷载，kN；

l_0、l_n——板、梁的计算跨度和净跨度，m。

如果连续板、梁的跨度不相等，但相差不超过 10%，也可用等跨度的内力系数表进行计算。当求支座弯矩时，计算跨度取相邻两跨计算跨度的平均值；当求跨中弯矩时，用该跨的计算跨度。

2. 最不利荷载组合

作用于梁、板上的荷载有永久荷载和可变荷载。永久荷载的作用位置是不变的，而可变荷载的作用位置则是变化的。为了求得连续梁、板各截面可能发生的最大弯矩和最大剪力，必须确定其对应的可变荷载的位置。可变荷载的相应布置与永久荷载组合起来，会在某一截面上产生最大内力，这就是该截面的最不利荷载组合。

根据连续梁内力影响线的变化规律，多跨连续梁最不利可变荷载的布置方式为：

(1)求某跨跨中最大正弯矩时，应在该跨布置可变荷载，然后向其左右隔跨布置可变荷载。

(2)求某跨跨中最小弯矩时，该跨不布置可变荷载，然后向其左右隔跨布置可变荷载。

(3)求某支座截面的最大负弯矩时，应在该支座左右两跨布置可变荷载，然后再隔跨布置可变荷载。

(4)求某支座截面的最大剪力时,可变荷载的布置与求该支座截面最大负弯矩时相同。

五跨连续梁各截面最大(或最小)内力时均布可变荷载的最不利位置见表5-1。

表5-1 五跨连续梁求最不利内力时均布可变荷载布置图

可变荷载布置图	最不利内力		
	最大弯矩	最小弯矩	最大剪力
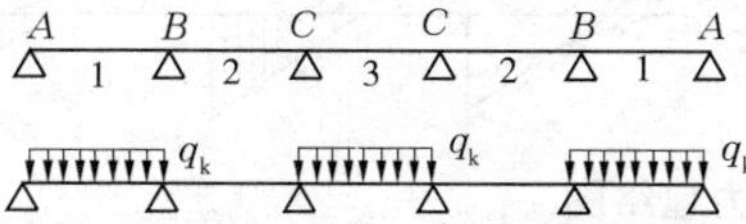	M_1、M_3	M_2	V_A
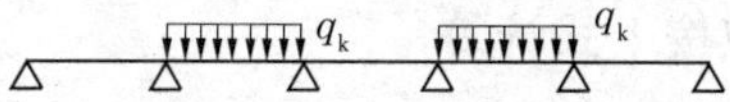	M_2	M_1、M_3	
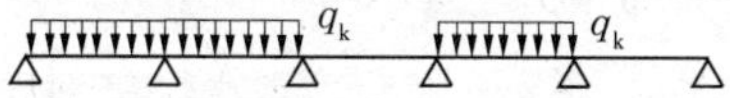		M_B	V_B^L、V_B^R
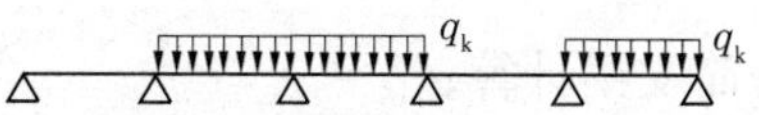		M_C	V_C^L、V_C^R

注:表中M、V的下脚标1、2、3、A、B、C分别为跨与支座代号,上角标L、R分别为截面左、右边代号。

3. 内力包络图

内力包络图是各截面内力最大值的连线所构成的图形。用来反映连续梁各个截面上弯矩变化范围的图形称为弯矩包络图;用来反映连续梁各个截面上剪力变化范围的图形称为剪力包络图。

图5-8所示的三跨连续梁,在均布永久荷载g_k作用下可绘出一个弯矩图,在均布可变荷载q_k的各种不利布置情况下可分别绘出三个弯矩图。将图5-8(a)与图5-8(b)两种荷载所产生的两个弯矩图叠加,便得到边跨最大正弯矩和中间跨最小弯矩的图线1(见图5-8(e));将图5-8(a)与图5-8(c)两种荷载所形成的两个弯矩图叠加,便得到边跨最小正弯矩和中间跨最大正弯矩的图线2;将图5-8(a)与图5-8(d)两种荷载所形成的两个弯矩图叠加,便得到支座B最大负弯矩的图线3。显然,外包线4就是各截面可能产生的弯矩的上下限。无论怎样布置可变荷载,梁各截面上产生的弯矩值总不会超出此外包线所表示的弯矩值。此外包线叫做弯矩包络图,如图5-8(e)所示。同样办法可绘出梁的剪力包络图如图5-8(f)所示。

弯矩包络图用来计算和配置梁的各截面的纵向钢筋,剪力包络图用来计算和配置箍筋和弯起钢筋。

承受均布荷载的等跨连续梁,也可利用附录5表格直接绘出弯矩包络图。表格中已直接给出每跨十个截面的最大弯矩及最小弯矩的系数值。承受移动集中荷载的等跨连续梁,其弯矩包络图可利用附录6的影响线系数表绘制。连续板一般不需要绘制弯矩包络图。

用上述方法算得的支座弯矩M_c为支座反力作用点处的弯矩值。当连续板或梁与支座整体浇筑时如图5-9(a)所示,在支座范围内的截面高度很大,梁、板在支座范围内破坏是不可能的,故其最危险的截面是支座边缘处。因此,可取支座边缘处的弯矩M作为配

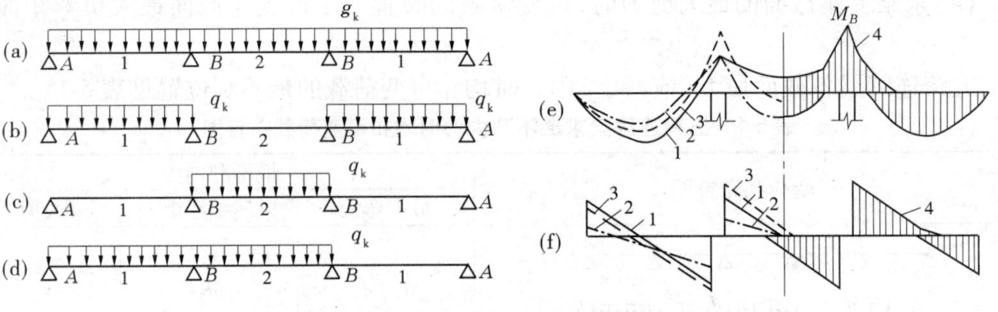

图 5-8 连续板、梁的内力包络图

筋计算的依据。支座边缘截面弯矩的绝对值可近似按下式计算

$$M = |M_c| - 0.5b|V_0| \quad (5\text{-}5)$$

式中 M_c——支座中心截面弯矩值，kN·m；

M——支座边缘截面弯矩值；

V_0——支座边缘处的剪力，kN，可近似按单跨简支梁计算；

b——支座宽度，m，当支撑宽度较大时（计算简图中板采用 $l_0 = 1.1l_n$，梁采用 $l_0 = 1.05l_n$），$b = 0.1l_n$（板）或 $0.05l_n$（梁）。

如果板或梁直接搁置在墩墙上（见图 5-9(b)），则不存在上述问题。

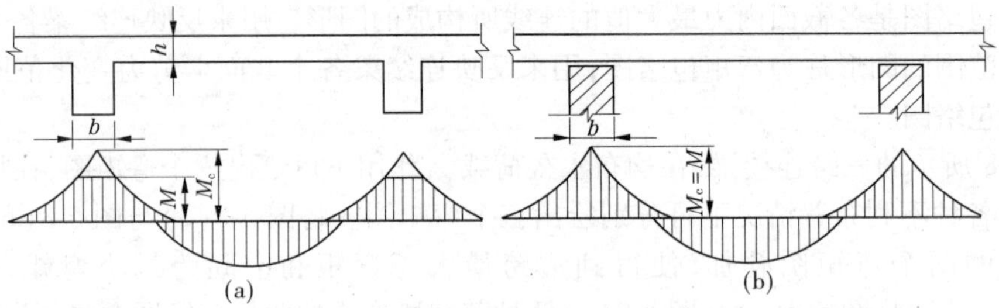

图 5-9 支座处弯矩的控制截面

5.1.1.5 板的计算要点与配筋构造

1. 计算要点

（1）板的计算对象是垂直次梁方向的单位宽度（1 m）的连续板带，次梁和端墙视为连续板的铰支座。

（2）当板按弹性方法计算内力时，要采用折算荷载，并按最不利荷载组合来求跨中和支座的弯矩。

（3）板按跨中和支座截面的最大弯矩（绝对值）进行配筋，其步骤同前面的单筋矩形截面梁，其经济配筋率为 0.4% ~0.8%。

（4）板一般不需要绘制弯矩包络图，受力钢筋按构造规定布置。板的剪力由混凝土承受，不设腹筋。

（5）对于四周与梁整体连接的板，考虑拱的作用，其中间跨的跨中截面及中间支座截面的计算弯矩可减小 20%。

2. 板中受力钢筋的配筋方式

单向板为受弯构件，项目2中有关板的构造规定在此仍可适用。下面介绍连续板的配筋构造。

单向板中受力钢筋的配筋形式有弯起式和分离式两种。

1）弯起式

这种配筋方式如图5-10（a）所示。在配筋时可先选配跨中钢筋，然后将跨中钢筋的一半（最多不超过2/3）在距支座边缘 $l_n/6$ 处弯起并伸过支座长度 a（根据经验，一般当 $q_k/g_k \leqslant 3$ 时，$a = l_n/4$；$q_k/g_k > 3$ 时，$a = l_n/3$）。这样，在中间支座就有从左右两跨弯起的钢筋来承担负弯矩，如果不足，则需另加直钢筋。弯起钢筋的弯起角度不宜小于30°，厚板中的弯起角可为45°或60°。

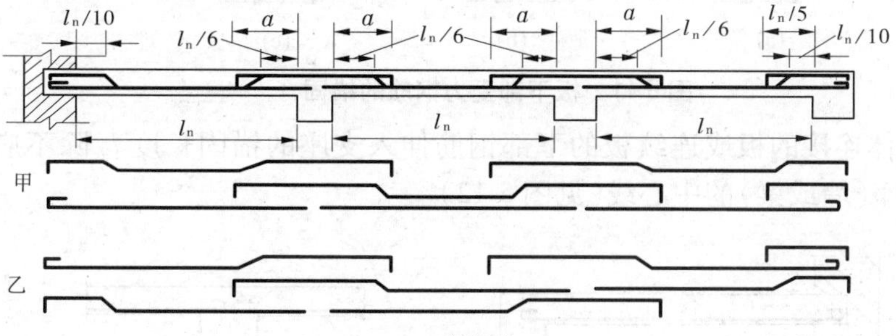

(a)弯起式

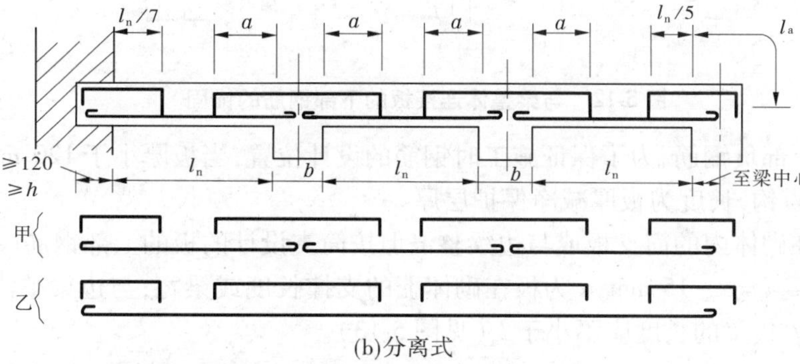

(b)分离式

图5-10　单向板中受力钢筋的布置

为使钢筋受力均匀和施工方便，钢筋排列要有规律，一般要求相邻两跨跨中钢筋的间距相等或成倍数，另加直钢筋的间距也应如此。可以采用不同直径的钢筋，但钢筋种类不宜太多。弯起式配筋的单向板整体性好，用钢量少，但施工较复杂。

2）分离式

这种配筋方式见图5-10（b），它是在板的跨中和支座分别采用直钢筋，上下单独配筋，下部的受力钢筋可以几跨直通或全通，支座受力钢筋伸过支座边缘的长度 a 同弯起式。分离式配筋的优点是构造简单、施工方便，缺点是用钢量比弯起式多，整体性较差，不宜用于承受动力荷载的板。

3. 受力钢筋伸入支座的长度

(1)简支板或连续板的下部纵向受力钢筋(绑扎钢筋)伸入支座的锚固长度 l_{as} 不应小于 $5d$(d 为下部受力钢筋的直径)。

(2)当采用焊接网配筋时,其末端至少应有一根横向钢筋配置在支座边缘内。

(3)若不能符合上述要求,应在受力钢筋末端制成弯钩或加焊附加的横向锚固钢筋,如图 5-11 所示。

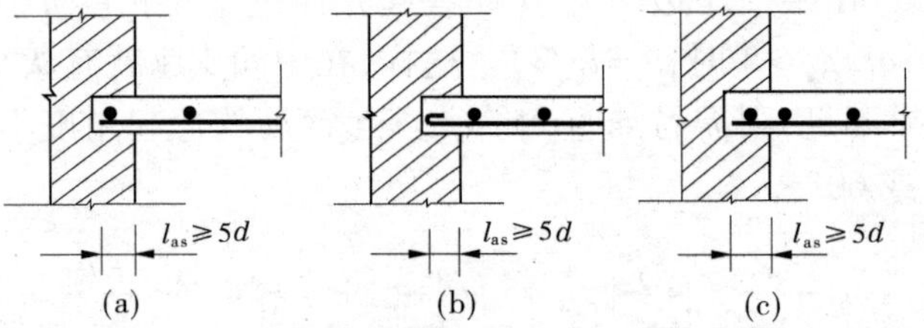

图 5-11　板下部受力钢筋的锚固

(4)与梁整体连接的板或连续板的下部钢筋伸入支座的锚固长度 l_{as} 除不应小于 $5d$ 外,还应伸至支座(墙或梁)的中心线(见图 5-12)。

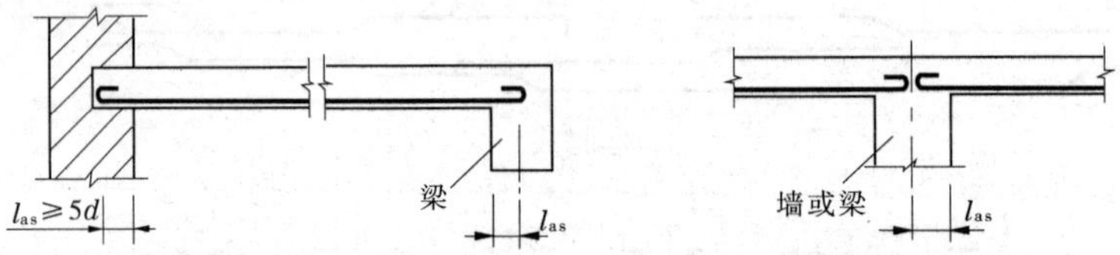

图 5-12　与梁整体连接板的下部钢筋的锚固

(5)对于上部负钢筋,为了保证施工时钢筋的设计位置,当板厚小于 120 mm 时,宜做成直抵模板的直钩,长度为板厚减净保护层厚。

(6)嵌固在砌体内的简支板或与边梁整浇但按简支设计的板的上部钢筋(绑扎钢筋)伸入支座的长度 $l=a-15$ mm,a 为板在砌体上的支撑长度或梁宽;与边梁整浇的嵌固板的上部钢筋伸入边梁的长度应不小于 l_a(见图 5-13)。

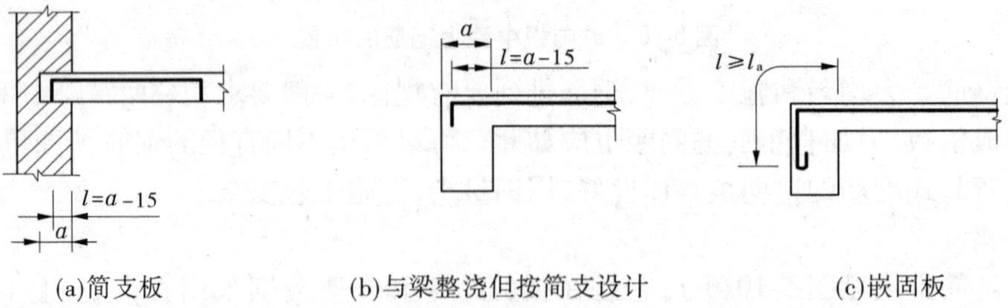

图 5-13　板上部受力钢筋的锚固

(7)板中伸入支座下部的钢筋,其间距不大于 400 mm,其截面面积不应小于跨中受力钢筋截面面积的 1/3。

4. 构造钢筋

1) 分布钢筋

(1) 垂直受力钢筋的方向布置分布钢筋，承受单向板沿长跨方向实际存在的弯矩。分布钢筋的间距不宜大于250 mm，直径不宜小于6 mm；当集中荷载较大时，间距不宜大于200 mm。

(2) 承受分布钢筋的厚板，其分布钢筋的配置可不受上述规定的限制。此时，分布钢筋的直径可用10～16 mm，间距可为200～400 mm。

2) 嵌入墙内的板边附加钢筋

(1) 板边嵌固于砖墙内的板（见图5-14），计算时支座按简支考虑，但实际上板在支撑处可能产生负弯矩。在板的顶部沿板边需配置垂直板边的附加钢筋，其数量按承受跨中最大弯矩绝对值的1/4计算。单向板垂直于板跨方向的板边，一般每米宽度内配置5根直径6 mm的钢筋，从支座边伸出长度至少为$l_1/5$（l_1为单向板的跨度或双向板的短边跨度）。

(2) 单向板平行于板跨方向的板边，其顶部垂直板边的钢筋可按构造适当配置。

(3) 在墙角处，板顶面常发生与墙大约成45°的裂缝，应双向配置构造钢筋网，其伸出墙边的长度不小于$l_1/4$。

3) 垂直于主梁的板面附加钢筋

板与主梁肋连接处也会产生负弯矩，计算时没考虑，应沿梁肋方向每米长度内配置不少于5根与梁肋垂直的构造钢筋，其直径不小于8 mm，且单位长度内的总截面面积不应小于单位长度内受力钢筋截面面积的1/3，伸入板中的长度从肋边算起每边不小于板计算跨度的1/4（见图5-15）。

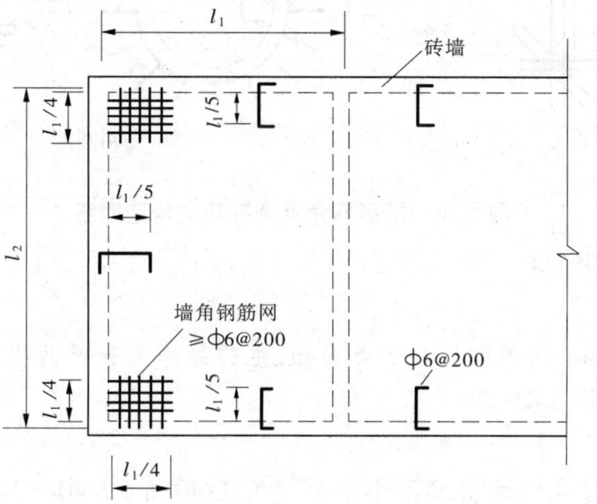

图5-14 嵌固于墙内的板边附加钢筋

4) 板内孔洞周边的附加钢筋

在水电站厂房的楼板上，由于使用要求往往要开设一些孔洞，这些孔洞削弱了板的整体作用。因此，在孔洞周围应予以加强来保证安全。

(1) 当b或d（b为垂直于板的受力钢筋方向的孔洞宽度，d为圆孔直径）小于300

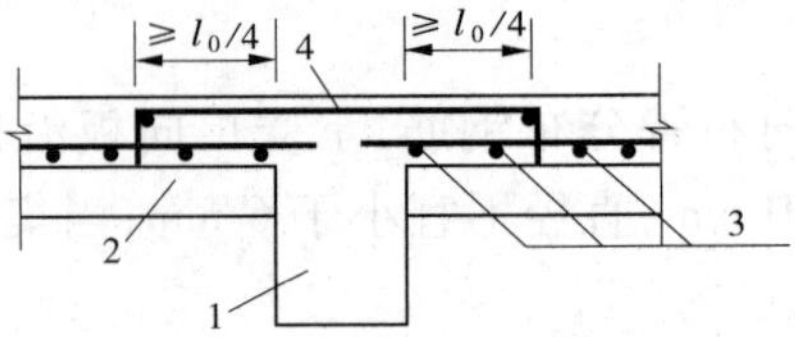

1—主梁;2—次梁;3—板的受力钢筋;4—间距不大于 200 mm、直径不小于 8 mm 的构造钢筋

图 5-15 板中与梁肋垂直的构造钢筋

mm,并小于板宽的 1/3 时,可不设附加钢筋,只将受力钢筋间距作适当调整,或将受力钢筋绕过孔洞边,不予切断。

(2)当 b 或 d 等于 300 ~ 1 000 mm 时,应在洞边每侧配置附加钢筋,每侧的附加钢筋截面面积不应小于洞口宽度内被切断钢筋截面面积的 1/2,且不小于 2 根直接为 10 mm 的钢筋;当板厚大于 200 mm 时,宜在板的顶、底部均配置附加钢筋。

(3)b 或 d 大于 1 000 mm 时,除按上述规定配置附加钢筋外,在矩形孔洞四角尚应配置 45°方向的构造钢筋;在圆孔周边尚应配置 2 根直径为 10 mm 的环向钢筋,搭接长度为 $30d$,并设置直径不小于 8 mm、间距不大于 300 mm 的放射形径向钢筋,如图 5-16 所示。

(4)当 b 或 d 大于 1 000 mm,并在孔洞附近有较大的集中荷载作用时,宜在洞边加设肋梁。当 b 或 d 大于 1 000 mm,而板厚小于 $0.3b$ 或 $0.3d$ 时,也宜在洞边加设肋梁。

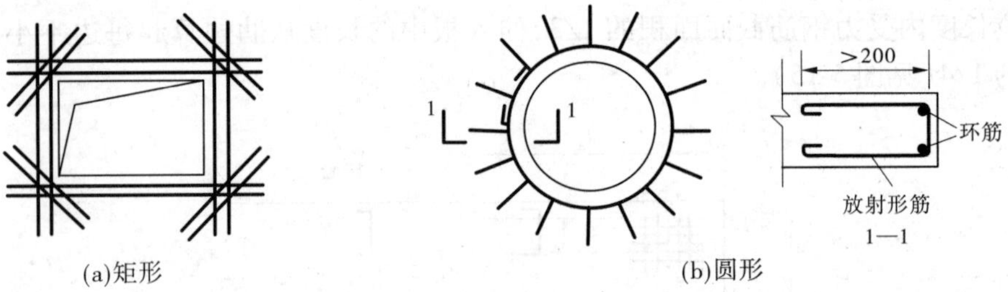

图 5-16 矩形四角及圆孔环向构造钢筋

5.1.1.6 例 5-1 的板设计

1. 平面布置

主梁跨度为 7.2 m,次梁的跨度为 5.0 m,主梁每跨内布置两根次梁,板的跨度为 2.4 m。楼盖平面布置见图 5-4。

2. 截面尺寸拟定

考虑刚度要求,连续板的板厚不小于跨度的 1/40,$h \geq l/40 = 2\ 400/40 = 60$(mm);考虑是水电站的楼盖板,初步假定板厚 $h = 80$ mm。

3. 计算简图的确定

1)计算跨度与跨数

次梁截面为 200 mm × 400 mm,取板在墙上的支撑长度为 120 mm,板的尺寸及其支承情况如图 5-17(a)所示。

计算跨度如下：

边跨　$l_{n1}=2\ 400-120-200/2=2\ 180(\text{mm})$

$l_{01}=l_{n1}+b/2+h/2=2\ 180+200/2+80/2=2\ 320(\text{mm})$

$l_{01}=l_{n1}+b/2+a/2=2\ 180+200/2+120/2=2\ 340(\text{mm})$

$l_{01}=1.1l_{n1}=1.1\times2\ 180=2\ 398(\text{mm})$

应取 $l_{01}=2\ 320$ mm，但为了计算方便和安全，取 $l_{01}=2\ 400$ mm。

中间跨　$l_{02}=l_c=2\ 400$ mm

两跨相差 $(l_{02}-l_{01})/l_{02}=(2\ 400-2\ 320)/2\ 400=3.3\%<10\%$，故按等跨来考虑，九跨按五跨计算。其计算简图如图5-17(b)所示。

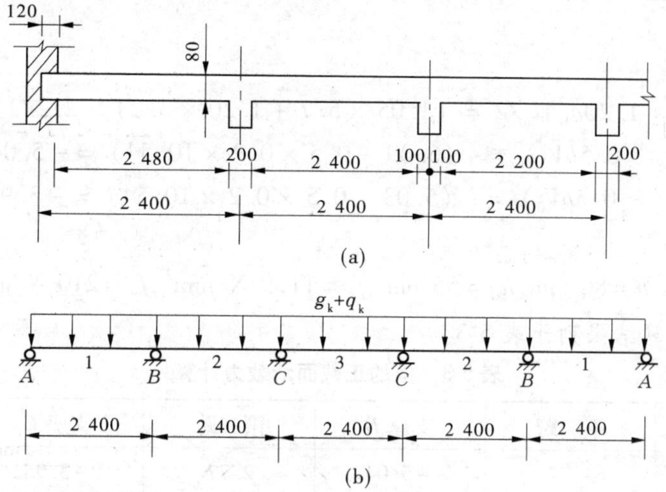

图5-17　连续板的构造及计算简图　(单位:mm)

2)荷载计算

在垂直于次梁的方向取1 m宽的板带作为板的计算单元，板上单位长度的荷载包括永久荷载和可变荷载。

永久荷载标准值

20 mm厚水泥砂浆面层	$0.02\times1\times20=0.4(\text{kN/m})$
80 mm厚钢筋混凝土板	$0.08\times1\times25=2.0(\text{kN/m})$
20 mm厚板底混合砂浆抹灰	$0.02\times1\times17=0.34(\text{kN/m})$
小计	$2.7(\text{kN/m})$

可变荷载标准值为6.0 kN/m。

折算荷载　$g_k'=g_k+q_k/2=2.7+6.0/2=5.7(\text{kN/m})$

$q_k'=q_k/2=6.0/2=3.0(\text{kN/m})$

4. 内力计算

连续板的剪力一般由混凝土承担，不需要进行斜截面承载力计算，亦不需设置腹筋。弯矩设计值按式(5-1)计算，式中系数 α_1 及 α_2 可查附录4得到，计算结果见表5-2。

表 5-2 板的弯矩计算表

截面	边跨	支座 B	第二跨	支座 C	第三跨
α_1	0.078 1	-0.105 0	0.033 1	-0.079 0	0.046 2
α_2	0.100 0	-0.119 0	0.078 7	-0.111 0	0.085 5
$M=1.05\alpha_1 gk'l_0^2+1.20\alpha_2 q_k'l_0^2$ (kN·m)	$1.05\times0.078\,1\times5.7\times2.4^2+1.20\times0.1\times3.0\times2.4^2=4.77$	$-1.05\times0.105\times5.7\times2.4^2-1.20\times0.119\times3.0\times2.4^2=-6.09$	$1.05\times0.033\,1\times5.7\times2.4^2+1.20\times0.078\,7\times3.0\times2.4^2=2.77$	$-1.05\times0.079\times5.7\times2.4^2-1.20\times0.11\,1\times3.0\times2.4^2=-5.03$	$1.05\times0.046\,2\times5.7\times2.4^2+1.20\times0.085\,5\times3.0\times2.4^2=3.37$

支座边缘的弯矩值

$$V_0=(1.05gk'+1.20q_k')l_n/2=(1.05\times5.7+1.20\times3.0)\times2.2/2=10.54(\text{kN})$$

$$M_B'=-(M_B-0.5bV_0)=-(6.09-0.5\times0.2\times10.54)=-5.04(\text{kN}\cdot\text{m})$$

$$M_C'=-(M_C-0.5bV_0)=-(5.03-0.5\times0.2\times10.54)=-3.98(\text{kN}\cdot\text{m})$$

5. 配筋计算

$b=1\ 000$ mm, $h=80$ mm, $h_0=55$ mm, $f_c=11.9$ N/mm², $f_y=210$ N/mm²,承载力安全系数 $K=1.20$,计算结果列于表 5-3。

表 5-3 板的正截面承载力计算

截面	第一跨	支座 B	第二跨	支座 C	第三跨
M(kN·m)	4.77	-5.04	2.77	-3.98	3.37
$\alpha_s=\frac{KM}{f_c bh_0^2}$	0.159	0.168	0.092	0.133	0.112
$\xi=1-\sqrt{1-2\alpha_s}$	0.174	0.185	0.097	0.143	0.119
$\rho=\xi\frac{f_c}{f_y}$(%)	0.99	1.05	0.55	0.81	0.67
$A_s=\rho bh_0$(mm²)	544.5	577.5	302.5	445.5	368.5
选配钢筋(分离式配筋)	Φ10@140	Φ10@140	Φ8@140	Φ8/10@140	Φ8@140
实配钢筋面积(mm²)	561	561	359	460	359
$\rho=A_s/bh_0$(%) ($\rho_{min}=0.20\%$)	1.02	1.02	0.65	0.84	0.65

注:中间板带的中间跨及中间支座考虑拱的作用,其弯矩可以减小20%配置钢筋。

6. 板的配筋图

为了便于施工,连续板中受力钢筋的配筋采用分离式。其中,下部受力钢筋全部伸入支座。伸入支座的锚固长度不应小于 $5d$,支座负弯矩钢筋向跨内的延伸长度 $a=l_n/4=2\ 200/4=550$(mm)。

在板的配筋图中，除按计算配置受力钢筋外，还应设置下列构造钢筋：

(1)分布钢筋。按构造规定，分布钢筋的直径不宜小于6 mm，间距不宜大于250 mm。每米板宽内分布钢筋的截面不小于受力钢筋截面面积的15%，约为87 mm^2。选用Φ 6@250，A_s = 113 mm^2。

(2)板边的构造钢筋。因为现浇钢筋混凝土板周边嵌固在砌体墙中，其上部与板边垂直的构造钢筋伸入板内的长度，从墙边算起不小于板短边计算跨度的1/5，即 $l_{01}/5$ = 2 400/5 = 480(mm)，直径不宜小于6 mm，间距不宜大于200 mm，其数量按承受跨中最大弯矩的1/4计算，约127 mm^2，所以取Φ 6@200，A_s = 141 mm^2。延伸长度取480 mm。

(3)板角部构造钢筋。在两边嵌固于墙内的板角部位上部，设置Φ 6@200的双向构造钢筋，该钢筋伸入板内的长度，从墙边算起不小于板短边计算跨度的1/4，即 $l_{01}/4$ = 2 400/4 = 600(mm)。

(4)垂直于主梁的上部钢筋。直径不宜小于8 mm，间距不宜大于200 mm，单位长度内的总截面面积不应小于板中单位长度内受力钢筋截面面积的1/3，约为180 mm^2。该钢筋伸入板内的长度，从梁边算起不小于板短边计算跨度的1/4，即 $l_0/4$ = 2 400/4 = 600 (mm)，取Φ 8@200，A_s = 251 mm^2。

板的配筋图如图5-18所示。

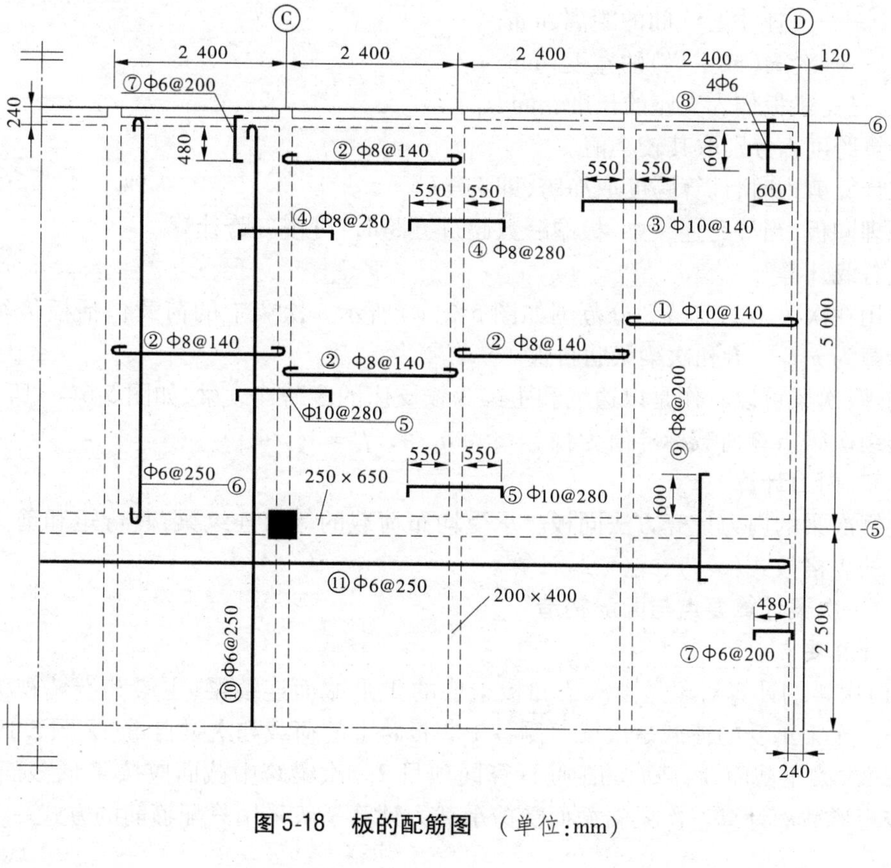

图5-18 板的配筋图 (单位:mm)

5.1.2 次梁设计

次梁设计包括截面尺寸的拟定、计算简图的确定、内力计算、配筋计算、绘制配筋图等内容。

5.1.2.1 截面尺寸的拟定

一般建筑中较为合理的次梁跨度为4 ~6 m,梁的截面尺寸按高跨比关系和刚度要求确定,一般要求梁高 $h \geqslant l/20$(简支)或 $h \geqslant l/25$(连续),梁宽 $b = (1/3 \sim 1/2)h$。本例中次梁跨度为5.0 m,按刚度要求的次梁高度 $h \geqslant l/25 = 5\ 000/25 = 200$ mm,拟定次梁截面尺寸为 $b \times h = 200\ \text{mm} \times 400\ \text{mm}$。

5.1.2.2 计算简图的确定

1. 计算跨度与跨数

连续板、梁的弯矩计算跨度 l_0 为相邻两支座反力作用点之间的距离。按弹性方法计算内力时,以边跨简支在墙上为例计算如下(见图5-5):

连续梁的边跨 $l_{01} = l_n + a/2 + b/2 \leqslant 1.05 l_n$

中跨 $l_{02} = l_c$ 当 $b > 0.05 l_c$ 时,取 $l_{02} = 1.05 l_n$

式中 l_n——板、梁的净跨度,mm;

l_c——支座中心线间的距离,mm;

b——次梁(或主梁)的宽度,mm;

a——梁板伸入支座的长度,mm。

计算跨度 l_0 分别取其较小值。

在计算剪力时,计算跨度取净跨,即 $l_0 = l_n$。

原理同板,当等跨连续梁、板的跨数超过五跨时,可按五跨计算。

2. 荷载计算

作用在次梁上的荷载划分范围如图5-6(c)所示。次梁上的荷载包括板传给次梁的均布荷载为 $g_k l_1$、$q_k l_1$ 和次梁梁肋自重。

同理,次梁可以看作是以边墙和主梁为铰支座的多跨连续梁,如图5-6(c)所示。

连续次梁折算荷载标准值为:$g_k' = g_k + q_k/4$, $q_k' = 3q_k/4$。

5.1.2.3 内力计算

连续次梁的内力计算方法同板。承受均布荷载的等跨连续梁,其弯矩和剪力可利用附录4的表格按式(5-1)、式(5-2)计算。

5.1.2.4 次梁计算要点与配筋构造

1. 计算要点

(1)次梁的计算对象是由次梁和板组成的T形截面连续梁,主梁和端墙视为次梁的铰支座。次梁承受的荷载是次梁两侧各1/2板跨上的荷载和次梁自重(见图5-19)。

(2)次梁正截面、斜截面的配筋计算同项目2。次梁跨中截面应按T形截面计算,支座处按矩形截面计算。次梁斜截面受剪承载力计算一般采用只配箍筋的方式。

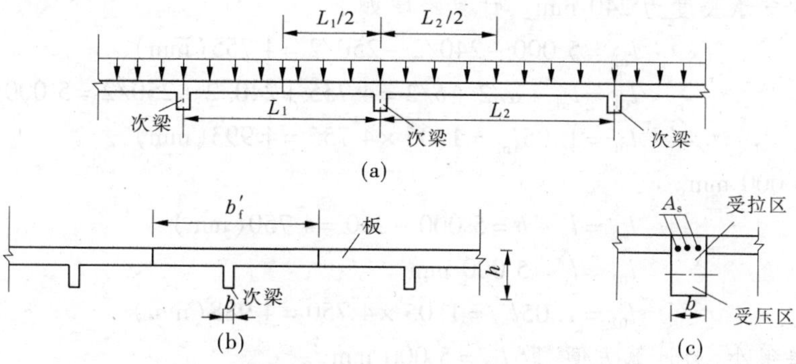

图 5-19　次梁的正截面

2. 次梁的配筋构造

(1)次梁的一般构造规定与单跨梁相同。

(2)次梁跨中、支座截面受力钢筋求出后,一般先选定跨中钢筋的直径和根数,然后将其中部分钢筋在支座附近弯起后伸过支座以承担支座处的负弯矩,若相邻两跨弯起伸入支座的钢筋尚不能满足支座正截面承载力的要求,可在支座上另加直钢筋来抗弯。

(3)在端支座处,虽按计算不需要弯起钢筋,但实际上应按构造弯起部分钢筋伸入支座顶面,以承担可能产生的负弯矩。

(4)次梁纵向钢筋的弯起与切断的数量和位置,原则上应按抵抗弯矩图来确定,但当次梁的跨度相等或相差不超过 20%,且可变荷载与永久荷载之比 $q_k/g_k \leqslant 3$ 时,可按经验布置确定,如图 5-20 所示。

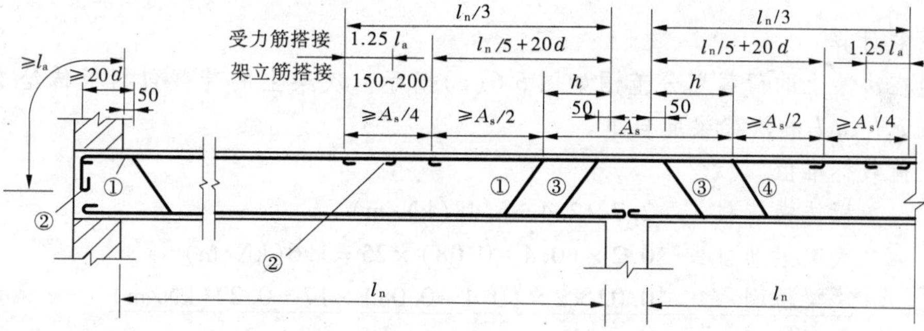

①、④—弯起钢筋可同时用于抗弯与抗剪;②—架立钢筋兼负筋 $\geqslant A_s/4$,且不少于 2 根;
③—弯起钢筋或鸭筋仅用于抗剪

图 5-20　次梁受力钢筋的布置　(单位:mm)

5.1.2.5　例 5-1 的次梁设计

1. 计算简图

1)计算跨度

次梁设计时,取其中相邻板中心线之间部分作为计算单元。本例为五跨连续梁。次梁在砖墙上的支承长度为240 mm。计算跨度如下：

边跨 $l_{n1}=5\ 000-240/2-250/2=4\ 755(mm)$

$l_{01}=l_{n1}+a/2+b/2=4\ 755+240/2+250/2=5\ 000(mm)$

$l_{01}=1.05l_{n1}=1.05\times4\ 755=4\ 993(mm)$

取 $l_{01}=5\ 000$ mm。

中间跨 $l_{n2}=l_c-b=5\ 000-250=4\ 750(mm)$

$l_{02}=l_c=5\ 000$ mm

$l_{02}=1.05l_{n2}=1.05\times4\ 750=4\ 988(mm)$

两者相差很小，为计算方便，取 $l_{02}=5\ 000$ mm。

次梁构造及计算简图如图5-21(a)、(b)所示。

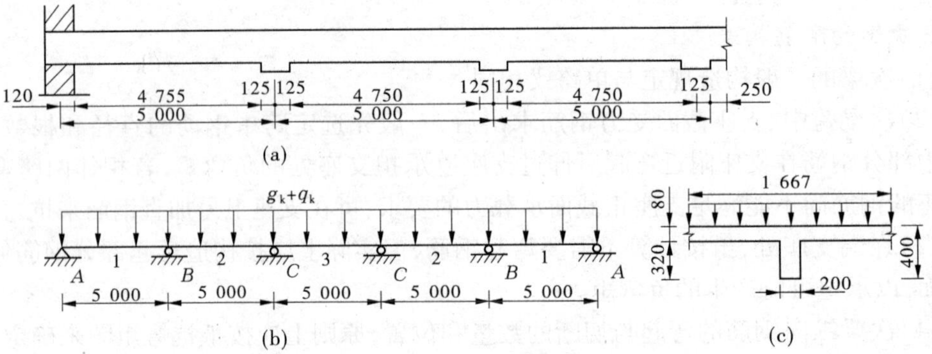

图5-21 次梁构造与计算简图 （单位：mm）

2)荷载计算

作用在次梁上的荷载划分范围如图5-6(c)所示。次梁上的荷载包括板传给次梁的均布荷载 g_kl_1、q_kl_1 和次梁梁肋自重。

永久荷载标准值

板传来荷载 $2.7\times2.4=6.48(kN/m)$

次梁梁肋自重 $0.2\times(0.4-0.08)\times25=1.6(kN/m)$

次梁粉刷 $0.02\times2\times(0.4-0.08)\times17=0.22(kN/m)$

小计 $g_k=8.3$ kN/m

可变荷载标准值 $q_k=6\times2.4=14.4(kN/m)$

折算荷载标准值 $g_k'=g_k+q_k/4=8.3+14.4/4=11.9(kN/m)$

$q_k'=3q_k/4=3\times14.4/4=10.8(kN/m)$

2. 内力计算

1)弯矩计算

弯矩设计值的计算及结果列于表5-4。

表 5-4　次梁的弯矩计算表

截面	边跨	支座 B	第二跨	支座 C	第三跨
α_1	0.078 1	−0.105	0.033 1	−0.079	0.046 2
α_2	0.100 0	−0.119	0.078 7	−0.111	0.085 5
$M=1.05\alpha_1 g_k' l_0^2+1.20\alpha_2 q_k' l_0^2$ (kN·m)	$1.05\times0.0781\times11.9\times5^2+1.20\times0.1000\times10.8\times5^2=56.8$	$-1.05\times0.105\times11.9\times5^2-1.20\times0.119\times10.8\times5^2=-71.4$	$1.05\times0.0331\times11.9\times5^2+1.20\times0.0787\times10.8\times5^2=35.8$	$-1.05\times0.079\times11.9\times5^2-1.20\times0.111\times10.8\times5^2=-60.6$	$1.05\times0.0462\times11.9\times5^2+1.20\times0.0855\times10.8\times5^2=42.1$

支座边缘的弯矩设计值 M_B'

$$V_0=(g_k'+q_k')l_n/2=(11.9+10.8)\times4.75/2=53.9(\text{kN})$$

$$M_B'=-(M_B-0.5bV_0)=-(71.4-0.5\times0.25\times53.9)=-64.7(\text{kN}\cdot\text{m})$$

$$M_C'=-(M_C-0.5bV_0)=-(60.6-0.5\times0.25\times53.9)=-53.9(\text{kN}\cdot\text{m})$$

2)剪力计算

剪力设计值的计算及结果列于表 5-5。

表 5-5　次梁的剪力计算表

截面	支座 A	支座 B(左)	支座 B(右)	支座 C(左)	支座 C(右)
β_1	0.395	−0.606	0.526	−0.474	0.500
β_2	0.447	−0.620	0.598	−0.576	0.591
$V=1.05\beta_1 g_k' l_n+1.20\beta_2 q_k' l_n$ (kN)	$1.05\times0.395\times11.9\times4.755+1.20\times0.447\times10.8\times4.755=51.0$	$-1.05\times0.606\times11.9\times4.755-1.20\times0.620\times10.8\times4.755=-74.2$	$1.05\times0.526\times11.9\times4.75+1.20\times0.598\times10.8\times4.75=68.0$	$-1.05\times0.474\times11.9\times4.75-1.20\times0.576\times10.8\times4.75=-63.6$	$1.05\times0.500\times11.9\times4.75+1.20\times0.591\times10.8\times4.75=66.1$

3.配筋计算

(1)计算翼缘宽度 b_f'。根据整浇楼盖的受力特点,板所在梁上截面参与次梁受力,因此在配筋设计时,次梁跨中截面按 T 形截面设计,翼缘计算宽度

$$b_f'=l_0/3=5\ 000/3=1\ 667(\text{mm})$$

$$b_f'=b+s_n=2\ 400(\text{mm})$$

取 $b_f'=1\ 667$,荷载计算单元如图 5-21(c)所示。

次梁支座截面因承受负弯矩(上面受拉,下面受压)而按矩形截面计算。

(2)正截面承载力计算。$b=200$ mm,$h=400$ mm,$h_0=360$ mm,$h_f'=80$ mm,$f_c=11.9$ N/mm^2,$f_t=1.27$ N/mm^2,$f_y=360$ N/mm^2,承载力安全系数 $K=1.20$,计算结果见表 5-6。

表 5-6　次梁的正截面承载力计算

截面	第一跨	支座 B	第二跨	支座 C	第三跨
M（kN·m）	56.8	−64.7	35.8	−53.9	42.1
h_0(mm)	360	360	360	360	360
b_f'或 b(mm)	1 667	200	1 667	200	1 667
$f_c b_f' h_f'(h_0 - h_f'/2)$(kN·m)	507.8		507.8		507.8
$\alpha_s = \dfrac{KM}{f_c b_f'(\text{或 } b) h_0^2}$	0.027	0.252	0.017	0.210	0.020
$\xi = 1 - \sqrt{1 - 2\alpha_s}$	0.027	0.296	0.017	0.238	0.020
$A_s = \xi \dfrac{f_c}{f_y} b_f'(\text{或 } b) h_0(\text{mm}^2)$	535.6	704.5	337.2	566.4	396.7
选配钢筋	2 Φ̲ 16(直) +1 Φ 16(弯)	2 Φ̲ 18(直) +1 Φ 16(左弯)	2 Φ̲ 16 (直)	2 Φ̲ 18(直) +1 Φ̲ 14(直)	2 Φ̲ 16 (直)
实配钢筋面积(mm^2)	603	710	402	663	402
$\rho = A_s/bh_0(\%)(\rho_{min} = 0.20\%)$	0.84	0.99	0.56	0.92	0.56

(3)斜截面受剪承载力计算。计算结果见表 5-7。

表 5-7　次梁的斜截面受剪承载力计算

截面(kN)	支座 A	支座 B(左)	支座 B(右)	支座 C(左)	支座 C(右)
V(kN)	51.0	−74.2	68.0	−63.6	66.1
KV(kN)	61.2	89.0	81.6	76.3	79.3
h_0(mm)	360	360	360	360	360
$0.25 f_c b h_0$(kN)	214.2 > KV	214.2 > KV	214.2 > KV	214.2 > KV	214.2 > KV
$V_c = 0.7 f_t b h_0$(kN)	64.0 > KV	64.0 < KV	64.0 < KV	64.0 < KV	64.0 < KV
箍筋肢数、直径	2、6	2、6	2、6	2、6	2、6
$s = \dfrac{1.25 f_{yv} A_{sv} h_0}{KV - 0.7 f_t b h_0}$(mm)		215	306	438	352
实配箍筋间距 s（mm）	180	180	180	180	180
$\rho_{sv} = A_{sv}/(bs)(\%)$ ($\rho_{svmin} = 0.15\%$)	0.16	0.16	0.16	0.16	0.16

4. 绘制次梁结构施工图

次梁的配筋图见图 5-22，次梁配筋表见表 5-6。

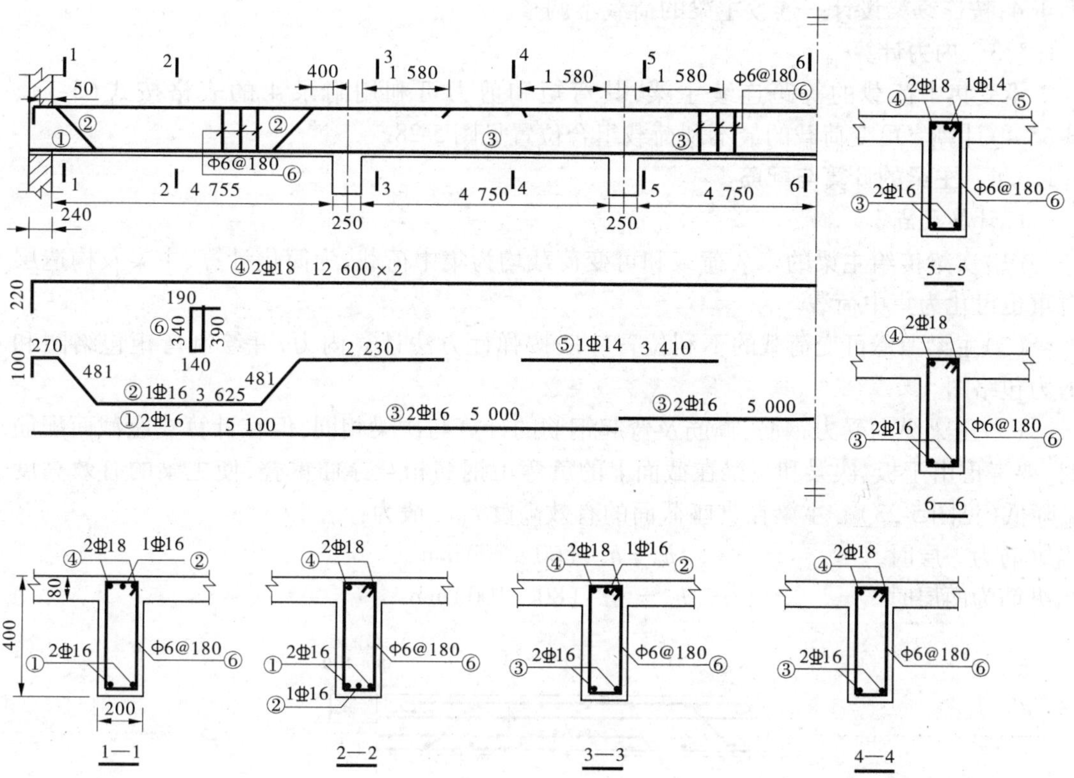

图5-22 次梁配筋图

5.1.3 主梁设计

主梁设计包括截面尺寸的拟定、计算简图的确定、内力计算、配筋计算、绘制配筋图等内容。

5.1.3.1 截面尺寸的拟定

一般建筑中较为合理的主梁跨度为5~8 m,梁的截面尺寸按高跨比关系和刚度要求确定,一般要求梁高 $h \geqslant l/12$(简支)或 $h \geqslant l/15$(连续),梁宽 $b=(1/3 \sim 1/2)h$。

5.1.3.2 计算简图的确定

1. 计算跨度与跨数

连续主梁的计算跨度与跨数同次梁。

2. 荷载计算

作用在主梁上的荷载划分范围如图5-6(a)所示。主梁承受次梁传来的集中荷载 $G_k = g_k l_1 l_2$ 和 $Q_k = q_k l_1 l_2$,主梁肋部自重为均布荷载,但与次梁传来的集中荷载相比较小,为简化计算,将次梁之间的一段主梁肋部均布自重化为集中荷载,加入次梁传来的集中荷载一并计算,见图5-6(d)。

图5-6所示的多跨连续梁,主梁的中间支撑是柱,当主梁的线刚度与柱的线刚度之比大于4时,可把主梁看作是以边墙和柱为铰支座的多跨连续梁,如图5-6(d)所示。否则,柱对主梁的内力影响较大,应看作刚架来计算。本例中主梁的线刚度与柱的线刚度之比

大于4,按连续梁设计。连续主梁的荷载不调整。

5.1.3.3 **内力计算**

承受集中荷载的等跨连续主梁,其弯矩和剪力可利用附录4的表格按式(5-3)、式(5-4)计算。可变荷载的最不利荷载组合位置见图5-28。

5.1.3.4 **主梁的计算与配筋**

1.计算要点

(1)次梁传给主梁的永久荷载和可变荷载均为集中荷载,为简化计算,主梁及构造层自重也可化为集中荷载。

(2)主梁考虑可变荷载的不利位置一般按弹性方法计算内力,并绘制弯矩包络图和剪力包络图。

(3)主梁纵向受力钢筋、箍筋及弯起钢筋的计算与次梁相同,但在计算支座截面配筋时,要考虑由于板、次梁和主梁在截面上的负弯矩钢筋相互穿插重叠,使主梁的有效高度h_0降低(见图5-23)。主梁在支座截面的有效高度h_0一般为:

当纵筋为一层时 $h_0 = h-(60\sim70)\text{mm}$

当纵筋为两层时 $h_0 = h-(80\sim100)\text{mm}$

1—板的支座钢筋;2—次梁的支座钢筋;3—主梁的支座钢筋;4—板;5—次梁;6—主梁;7—柱

图5-23 主梁支座处受力钢筋的布置 (单位:mm)

2.主梁的配筋构造

(1)主梁的一般构造规定与项目2中有关梁的规定相同。主梁纵向钢筋的弯起与切断位置按弯矩包络图与抵抗弯矩图的关系确定。

(2)在主梁与次梁交接处,主梁的两侧承受次梁传来的集中荷载,因而可能在主梁的中下部发生斜向裂缝。为了防止这种破坏,应设置附加横向钢筋(箍筋或吊筋)来承担该集中荷载。附加钢筋应布置在$s=2h_1+3b$(h_1为主梁与次梁的高度之差,b为次梁宽度)的长度范围内(见图5-24),附加横向钢筋的总截面面积A_{sv}按下式计算

$$A_{sv} = \frac{KF}{f_{yv}\sin\alpha} \tag{5-6}$$

式中 F——作用在梁下部或梁截面高度范围内的集中力设计值,N;

f_{yv}——附加横向钢筋的抗拉强度设计值,N/mm²;

α——附加横向钢筋与梁轴线的夹角,(°);

A_{sv}——附加横向钢筋的总截面面积,mm²,当仅配箍筋时$A_{sv}=mnA_{sv1}$,当仅配吊筋

时 $A_{sv}=2A_{sb}$，A_{sv1}为一肢附加箍筋的截面面积，n 为在同一截面内附加箍筋的肢数，m 为在长度 s 范围内附加箍筋的排数，A_{sb}为附加吊筋的截面面积。

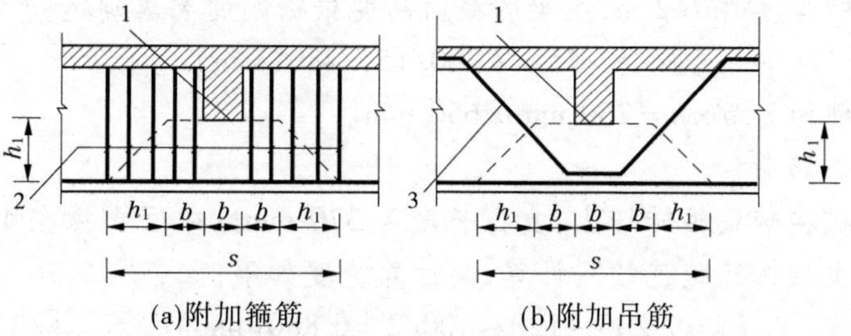

1—传递集中荷载的位置；2—附加箍筋；3—附加吊筋

图 5-24　主、次梁相交处的附加钢筋

当主梁承受的荷载较大时，在支座处的剪力值也较大，除箍筋外，还需要配置部分弯起钢筋才能满足斜截面承载力的要求，可以采用配置鸭筋的方法来抵抗一部分剪力，如图 5-25 所示。

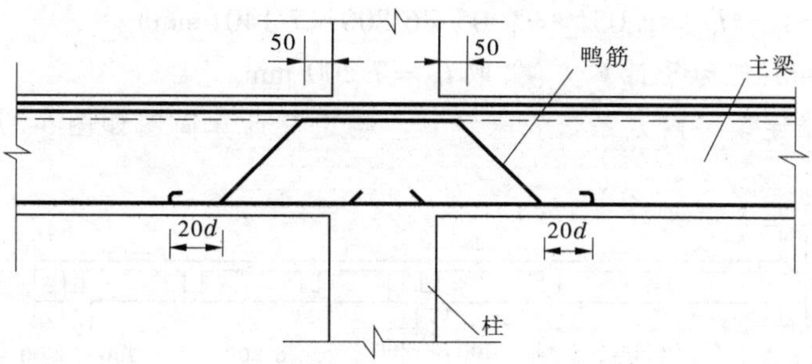

图 5-25　主梁支座处的鸭筋　（单位：mm）

当梁支座处的剪力较大时，也可以加设支托，将梁局部加高以满足斜截面承载力的要求。支托的尺寸可参考图 5-26 确定。支托的附加钢筋一般采用 2 ~ 4 根，其直径与纵向受力钢筋的直径相同。

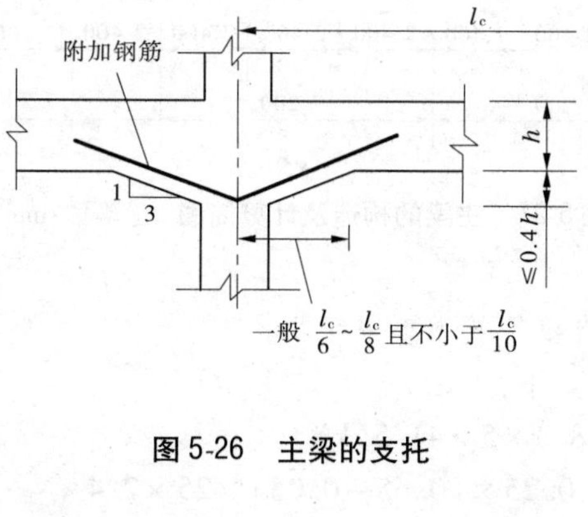

图 5-26　主梁的支托

5.1.3.5　绘制主梁结构施工图

根据配筋结果和构造要求绘制主梁结构施工图。

5.1.3.6 例 5-1 的主梁设计

1. 计算简图

本例中主梁的跨度为 7.2 m,主梁的截面高度根据刚度要求确定

$$h \geqslant l/15 = 7\ 200/15 = 480(\text{mm})$$

假定主梁的截面为 $b \times h = 250\ \text{mm} \times 650\ \text{mm}$。

1) 计算跨度与跨数

主梁端部支撑在带壁柱砖墙上,支撑长度为 370 mm。中间支撑在 400 mm × 400 mm 的混凝土柱上。主梁按三跨连续梁计算,其计算跨度如下:

边跨 $l_{n1} = 7\ 200 - 120 - 400/2 = 6\ 880(\text{mm})$

$l_{01} = l_c = 7\ 200\ \text{mm}$

$l_{01} = 1.05 l_{n1} = 1.05 \times 6\ 880 = 7\ 224(\text{mm})$

取小值,$l_{01} = 7\ 200(\text{mm})$。

中间跨 $l_{n2} = 7\ 200 - 400 = 6\ 800(\text{mm})$

$l_{02} = l_c = 7\ 200(\text{mm})$

$l_{02} = 1.05 l_{n2} = 1.05 \times 6\ 800 = 7\ 140(\text{mm})$

应取 $l_{02} = 7\ 140$ mm,但为了计算方便,取 $l_{02} = 7\ 200$ mm。

内力可按三跨连续梁内力系数表来计算。构造及计算简图如图 5-27 所示。

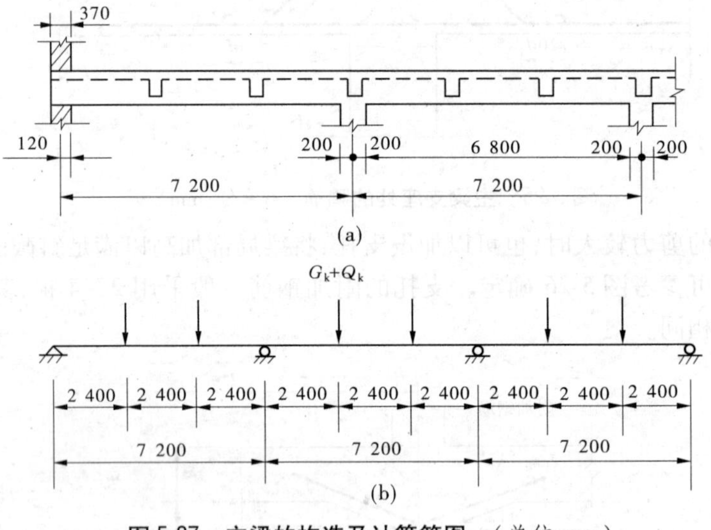

图 5-27 主梁的构造及计算简图 (单位:mm)

2) 荷载计算

为简化计算,将主梁自重等效为集中荷载。

永久荷载标准值计算如下:

次梁传来荷载 $8.3 \times 5 = 41.5(\text{kN})$

主梁梁肋自重 $0.25 \times (0.65 - 0.08) \times 25 \times 2.4 +$

$0.02 \times 2 \times (0.65 - 0.08) \times 17 \times 2.4 = 9.5(\text{kN})$

小计 $G_k = 41.5 + 9.5 = 51.0(\text{kN})$

可变荷载标准值　　$Q_k = 14.4 \times 5 = 72.0(kN)$

2. 内力计算

根据弹性方法，集中荷载作用下连续梁的内力按下式计算

$$M = 1.05\alpha_1 G_k l_0 + 1.20\alpha_2 Q_k l_0 \quad V = 1.05\beta_1 G_k + 1.20\beta_2 Q_k$$

$$G_k l_0 = 51.0 \times 7.2 = 367.2(kN \cdot m)$$

$$Q_k l_0 = 72.0 \times 7.2 = 518.4(kN \cdot m)$$

式中，α_1、α_2、β_1、β_2 可查附录4。

弯矩设计值计算结果见表5-8，剪力设计值计算结果见表5-9。

表5-8　主梁的弯矩计算表

序号	荷载简图	边跨中		中间支座	中跨中	
		$\frac{\alpha}{M_1}$	M_{1a}	$\frac{\alpha}{M_B(M_C)}$	M_{2b}	$\frac{\alpha}{M_2}$
①	图5-28(a)	$\frac{0.244}{94.08}$	59.77	$\frac{-0.267(-0.267)}{-102.94(-102.94)}$	25.83	$\frac{0.067}{25.83}$
②	图5-28(b)	$\frac{0.289}{179.78}$	152.20	$\frac{-0.133(-0.133)}{-82.74(-82.74)}$	-82.74	$\frac{-0.133}{-82.74}$
③	图5-28(c)	$\frac{0.229}{142.46}$	77.97	$\frac{-0.311(-0.089)}{-193.47(-55.37)}$	59.72	$\frac{0.170}{105.75}$
④	图5-28(d)	$\frac{-0.044}{-27.37}$	-54.95	$\frac{-0.133(-0.133)}{-82.74(-82.74)}$	124.42	$\frac{0.200}{124.42}$
最不利内力组合	①+②	273.86	211.97	-185.68(-185.68)	-56.91	-56.91
	①+③	236.54	137.74	-296.41(-158.31)	85.55	131.58
	①+④	66.71	4.82	-185.68(-185.68)	150.25	150.25

注：$M_{1a} = M_1 - M_B/3$，$M_{2b} = M_2 - (M_B - M_C)/3$，其中 M_B、M_C 均以正值代入。

表5-9　主梁剪力计算表

序号	计算简图	边支座	边跨中	中间支座	中间跨中
		$\frac{\beta}{V_A}$	V_1^R	$\frac{\beta}{V_{1B}^L(V_B^R)}$	V_{2b}^R
①	图5-28(a)	$\frac{0.733}{39.25}$	-14.30	$\frac{-1.267(1.000)}{-67.85(53.55)}$	0
②	图5-28(b)	$\frac{0.866}{74.82}$	-11.58	$\frac{-1.134(0)}{-97.98(0)}$	0
③	图5-28(c)	$\frac{0.689}{59.53}$	-26.87	$\frac{-1.311(1.222)}{-113.27(105.58)}$	19.18
④	图5-28(d)	$\frac{-0.133}{-11.49}$	-11.49	$\frac{-0.133(1.000)}{-11.49(86.40)}$	0
最不利内力组合	①+②	114.07	-25.88	-165.83(53.55)	0
	①+③	98.78	-41.17	-181.12(159.13)	19.18
	①+④	27.76	-25.79	-79.34(139.95)	0

可变荷载的最不利组合位置见图5-28。

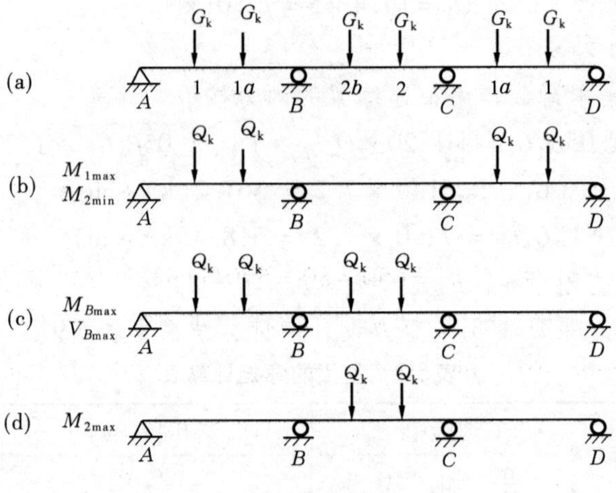

图 5-28　可变荷载的最不利组合

主梁的弯矩包络图和剪力包络图见图 5-29。

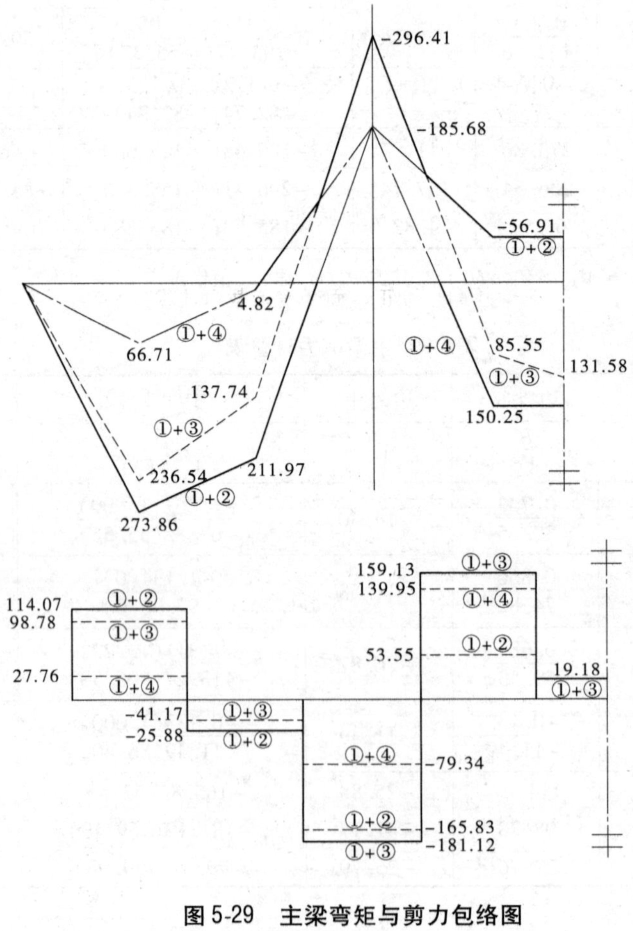

图 5-29　主梁弯矩与剪力包络图

3.配筋计算

1)正截面受弯承载力计算

主梁跨中截面按T形截面计算,翼缘高度 $h_f' = 80$ mm。

计算翼缘宽度 $b_f' = l_0/3 = 7.2/3 = 2.4(\text{m}) < b + s_n = 5.0$ m。

所以取 $b_f' = 2\ 400$ mm。

截面有效高度计算如下:

支座 B　　$h_0 = 650 - 80 = 570(\text{mm})$

边跨中　　$h_0 = 650 - 70 = 580(\text{mm})$

中跨截面　$h_0 = 650 - 40 = 610(\text{mm})$(下部)　$h_0 = 650 - 60 = 590(\text{mm})$(上部)

主梁支座截面按矩形截面计算,计算弯矩采用支座边缘截面处的弯矩值,即

$$M_B' = -(M_B - 0.5bV_0)$$

因为 $b = 0.4\ \text{m} > 0.05l_n = 0.05 \times 6.8 = 0.34(\text{m})$,取 $b = 0.34$ m。

$$M_B' = -(M_B - 0.5bV_0) = -[296.41 - 0.5 \times 0.34 \times (1.05 \times 51.0 + 1.20 \times 72.0)] = -272.62(\text{kN} \cdot \text{m})$$

判别T形梁截面类型:

$$f_c b_f' h_f' (h_0 - h_f'/2) = 11.9 \times 2\ 400 \times 80 \times (580 - 80/2) = 1\ 233.8(\text{kN} \cdot \text{m})$$
$$> KM_1 = 1.20 \times 273.86 = 328.63(\text{kN} \cdot \text{m})$$
$$> KM_2 = 1.20 \times 150.25 = 180.30(\text{kN} \cdot \text{m})$$

主梁跨中按第一类T形梁截面计算。

$f_c = 11.9\ \text{N/mm}^2$,$f_t = 1.27\ \text{N/mm}^2$,$f_y = 360\ \text{N/mm}^2$,承载力安全系数 $K = 1.20$,计算结果见表5-10。

表5-10 主梁正截面受弯承载力计算

截面	边跨中	中间支座 B	中跨中	
$M(\text{kN} \cdot \text{m})$	273.86	−272.62	150.25	−56.91
b_f'或b(mm)	2 400	250	2 400	250
h_0(mm)	580	570	610	590
$\alpha_s = \frac{KM}{f_c b_f'(\text{或}b) h_0^2}$	0.034	0.338	0.017	0.066
$\xi = 1 - \sqrt{1 - 2\alpha_s}$	0.035	0.431	0.017	0.068
$A_s = \xi \frac{f_c}{f_y} b_f'(\text{或}b) h_0(\text{mm}^2)$	1 610	2 030	823	332
选配钢筋	2 Φ 20(直) +2 Φ 18(直) 2 Φ 18(弯)	4 Φ 22(直) +2 Φ 18(左弯)	3 Φ 20 (直)	2 Φ 22 (直)
实配面积(mm^2)	1 645	2 029	942	760
$\rho = A_s/(bh_0)(\%)(\rho_{min} = 0.20\%)$	1.13	1.42	0.62	0.52

连续梁的配筋构造:

(1)纵向钢筋直径宜选用12~25 mm,最大不宜超过28 mm。

(2)纵向钢筋直径种类不宜超过两种,且直径差应大于或等于2 mm。

(3)每排纵向受力钢筋宜用3~4根,最多用两排。

(4)选配钢筋时,先选跨中受力钢筋,支座负弯矩钢筋可由两边跨中的一部分钢筋弯起而得,如果不足,则另加直钢筋以满足支座上面负弯矩所需的钢筋量。弯起钢筋的弯起点应满足斜截面受弯承载力的要求。

(5)跨中下部受力钢筋至少要有2根伸入支座,并放在下部两角处(兼作支座截面架立钢筋),其面积不宜小于跨中钢筋面积的一半。

(6)支座上部钢筋由两边弯起时,应不使钢筋在支座处碰头,另加直钢筋应放在上面两角处(兼作架立钢筋)。

(7)绘制结构施工图时,所有钢筋均应予以编号,如钢筋的种类、直径、形状及长度完全相同,可以编同一个号,否则需分别编号。

(8)主梁应绘制弯矩包络图及抵抗弯矩图,以确定纵筋弯起或切断的具体位置。

2)主梁斜截面受剪承载力计算

计算结果见表5-11。

表5-11 主梁斜截面受剪承载力计算

截面	支座 A	支座 B(左)	支座 B(右)
V(kN)	114.07	-181.12	159.13
KV(kN)	136.88	-217.34	190.96
h_0(mm)	580	570	570
$0.25f_cbh_0$(kN)	$431.4>KV$	$423.9>KV$	$423.9>KV$
$V_c=0.7f_tbh_0$(kN)	$128.9<KV$	$126.7<KV$	$126.7<KV$
选配箍筋肢数、直径(mm)	2、8	2、8	2、8
$s=\dfrac{1.25f_{yv}A_{sv}h_0}{KV-0.7f_tbh_0}$(mm)	1 927	167	235
实配箍筋间距 s (mm)	160	160	200
$\rho_{sv}=A_{sv}/(bs)$(%)($\rho_{svmin}=0.15\%$)	0.25	0.25	0.20
$V_{cs}=0.7f_tbh_0+1.25f_{fv}=\dfrac{A_{sv}}{s}h_0$	225.0	221.2	202.3

3)主梁吊筋的计算

由次梁传来的全部集中荷载为

$$F=1.05G_k+1.20Q_k=1.05\times51+1.20\times72=139.95(\text{kN})$$

$$A_{sb}\geqslant\frac{KF}{f_{yv}\sin\alpha}=\frac{1.20\times139.95\times10^3}{360\times\sin45^\circ}=660(\text{mm}^2)$$

选用2 Φ 16($A_{sb}=2\times2\times201=804(\text{mm}^2)$)。

4.绘制主梁结构施工图

主梁的配筋图如图5-30所示,钢筋表见表5-12。

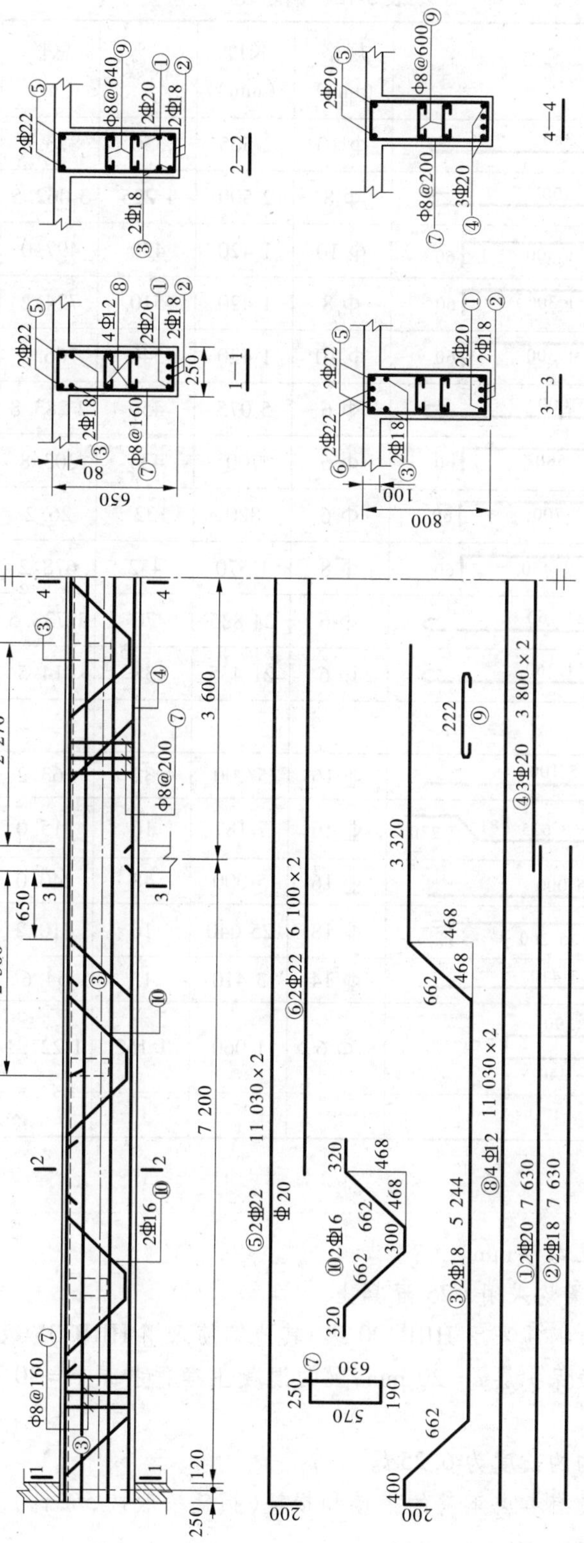

图 5-30　主梁的配筋图　（尺寸单位：mm）

表 5-12　钢筋表

构件	编号	简图	规格(mm)	长度(mm)	根数	总长(m)	单重(kg/m)	总重(kg)
板	①	2 380	Φ 10	2 505	350	876.8	0.617	540.99
	②	2 400	Φ 8	2 500	1 225	3 062.5	0.395	1 209.69
	③	60 1 300 60	Φ 10	1 420	450	497.0	0.617	306.65
	④	60 1 300 60	Φ 8	1 420	510	724.2	0.395	286.006
	⑤	60 1 300 60	Φ 10	1 420	540	766.8	0.617	473.12
	⑥	5 000	Φ 6	5 075	450	2 283.8	0.222	507.00
	⑦	60 580 60	Φ 6	700	434	303.8	0.222	67.44
	⑧	60 700 60	Φ 6	820	32	26.2	0.222	5.82
	⑨	60 1 450 60	Φ 8	1 570	432	678.2	0.395	267.89
	⑩	24 760	Φ 6	24 835	70	1 738.5	0.222	385.95
	⑪	21 360	Φ 6	21 435	38	814.5	0.222	180.82
	合计							4 231.43
次梁	①	5 100	Φ 16	5 100	32	163.2	1.58	257.86
	②	100 270 481 3 625 481 2 230	Φ 16	7 187	16	115.0	1.58	181.70
	③	5 000	Φ 16	5 000	48	240.0	1.58	379.20
	④	220 25 200 220	Φ 18	25 640	16	410.2	2.00	820.4
	⑤	3 410	Φ 14	3 410	15	54.6	1.21	66.07
	⑥	390 190 140 340	Φ 6	1 060	1 152	1 221.1	0.222	271.08
	合计							1 976.31

说明：

(1)图中尺寸单位均为 mm。

(2)板、次梁及主梁均采用 C25 混凝土。

(3)梁内纵向受力钢筋采用 HRB400 级，其他钢筋采用 HRB335 级或 HPB235 级。

(4)板的混凝土净保护层 $c=20$ mm，梁的混凝土净保护层 $c=30$ mm，钢筋端部的保护层为 20 mm。

(5)钢筋半圆弯钩的长度为 6.25d。

(6)钢筋总用量没有考虑钢筋的搭接和损耗(损耗一般按 5%计)。

任务 5.2　双向板肋形结构

5.2.1　双向板的试验结果

(1)承受均布荷载的四边简支正方形板(见图 5-31(a))。当均布荷载逐渐增加时,第一批裂缝出现在板底面的中间部分,随后沿着对角线方向向四角扩展,在接近破坏时,板顶面四角附近也出现了与对角线垂直且大致成一圆形的裂缝,这种裂缝的出现促使板底面对角线方向的裂缝进一步扩展,最后跨中受力钢筋达到屈服强度,板受压区被压碎而破坏。

(2)承受均布荷载的四边简支矩形板(见图 5-31(b))。第一批裂缝出现在板底面的中间部分,方向与长边平行,当荷载继续增加时,这些裂缝逐渐延长,并沿 45°方向扩展。在接近破坏时,板顶面四角也先后出现裂缝,其方向垂直于对角线。这些裂缝的出现促使板底面 45°方向裂缝的进一步扩展。最后跨中受力钢筋达到屈服强度,受压区混凝土被压碎而破坏。

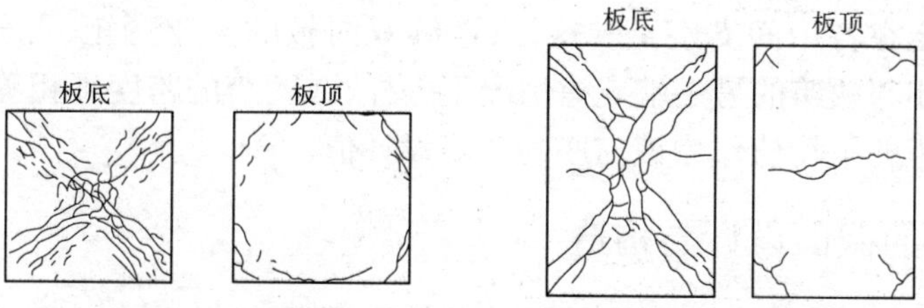

(a)四边简支正方形板　　(b)四边简支矩形板

图 5-31　双向板的破坏形态

试验表明,板中钢筋的布置方向对破坏荷载的数值无显著影响,钢筋平行于板的四边布置时,对推迟第一批裂缝的出现有良好的作用,而且施工方便,实际工程中多采用这种布置方式。

简支的正方形板或矩形板,在荷载作用下,板的四角都有翘起的趋势。板传给四边支座的压力,并非沿边长均匀分布,而是在支座的中部较大,向两端逐渐减小。

当配筋率相同时,采用较细的钢筋较为有利;当钢筋数量相同时,将板中间部分的钢筋排列较密些要比均匀布置有效。

5.2.2　弹性方法计算内力

实际工程中双向板大多是根据板的荷载及支撑情况利用有关表格进行计算。

5.2.2.1　单块双向板的计算

对于承受均布荷载的单块矩形双向板,可以根据板的四边支撑情况及沿 x 与 y 方向的跨度之比,利用附录 7 表格按下式计算

$$M = 1.05\alpha_1 g_k l_x^2 + 1.20\alpha_2 q_k l_x^2 \tag{5-7}$$

式中 M——相应于不同支撑情况单位板宽内跨中或支座中点弯矩值；

α_1、α_2——根据不同支撑情况和跨度比 l_x/l_y，由附录7查得；

l_x——板的跨度，见附录7附表所示，m。

5.2.2.2 连续双向板的计算

计算连续的双向板时，可将连续的双向板简化为单块双向板来计算。

1. 跨中最大弯矩

当均布永久荷载 g_k 和可变荷载 q_k 作用时，最不利的荷载应按图5-32(a)布置。这种布置情况可简化为满布的 p_k'（见图5-32(b)）和一上一下作用的 p_k''（见图5-32(c)）两种荷载情况之和。设全部荷载 p_k（$p_k = g_k + q_k$）是由 p_k' 和 p_k'' 组成，则 $p_k' = g_k + q_k/2$，$p_k'' = \pm q_k/2$。在满布的荷载 p_k' 作用下认为板的中间支座都是固定支座；在一上一下的荷载 p_k'' 的作用下，把中间支座都看作简支支座。板的边支座根据实际情况确定。将上述两种情况求得的跨中弯矩相叠加，便可得到可变荷载在最不利位置时所产生的跨中最大弯矩和最小弯矩。

2. 支座中点最大弯矩

将全部荷载 p（$p = 1.05g_k + 1.20q_k$）布满各跨，则可计算支座最大弯矩。各跨的板都可近似地认为固定在各中间支座上。这样，连续双向板的支座弯矩，可分别按单块板由附录7查得。如相邻两跨的另一端支撑情况不一样，或两跨的跨度不相等，可取相邻两跨板的同一支座弯矩的平均值作为该支座的弯矩设计值。

5.2.3 双向板的截面设计与构造

(1)求得双向板跨中和支座的最大弯矩值之后，即可选择板的厚度和计算钢筋用量。但需注意，双向板跨中两个方向均需配置受力钢筋，钢筋是纵横交叉布置的（纵横向钢筋上下紧靠绑扎或焊接在一起），因而两个方向的截面有效高度是不同的。短跨方向的弯矩较大，钢筋应放在下层。

(2)按弹性方法计算出的板跨中最大弯矩是板中间板带的弯矩，故所求出的钢筋用量是中间板带单位宽度内所需要的钢筋用量。靠近支座的板带的弯矩比中间板带的弯矩要小，它的钢筋用量也比中间板带的钢筋用量少。考虑到施工方便，可按图5-33处理，即将板在两个方向各划分为三个板带，边缘板带的宽度均为较小跨度 l_1 的1/4，其余为中间板带。在中间板带，按跨中最大弯矩值配筋。在边缘板带，单位宽度内的钢筋用量则为相应中间板带钢筋用量的一半。但在任何情况下，每米宽度内的钢筋不少于3根。

(3)由支座最大弯矩求得的支座钢筋数量，沿板边应均匀配置，不得分带减少。

(4)在简支的单块板中，考虑到简支支座嵌固作用，可将每一方向的跨中钢筋弯起1/3～1/2伸入到支座上面，以承担可能产生的负弯矩。

(5)在连续双向板中，承担中间支座负弯矩的钢筋，可由相邻两跨跨中钢筋各弯起1/3～1/2来承担，不足部分另加直钢筋；由于边缘板带内跨中钢筋较少，钢筋弯起较困难，可在支座上面另加直钢筋。

双向板钢筋的配筋方式有分离式和弯起式两种（见图5-34）。

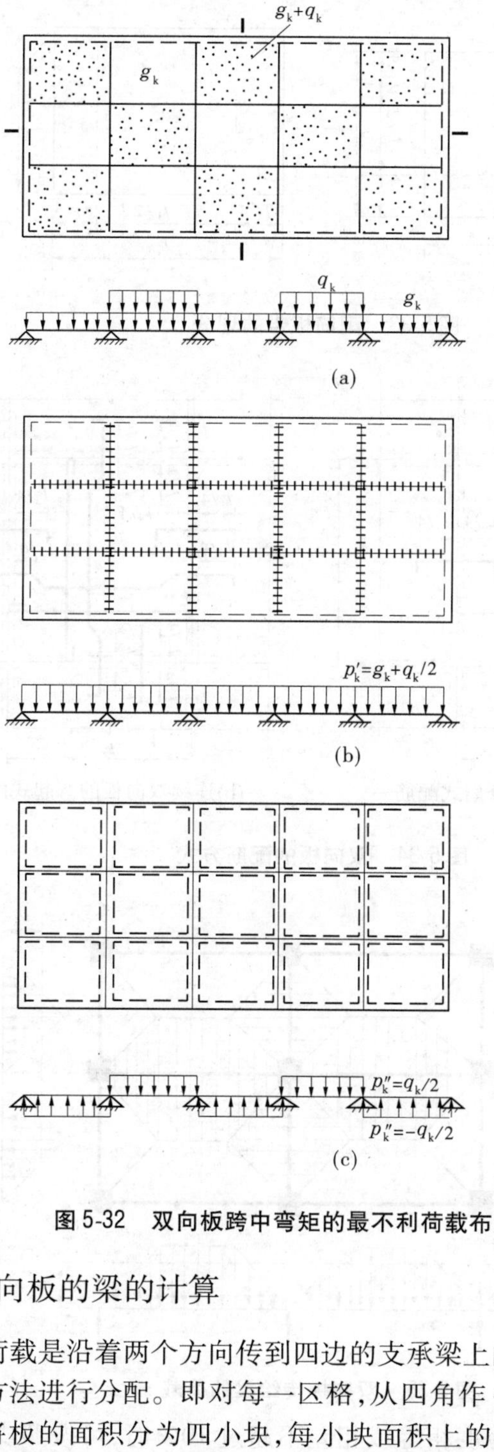

图5-32　双向板跨中弯矩的最不利荷载布置及分解

5.2.4　支撑双向板的梁的计算

双向板上的荷载是沿着两个方向传到四边的支承梁上的，双向板传给梁的荷载，在设计中多采用近似方法进行分配。即对每一区格，从四角作45°线与平行于长边的中线相交(见图5-35)，将板的面积分为四小块，每小块面积上的荷载认为传递到相邻的梁上。所以，短跨梁上的荷载是三角形分布，长跨梁上的荷载是梯形分布。梁上的荷载确定后即可计算梁的内力。

按弹性方法计算承受梯形或三角形分布荷载的连续梁的内力时，计算跨度可仍按一

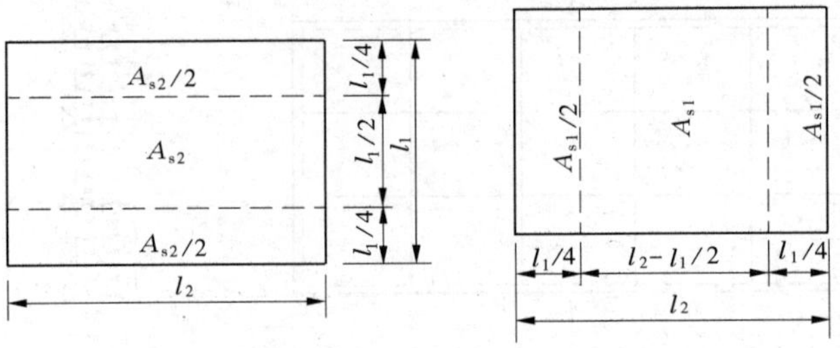

图 5-33　配筋板带的划分

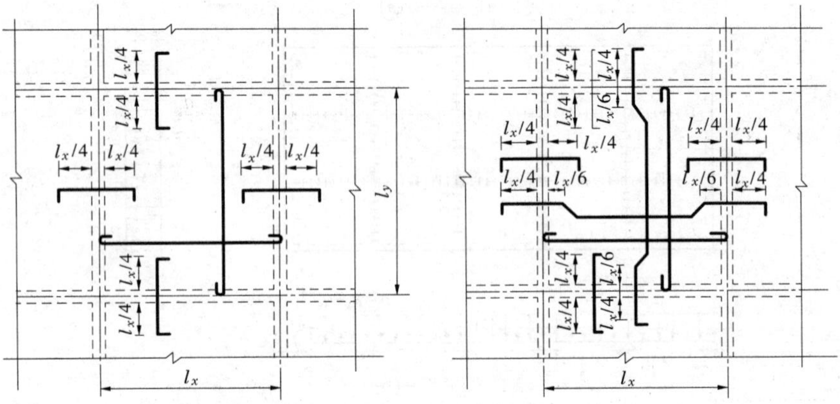

(a)连续双向板的分离式配筋　(b)连续双向板的弯起式配筋

图 5-34　双向板的配筋方式

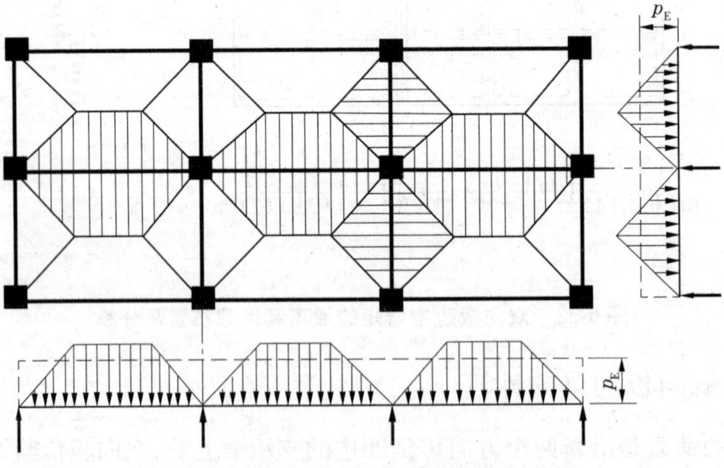

图 5-35　双向板传给梁的荷载

般连续梁的规定取用。当其跨度相等或相差不超过 10% 时，可按照支座弯矩等效的原则，将梯形（或三角形）分布荷载折算成等效的均布荷载 p_E（见表 5-13），然后利用附录 4 求出最不利荷载布置情况下各支座弯矩。各支座弯矩求出后，可根据各跨梁的静力平衡条件，求出各跨跨中弯矩和支座剪力。

表 5-13 各种荷载化成具有相同支座弯矩的等效均布荷载表

编号	实际荷载简图	支座弯矩等效均布荷载 p_E
1	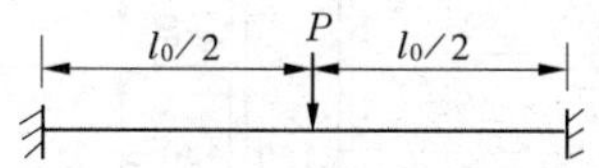	$\frac{3P}{2l_0}$
2	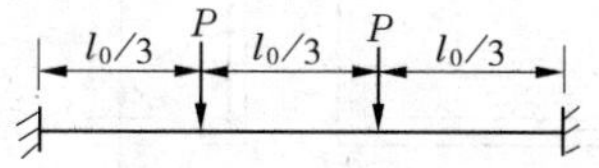	$\frac{8P}{3l_0}$
3	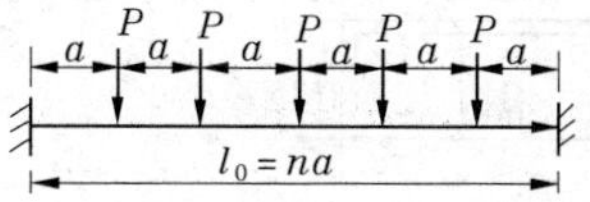	$\frac{n^2-1}{n}\frac{P}{l_0}$
4	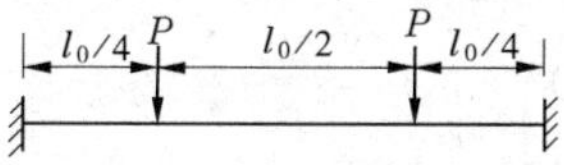	$\frac{9}{4}\frac{P}{l_0}$
5	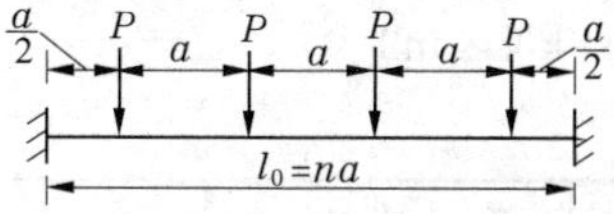	$\frac{2n^2+1}{2n}\frac{P}{l_0}$
6	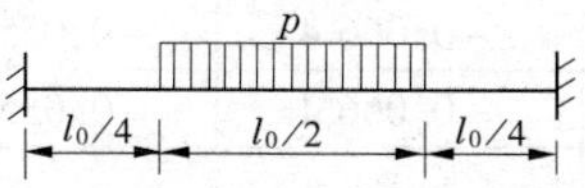	$\frac{11}{16}p$
7	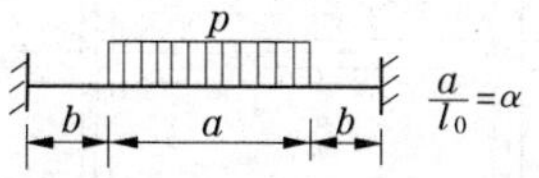	$\frac{\alpha(3-\alpha^2)}{2}p$
8	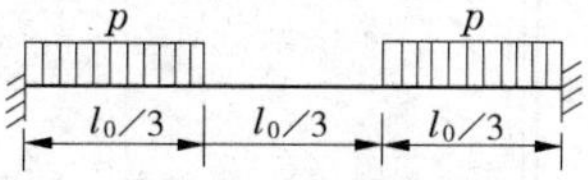	$\frac{14}{27}p$
9	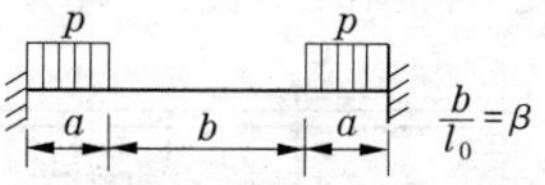	$\frac{2(2+\beta)\alpha^2}{l_0^2}p$
10	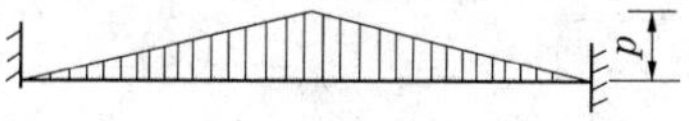	$\frac{5}{8}p$
11	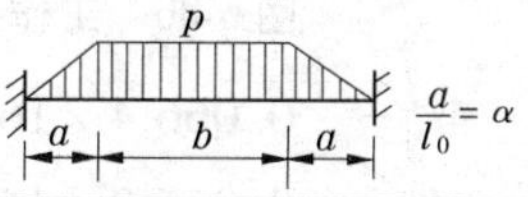	$(1-2\alpha^2+\alpha^3)p$
12	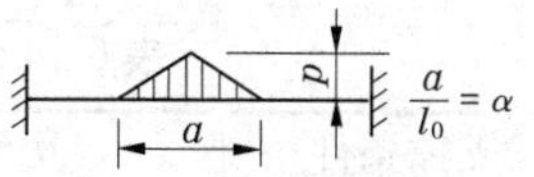	$\frac{\alpha}{4}(3-\frac{\alpha^2}{2})p$
13	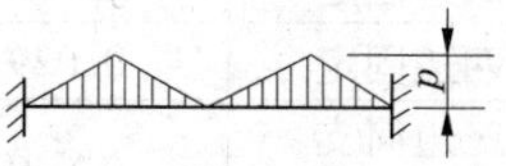	$\frac{17}{32}p$

梁的截面设计、裂缝和变形验算及配筋构造与支撑单向板的梁完全相同。

【例 5-2】 某水电站的工作平台，因使用要求，采用双向板肋形结构。板四边与边梁整体浇筑，板厚 150 mm，边梁截面尺寸 250 mm × 600 mm，如图 5-36 所示。该工程属 3 级水工建筑物，设计状况为持久状况。已知永久荷载值 $g_k = 4\ kN/m^2$，可变荷载值 $q_k = 10\ kN/m^2$，混凝土采用 C20，钢筋采用 HRB400 级。试计算各区格板的弯矩并配筋。

解：1. 荷载与内力计算

由于结构对称，该平台可分为 A、B 两种区格。可变荷载最不利布置如下：

(1) 当求跨中最大弯矩时，可变荷载按棋盘式布置，分解为

满布荷载 $p_k' = g_k + q_k/2 = 4 + 10/2 = 9(kN/m^2)$

一上一下荷载 $p_k'' = \pm q_k/2 = \pm 10/2 = \pm 5(kN/m^2)$

(2) 当求支座最大弯矩时，可变荷载满布，即

$$p = 1.05g_k + 1.20q_k = 1.05 \times 4 + 1.20 \times 10 = 16.2(kN/m^2)$$

A 区格：$l_x = 4.8\ m$，$l_y = 6.0\ m$，$l_x/l_y = 4.8/6.0 = 0.8$，由附录 7 查得弯矩系数 α 见表 5-14。

荷载 p 作用下的支座弯矩为

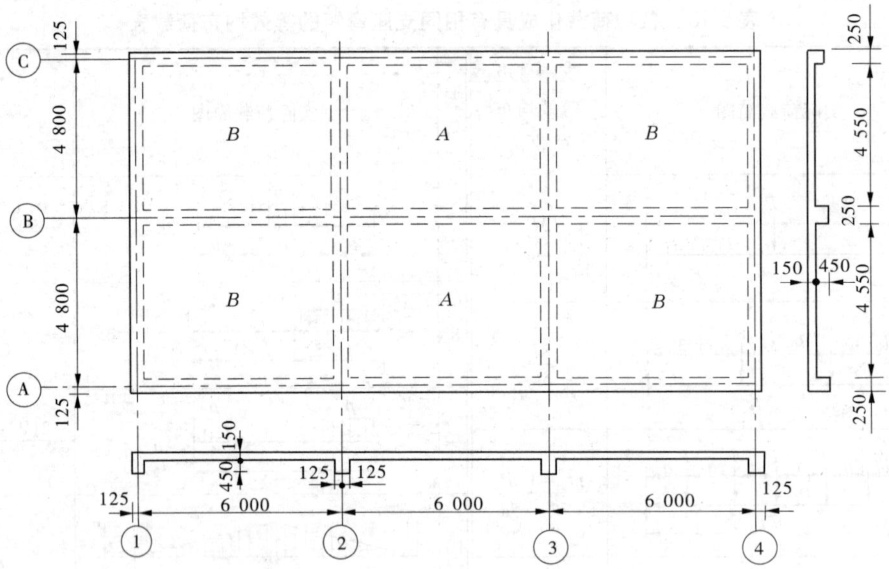

图 5-36　工作平台布置图　（单位：mm）

$$M_x^0 = -0.066\,4 \times 16.2 \times 4.8^2 = -24.78(\text{kN} \cdot \text{m})$$

$$M_y^0 = -0.055\,9 \times 16.2 \times 4.8^2 = -20.86(\text{kN} \cdot \text{m})$$

表 5-14　区格 A 弯矩系数 α

荷载	支撑条件	M_x	M_y	M_x^0	M_y^0
P	四边固定	0.029 5	0.018 9	-0.066 4	-0.055 9
P'	四边固定	0.029 5	0.018 9	-0.066 4	-0.055 9
P''	三边简支 一边固定	0.049 5	0.027 0	-0.100 7	

荷载 $p_k' + p_k''$ 作用下的跨中弯矩及外支座弯矩为

$$M_x = 1.05 \times 0.029\,5 \times 9 \times 4.8^2 + 1.2 \times 0.049\,5 \times 5 \times 4.8^2 = 13.27(\text{kN} \cdot \text{m})$$

$$M_y = 1.05 \times 0.018\,9 \times 9 \times 4.8^2 + 1.20 \times 0.027 \times 5 \times 4.8^2 = 7.85(\text{kN} \cdot \text{m})$$

$$M_x^0 = -1.05 \times 0.066\,4 \times 9 \times 4.8^2 - 1.20 \times 0.100\,7 \times 5 \times 4.8^2 = -28.38(\text{kN} \cdot \text{m})$$

B 区格：$l_x = 4.8$ m，$l_y = 6.0$ m，$l_x/l_y = 4.8/6.0 = 0.8$，由附录 7 查得弯矩系数 α 见表 5-15。

表 5-15　区格 B 弯矩系数 α

荷载	支撑条件	M_x	M_y	M_x^0	M_y^0
P	四边固定	0.029 5	0.018 9	-0.066 4	-0.055 9
P'	四边固定	0.029 5	0.018 9	-0.066 4	-0.055 9
P''	两邻边简支 两边固定	0.039 7	0.027 8	-0.074 8	

荷载 p 作用下的支座弯矩为

$$M_x^0=-0.0664\times16.2\times4.8^2=-24.78(\text{kN}\cdot\text{m})$$

$$M_y^0=-0.0559\times16.2\times4.8^2=-20.86(\text{kN}\cdot\text{m})$$

荷载 $p_k'+p_k''$ 作用下的跨中弯矩及外支座弯矩为

$$M_x=1.05\times0.0295\times9\times4.8^2+1.20\times0.0397\times5\times4.8^2=11.91(\text{kN}\cdot\text{m})$$

$$M_y=1.05\times0.0189\times9\times4.8^2+1.20\times0.0278\times5\times4.8^2=7.96(\text{kN}\cdot\text{m})$$

$$M_x^0=-1.05\times0.0664\times9\times4.8^2-1.20\times0.0883\times5\times4.8^2=-26.66(\text{kN}\cdot\text{m})$$

$$M_y^0=-1.05\times0.0559\times9\times4.8^2-1.20\times0.0748\times5\times4.8^2=-22.51(\text{kN}\cdot\text{m})$$

2. 配筋计算

基本资料：$b=1\,000$ mm，$f_c=9.6$ N/mm²，$f_y=360$ N/mm²，$c=25$ mm，$K=1.20$，$h_{01}=150-30=120$(mm)（短向），$h_{02}=150-40=110$(mm)（长向）。

配筋计算见表5-16。

表5-16 双向板配筋表

截面	区格A					区格B					
	内支座		跨中		外支座	内支座		跨中		外支座	
方向	L_x	L_y	L_x	L_y	L_x	L_x	L_y	L_x	L_y	L_x	L_y
M (kN·m)	24.78	20.86	13.27	7.85	28.38	24.78	20.86	11.91	7.96	26.66	22.51
KM(kN·m)	30.98	26.08	16.59	9.81	35.48	30.98	26.08	14.89	9.95	33.33	28.14
h_0(mm)	120	120	120	110	120	120	120	120	110	120	120
$\alpha_s=\dfrac{KM}{f_c bh_0^2}$	0.215	0.181	0.115	0.081	0.246	0.215	0.181	0.103	0.082	0.231	0.195
ξ	0.245	0.201	0.123	0.085	0.287	0.245	0.201	0.109	0.086	0.267	0.219
$A_s=f_c\xi h_0/f_y$	784	643	394	249	918	784	643	349	252	854	701
配筋	Φ10 @100	Φ10 @100	Φ10 @200	Φ10 @200	Φ10/12 @100	Φ10 @100	Φ10 @100	Φ10 @200	Φ10 @200	Φ10/12 @100	Φ10 @100
实配 A_s(mm²)	785	785	393	393	958	785	785	393	393	958	785
$\rho=A_s/(bh_0)$ ($\rho_{min}=0.15\%$)	0.65	0.65	0.33	0.36	0.80	0.65	0.65	0.33	0.36	0.80	0.65

注：为计算简单，区格A的跨中和内支座的弯矩均未考虑拱作用折减。

3. 绘制配筋图

双向板肋形结构配筋图见图5-37。有关构造规定说明如下：

(1)为方便施工，工作平台按分离式配筋。

(2)沿方向 l_x 的钢筋应放置在沿 l_y 方向钢筋的外侧。

(3)由于跨中配筋量较小，为符合受力钢筋最大间距不大于300 mm的要求，l_x 和 l_y 两个方向的钢筋用量均按相应的最大值选用。如果选配细钢筋且间距较密，可对边板带钢筋减半配置。

(4)由于板与边梁整体浇筑，计算时视为固定支座，因此板中受力钢筋应可靠地锚固于边梁中，锚固长度 l_a 应不小于 $40d$。

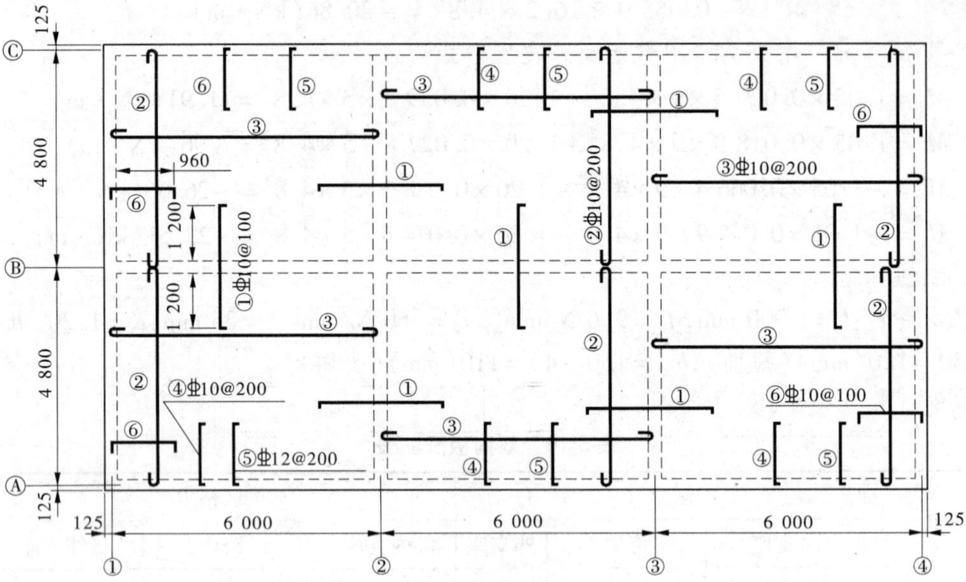

图 5-37 双向板肋形结构配筋图 (尺寸单位:mm)

小 结

现浇钢筋混凝土单向板肋形楼盖的结构布置、计算简图；按弹性方法计算内力；单向板、次梁、主梁的计算步骤、计算要点和构造要求；现浇钢筋混凝土双向板肋形楼盖的受力特点、按弹性方法计算内力及构造要求。

技能考核题

一、肋形结构设计任务书

(一)基本资料

某水电站副厂房楼盖为 3 级建筑物，采用现浇钢筋混凝土肋形结构。其平面尺寸为 30 m×19.8 m，采用单向板肋形结构，平面布置如图 5-38 所示。初步拟定尺寸：板的跨度为 2.2 m(2.5 m、2.7 m 等)，板的厚度为 80 mm(90 mm、100 mm 等)；次梁跨度为 6 m，截面尺寸为 200 mm × 500 mm(250 mm×500 mm 等)；主梁跨度为 6.6 m(7.5 m、8.1 m 等)；截面尺寸为 300 mm×700 mm(300 mm×600 mm、250 mm×600 mm 等)。楼板上层采用 20 mm 厚的水泥砂浆(容重为 20 kN/m^3)抹面，板底抹灰为 15 mm 厚的纸筋石灰砂浆；外墙采用 240 mm 厚砖墙，不设边柱，板在墙上的搁置长度为 120 mm，次梁和主梁在墙上的搁置长度为 240 mm。板上可变荷载标准值 q_k = 6.0 kN/m^2(5.8 kN/m^2、5.6 kN/m^2、

5.4 kN/m^2、5.2 kN/m^2、5.0 kN/m^2 等)。混凝土强度等级为 C25,梁中受力钢筋为 HRB335 级,其余为 HPB235 级。试为此楼配置钢筋并绘出结构施工图。

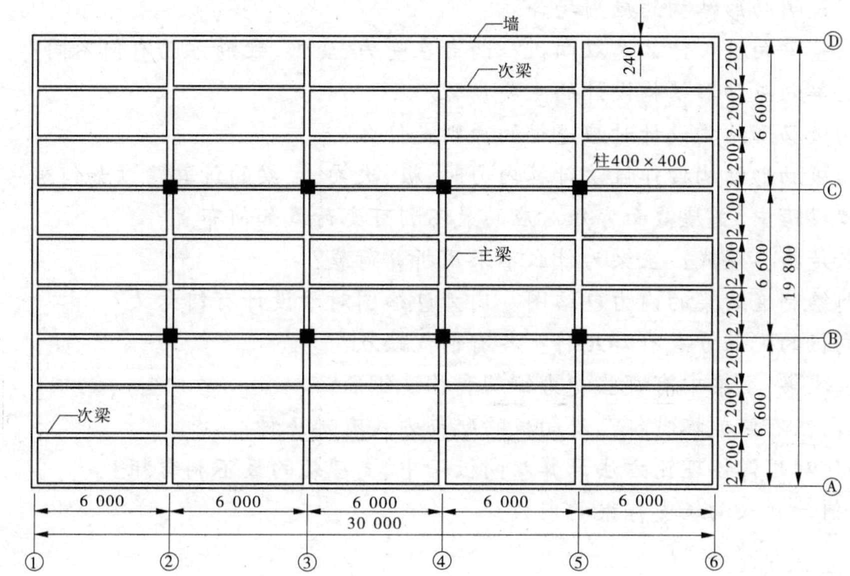

图 5-38　肋形楼盖结构平面布置图　(单位:mm)

(二)设计内容与步骤

(1)确定梁格的布置(若给出的布置不合适,可以自己布置)。

(2)确定主梁、次梁、柱的截面尺寸及板的厚度。

(3)按弹性方法确定板的计算简图,计算跨中及支座截面的最不利内力并进行配筋计算(若拟定的尺寸不合适,可重新设计)。

(4)按弹性方法确定次梁的计算简图,并进行内力计算和配筋计算。

(5)按弹性方法计算主梁的计算简图,并进行控制截面的内力计算,绘制主梁的内力包络图。

(6)进行主梁的正截面、斜截面配筋计算,布置纵向钢筋。

(7)绘制楼盖结构施工图。包括板的配筋图、次梁的纵向和横向配筋图、主梁的纵向和横向配筋图、钢筋表和说明。

(三)上交成果

(1)结构设计计算说明书。包括基本资料,板、次梁与主梁的设计简图、内力计算、配筋计算等。

要求:内容完整,计算正确,书写整洁。

(2)绘制楼盖结构施工图(1 号图纸一张或 2 号图纸两张)。包括板、次梁、主梁的配筋图、钢筋表和说明等。

要求:布局合理,图面整洁,制图规范、准确。

二、简答题

1. 举例说明肋形结构的应用场合。
2. 什么是单向板？什么是双向板？两者在受力、变形、配筋方面有何不同？
3. 简述单向板肋形结构设计的主要步骤。
4. 单向板肋形结构设计时应遵循的原则是什么？
5. 单向板肋形结构按弹性法计算内力时，板、次梁、主梁的计算跨度如何确定？
6. 连续梁跨中、支座截面弯矩对应的最不利可变荷载如何布置？
7. 什么是折算荷载？主梁为什么不采用折算荷载？
8. 如何绘制连续梁的内力包络图？内力包络图对于设计有何意义？
9. 单向板的配筋方式有哪几种？各有何优缺点？
10. 板、次梁、主梁中有哪些受力钢筋和构造钢筋？
11. 双向板有何破坏特征？双向板的配筋方式有哪几种？
12. 如何利用弹性理论方法计算双向板跨中、支座处的最不利弯矩？
13. 如何计算双向板支撑梁的内力？

三、选择题

1. 周边支撑的钢筋混凝土板。设其长边跨度为 l_2，短边跨度为 l_1，下列哪项属于单向板。(　　)

A. $l_2/l_1 \geqslant 2$　　B. $l_2/l_1 < 2$　　C. $l_2/l_1 \geqslant 3$　　D. $l_2/l_1 < 3$

2. 按弹性理论计算现浇单向板肋梁楼盖时，对板和次梁应采用折算荷载进行计算，原因是下列哪项？(　　)

A. 实际上板及次梁存在塑性内力重分布的有利影响
B. 实际支座并非理想铰支座而带来的误差的一种修正办法
C. 计算时忽略了长边方向也能传递一部分荷载而进行的修正办法
D. 活荷载最不利布置的情况在实际中出现的可能性不大

3. 现浇整体式板采用分离式配筋较弯起式配筋的优点是下列哪项？(　　)

A 整体式好　　B. 省钢筋
C. 施工方便　　D. 承受动力性能好

4. 次梁与主梁相交处，在主梁上设附加箍筋或吊筋，其作用是下列哪项？(　　)

A. 构造要求，起架立作用　　B. 间接加载于主梁腹部将引起斜裂缝
C. 次梁受剪承载力不足　　D. 主梁受剪承载力不足

5. 整浇肋梁楼盖板嵌入墙内时，沿墙设板面附加钢筋，其作用是下列哪项？(　　)

A. 加强板与墙的连接
B. 承担板上局部荷载
C. 承担未计及的负弯矩，并减小裂缝宽度
D. 承担未计及的负弯矩，减小跨中弯矩

6. 当钢筋混凝土连续梁或板与支座整体浇筑时，其支座附近最危险的截面是在下列

哪个位置？（　　）

A. 支座边缘　　　B. 支座中心　　　C. 跨中截面　　　D. 不一定

7. 某五跨连续板，若求第二个支座的最大负弯矩，则板上的可变荷载应按下列哪项布置。（　　）

A.
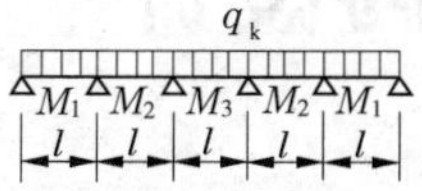

B.
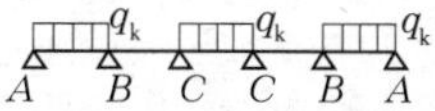

C.
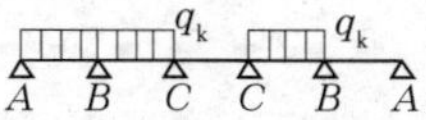

D.
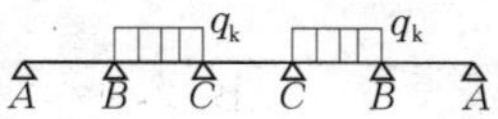

8. 对于四周与梁整体连接的板，考虑拱的作用，其中间跨的跨中截面及中间支座截面的计算弯矩可减小的数值为下列哪项？（　　）

A. 5%　　　B. 10%　　　C. 15%　　　D. 20%

9. 对于钢筋混凝土连续板的上部负钢筋，为了保证施工时钢筋的设计位置，当板厚小于下列哪项时，宜做成直抵模板的直钩？（　　）

A. 80 mm　　　B. 100 mm　　　C. 120 mm　　　D. 150 mm

10. 计算连续双向板时，在满布的荷载作用下，因为荷载对称，可近似认为板的中间支座都是下列哪种支座？（　　）

A. 简支　　　B. 固定　　　C. 铰支　　　D. 自由

11. 计算连续双向板时，在一上一下荷载作用下，近似符合反对称关系，可以认为中间支座的弯矩为零，即可以把中间支座都看作下列哪种支座？（　　）

A. 简支　　　B. 固定　　　C. 铰支　　　D. 自由

12. 双向板跨中两个方向均需配置受力钢筋，因而两个方向的截面有效高度是不同的。短跨方向的弯矩较大，钢筋应放在下列哪个位置？（　　）

A. 下层　　　B. 上层　　　C. 中间　　　D. 任意位置

四、计算题

1. 某单向板肋形结构中单位宽度内板承受的永久荷载标准值 $g_k = 3$ kN/m，可变荷载标准值 $q_k = 6$ kN/m，次梁承受的永久荷载标准值 $g_k = 8$ kN/m，可变荷载标准值 $q_k = 10$ kN/m，试求板、次梁折算荷载。

2. 某单向板肋形结构五跨连续板的折算荷载分别为：$g_k' = 4$ kN/m，$q_k' = 4$ kN/m，试求其边跨最大正弯矩设计值和第一内支座最大负弯矩及其左侧剪力设计值。

3. 某单向板肋形结构次梁传给主梁的集中荷载设计值 $F = 145$ kN。试求其应设置的附加钢筋的数量（按设箍筋和吊筋两种方法计算）。

项目 6　渡槽结构设计

知识目标

掌握渡槽槽身人行桥的设计要求与构造；

掌握渡槽槽身侧墙的设计要点及构造；

掌握渡槽槽身底板的设计要点及构造；掌握渡槽槽身纵向结构的设计要点及构造。

技能目标

能进行渡槽槽身横向结构设计计算；

能进行渡槽槽身纵向结构设计计算；

能绘制与识别渡槽配筋图；

能计算渡槽钢筋用量。

任务 6.1　渡槽横向结构计算

6.1.1　设计资料

某灌溉渠道上有一钢筋混凝土排架式渡槽，属 3 级水工建筑物。渡槽排架为单层门形钢架，立柱高度为 5.0 m，立柱基础采用条形基础；渡槽槽身为等跨简支矩形槽，跨长 $l=12$ m，槽内净尺寸 $B_n \times H_n = 3.0\ \text{m} \times 2.5\ \text{m}$，设计水深 $H_1 = 2.0$，最大水深 $H_2 = 2.5$ m；槽顶外侧设 1 m 宽人行桥，人行道外侧设 1.2 m 高栏杆。为减小应力集中，在槽身内转角处及排架立柱与横梁连接处加设补角（设计时忽略其影响），结构布置如图 6-1 所示。

(1)荷载。

钢筋混凝土容重 $\gamma_{混} = 25\ \text{kN/m}^3$，水的容重 $\gamma_{水} = 10\ \text{kN/m}^3$，栏杆自重 $g_{1k} = 0.5\ \text{kN/m}^2$（折算均布荷载），人群荷载 $q_{1k} = 2.0\ \text{kN/m}^2$。

(2)材料。

选用 C30 混凝土，受力钢筋采用 HRB335 级，箍筋和分布钢筋等采用 HPB235 级。

(3)使用要求。

①槽身横向临水面和纵向进行抗裂验算。

②槽身纵向挠度限值：$f_{lim} = l_0/500$。

(4)设计内容。

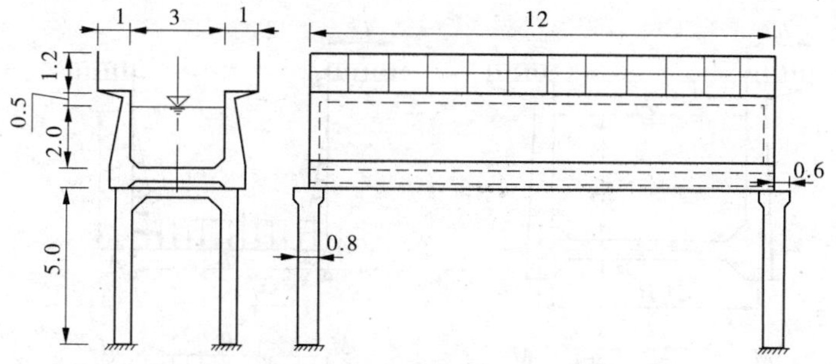

图 6-1　**渡槽结构布置**　(单位:m)

①对渡槽槽身进行横向结构计算,按照强度、抗裂以及构造要求配筋。

②对渡槽槽身进行纵向结构计算,按照强度、抗裂、挠度以及构造要求配筋。

③绘制槽身配筋图,并编制钢筋表。

(5)设计成果。

①设计计算说明书一份,包括设计所依据的基本资料、计算图表、计算过程和结果。要求内容完整、数据准确、书写整洁。

②绘制槽身结构施工图,包括结构轮廓尺寸、配筋图、配筋表及说明等。要求布局适当,图面整洁,制图规范、正确。

6.1.2　渡槽横向结构设计计算

渡槽槽身结构设计包括横向结构设计和纵向设计两部分。槽身横向结构设计计算一般沿纵向取单位长度(1 m)槽身为计算单元。

槽身横向内力计算,可沿纵向(水流方向)取单位长度槽身作为脱离体进行计算,计算简图如图 6-2 所示。

6.1.2.1　**人行桥设计**

1. 尺寸拟定

取人行桥板外端厚度 $h_{外}=80$ mm,人行桥板内侧厚度 $h_{内}=100$ mm,人行桥板的平均厚度 $h_{板}=(80+100)/2=90(\text{mm})$。

2. 计算简图

计算简图如图 6-3 所示。

3. 荷载

栏杆自重标准值

$$g_{1k}=0.5\ \text{kN/m}$$

人行桥板自重标准值

$$g_{2k}=\gamma_{混}\ bh_{板}=25\times1\times0.09=2.25(\text{kN/m})$$

栏杆自重及人行桥自重标准值

$$g_{3k}=g_{1k}+g_{2k}=0.5+2.25=2.75(\text{kN/m})$$

人群荷载标准值

$$q_{1k}=2\times1=2(\text{kN/m})$$

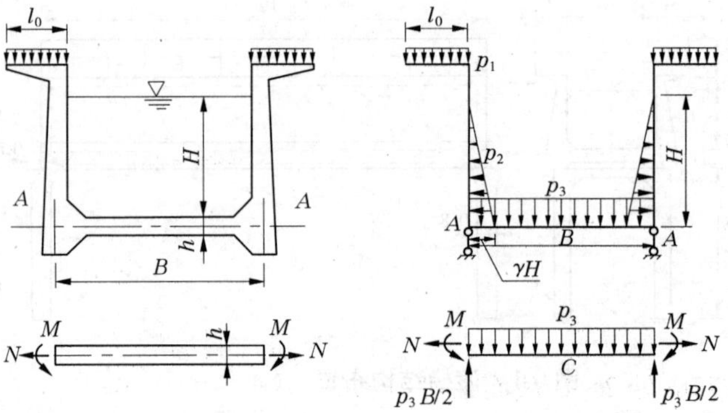

图 6-2　槽身横向计算简图

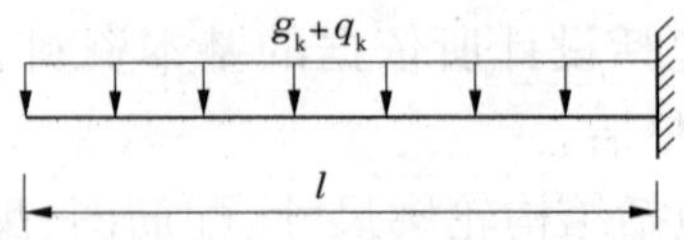

图 6-3　人行桥计算简图

4. 内力计算

计算跨度

$l_0 = 1.1l_n = 1.1 \times 0.8 = 0.88$(m)或 $l_0 = l_n + a/2 = 0.8 + 0.2/2 = 0.9$(m)

取 $l_0 = 0.9$ m。

弯矩设计值

$$M_{桥} = 1.05g_{3k}l_0^2/2 + 1.20q_{1k}l_0^2/2$$
$$= 1.05 \times 2.75 \times 0.9^2/2 + 1.20 \times 2 \times 0.9^2/2 = 2.14(\text{kN} \cdot \text{m})$$

5. 配筋计算(按单筋矩形截面计算)

C30 混凝土，$f_c = 14.3\ \text{N/mm}^2$，$f_{tk} = 2.01\ \text{N/mm}^2$；HRB335 级钢筋，$f_y = 300\ \text{N/mm}^2$。取 $a_s = 40$ mm，$\xi_b = 0.550$，$h_0 = h - a_s = 100 - 40 = 60$(mm)，承载力安全系数 $K = 1.20$。

$$\alpha_s = \frac{KM}{f_c b h_0^2} = \frac{1.20 \times 2.14 \times 10^6}{14.3 \times 1\,000 \times 60^2} = 0.050$$

$$\xi = 1 - \sqrt{1 - 2\alpha_s} = 1 - \sqrt{1 - 2 \times 0.050} = 0.051 < 0.85\xi_b = 0.85 \times 0.550 = 0.468$$

$$A_s = \frac{f_c b \xi h_0}{f_y} = \frac{14.3 \times 1\,000 \times 0.051 \times 60}{300} = 146(\text{mm}^2)$$
$$> \rho_{min} b h_0 = 0.15\% \times 1 \times 1\,000 \times 60 = 90(\text{mm}^2)$$

受拉钢筋选用Φ 10@200(实配钢筋面积 $A_s = 393\ \text{mm}^2$)，分布钢筋选用Φ 8@250。

6.1.2.2 侧墙设计

1. 尺寸拟定

取侧墙顶部厚度为 $h_{上}=200$ mm(按规范要求,侧墙顶部厚度不小于80 mm和侧墙总高的1/30,即 $l/30=2\,950/30=98$(mm);侧墙底部厚度取 $h_{下}=300$ mm(规范要求不小于150 mm);纵向取单位宽度 $b=1.0$ m。

2. 计算简图

按固接于底板上的悬臂板计算(见图6-4)。

当侧墙较高时,弯矩 M 变化较大,为了节约材料,取墙底1—1截面及其 $x=1$ m 处2—2截面来进行计算。

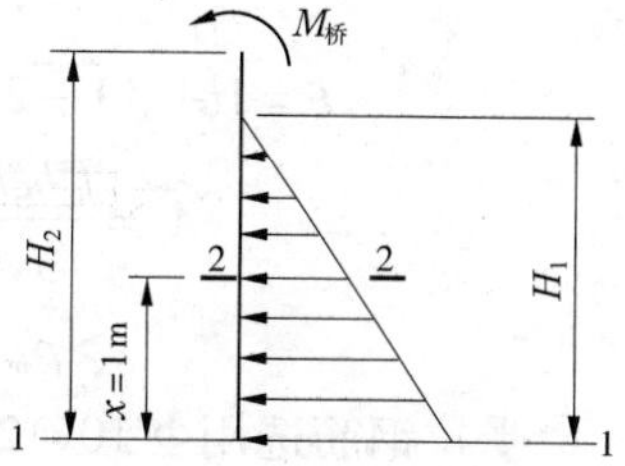

图6-4 侧墙计算简图

3. 荷载计算

因风荷载所引起的内力较侧向水压力、人群荷载等引起的内力小得多,故这里忽略风荷载的影响。

侧向水压力计算如下:

正常水深标准值 $q_{2k}=\gamma_{水} bH_1=10\times1.0\times2.0=20$(kN/m)

满槽水深标准值 $q_{3k}=\gamma_{水} bH_2=10\times1.0\times2.5=25$(kN/m)

由上述可知,人行桥传来的弯矩为:$M_{桥}=2.14$ kN·m。

4. 正截面承载力计算

1)1—1截面

正常水深 $M_1=1.20q_{2k}H_1^2/6+M_{桥}=1.20\times20\times2.0^2/6+2.14=18.14$(kN·m)

满槽水深 $M_1=1.10q_{3k}H_2^2/6+M_{桥}=1.10\times25\times2.5^2/6+2.14=30.79$(kN·m)

取满槽水深时的弯矩进行计算。

2)2—2截面

正常水深
$$M_2=1.20\gamma_{水}(H_1-x)^3/6+M_{桥}=1.20\times10\times(2.0-1)^3/6+2.14=4.14\text{(kN·m)}$$

满槽水深
$$M_2=1.10\gamma_{水}(H_2-x)^3/6+M_{桥}=1.10\times10\times(2.5-1)^3/6+2.14=8.33\text{(kN·m)}$$

取满槽水深时的弯矩进行计算。

3)1—1截面配筋计算

取 $a_s=40$ mm,$h_0=h-a_s=300-40=260$(mm),则

$$\alpha_s=\frac{KM_1}{f_c bh_0^2}=\frac{1.20\times30.79\times10^6}{14.3\times1\,000\times260^2}=0.038$$

$$\xi=1-\sqrt{1-2\alpha_s}=1-\sqrt{1-2\times0.038}=0.039<0.85\xi_b=0.468$$

$$A_s=\frac{f_c b\xi h_0}{f_y}=\frac{14.3\times1\,000\times0.039\times260}{300}=483\text{(mm}^2\text{)}$$

$$>\rho_{min}bh_0=0.15\%\times1\,000\times260=390\text{(mm}^2\text{)}$$

受拉钢筋选用Φ 10@100(实配钢筋面积 $A_s=785$ mm^2)(内侧受拉),分布钢筋选用Φ 8@250。

4)2—2 截面配筋计算

因侧墙顶部厚度为 200 mm,侧墙底部厚度为 300 mm,侧墙高度为 2.5 m,2—2 截面距底部距离为 1 m,可以得出 2—2 截面处的侧墙厚度为 260 mm。

$$a_s = 40\ \text{mm} \quad h_0 = h - a_s = 260 - 40 = 220(\text{mm})$$

$$\alpha_s = \frac{KM_2}{f_c b h_0^2} = \frac{1.20 \times 8.33 \times 10^6}{14.3 \times 1\,000 \times 220^2} = 0.014$$

$$\xi = 1 - \sqrt{1 - 2\alpha_s} = 1 - \sqrt{1 - 2 \times 0.014} = 0.014 < 0.85\xi_b = 0.468$$

$$A_s = \frac{f_c b \xi h_0}{f_y} = \frac{14.3 \times 1\,000 \times 0.014 \times 220}{300} = 147(\text{mm}^2)$$

$$> \rho_{min} b h_0 = 0.15\% \times 1\,000 \times 220 = 330(\text{mm}^2)$$

受拉钢筋选用Φ 10@200(实配钢筋面积 $A_s = 393\ \text{mm}^2$),分布钢筋选用Φ 8@250。

计算结果见表 6-1。

表 6-1 侧墙横向配筋计算

截面	厚度 h(mm)	弯矩设计值 M(kN·m)	计算钢筋面积(mm^2)	实配钢筋面积(mm^2)
1—1	300	30.79	483	Φ 10@100($A_s = 785$)
2—2	260	8.33	330	Φ 10@200($A_s = 393$)

5. 抗裂验算

侧墙内侧受拉且处于临水面,应进行抗裂验算。

按荷载标准值计算的弯矩值

$$M_k = q_{3k} H_2^2/6 + (g_{3k} + q_{1k}) l_0^2/2 = 25 \times 2.5^2/6 + (2.75 + 2) \times 0.9^2/2$$
$$= 26.04 + 1.92 = 27.96(\text{kN} \cdot \text{m})$$

查附表 1-3 得:混凝土拉应力限制系数 $\alpha_{ct} = 0.85$,HRB335 级钢筋的弹性模量 $E_s = 2.0 \times 10^5\ \text{N/mm}^2$,C30 混凝土,$f_{tk} = 2.01\ \text{N/mm}^2$,$E_c = 3.00 \times 10^4\ \text{N/mm}^2$。

受拉钢筋的配筋率

$$\rho = A_s/(bh_0) = 785/(1\,000 \times 260) = 0.003\,0$$

钢筋与混凝土的弹性模量之比

$$\alpha_E = E_s/E_c = 2.0 \times 10^5/(3.00 \times 10^4) = 6.67$$

$$y_0 = (0.5 + 0.425\alpha_E\rho)h = (0.5 + 0.425 \times 6.67 \times 0.003\,0) \times 300 = 152.6(\text{mm})$$

$$I_0 = (0.083\,3 + 0.19\alpha_E\rho)bh^3$$
$$= (0.083\,3 + 0.19 \times 6.67 \times 0.003\,0) \times 1\,000 \times 300^3 = 2.35 \times 10^9(\text{mm}^4)$$

$$W_0 = I_0/(h - y_0) = 2.35 \times 10^9/(300 - 152.6) = 1.59 \times 10^7(\text{mm}^3)$$

$$M_k = 27.96\ \text{kN} \cdot \text{m} < \gamma_m \alpha_{ct} f_{tk} W_0 = 1.55 \times 0.85 \times 2.01 \times 1.59 \times 10^7 = 42.11(\text{kN} \cdot \text{m})$$

所以,满足抗裂要求。

6.1.2.3 底板设计

底板一偏心受拉构件,应按下列两种情况进行配筋计算:

(1)两端最大负弯矩(绝对值)及相应的拉力 N。底板两端最大负弯矩发生在最大水深($H_2 = 2.5$ m)且人行桥上有人群荷载时。

(2)跨中最大正弯矩及相应的拉力 N。跨中最大正弯矩发生在水深为槽宽(槽宽取底板计算跨度,底板计算跨度为板内净宽加侧墙底部厚度)的一半,即 $H_3 = B/2 = 3.3/2 = 1.65$(m),且人行桥上无人群荷载时。

1. 尺寸拟定

底板厚度应为侧墙厚度的2/3~1倍,取底板厚度 $h = 300$ mm,宽度取单位宽度 $b = 1\ 000$ mm。

2. 计算简图

底板计算简图如图6-5所示,图中,$B = l_n + a = 3 + 0.3 = 3.3$(m)。

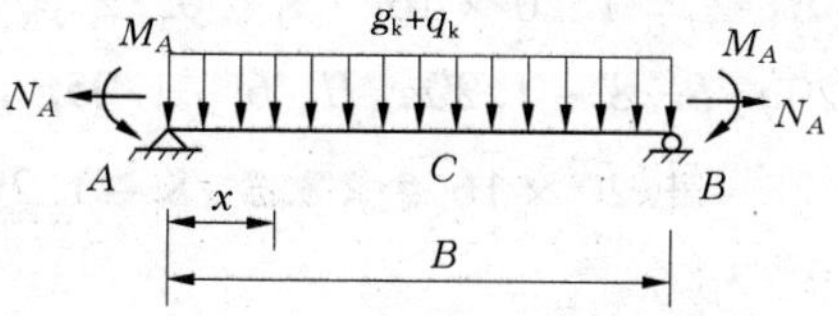

图6-5 底板计算简图

3. 内力计算和配筋计算

1)支座截面内力计算

$$N_A = 1.10q_{3k}H_2/2 = 1.10 \times 25 \times 2.5/2 = 34.38(\text{kN})$$

$$\begin{aligned} M_A &= 1.10q_{3k}H_2^2/6 + M_{桥} + N_A h/2 \\ &= 1.10 \times 25 \times 2.5^2/6 + 2.14 + 34.38 \times 0.3/2 \\ &= 28.65 + 2.14 + 5.16 = 35.95(\text{kN} \cdot \text{m}) \end{aligned}$$

2)支座截面配筋计算

取 $a_s = a_s' = 40$ mm,$h_0 = h - a_s = 300 - 40 = 260$(mm)。

$$e_0 = M_A/N_A = 35.95/34.38 = 1.05(\text{m}) > h/2 - a_s = 0.3/2 - 0.04 = 0.11(\text{m})$$

所以,属于大偏心受拉构件。

$$e = e_0 - h/2 + a_s = 1\ 050 - 300/2 + 40 = 940(\text{mm})$$

设 $x = 0.85\xi_b h_0$,对于HRB335级钢筋 $\alpha_{smax} = 0.358$,则

$$A_s' = \frac{KNe - \alpha_{smax} f_c b h_0^2}{f_y'(h_0 - a_s')} = \frac{1.20 \times 34.38 \times 10^3 \times 940 - 0.358 \times 14.3 \times 1\ 000 \times 260^2}{300 \times (260 - 40)} < 0$$

取 $A_s' = \rho'_{min} b h_0 = 0.15\% \times 1\ 000 \times 260 = 390(\text{mm}^2)$,受压钢筋选Φ 10@200($A_s' = 393\ \text{mm}^2$),则

$$\alpha_s = \frac{KNe - f_y' A_s'(h_0 - a_s')}{f_c b h_0^2} = \frac{1.20 \times 34.38 \times 10^3 \times 940 - 300 \times 393 \times (260 - 40)}{14.3 \times 1\ 000 \times 260^2} = 0.013$$

$$\xi = 1 - \sqrt{1 - 2\alpha_s} = 1 - \sqrt{1 - 2 \times 0.013} = 0.013$$

$$x = \xi_b h_0 = 0.013 \times 260 = 3.4(\text{mm}) < 2a_s' = 80\ \text{mm}$$

$$e' = h/2 - a_s + e_0 = 300/2 - 40 + 1\ 050 = 1\ 160(\text{mm})$$

$$A_s = \frac{KNe'}{f_y(h_0 - a_s')} = \frac{1.20 \times 34.38 \times 10^3 \times 1\ 160}{300 \times (260 - 40)} = 725(\text{mm}^2)$$

$$> 0.15\% \times 1\ 000 \times 260 = 390(\text{mm}^2)$$

受拉钢筋选用Φ 10@100（实际钢筋面积 $A_s = 785\ \text{mm}^2$）（上表面受拉），分布钢筋选用Φ 8@250。

3）跨中截面内力计算

底板自重标准值　$g_{4k} = \gamma_{混}bh = 25 \times 1 \times 0.3 = 7.5(\text{kN/m})$

侧向水压力标准值　$q_{4k} = \gamma_{水}bH_3 = 10 \times 1 \times 1.65 = 16.5(\text{kN/m})$

槽内水重标准值　$q_{5k} = \gamma_{水}bH_3 = 10 \times 1 \times 1.65 = 16.5(\text{kN/m})$

跨中内力

$$N_c = 1.20q_{4k}H_3/2 = 1.20 \times 16.5 \times 1.65/2 = 16.34(\text{kN})$$

$$\begin{aligned} M_c &= 1.05g_{4k}B^2/8 + 1.20q_{5k}B^2/8 - 1.20q_{4k}H_3^2/6 - 1.05g_{3k}l_0^2/2 \\ &= 1.05 \times 7.5 \times 3.3^2/8 + 1.20 \times 16.5 \times 3.3^2/8 - 1.20 \times 16.5 \times 1.65^2/6 - \\ &\quad 1.05 \times 2.75 \times 0.9^2/2 \\ &= 10.72 + 26.95 - 8.98 - 1.17 = 27.52(\text{kN} \cdot \text{m}) \end{aligned}$$

4）跨中截面配筋计算

$$e_0 = M_c/N_c = 27.52/16.34 = 1.68(\text{m}) > h/2 - a_s = 0.3/2 - 0.04 = 0.11(\text{m})$$

所以，属于大偏心受拉构件。

$$e = e_0 - h/2 + a_s = 1\ 680 - 300/2 + 40 = 1\ 570(\text{mm})$$

$$A_s' = \frac{KN_ce - \alpha_{smax}f_cbh_0^2}{f_y'(h_0 - a_s')} = \frac{1.20 \times 16.34 \times 10^3 \times 1\ 570 - 0.358 \times 14.3 \times 1\ 000 \times 260^2}{300 \times (260 - 40)} < 0$$

取 $A_s' = \rho_{min}'bh_0 = 0.15\% \times 1\ 000 \times 260 = 390(\text{mm}^2)$，受压钢筋选用Φ 10@200（$A_s' = 393\ \text{mm}^2$），则

$$\alpha_s = \frac{KN_ce - f_y'A_s'(h_0 - a_s')}{f_cbh_0^2} = \frac{1.20 \times 16.34 \times 10^3 \times 1\ 570 - 300 \times 393 \times (260 - 40)}{14.3 \times 1\ 000 \times 260^2} = 0.005$$

$$\xi = 1 - \sqrt{1 - 2\alpha_s} = 1 - \sqrt{1 - 2 \times 0.005} = 0.005$$

$$x = \xi_b h_0 = 0.005 \times 260 = 1.3(\text{mm}) < 2a_s' = 80(\text{mm})$$

$$e' = h/2 - a_s + e_0 = 300/2 - 40 + 1\ 680 = 1\ 790(\text{mm})$$

$$A_s = \frac{KN_ce'}{f_y(h_0 - a_s')} = \frac{1.20 \times 16.34 \times 10^3 \times 1\ 790}{300 \times (260 - 40)} = 532(\text{mm}^2)$$

$$> 0.15\% \times 1\ 000 \times 260 = 390(\text{mm}^2)$$

受拉钢筋选用Φ 10@100（实际钢筋面积 $A_s = 785\ \text{mm}^2$）（下面受拉），分布钢筋选用Φ 8@250。

计算及配筋结果见表 6-2。

表6-2 底板支座与跨中计算钢筋面积和实际配筋面积

截面位置	计算钢筋面积(mm^2)		实配钢筋面积(mm^2)	
	受拉钢筋	受压钢筋	受拉钢筋	受压钢筋
支座	725(上表面)	<0	785(Φ 10@100)	393(Φ 10@200)
跨中	532(下表面)	<0	785(Φ 10@100)	393(Φ 10@200)

4. 抗裂验算

1)底板支座截面

取底板支座补角边缘截面($x=0.15+0.2=0.35$(m)处)作为计算截面，并按满槽水深加人群荷载的组合按下式进行抗裂验算

$$N_k \leqslant \frac{\gamma_m \alpha_{ct} f_{tk} W_0 A_0}{e_0 A_0 + \gamma_m W_0}$$

混凝土拉应力限制系数 $\alpha_{ct}=0.85$。

$$A_0 = A_c + \alpha_E A_s + \alpha_E A'_s = 1\,000 \times 300 + 6.67 \times 785 + 6.67 \times 393 = 3.08 \times 10^5 (mm^2)$$

$$y_0 = \frac{A_c y'_c + \alpha_E A_s h_0 + \alpha_E A'_s a'_s}{A_0}$$

$$= \frac{1\,000 \times 300 \times 150 + 6.67 \times 785 \times 260 + 6.67 \times 393 \times 40}{3.08 \times 10^5} = 150.9(mm)$$

$$I_0 = I_c + A_c(y_0 - y'_c)^2 + \alpha_E A_s (h_0 - y_0)^2 + \alpha_E A'_s (y_0 - a'_s)^2$$

$$= 1\,000 \times 300^3/12 + 1\,000 \times 300 \times (150.9 - 150)^2 + 6.67 \times 785 \times (260 - 150.9)^2 + 6.67 \times 393 \times (150.9 - 40)^2$$

$$= 2.25 \times 10^9 + 2.43 \times 10^5 + 0.06 \times 10^9 + 0.03 \times 10^9 = 2.34 \times 10^9 (mm^4)$$

$$W_0 = I_0/(h - y_0) = 2.34 \times 10^9/(300 - 150.9) = 1.6 \times 10^7 (mm^3)$$

底板与侧墙补角边缘到侧墙中心的距离 $x=0.35$ m，此截面的轴向力及弯矩为

$$N_k = q_{3k} H_2/2 = 25 \times 2.5/2 = 31.25(kN)$$

$$M_k = \frac{1}{6} q_{3k} H_2^2 + \frac{1}{2}(g_{3k} + q_{1k}) l_0^2 + N_k \cdot \frac{h}{2} - \frac{1}{2}(q_{3k} + g_{4k}) Bx\left(1 - \frac{x}{B}\right)$$

$$= \frac{1}{6} \times 25 \times 2.5^2 + \frac{1}{2} \times (2.75 + 2) \times 0.9^2 + 31.25 \times \frac{0.3}{2} - \frac{1}{2} \times (25 + 7.5) \times 3.3 \times 0.35 \times \left(1 - \frac{0.35}{3.3}\right)$$

$$= 26.04 + 1.92 + 4.69 - 16.78 = 15.87(kN \cdot m)$$

$$e_0 = M_k/N_k = 15.87/31.25 = 0.508(m) = 508\ mm > h/2 - a_s = 300/2 - 40 = 110(mm)$$

所以，属于大偏心受拉构件。

$$N_k = 31.25\ kN < \frac{\gamma_m \alpha_{ct} f_{tk} A_0 W_0}{e_0 A_0 + \gamma_m W_0} = \frac{1.55 \times 0.85 \times 2.01 \times 3.08 \times 10^5 \times 1.6 \times 10^7}{508 \times 3.08 \times 10^5 + 1.55 \times 1.6 \times 10^7} = 72.0(kN)$$

所以，底板支座临水面满足抗裂要求。

2)底板跨中截面

跨中的轴向力和弯矩为

$$N_k = q_{4k}H_3/2 = 16.5\times1.65/2 = 13.61(\text{kN})$$

$$M_k = (g_{4k}+q_{5k})B^2/8 - q_{4k}H_3^2/6 - g_{3k}l_0^2/2$$
$$= (7.5+16.5)\times3.3^2/8 - 16.5\times1.65^2/6 - 2.75\times0.9^2/2$$
$$= 32.67 - 7.49 - 1.11 = 24.07(\text{kN}\cdot\text{m})$$

$$e_0 = M_k/N_k = 24.07/13.61 = 1.77(\text{m}) = 1\ 770\ \text{mm} > h/2 - a_s = 300/2 - 40 = 110(\text{mm})$$

所以,属于大偏心受拉构件。

$$N_k = 13.61\ \text{kN} < \frac{\gamma_m\alpha_{ct}f_{tk}W_0A_0}{e_0A_0+\gamma_mW_0} = \frac{1.55\times0.85\times2.01\times3.08\times10^5\times1.6\times10^7}{1\ 770\times3.08\times10^5+1.55\times1.6\times10^7} = 22.9(\text{kN})$$

所以,满足抗裂要求。如果不满足抗裂要求,则需要进行裂缝宽度验算。

任务 6.2　槽身纵向结构计算

侧墙作为简支梁,设计时忽略人行桥板截面的影响而按单筋矩形截面计算。

6.2.1　计算简图

渡槽纵向计算简图如图 6-6 所示。

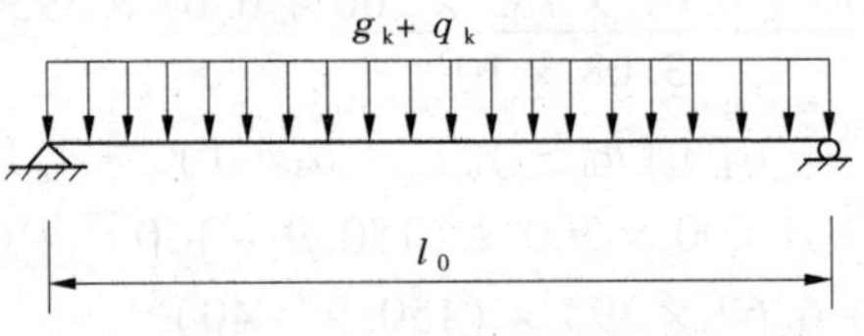

图 6-6　渡槽纵向计算简图

侧墙自重按侧墙平均厚度计算,即 $b=(h_上+h_下)/2=(0.2+0.3)/2=0.25(\text{m})$。

渡槽纵向计算跨度如下:

渡槽纵向净跨　　$l_n=l-2a=12-1.2=10.8(\text{m})$(槽端支座宽 0.6 m)

计算跨度　$l_0=1.05l_n=1.05\times10.8=11.3(\text{m})$　和　$l_0=l_c=11.4\ \text{m}$

计算跨度取两者的较小值,即 $l_0=11.3\ \text{m}$。

6.2.2　荷载计算

每个侧墙承受总荷载的一半,荷载计算如下。

(1)永久荷载。

人行道板及栏杆自重标准值

$$g_{5k} = \gamma_混 h_板 l_0 + g_{1k}l_1 = 25\times0.09\times0.8+0.5\times1.0 = 2.30(\text{kN/m})$$

侧墙自重标准值　　$g_{6k}=\gamma_混 bH=25\times[0.25\times2.65+(0.2\times0.2+0.15\times0.15)/2]$
$=17.34(\text{kN/m})$

底板自重标准值　　$g_{7k}=\gamma_混 Bh_3/2=25\times3.6\times0.3/2=13.50(\text{kN/m})$

(2)可变荷载。

人群荷载标准值　　$q_{1k}=2\ \text{kN/m}$

槽内水重标准值 $q_{6k}=\gamma_{水}B_nH_1/2=10\times3\times2/2=30(kN/m)$ （正常水深）

$q_{7k}=\gamma_{水}B_nH_2/2=10\times3\times2.5/2=37.50(kN/m)$ （满槽水深）

6.2.3 内力计算

跨中弯矩设计值

$$M=1.05(g_{5k}+g_{6k}+g_{7k})l_0^2/8+(1.20q_{1k}+1.10q_{7k})l_0^2/8$$
$$=1.05\times(2.30+17.34+13.50)\times11.3^2/8+(1.20\times2+1.10\times37.50)\times11.3^2/8$$
$$=555.40+696.71=1\ 252.11(kN\cdot m)$$

支座边缘剪力设计值

$$V=1.05(g_{5k}+g_{6k}+g_{7k})l_n/2+(1.20q_{1k}+1.10q_{7k})l_n/2$$
$$=1.05\times(2.30+17.34+13.50)\times10.8/2+(1.20\times2+1.10\times37.50)\times10.8/2$$
$$=187.90+235.71=423.61(kN)$$

6.2.4 正截面承载力计算

取 $a_s=100$ mm, $h_0=h-a_s=2\ 950-100=2\ 850(mm)$。

$$\alpha_s=\frac{KM}{f_cbh_0^2}=\frac{1.20\times1\ 252.11\times10^6}{14.3\times200\times2\ 850^2}=0.065$$

$$A_s=\frac{f_cb\xi h_0}{f_y}=\frac{14.3\times200\times0.067\times2\ 850}{300}=1\ 820(mm^2)$$

$$\xi=1-\sqrt{1-2\alpha_s}=1-\sqrt{1-2\times0.065}=0.067<0.85\xi_b=0.468$$

受拉钢筋选用 6 Φ 20（实配钢筋面积为 1 884 mm^2）。

6.2.5 斜截面受剪承载力计算

$$KV=1.20\times423.61=508.33(kN)<0.7f_tbh_0$$
$$=0.7\times1.43\times200\times2\ 850\times10^{-3}=570.6(kN)$$
$$<0.2f_cbh_0=0.2\times14.3\times200\times2\ 850\times10^{-3}$$
$$=1\ 630.2(kN)$$

不需要进行斜截面承载力计算。按构造选配单肢箍筋Φ 8@200。

按计算不需要设置弯起钢筋，为安全起见，按构造每端弯起 2 Φ 20 的纵筋。

6.2.6 抗裂验算

钢筋的弹性模量 $E_s=2.0\times10^5\ N/mm^2$，混凝土的弹性模量 $E_c=3.0\times10^4\ N/mm^2$，按倒 T 形截面进行验算，如图 6-7 所示。

$$\alpha_E=E_s/E_c=2.0\times10^5/(3.0\times10^4)=6.67$$

$$\rho=A_s/(bh_0)=1\ 884/(200\times2\ 850)=0.003\ 3$$

$$A_0=bh+(b_f-b)h_f+\alpha_EA_s$$
$$=400\times2\ 950+(3\ 600-400)\times300+6.67\times3\ 768$$

$$= 2.17 \times 10^6 (\mathrm{mm}^2)$$

$$y_0 = \frac{\frac{bh^2}{2} + (b_f - b)h_f\left(h - \frac{h_f}{2}\right) + \alpha_E A_s h_0}{A_0}$$

$$= \frac{\frac{400 \times 2\,950^2}{2} + (3\,600 - 400) \times 300 \times \left(2\,950 - \frac{300}{2}\right) + 6.67 \times 3\,768 \times 2\,850}{2.17 \times 10^6}$$

$$= 2\,073.8(\mathrm{mm})$$

$$I_0 = \frac{by_0^3}{3} + \frac{b_f(h - y_0)^3}{3} - \frac{(b_f - b)(h - y_0 - h_f)^3}{3} + \alpha_E A_s (h_0 - y_0)^2$$

$$= \frac{400 \times 2\,073.8^3}{3} + \frac{3\,600 \times (2\,950 - 2\,073.8)^3}{3} - \frac{(3\,600 - 400) \times (2\,950 - 2\,073.8 - 300)^3}{3} + 6.67 \times 3\,768 \times (2\,850 - 2\,073.8)^2$$

$$= 1.8 \times 10^{12} (\mathrm{mm}^4)$$

$$W_0 = I_0/(h - y_0) = 1.8 \times 10^{12}/(2\,950 - 2\,073.8) = 2.05 \times 10^9 (\mathrm{mm}^3)$$

对翼缘位于受拉区的倒 T 形截面，$b_f/b = 3\,600/400 = 9 > 2$，$h_f/h = 300/2\,950 = 0.1 < 0.2$，查附表 3-4 得 $\gamma_m = 1.40$，根据 h 值的不同应对 γ_m 值进行修正。

$$\gamma_m = \left(0.7 + \frac{300}{h}\right) \times 1.40 = \left(0.7 + \frac{300}{2\,950}\right) \times 1.40 = 1.12$$

侧墙承受荷载标准值产生的弯矩为

$$M_k = 2 \times \left(\sum g_{ik} + \sum q_{ik}\right) l_0^2/8 = 2 \times (g_{5k} + g_{6k} + g_{7k} + q_{1k} + q_{7k}) \times l_0^2/8$$

$$= 2 \times (2.30 + 17.34 + 13.50 + 2 + 37.50) \times 11.3^2/8 = 2\,318.85(\mathrm{kN \cdot m})$$

$$M_k = 2\,318.85\ \mathrm{kN \cdot m} < \gamma_m \alpha_{ct} f_{tk} W_0 = 1.12 \times 0.85 \times 2.01 \times 2.05 \times 10^9 = 3\,923(\mathrm{kN \cdot m})$$

6.2.7 变形验算

6.2.7.1 内力组合

一个侧墙受到的弯矩为

$$B_s = 0.85 E_c I_0 = 0.85 \times 3.0 \times 10^4 \times 4.49 \times 10^{11} = 1.14 \times 10^{16}$$

$$B = 0.65 B_s = 0.65 \times 1.14 \times 10^{16} = 7.4 \times 10^{15} (\mathrm{N \cdot mm})$$

$$M_k = 2 \times \left(\sum g_{ik} + \sum q_{ik}\right) l_0^2/8 = (2.30 + 17.34 + 13.50 + 2 + 37.50) \times 11.3^2/8 = 1\,159.43(\mathrm{kN \cdot m})$$

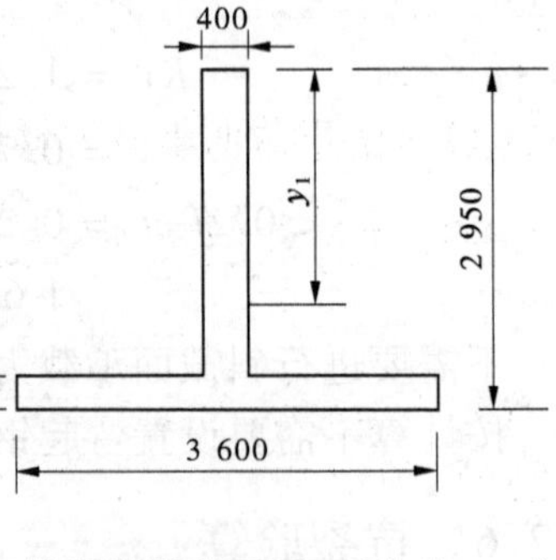

图 6-7 抗裂验算截面图 （单位：mm）

6.2.7.2 刚度计算

钢筋的弹性模量 $E_s = 2.0 \times 10^5\ \mathrm{N/mm^2}$，混凝土的弹性模量 $E_c = 3.0 \times 10^4\ \mathrm{N/mm^2}$。

$$\alpha_E = E_s/E_c = 2.0 \times 10^5/(3.0 \times 10^4) = 6.67$$

$$\rho = A_s/(bh_0) = 1\,884/(200 \times 2\,850) = 0.003\,3$$

$I_0 = (10.0833 + 0.19\alpha_E\rho)bh^3 = (0.0833 + 0.19 \times 6.67 \times 0.0033) \times 200 \times 29\ 503$
$= 4.49 \times 10^{11}(\text{mm}^4)$

$B_s = 0.85E_cI_0 = 0.85 \times 3.0 \times 10^4 \times 4.49 \times 10^{11} = 1.14 \times 10^{16}$

$B = 0.65B_s = 0.65 \times 1.14 \times 10^{16} = 7.4 \times 10^{15}(\text{N} \cdot \text{mm})$

6.2.7.3　**挠度计算**

$$f = \frac{5}{48} \times \frac{M_k l_0^2}{B} = \frac{5}{48} \times \frac{1\ 159.43 \times 10^6 \times 11\ 300^2}{7.4 \times 10^{15}}$$
$$= 2.1(\text{mm}) < f_{\text{lim}} = l_0/500 = 11\ 300/500 = 22.6(\text{mm})$$

所以，挠度满足要求。

6.2.8　正截面承载力复核

(1)计算外荷载产生的设计弯矩 M。

计算截面距离侧墙支座的距离为 x，该截面的弯矩为

$$M_x = plx(1 - x/l)/2$$

其中

$$p = 1.05(g_{5k} + g_{7k} + g_{8k}) + 1.20q_{1k} + 1.10q_{7k}$$
$$= 1.05 \times (2.30 + 17.34 + 13.50) + 1.20 \times 2.0 + 1.10 \times 37.5 = 34.80 + 43.65$$
$$= 78.45(\text{kN} \cdot \text{m})$$

$l = 11.3$ m

弯矩计算结果见表 6-3。

表 6-3　弯矩计算表

x(m)	0	1.5	3	4.5	5.65
M_x(kN · m)	0	576.61	976.70	1 200.29	1 252.16

(2)跨中正截面承载力复核。

$$M_R = \frac{1}{K}f_yA_s\left(h_0 - \frac{f_yA_s}{2f_cb}\right) = \frac{1}{1.20} \times 300 \times 1\ 884 \times \left(2\ 850 - \frac{300 \times 1\ 884}{2 \times 14.3 \times 200}\right)$$
$$= 1\ 295.81(\text{kN} \cdot \text{m}) > M = 1\ 252.16(\text{kN} \cdot \text{m})$$

(3)弯起钢筋弯起点位置，$x_1 = 1.5$ m，即弯起钢筋弯起点到计算跨度原点的距离，到渡槽端部的距离 $x = 1.5 + 0.33 = 1.83$(m)。

$$M_1 = \frac{plx_1}{2}\left(1 - \frac{x_1}{l}\right) = \frac{78.45 \times 11.3 \times 1.5}{2} \times \left(1 - \frac{1.5}{11.3}\right) = 576.61(\text{kN} \cdot \text{m})$$

$$M_{R1} = \frac{1}{K}f_yA_{s1}\left(h_0 - \frac{f_yA_{s1}}{2f_cb}\right) = \frac{1}{1.20} \times 300 \times 1\ 256 \times \left(2\ 850 - \frac{300 \times 1\ 256}{2 \times 14.3 \times 200}\right)$$
$$= 874.22(\text{kN} \cdot \text{m}) > M_1 = 576.61\ \text{kN} \cdot \text{m}$$

所以，正截面受弯承载力满足要求。

渡槽配筋图如图 6-8 所示。

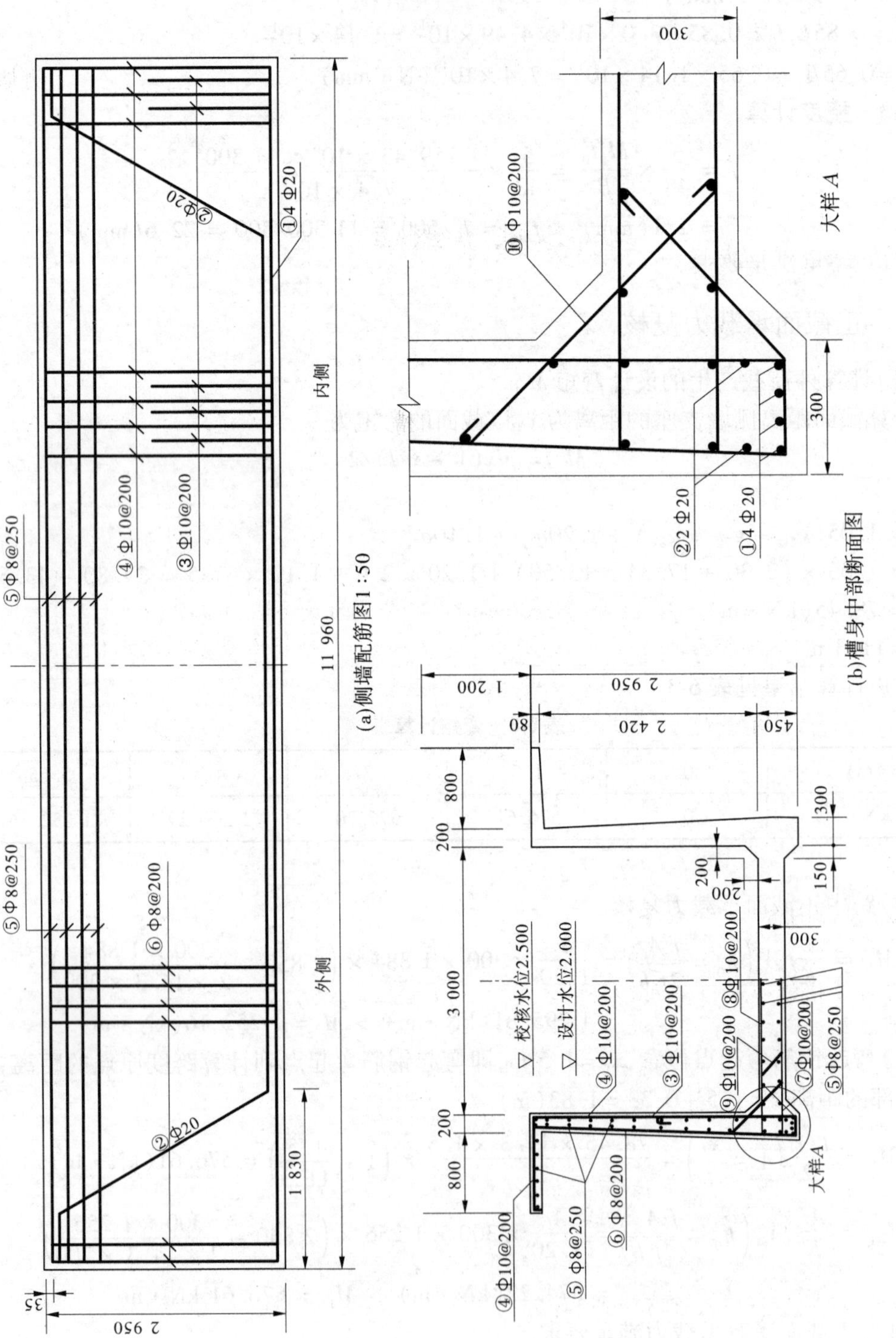

图 6-8　渡槽配筋图（单位:mm）

小　结

渡槽尺寸拟定；渡槽荷载和荷载组合；渡槽横向结构设计计算；人行桥设计、侧墙设计、底板设计；渡槽纵向结构设计计算：荷载及荷载组合、内力计算、正截面计算、斜截面计算；渡槽抗裂验算；渡槽变形验算。

技能考核题

一、渡槽结构设计任务书

（一）基本资料

（1）某灌溉渠道上有一钢筋混凝土排架式渡槽，属3级水工建筑物。渡槽排架为单层门形刚架，立柱高度为4.5 m，立柱基础采用条形基础；渡槽槽身为等跨简支矩形槽，跨长 $l=6$ m（7 m、8 m、9 m、10 m…），槽内净尺寸 $B_n \times H_n = 4.0$ m×3.0 m（3.0 m×2.0 m、2.5 m×1.5 m、2.0 m×1.5 m、2.0 m×1.5 m、1.5 m×1.0 m…），设计水深 $H_1 = 2.5$ m（1.8 m、1.3 m、1.3 m、0.8 m…），最大水深 $H_2 = 3.0$ m（2.0 m、1.5 m、1.5 m、1.0 m…）；槽顶外侧设1 m宽人行桥，人行道外侧设0.9 m高栏杆。为减小应力集中，在槽身内转角处及排架立柱与横梁连接处加设补角（设计时忽略其影响），结构布置图如图6-1所示。

（2）荷载。钢筋混凝土容重 $\gamma_{混} = 25$ kN/m^3，水的容重 $\gamma_{水} = 10$ kN/m^3，栏杆自重 $g_{1k} = 0.5$ kN/m^2（折算均布荷载），人群荷载 $q_{1k} = 2.5$ kN/m^2（2.4 kN/m^2、2.3 kN/m^2、2.2 kN/m^2…）。

（3）材料。选用C25混凝土，受力钢筋采用HRB335级，其他钢筋采用HPB235级。

（4）使用要求：槽身横向临水面和纵向进行抗裂验算，槽身纵向挠度允许值 $f_{lim} = l_0/500$。

（二）设计内容

（1）对渡槽槽身进行横向结构计算，按照强度、裂缝以及构造要求配筋。

（2）对渡槽槽身进行纵向结构计算，按照强度、裂缝、挠度以及构造要求配筋。

（3）绘制槽身配筋图，并编制钢筋表。

（三）设计成果

（1）设计计算说明书。包括设计所依据的基本资料、计算图表、计算过程和计算结果等。

要求：内容完整，计算准确，书写整洁。

（2）绘制槽身结构施工图（2号图纸一张）。包括结构轮廓尺寸、配筋图、钢筋表和说明等。

要求：布局合理，图面整洁，制图规范、正确。

二、选择题

1. 无拉杆矩形渡槽的侧墙按（　　）构件计算内力。

A. 简支板　　B. 悬臂板　　C. 外伸板　　D. 连续板

2. 渡槽侧墙顶部厚度不小于(　　)

A. 100 mm　　B. 80 mm　　C. 90 mm　　D. 100 mm

3. 矩形渡槽侧墙底部厚度要求不小于(　　)

A. 100 mm　　B. 120 mm　　C. 150 mm　　D. 200 mm

4. 矩形渡槽底板属于(　　)受力构件。

A. 受弯　　B. 大偏心受压　　C. 大偏心受拉　　D. 小偏心受拉

5. 渡槽槽身的(　　)部位不需要进行抗裂验算。

A. 人行桥　　B. 侧墙横向　　C. 底板　　D. 侧墙纵向

6. 某无拉杆矩形渡槽,槽内水深为 H,则水在侧墙底部产生的弯矩值为(　　)。

A. $\gamma H^3/2$　　B. $\gamma H^2/2$　　C. $\gamma H^3/6$　　D. $\gamma H^2/6$

项目 7 预应力混凝土结构

知识目标

掌握预应力混凝土的基本原理及优缺点；

理解预应力混凝土所需材料应具备的性质，理解制作预应力混凝土工具的特点；

理解预应力的张拉要求，掌握引起预应力损失的原因及预防措施；

理解预应力混凝土构件的一般构造规定；

熟悉先张法和后张法的构造要求。

能力目标

能根据构件所处的环境条件选择合适的预应力结构类型；

能根据构件所处的环境条件选择合适的材料和工具；

能根据构件所处的环境条件和受力特点选择相应的预应力损失值的组合；

能够根据构造要求正确施工。

任务 7.1 预应力混凝土的基本知识

7.1.1 预应力混凝土的基本概念

混凝土是一种抗压性能好而抗拉性能较差的结构材料，抗拉强度仅为其抗压强度的 1/18 ~ 1/8，极限拉应变也很小，每米仅能伸长 0.10 ~ 0.15 mm，抗裂性能差。因此，在普通钢筋混凝土中，使用时不允许开裂的构件，受拉钢筋的应力仅为 20 ~ 30 N/mm^2，当钢筋应力超过此值时，混凝土将产生裂缝；即使是允许开裂的构件，当裂缝最大允许宽度为 0.2 ~ 0.3 mm 时，钢筋应力只能达到 150 ~ 200 N/mm^2。所以，普通钢筋混凝土中高强钢筋得不到充分利用，采用高强钢筋是不经济的；而提高混凝土的强度等级对提高构件的抗裂性能和控制裂缝宽度的作用极其有限。为了避免普通钢筋混凝土结构过早出现裂缝，减小正常使用荷载作用下的裂缝宽度，充分利用高强度材料以适应大跨度承重结构的需要，采用预应力是最有效的方法。

预应力混凝土构件在承受外荷载作用之前，预先对混凝土施加压力，使其在构件截面上产生的预压应力能抵消外荷载引起的部分或全部拉应力，使构件延缓开裂或限制裂缝的开展。由此可见,预应力混凝土的实质是利用混凝土良好的抗压性能来弥补其抗拉能力的不足,通过采用预先加压的方法间接地提高构件受拉区混凝土的抗拉能力。改善混凝土的受拉性能,满足使用要求。

预应力混凝土的原理可以用图 7-1 进一步说明。简支梁在外荷载作用下,梁下部产生拉应力 σ_3,如图 7-1(b)所示。如果在荷载作用之前,先给梁施加一个偏心压力 N,使梁的下部产生预压应力 σ_1,如图 7-1(a)所示。那么,在外荷载作用后,截面上的应力分布将是两者的叠加,如图 7-1(c)所示。梁的下部应力可以是压应力($\sigma_1 - \sigma_3 > 0$),也可以是数值较小的拉应力($\sigma_1 - \sigma_3 < 0$)。

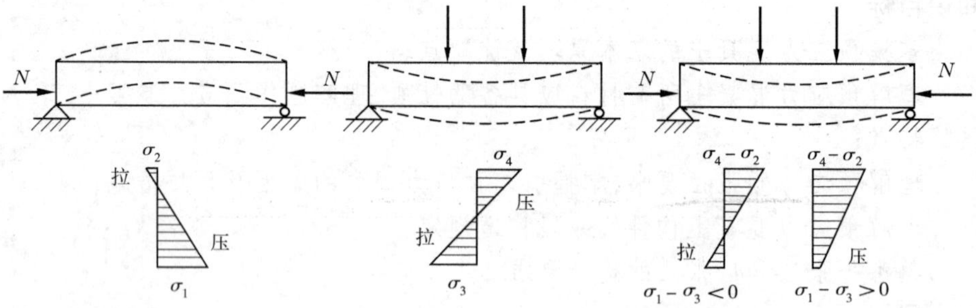

(a)预应力作用　(b)外荷载作用　(c)预应力与外荷载共同作用

图 7-1　预应力简支梁的基本受力原理

预应力混凝土与普通混凝土相比具有以下优点:

(1)抗裂性和耐久性好。由于混凝土中存在预压应力,可以避免开裂和限制裂缝的开展,减少外界有害因素对钢筋的侵蚀,提高构件的抗渗性、抗腐蚀性和耐久性,这对水工结构的意义尤为重大。

(2)刚度大、变形小。因为混凝土不开裂或裂缝很小,提高了构件的刚度。预加偏心压力使受弯构件产生反拱,从而减小构件在荷载作用下的挠度。

(3)节省材料,减轻自重。由于预应力构件合理有效地利用高强钢筋和高强混凝土,截面尺寸相对减小,结构自重减轻,节省材料并降低了工程造价。预应力混凝土与普通混凝土相比一般可减轻自重 20% ~30%,特别适合建造大跨度承重结构。

(4)提高构件的抗疲劳性能。

预应力混凝土构件也存在不足之处,如施工工序复杂、工期较长、施工制作所要求的机械设备与技术条件较高等,有待今后在实践中完善。

预应力混凝土目前已广泛应用于渡槽、压力水管、水池、大型闸墩、水电站厂房吊车梁、门机轨道梁等水利工程中,也可用预加应力的方法来加固基岩、衬砌隧洞等。

7.1.2　施加预应力的方法

在构件上建立预应力,一般是通过张拉钢筋,利用钢筋的弹性回缩压缩混凝土来实现的。根据张拉钢筋和浇筑混凝土的先后次序,可分为先张法和后张法。

7.1.2.1　先张法

先张法是指首先在台座上或钢模内张拉钢筋,然后浇筑混凝土的一种施工方法。具体过程是：先在专门的台座上张拉钢筋，然后用锚具将钢筋临时固定在台座上；再浇筑构件混凝土；待混凝土达到足够的强度（一般不低于混凝土设计强度的75%）后，从台座上切断或放松钢筋（简称放张）。在预应力钢筋弹性回缩时，利用钢筋与混凝土之间的黏结力，使混凝土受到压力作用，使构件产生预压应力，如图7-2所示。

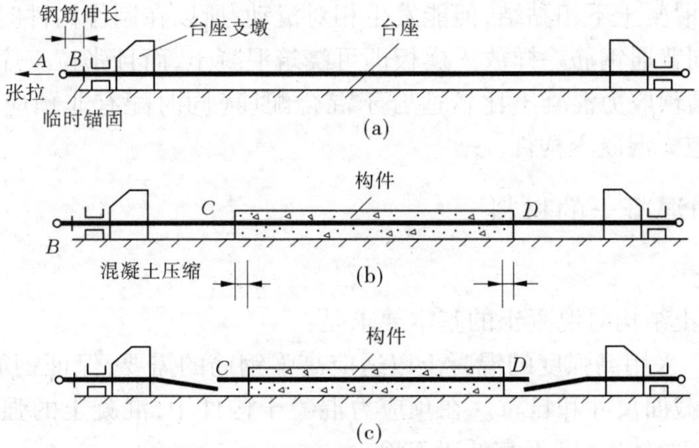

图7-2　先张法构件施工工序示意图

先张法的特点：施工工序少，工艺简单，效率高，质量易保证，构件上不需要设永久性锚具，生产成本低。但需要有专门的张拉台座，不适于现场施工。先张法主要用于生产大批量的小型预应力构件和直线形配筋构件。

7.1.2.2　后张法

后张法是指先浇筑混凝土构件，然后直接在构件上张拉预应力钢筋的一种施工方法。具体过程是：先浇捣混凝土构件，并在预应力钢筋设计位置上预留孔道；待混凝土达到足够强度（一般不低于混凝土设计强度的75%）后，将预应力钢筋穿入孔道，利用构件本身作为承力台座张拉钢筋；随着钢筋的张拉，构件混凝土同时受到压缩，张拉完毕后用锚具将预应力钢筋锚固在构件上，如图7-3所示。在后张法构件中，预应力是靠构件两端的工作锚具传给混凝土的。

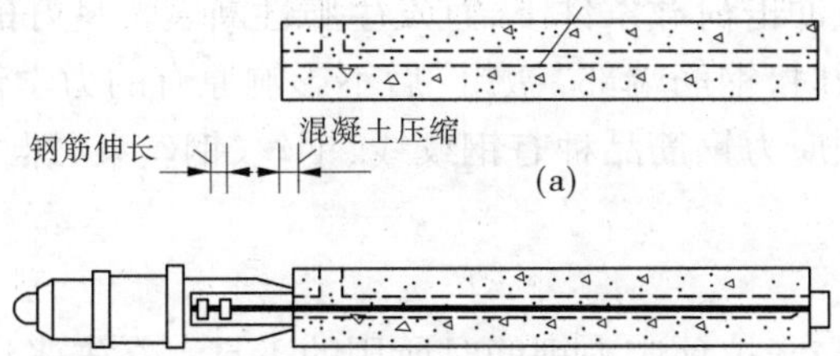

图7-3　后张法构件施工工序示意图

后张法的特点：不需要专门台座，可根据设计要求现场制作成曲线或折线形，应用比较灵活。但增加了留孔、灌浆等工序,施工比较复杂;所用锚具要留在构件内,成本较高。主要用于现场施工制作大型构件以至整个结构。

随着科学技术的发展,无黏结预应力混凝土逐渐应用于生产实际中。无黏结预应力混凝土是预应力钢筋表面上涂防腐和润滑的材料,通过塑料套管与混凝土隔离,预应力钢筋沿全长与周围混凝土不相黏结,但能发生相对滑动,所以在制作构件时不需预留孔道和灌浆,只要将它同普通钢筋一样放入模板即可浇筑混凝土,而且张拉工序简单,施工方便。试验表明,无黏结预应力混凝土比较适合于混合配筋(同时配有非预应力钢筋和预应力钢筋)的部分预应力混凝土构件。

7.1.3 预应力混凝土的材料

7.1.3.1 混凝土

预应力混凝土结构对混凝土的基本要求是:

(1)高强度。采用高强度的混凝土以适应高强钢筋的需要,保证钢筋充分发挥作用,有效减小构件的截面尺寸和自重。在预应力混凝土构件中,混凝土的强度等级不宜低于C30;采用钢丝、钢绞线时,则不宜低于C40。

(2)收缩、徐变小。采用收缩、徐变小的混凝土,以减小预应力损失。

(3)快硬、早强。为了尽早施加预应力,加快施工进度,提高设备利用率,宜采用早期强度较高的混凝土。

7.1.3.2 预应力钢筋

预应力混凝土结构对钢筋的基本要求是:

(1)高强度。预应力钢筋的张拉应力在构件的整个制作和使用过程中会出现各种应力损失。这些损失的总和有时可达到200 N/mm^2以上,如果所用的钢筋强度不高,那么张拉时所建立的预压应力会损失殆尽。

(2)与混凝土要有较好的黏结力。特别是在先张法中,预应力钢筋与混凝土之间必须有较高的黏结强度。

(3)具有一定的塑性和良好的加工性能。钢材强度越高,其塑性越低。钢筋塑性太低时,特别是处于低温或冲击荷载条件下,宜发生脆性断裂。良好的加工性能是指焊接性能好,以及采用镦头锚板时,钢筋端部"镦粗"后不影响原有的力学性能等。

目前,我国常用的预应力钢筋品种有钢绞线、钢丝、钢丝束、螺纹钢筋、钢棒等。

7.1.4 锚具与夹具

锚具和夹具是锚固与张拉预应力钢筋时所用的工具。在先张法中,构件制作完毕后,可取下来重复使用的称为夹具;在后张法中,把锚固在构件端部,与构件连成一体共同受力,不能取下重复使用的称为锚具。对锚具、夹具的一般要求是:锚固性能可靠,具有足够的强度和刚度,滑移小,构造简单,节约钢材等。

7.1.4.1 先张法的夹具

如果张拉单根预应力钢筋,则可利用偏心夹具夹住钢筋用卷扬机张拉(见图7-4),再用锥形锚固夹具或楔形夹具将钢筋临时锚固在台座的传力架上(见图7-5),锥销(或楔块)可用人工锤入套筒(或锚板)内。这种夹具只能锚固单根钢筋。

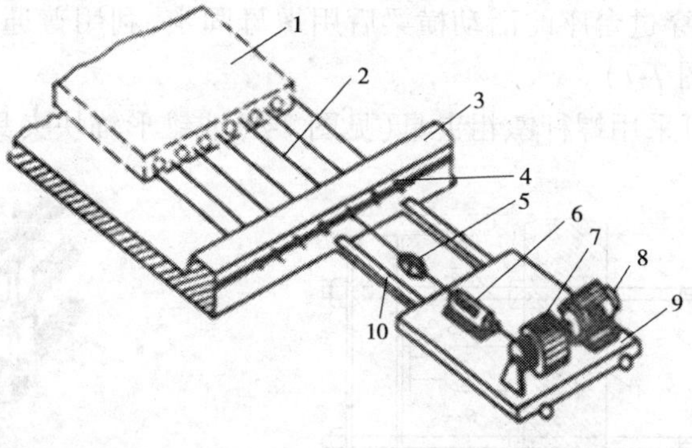

1—预制构件(空心板);2—预应力钢筋;3—台座传力架;4—锥形夹具;5—偏心夹具;6—弹簧秤(控制张拉力);7—卷扬机;8—电动机;9—张拉车;10—撑杆

图7-4 先张法单根钢筋的张拉

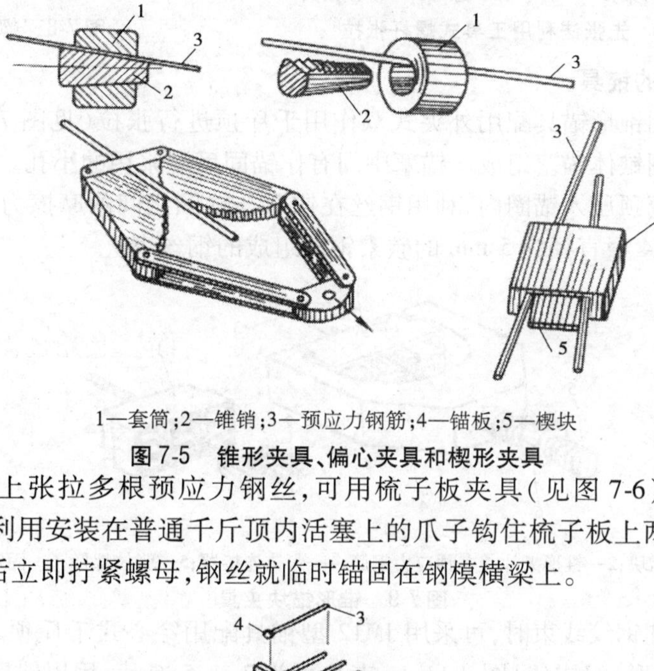

1—套筒;2—锥销;3—预应力钢筋;4—锚板;5—楔块

图7-5 锥形夹具、偏心夹具和楔形夹具

如果在钢模上张拉多根预应力钢丝,可用梳子板夹具(见图7-6)。钢丝两端用镦头(冷镦)锚定,利用安装在普通千斤顶内活塞上的爪子钩住梳子板上两个孔洞施力于梳子板,张拉完毕后立即拧紧螺母,钢丝就临时锚固在钢模横梁上。

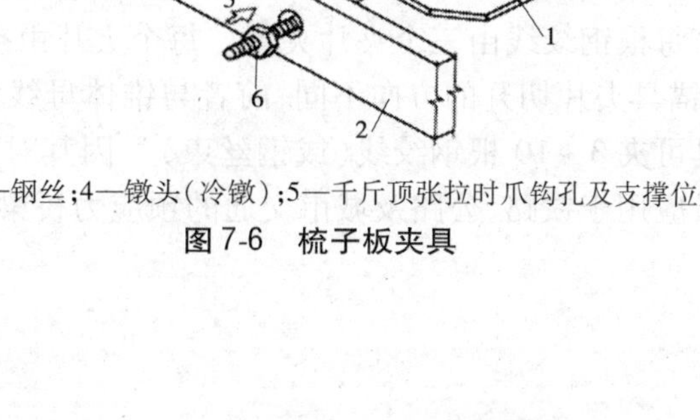

1—梳子板;2—钢模横梁;3—钢丝;4—镦头(冷镦);5—千斤顶张拉时爪钩孔及支撑位置示意;6—固定用螺母

图7-6 梳子板夹具

如果采用粗钢筋作为预应力钢筋，对于单根钢筋最常用的方法是在钢筋端头连接一个工具式螺杆。螺杆穿过台座的活动横梁后用螺母固定，利用普通千斤顶推动活动钢横梁就可张拉钢筋（见图7-7）。

对于多根钢筋，可采用螺杆镦粗夹具（见图7-8）或锥形锚块夹具（见图7-9）。

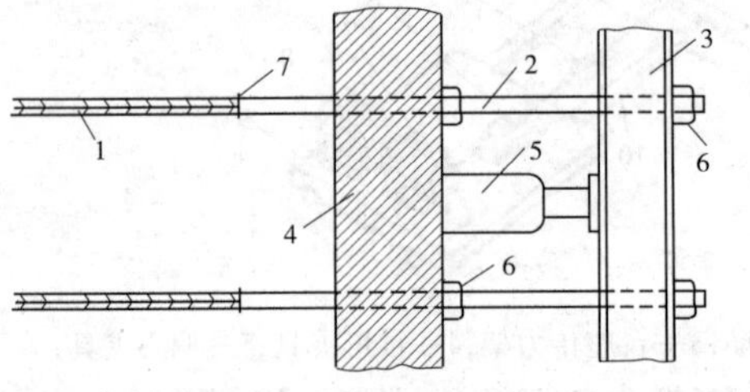

1—预应力钢筋；2—工具式螺杆；3—活动钢横梁；
4—台座传力架；5—千斤顶；6—螺母；7—焊接接头

图7-7　先张法利用工具式螺杆张拉

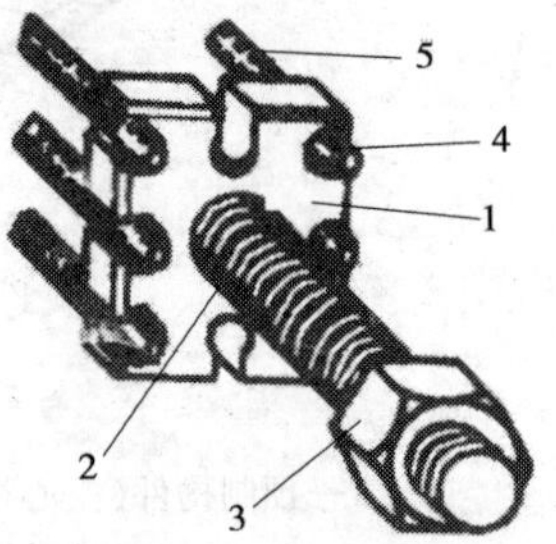

1—锚板；2—螺杆；3—螺帽；
4—镦粗头；5—预应力钢筋

图7-8　螺杆镦粗夹具

7.1.4.2　**后张法的锚具**

钢丝束常采用锥形锚具配用外夹式双作用千斤顶进行张拉（见图7-10）。锥形锚具由锚圈及带齿的圆锥体锚塞组成。锚塞中间有作锚固后灌浆用的小孔。由双作用千斤顶张拉钢筋后将锚塞顶压入锚圈内，利用钢丝在锚塞与锚圈之间的摩擦力锚固钢丝。锥形锚具可张拉12～24根直径为5 mm的碳素钢丝组成的钢丝束。

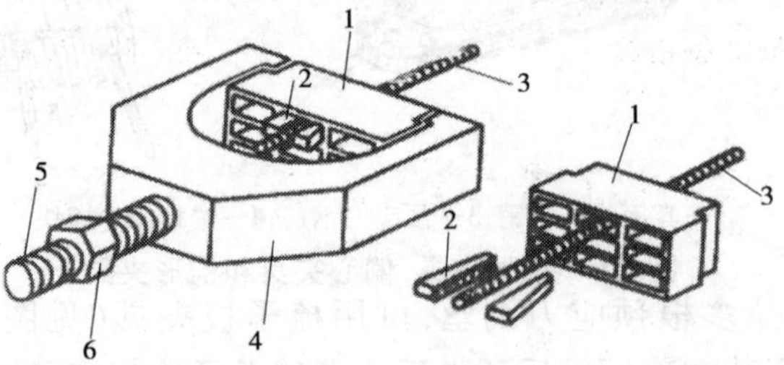

1—锥形锚块；2—锥形夹片；3—预应力钢筋；4—张拉连接器；5—张拉螺杆；6—固定用螺母

图7-9　锥形锚块夹具

张拉钢筋束和钢绞线束时，可采用JM12型锚具配用穿心式千斤顶。JM12型锚具由锚环和夹片（呈楔形）组成（见图7-11）。夹片可为3、4、5、6片，用以锚固3～6根直径为12～14 mm的钢筋或5～6根7股4 mm的钢绞线。

如果采用单根粗钢筋，也可用螺丝端杆锚具，即在钢筋一端焊接螺丝端杆，螺丝端杆另一端与张拉设备相连。张拉完毕后通过螺帽和垫板将预应力钢筋锚固在构件上。

锚固钢绞线还可采用我国近年来生产的XM型、QM型锚具（见图7-12）。此类锚具由锚环和夹片组成。每根钢绞线由三个夹片夹紧。每个夹片由空心锥台按三等分切割而成。XM型和QM型锚具夹片切开的方向不同，前者与锥体母线倾斜，而后者则是与锥体母线平行。一个锚具可夹3～10根钢绞线（或钢丝束）。因其对下料长度无严格要求，故施工方便。现已大量应用于铁路、公路及城市交通的预应力桥梁等大型结构构件。

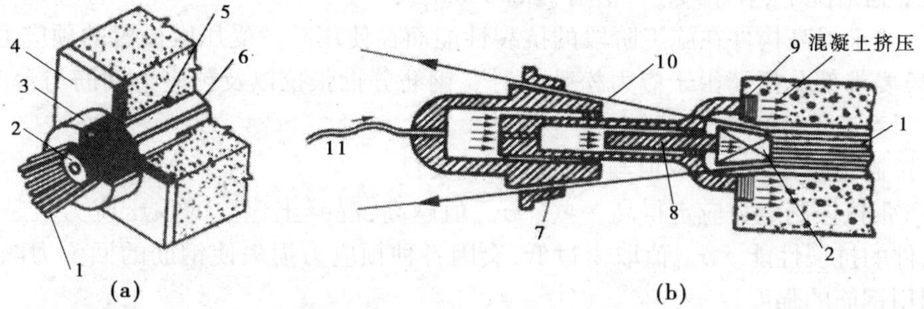

1—钢丝束；2—锚塞；3—钢锚圈；4—垫板；5—孔道；6—套管；7—钢丝夹具；8—内活塞；9—锚板；10—张拉钢丝；11—油管

图 7-10 锥形锚具及外夹式双作用千斤顶

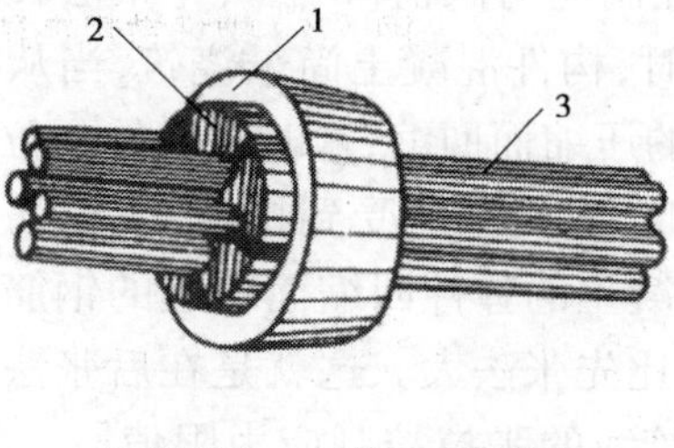

1—锚环；2—夹片；3—钢丝束

图 7-11 JM12 型锚具

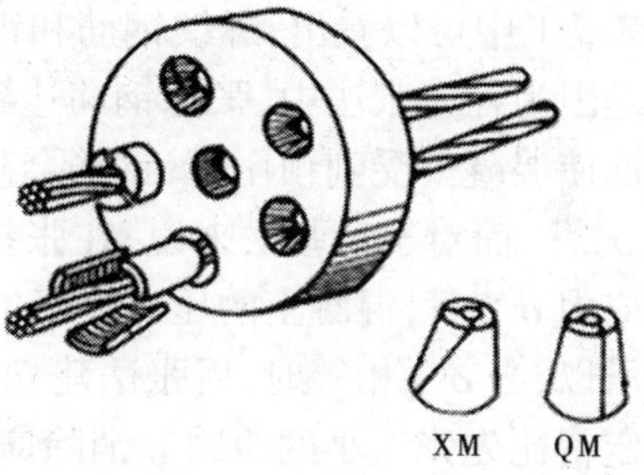

图 7-12 XM 型、QM 型锚具

任务 7.2 预应力钢筋张拉控制应力及预应力损失

7.2.1 预应力钢筋张拉控制应力 σ_{con}

张拉控制应力是指张拉时预应力钢筋达到的最大应力值，也就是张拉设备（如千斤顶）所控制的张拉力除以预应力钢筋面积所得的应力值，以 σ_{con} 表示。

《水工钢筋混凝土结构设计规范》（DL/T 5057—2009）规定，预应力钢筋的张拉控制应力值 σ_{con} 不宜超过表 7-1 规定的张拉控制应力限值，且不小于 $0.4f_{ptk}$。

表 7-1 张拉控制应力限值$[\sigma_{con}]$

预应力钢筋种类	张拉方法	
	先张法	后张法
消除应力钢丝、钢绞线	$0.75f_{ptk}$	$0.75f_{ptk}$
螺纹钢筋	$0.75f_{ptk}$	$0.70f_{ptk}$
钢棒	$0.70f_{ptk}$	$0.65f_{ptk}$

注：f_{ptk} 为预应力钢筋抗拉强度标准值，按附表 1-7 确定。

在下列情况下,表中[σ_{con}]值可提高 0.05f_{ptk}:

(1)要求提高构件在施工阶段的抗裂性能而在使用阶段受压区设置的预应力钢筋。

(2)要求部分抵消由于应力松弛、摩擦、钢筋分批张拉以及预应力钢筋与台座之间的温差等因素产生的预应力损失。

张拉控制应力 σ_{con} 的取值与下列因素有关:

(1)张拉控制应力应定得高一些。σ_{con} 值越高,混凝土建立的预压应力就越大,从而提高构件的抗裂性能。σ_{con} 值取得过低,会因各种预应力损失使钢筋的回弹力减小,不能充分利用钢筋的强度。

(2)张拉控制应力不能过高。σ_{con} 值定得过高也有以下不利的方面:①钢筋强度具有一定的离散性,在张拉操作过程中还要进行超张拉,如果将 σ_{con} 定得过高,张拉时可能使钢筋应力进入钢材的屈服阶段,产生塑性变形,反而达不到预期的预应力效果;②考虑到张拉时的拉力不够准确,焊接质量可能不好等因素,σ_{con} 定得过高易发生安全事故。

从表 7-1 中可以看出,螺纹钢筋和钢棒的张拉控制应力限值[σ_{con}],先张法较后张法高。这是因为在先张法中,张拉钢筋达到控制应力时,构件混凝土尚未浇筑,当从台座上放松钢筋使混凝土受到预压时,钢筋会随着混凝土的压缩而回缩,这时钢筋的预拉应力已经小于 σ_{con}。而对于后张法来说,在张拉钢筋的同时,混凝土即受到挤压,当钢筋应力达到控制应力 σ_{con} 时,混凝土的压缩已经完成,没有混凝土的弹性回缩而引起的钢筋应力的降低。所以,当 σ_{con} 相等时,后张法建立的预应力值比先张法大。这就是在后张法中控制应力值定得比先张法小的原因。消除应力钢丝、钢绞线的张拉控制应力限值[σ_{con}],先张法和后张法取值相同。因为钢丝材质稳定,且张拉时高应力一经锚固后,应力降低很快,一般不会产生拉断事故。

7.2.2 预应力损失

由于张拉工艺和材料特性等原因,预应力钢筋在张拉时所建立的拉应力,在构件制作和使用过程中会受到损失。产生预应力损失的原因很多,下面分别讨论引起预应力损失的原因、损失值的计算及减小预应力损失的措施。

7.2.2.1 张拉端锚具变形和钢筋内缩引起的损失 σ_{l1}

构件在张拉预应力钢筋达到控制应力 σ_{con} 后,便把预应力钢筋锚固在台座或构件上。由于预应力回弹方向与张拉时拉伸方向相反,当锚具、垫板与构件之间的缝隙被压紧,预应力钢筋在锚具中的内缩会造成钢筋应力降低。由此形成的预应力损失称为 σ_{l1}。对预应力直线形钢筋,σ_{l1}(N/mm²)按下式计算

$$\sigma_{l1} = \frac{a}{l}E_s \tag{7-1}$$

式中 a——张拉端锚具变形和钢筋内缩值,mm,按表 7-2 取用;

l——张拉端至锚固端之间的距离,mm;

E_s——预应力钢筋的弹性模量,N/mm²。

由于锚固端的锚具在张拉过程中已经被挤紧,所以式(7-1)中的 a 值只考虑张拉端。由式(7-1)可以看出,增加 l 可减小 σ_{l1},因此用先张法生产构件的台座长度大于 100 m

时，σ_{l1}可忽略不计。

后张法构件预应力曲线钢筋或折线钢筋由于锚具变形和预应力钢筋内缩引起的预应力损失值 σ_{l1}，应根据预应力曲线钢筋或折线钢筋与孔道壁之间反向摩擦影响长度 l_f 范围内的预应力钢筋变形值等于锚具变形和钢筋内缩值的条件确定。当预应力钢筋为圆弧曲线，且其对应的圆心角 θ 不大于 30°时（见图 7-13），其预应力损失值可按下式计算

$$\sigma_{l1} = 2\sigma_{con} l_f (\mu / r_c + \kappa)(1 - x/l_f) \tag{7-2}$$

表 7-2　锚具变形和钢筋内缩值 a　（单位：mm）

锚具类别		a
支撑式锚具（钢丝束镦头锚具等）	螺帽缝隙	1
	每块后加垫块的缝隙	1
锥塞式锚具（钢丝束的钢制锥形锚具等）		5
夹片式锚具	有顶压时	5
	无顶压时	6 ~ 8
单根螺纹钢筋的锥形锚具夹具		5

注：1. 表中的锚具变形和钢筋内缩值也可根据实测数据确定。
2. 其他类型的锚具变形和钢筋内缩值应根据实测数据确定。

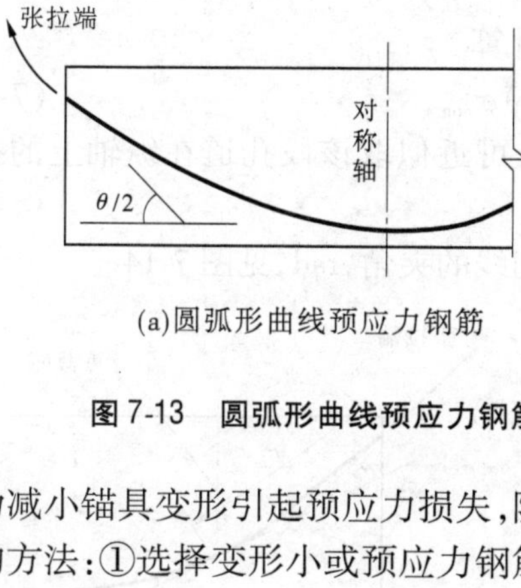

(a)圆弧形曲线预应力钢筋

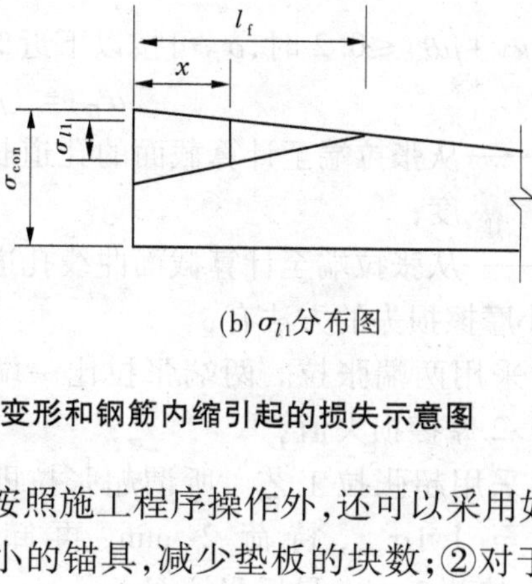

(b) σ_{l1}分布图

图 7-13　圆弧形曲线预应力钢筋因锚具变形和钢筋内缩引起的损失示意图

为减小锚具变形引起预应力损失，除认真按照施工程序操作外，还可以采用如下减小损失的方法：①选择变形小或预应力钢筋滑移小的锚具，减少垫板的块数；②对于先张法选择长的台座。

反向摩擦影响长度 l_f(m) 按下式计算

$$l_f = \sqrt{\frac{aE_s}{1\,000\sigma_{con}(\mu / r_c + \kappa)}} \tag{7-3}$$

上述式中　r_c——圆弧形曲线预应力钢筋的曲率半径，m；

x——张拉端至计算截面的距离，m，且应符合 $x \leq l_f$ 的规定；

μ——预应力钢筋与孔道壁之间的摩擦系数，按表 7-3 采用；

κ——考虑孔道每米长度局部偏差的摩擦系数，按表 7-3 采用。

表 7-3　摩擦系数 μ、κ

孔道成形方式	κ	μ	
		钢绞线、钢丝束	螺纹钢筋、钢棒
预埋金属波纹管	0.001 5	0.20 ~ 0.25	0.50
预埋塑料波纹管	0.001 5	0.14 ~ 0.17	—
预埋铁皮管	0.003 0	0.35	0.40
预埋钢管	0.001 0	0.25 ~ 0.30	—
抽芯成型	0.001 5	0.55	0.60

注：1. 表中系数也可以根据实测数据确定。

2. 当采用钢丝束的钢质锥形锚具及类似形式锚具时，尚应考虑锚环口处的附加摩擦损失，其值可根据实测数据确定。

7.2.2.2　预应力钢筋与孔道壁之间的摩擦引起的损失 σ_{l2}

后张法构件张拉时，预应力钢筋与孔道壁之间的摩擦力引起的预应力损失 σ_{l2}（N/mm^2）可按下列公式计算（见图 7-14）

$$\sigma_{l2} = \sigma_{con}\left(1 - \frac{1}{e^{\kappa x + \mu\theta}}\right) \tag{7-4(a)}$$

当（$\kappa x + \mu\theta$）≤0.2 时，σ_{l2}可按以下近似公式计算

$$\sigma_{l2} = (\mu\theta + \kappa x)\sigma_{con} \tag{7-4(b)}$$

式中　x——从张拉端至计算截面的孔道长度，m，可近似取该段孔道在纵轴上的投影长度；

θ——从张拉端至计算截面曲线孔道部分切线的夹角，rad，见图 7-14。

减小摩擦损失的方法有：

（1）采用两端张拉。两端张拉比一端张拉可减少 1/2 摩擦损失值。

（2）采用超张拉工艺。所谓超张拉即第一次张拉至 $1.1\sigma_{con}$，持荷 2 min，再卸荷至 $0.85\sigma_{con}$，持荷 2 min，最后张拉至 σ_{con}。

这样可使摩擦损失减小，比一次张拉到的预应力分布更均匀。

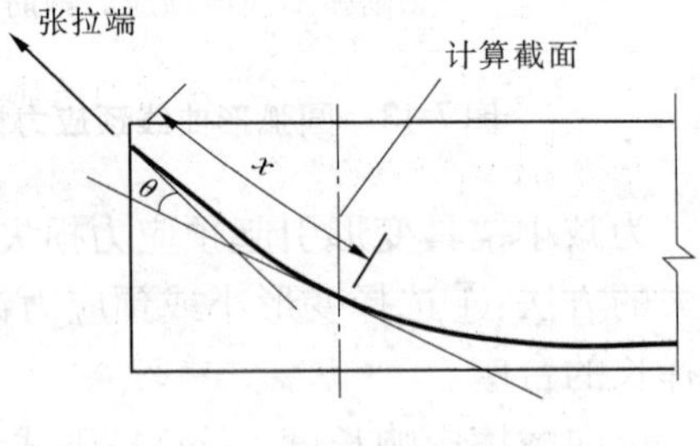

图 7-14　预应力摩擦损失计算图

7.2.2.3　混凝土采用蒸汽养护时预应力钢筋与张拉台座之间的温差引起的损失 σ_{l3}

对于先张法预应力混凝土构件，当进行蒸汽养护升温时，新浇筑的混凝土尚未硬化，由于钢筋温度高于台座温度，于是钢筋产生相对伸长，预应力钢筋中的应力将降低，造成预应力损失；当降温时，混凝土已经硬化，混凝土与钢筋之间已建立起黏结力，两者将一起

回缩，故钢筋应力将不能恢复到原来的张拉应力值。σ_{l3}仅在先张法中存在。

当预应力钢筋与台座之间的温差为 Δt 时，钢筋的线膨胀系数 $\alpha = 0.000\ 01/℃$，则预应力筋与台座之间的温差引起的预应力损失为

$$\sigma_{l3} = \alpha E_s \Delta t = 0.000\ 01 \times 2.0 \times 10^5 \times \Delta t = 2\Delta t\ (\mathrm{N/mm^2}) \qquad (7\text{-}5)$$

为了减少此项损失可采用下列措施：

（1）在构件进行蒸汽养护时采用“二次升温制度”，即第一次一般升温 20 ℃，然后恒温。当混凝土强度达到 7～10 $\mathrm{N/mm^2}$时，预应力钢筋与混凝土黏结在一起。第二次再升温至规定养护温度。这时，预应力钢筋与混凝土同时伸长，故不会再产生预应力损失。因此，采用“二次升温制度”，养护后应力损失降低值为

$$\sigma_{l3} = 2\Delta t = 2 \times 20 = 40(\mathrm{N/mm^2})$$

（2）采用钢模制作构件，并将钢模与构件一同整体放入蒸汽室养护，则不存在温差引起的预应力损失。

7.2.2.4　预应力钢筋的应力松弛引起的损失 σ_{l4}

钢筋应力松弛是指钢筋在高应力作用下，在钢筋长度不变条件下，钢筋应力随时间增长而降低的现象。钢筋应力松弛使预应力值降低，造成的预应力损失称为 σ_{l4}。试验表明，松弛损失与下列因素有关：①初始应力。张拉控制应力高，松弛损失就大，损失的速度也快。②钢筋种类。松弛损失按下列钢筋种类依次减小：钢丝、钢绞线、螺纹钢筋。③时间。1 h 及 24 h 的松弛损失分别约占总松弛损失（以 1 000 h 计）的 50% 和 80%。④温度。温度越高，松弛损失越大。⑤张拉方式。采用超张拉可比一次张拉的松弛损失减小（2%～10%）σ_{con}。

预应力筋的应力松弛损失 σ_{l4}的计算见表 7-4。

表 7-4　预应力筋的应力松弛损失 σ_{l4}　　（单位：$\mathrm{N/mm^2}$）

<table>
<tr><th colspan="2" rowspan="2">钢筋种类</th><th colspan="2">张拉方式</th></tr>
<tr><th>一次张拉</th><th>超张拉</th></tr>
<tr><td colspan="2">螺纹钢筋、钢棒</td><td>$0.05\sigma_{con}$</td><td>$0.035\sigma_{con}$</td></tr>
<tr><td rowspan="2">预应力钢丝、钢绞线</td><td>普通松弛</td><td>$0.4(\sigma_{con}/f_{ptk} - 0.5)\sigma_{con}$</td><td>$0.36(\sigma_{con}/f_{ptk} - 0.5)\sigma_{con}$</td></tr>
<tr><td>低松弛</td><td colspan="2">当 $\sigma_{con} \leq 0.7f_{ptk}$时，$0.125(\sigma_{con}/f_{ptk} - 0.5)\sigma_{con}$
当 $0.7f_{ptk} < \sigma_{con} \leq 0.8f_{ptk}$时，$0.20(\sigma_{con}/f_{ptk} - 0.575)\sigma_{con}$</td></tr>
</table>

注：1. 表中超张拉的张拉程序为从应力为零开始张拉至 $1.03\sigma_{con}$；从应力为零开始张拉至 $1.05\sigma_{con}$，持荷 2 min 后，卸载至 σ_{con}。
2. 当 $\sigma_{con}/f_{ptk} \leq 0.5$ 时，预应力筋的应力松弛损失值可取为零。

减少松弛损失的措施：①采用超张拉工艺；②采用低松弛损失的钢材。

7.2.2.5　混凝土收缩和徐变引起的损失 σ_{l5}

混凝土在空气中结硬时发生体积收缩，而在预应力作用下，混凝土将沿压力作用方向产生徐变。收缩和徐变都使构件缩短，预应力钢筋随之回缩，因而造成预应力损失 σ_{l5}。

由混凝土收缩和徐变引起的受拉区、受压区纵向预应力钢筋的预应力损失值 σ_{l5}、

σ'_{l5}(N/mm^2)可按下列公式计算:

先张法构件

$$\sigma_{l5} = \frac{45 + \frac{280\sigma_{pc}}{f'_{cu}}}{1 + 15\rho} \quad (受拉区) \tag{7-6}$$

$$\sigma'_{l5} = \frac{45 + \frac{280\sigma'_{pc}}{f'_{cu}}}{1 + 15\rho'} \quad (受压区) \tag{7-7}$$

后张法构件

$$\sigma_{l5} = \frac{35 + \frac{280\sigma_{pc}}{f'_{cu}}}{1 + 15\rho} \quad (受拉区) \tag{7-8}$$

$$\sigma'_{l5} = \frac{35 + \frac{280\sigma'_{pc}}{f'_{cu}}}{1 + 15\rho'} \quad (受压区) \tag{7-9}$$

式中 σ_{pc}、σ'_{pc}——在受拉区、受压区预应力钢筋合力点处的混凝土法向压应力,N/mm^2;

f'_{cu}——施加预应力时的混凝土立方体抗压强度,N/mm^2;

ρ、ρ'——受拉区、受压区预应力钢筋和非预应力钢筋的配筋率,可采用下式计算:

先张法构件

$$\rho = (A_p + A_s)/A_0,\ \rho' = (A'_p + A'_s)/A_0$$

后张法构件

$$\rho = (A_p + A_s)/A_n,\ \rho' = (A'_p + A'_s)/A_n$$

另外,σ_{l5}、σ'_{l5} 的公式是根据一般湿度条件建立的。对处于年平均湿度低于40%环境下的结构,σ_{l5} 及 σ'_{l5} 值应增加30%。

由于混凝土收缩和徐变引起的预应力损失是各项损失中最大的一项,在直线形预应力配筋构件中约占总损失的50%,而在曲线形预应力配筋构件中占总损失的30%左右。因此,应当重视采取各种有效措施减小混凝土的收缩和徐变。通常采用高强度等级水泥,减少水泥用量,降低水灰比,振捣密实,加强养护,并控制混凝土预压应力值 σ_{pc}、σ'_{pc} 不超过 $0.5f'_{cu}$。

7.2.2.6 螺旋式预应力钢筋(或钢丝)挤压混凝土引起的损失 σ_{l6}

环形结构构件的混凝土被螺旋式预应力钢筋箍紧,混凝土受预应力钢筋的挤压会发生局部压陷,构件直径减小 2δ,使得预应力钢筋回缩引起的预应力损失称为 σ_{l6}。σ_{l6} 的大小与构件的直径有关,构件直径越小,压陷变形的影响越大,预应力损失就越大。当构件直径大于3 m时,损失值可忽略不计;当构件直径小于等于3 m时,取 $\sigma_{l6} = 30\ N/mm^2$。

对于大体积水工混凝土构件,各项预应力损失值应由专门研究或试验确定。

上述各项预应力损失并非同时发生,而是按不同张拉方式分阶段发生的。通常把在混凝土预压前产生的损失称为第一批应力损失 $\sigma_{l\,\mathrm{I}}$(先张法指放张前的损失,后张法指卸去千斤顶前的损失),在混凝土预压后产生的损失称为第二批应力损失 $\sigma_{l\,\mathrm{II}}$。总损失值为 $\sigma_l = \sigma_{l\,\mathrm{I}} + \sigma_{l\,\mathrm{II}}$。各批预应力损失的组合见表7-5。

表 7-5　各阶段预应力损失值的组合

项次	预应力损失值的组合	先张法构件	后张法构件
1	混凝土预压前(第一批)的损失 $\sigma_{l\mathrm{I}}$	$\sigma_{l1}+\sigma_{l2}+\sigma_{l3}+\sigma_{l4}$	$\sigma_{l1}+\sigma_{l2}$
2	混凝土预压后(第二批)的损失 $\sigma_{l\mathrm{II}}$	σ_{l5}	$\sigma_{l4}+\sigma_{l5}+\sigma_{l6}$

注:先张法构件第一批损失值计入 σ_{l2} 是指有折线式配筋的情况。

预应力损失的计算值与实际值之间可能有误差,为了确保构件安全,当按上述各项损失计算得出的总损失值 σ_l 小于下列数值时,则按下列数值采用:先张法构件 100 N/mm^2,后张法构件 80 N/mm^2。

任务 7.3　预应力混凝土轴心受拉构件的应力分析

为了解预应力混凝土构件在不同阶段的应力特点,本节以轴心受拉构件为例,分别对先张法和后张法构件的施工阶段、使用阶段和破坏阶段进行应力分析。

7.3.1　先张法预应力混凝土轴心受拉构件的应力分析

先张法构件各阶段钢筋和混凝土的应力变化过程见表 7-6。

7.3.1.1　施工阶段

1. 应力状态 1

张拉预应力钢筋并将其固定在台座(钢模)上,浇筑混凝土并养护,但混凝土并未受到压缩的状态,通常称为“预压前”状态。

钢筋刚张拉完毕时,预应力钢筋的应力为张拉控制应力 σ_{con}(见表 7-6 图(a))。然后,由于锚具变形、钢筋内缩、养护温差、钢筋松弛等原因产生了第一批应力损失 $\sigma_{l\mathrm{I}}=\sigma_{l1}+\sigma_{l2}+\sigma_{l3}+\sigma_{l4}$,预应力钢筋的预拉应力将减少 $\sigma_{l\mathrm{I}}$。因此,预应力钢筋的应力降低为 $\sigma_{\mathrm{p0\,I}}$(见表 7-6 图(b))。

$$\sigma_{\mathrm{p0\,I}}=\sigma_{\mathrm{con}}-\sigma_{l\mathrm{I}} \tag{7-10}$$

预应力钢筋与非预应力钢筋的合力为

$$N_{\mathrm{p0\,I}}=\sigma_{\mathrm{p0\,I}}A_{\mathrm{p}}=(\sigma_{\mathrm{con}}-\sigma_{l\mathrm{I}})A_{\mathrm{p}} \tag{7-11}$$

式中　A_{p}——预应力钢筋的截面面积,mm^2。

由于预应力钢筋仍然固定在台座(或钢模)上,预应力钢筋的总预拉力由台座(或钢模)承受,所以混凝土 σ_{c} 和非预应力钢筋 σ_{s} 的应力均为零。

2. 应力状态 2

当混凝土达到其设计强度的 75% 以上时,即可切断预应力钢筋。混凝土受到预应力钢筋回弹力的挤压而产生预压应力。此状态是混凝土受到预压应力的状态。混凝土的预压应力为 $\sigma_{\mathrm{pc\,I}}$,混凝土受压后产生压缩变形 $\varepsilon_{\mathrm{c}}=\sigma_{\mathrm{pc\,I}}/E_{\mathrm{c}}$。钢筋因与混凝土黏结在一起也随之回缩同样数值。由应变协调关系可得非预应力钢筋和预应力钢筋产生的压应力均为 $\alpha_{\mathrm{E}}\sigma_{\mathrm{pc\,I}}$($\varepsilon_{\mathrm{s}}E_{\mathrm{s}}=\varepsilon_{\mathrm{c}}E_{\mathrm{s}}=\sigma_{\mathrm{pc\,I}}E_{\mathrm{s}}/E_{\mathrm{c}}=\alpha_{\mathrm{E}}\sigma_{\mathrm{pc\,I}}$,$\alpha_{\mathrm{E}}=E_{\mathrm{s}}/E_{\mathrm{c}}$)。所以,预应力钢筋的应力将减

少 $\alpha_E\sigma_{pc\,I}$，有效预拉应力为 $\sigma_{pe\,I}$（见表 7-6 图(c)）为

表 7-6　先张法预应力混凝土轴心受拉构件的应力分析

阶段			应力状态		应力图形
施工阶段	1	刚张拉好预应力钢筋，浇捣混凝土并进行养护，第一批预应力损失出现	(a) (b)	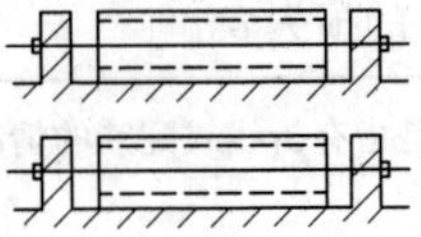	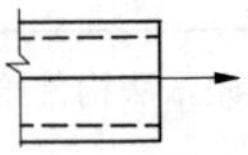
施工阶段	2	从台座上放松预应力钢筋，混凝土受到预压	(c)	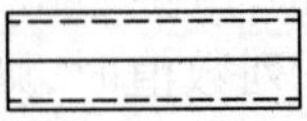	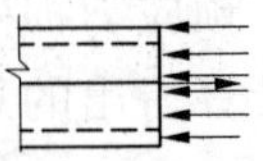
施工阶段	3	预应力损失全部出现	(d)	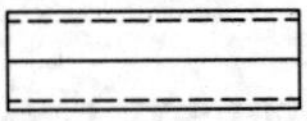	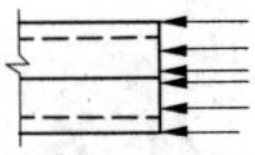
使用阶段	4	荷载作用（加载至混凝土应力为零）	(e)	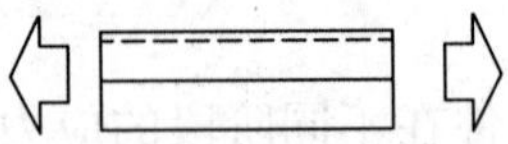	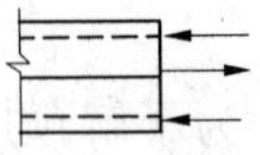
使用阶段	5	裂缝即将出现	(f)	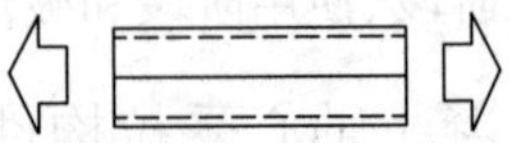	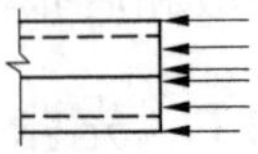
使用阶段	5	荷载作用（开裂后）	(g)	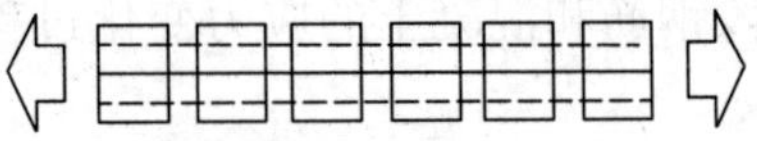	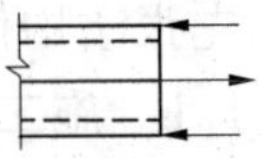
破坏阶段	6	损坏时	(h)	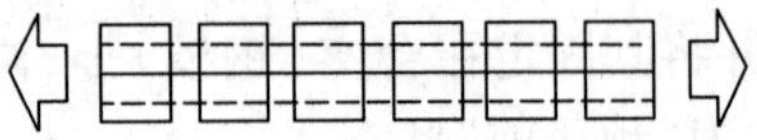	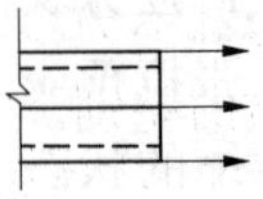

$$\sigma_{pe\,I} = \sigma_{p0\,I} - \alpha_E\sigma_{pc\,I} = \sigma_{con} - \sigma_{l\,I} - \alpha_E\sigma_{pc\,I} \tag{7-12}$$

非预应力钢筋受到的压应力为

$$\sigma_{s\,I} = \alpha_E\sigma_{pc\,I} \tag{7-13}$$

混凝土的预压应力 $\sigma_{pc\,I}$ 可由截面内力平衡条件求得

$$\sigma_{pe\,I}A_p = \sigma_{pc\,I}A_c + \sigma_{pc\,I}\alpha_E A_s$$

则

$$\sigma_{pc\,I} = \frac{(\sigma_{con} - \sigma_{l\,I})A_p}{A_c + \alpha_E A_s + \alpha_E A_p} = \frac{(\sigma_{con} - \sigma_{l\,I})A_p}{A_0} \tag{7-14(a)}$$

也可写成

$$\sigma_{pc\,I} = \frac{N_{p0\,I}}{A_0} \tag{7-14(b)}$$

式中　A_s、A_p——非预应力钢筋和预应力钢筋的截面面积，mm^2；

A_c——构件混凝土的截面面积，mm^2，$A_c = A - A_s - A_p$，A 为构件截面面积；

A_0——换算截面面积，mm^2，$A_0 = A_c + \alpha_E A_s + \alpha_E A_p$。

公式(7-14(b))可理解为当放松预应力钢筋使混凝土受压时，将钢筋回弹力 $N_{p0\,I}$ 看作外力（轴向压力）作用在整个构件的换算截面 A_0 上，由此产生的压应力为 $\sigma_{pc\,I}$。

3.应力状态3

混凝土受到压缩后，随着时间的增长又发生收缩和徐变，使预应力钢筋产生第二批应力损失 $\sigma_{l\,\text{II}}=\sigma_{l5}$。此时，总的应力损失值 $\sigma_l=\sigma_{l\,\text{I}}+\sigma_{l\,\text{II}}$。在预应力损失全部出现后，预应力钢筋的有效拉应力为 $\sigma_{\text{pe}\,\text{II}}$，相应混凝土的有效预压应力为 $\sigma_{\text{pc}\,\text{II}}$（见表7-6图(d)）。它们之间的关系由下列公式表示

$$\sigma_{\text{pe}\,\text{II}}=\sigma_{\text{p0}\,\text{II}}-\alpha_{\text{E}}\sigma_{\text{pc}\,\text{II}}=\sigma_{\text{con}}-\sigma_l-\alpha_{\text{E}}\sigma_{\text{pc}\,\text{II}} \tag{7-15}$$

$$\sigma_{\text{p0}\,\text{II}}=\sigma_{\text{con}}-\sigma_l \tag{7-16}$$

非预应力钢筋

$$\sigma_{\text{s}\,\text{II}}=\alpha_{\text{E}}\sigma_{\text{pc}\,\text{II}}+\sigma_{l5} \tag{7-17}$$

式中 σ_{l5}——非预应力钢筋因混凝土收缩和徐变所增加的压应力。

由截面内力平衡条件得

$$\sigma_{\text{pe}\,\text{II}}A_{\text{p}}=\sigma_{\text{pc}\,\text{II}}A_{\text{c}}+(\alpha_{\text{E}}\sigma_{\text{pc}\,\text{II}}+\sigma_{l5})A_{\text{s}} \tag{7-18}$$

式中，$N_{\text{p0}\,\text{II}}$ 为预应力损失全部出现后，混凝土预压应力为零时（预应力钢筋合力点处），预应力钢筋和非预应力钢筋的合力

$$N_{\text{p0}\,\text{II}}=(\sigma_{\text{con}}-\sigma_l)A_{\text{p}}-\sigma_{l5}A_{\text{s}} \tag{7-19}$$

$$\sigma_{\text{pc}\,\text{II}}=\frac{(\sigma_{\text{con}}-\sigma_l)A_{\text{p}}-\sigma_{l5}A_{\text{s}}}{A_0}=\frac{N_{\text{p0}\,\text{II}}}{A_0}$$

$\sigma_{\text{pe}\,\text{II}}$ 为全部应力损失完成后预应力钢筋的有效预拉应力，$\sigma_{\text{pc}\,\text{II}}$ 为预应力混凝土中所建立的“有效预压应力”。由上可知，在外荷载作用以前，预应力构件中钢筋及混凝土的应力都不为零，混凝土受到很大的压应力，钢筋受到很大的拉应力，这是它与非预应力构件质的差别。

7.3.1.2 使用阶段

1.应力状态4

构件受到外荷载（轴向拉力 N）作用后，截面上要叠加由于 N 产生的拉应力。当外荷载 $N=N_{\text{p0}\,\text{II}}$ 时，它对截面产生的拉应力 N/A_0 刚好全部抵消混凝土的有效预压应力 $\sigma_{\text{pc}\,\text{II}}$。因此，截面上混凝土的应力由 $\sigma_{\text{pc}\,\text{II}}$ 降为零（见表7-6图(e)）。该情况称为消压状态，在消压轴向拉力 $N_0=N_{\text{p0}\,\text{II}}$ 作用下，预应力钢筋的拉应力由 $\sigma_{\text{pe}\,\text{II}}$ 增加 $\alpha_{\text{E}}\sigma_{\text{pc}\,\text{II}}$，所以为 $\sigma_{\text{p0}\,\text{II}}$，见式(7-15)。非预应力钢筋的压应力由 $\sigma_{\text{s}\,\text{II}}$ 减少 $\alpha_{\text{E}}\sigma_{\text{pc}\,\text{II}}$，即降低为 σ_{s0}。

$$\sigma_{\text{s0}}=\sigma_{l5} \tag{7-20}$$

应力状态4是轴心受拉构件受力由压应力转为拉应力的一个重要标志。若 $N<N_0$，混凝土始终处于受压状态；若 $N>N_0$，则混凝土将出现拉应力，以后拉应力的增量就同普通钢筋混凝土轴心受拉构件一样。

2.应力状态5

1)即将开裂时

当混凝土拉应力达到混凝土轴心抗拉强度标准值 f_{tk} 时，裂缝就将出现（见表7-6图(f)）。所以，构件的开裂荷载 N_{cr} 将在 $N_{\text{p0}\,\text{II}}$ 的基础上增加 $f_{\text{tk}}A_0$，即

$$N_{\text{cr}}=N_{\text{p0}\,\text{II}}+f_{\text{tk}}A_0=(\sigma_{\text{pc}\,\text{II}}+f_{\text{tk}})A_0 \tag{7-21(a)}$$

也可写成

$$N_{\text{cr}}=N_{\text{p0}\,\text{II}}+N_{\text{cr}}' \tag{7-21(b)}$$

式中，$N'_{cr}=f_{tk}A_0$ 为普通钢筋混凝土轴心受拉构件的开裂荷载。由上式可知，预应力构件的开裂能力由于多了 $N_{p0\text{II}}$ 一项而比非预应力构件大大提高。

在裂缝即将出现时，预应力钢筋与非预应力钢筋的应力分别增加了 $\alpha_E f_{tk}$ 的拉应力，即

预应力钢筋
$$\sigma_p = \sigma_{p0\text{II}} + \alpha_E f_{tk} = \sigma_{con} - \sigma_l + \alpha_E f_{tk} \tag{7-22}$$

非预应力钢筋
$$\sigma_s = \sigma_{l5} - \alpha_E f_{tk} \tag{7-23}$$

2）开裂后

在开裂瞬间，由于裂缝截面的混凝土应力 $\sigma_c = 0$，原来由混凝土承担的拉力 $f_{tk}A_c$ 转由钢筋承担。所以，预应力钢筋和非预应力钢筋的拉应力增量较开裂前的应力增加 $f_{tk}A_c/(A_p+A_s)$。此时，预应力钢筋和非预应力钢筋的应力分别为

$$\sigma_p = \sigma_{p0\text{II}} + \alpha_E f_{tk} + \frac{f_{tk}A_c}{A_p + A_s} = \sigma_{p0\text{II}} + \frac{f_{tk}A_0}{A_p + A_s} = \sigma_{p0\text{II}} + \frac{N_{cr} - N_{p0\text{II}}}{A_p + A_s} \tag{7-24}$$

$$\sigma_s = \sigma_{l5} - \alpha_E f_{tk} - \frac{f_{tk}A_c}{A_p + A_s} = \sigma_{l5} - \frac{f_{tk}A_0}{A_p + A_s} = \sigma_{l5} - \frac{N_{cr} - N_{p0\text{II}}}{A_p + A_s} \tag{7-25}$$

开裂后，在外荷载作用 N 下，增加的轴向拉力 $N-N_{cr}$ 将全部由钢筋承担（见表 7-6 图(g)），预应力钢筋和非预应力钢筋的拉应力增量均为 $(N-N_{cr})/(A_p+A_s)$。这时，预应力钢筋和非预应力钢筋的应力分别为

预应力钢筋
$$\sigma_p = \sigma_{p0\text{II}} + \frac{N_{cr} - N_{p0\text{II}}}{A_p + A_s} + \frac{N - N_{cr}}{A_p + A_s}$$
$$= \sigma_{p0\text{II}} + \frac{N - N_{p0\text{II}}}{A_p + A_s} = \sigma_{con} - \sigma_l + \frac{N - N_{p0\text{II}}}{A_p + A_s} \tag{7-26}$$

非预应力钢筋
$$\sigma = \sigma_{l5} - \frac{N - N_{p0\text{II}}}{A_p + A_s} \tag{7-27}$$

式(7-26)与式(7-27)为使用阶段计算裂缝宽度的应力表达式。

7.3.1.3 破坏阶段（应力状态 6）

当预应力钢筋或非预应力钢筋的应力达到各自的抗拉强度时，构件就会发生破坏（见表 7-6 图(g)）。此时的外荷载为构件的极限承载力 N_u，即

$$N_u = f_{py}A_p + f_y A_s \tag{7-28}$$

7.3.2 后张法预应力混凝土轴心受拉构件的工作特点及应力分析

后张法构件的应力分布，除施工阶段因张拉工艺与先张法不同而有所区别外，使用阶段、破坏阶段的应力分布均与先张法相同，后张法的工作特点见表 7-7。

7.3.2.1 施工阶段

1. 应力状态 1

后张法构件第一批应力损失出现后（见表 7-7 图(b)），非预应力钢筋的应力及混凝土的预压应力为

$$\sigma_{pe\text{I}} = \sigma_{con} - \sigma_{l\text{I}} \tag{7-29}$$

$$\sigma_{s\text{I}} = \alpha_E \sigma_{pc\text{I}} \tag{7-30}$$

$$\sigma_{\text{pc I}} = \frac{(\sigma_{\text{con}} - \sigma_{l\text{I}})A_{\text{p}}}{A_{\text{n}}} = \frac{N_{\text{p I}}}{A_{\text{n}}} \tag{7-31}$$

表7-7　后张法预应力混凝土轴心受拉构件的应力分析

阶段			应力状态	应力图形
施工阶段	1	构件制作养护,张拉钢筋,第一批应力损失出现	(a) 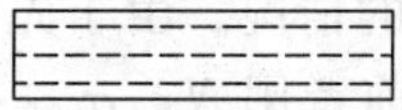 (b) 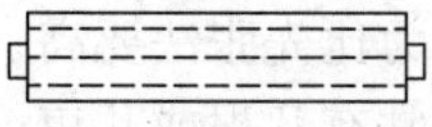	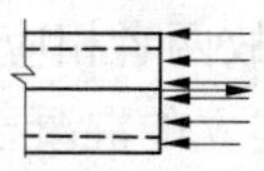
施工阶段	2	预应力损失全部出现	(c) 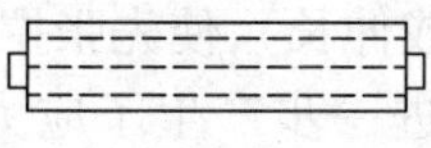	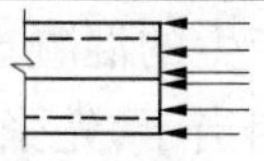
使用阶段	3	荷载作用(加载至混凝土应力为零)	(d) 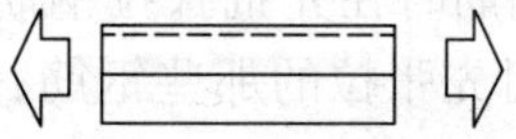	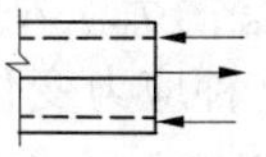
使用阶段	4	裂缝即将出现	(e) 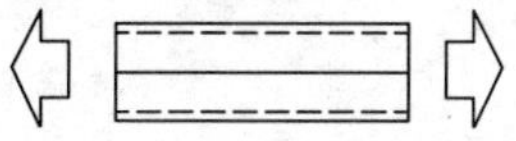	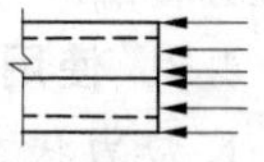
使用阶段	4	荷载作用(开裂后)	(f) 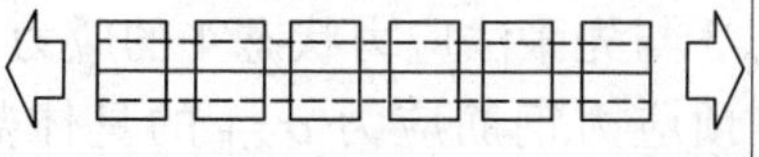	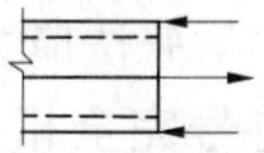
破坏阶段	5	损坏时	(g) 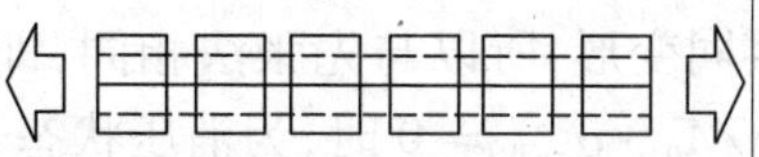	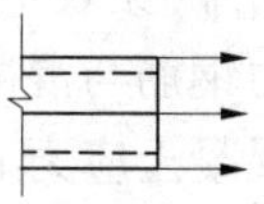

与先张法放张后相应公式相比,除了非预应力钢筋应力计算公式(7-30)与式(7-13)相同外,其他两式都不同,这是因为:①后张法在张拉预应力钢筋的同时,混凝土就受到了预压应力,弹性压缩变形已经完成。因此,后张法预应力钢筋的应力比先张法少降低 $\alpha_{\text{E}}\sigma_{\text{pc I}}$,见式(7-29)与式(7-12)。②混凝土的预压应力 $\sigma_{\text{pc I}}$,后张法的式(7-31)与先张法的式(7-14)相比,前者采用净截面面积 A_{n}($A_{\text{n}} = A_{\text{c}} + \alpha_{\text{E}}A_{\text{s}}$,$A_{\text{c}} = A - A_{\text{s}} - A_{\text{孔道面积}}$),后者用换算截面面积 A_0;前者用 $N_{\text{p I}}$,后者用 $N_{\text{p0 I}}$。

$$N_{\text{p I}} = \sigma_{\text{pe I}}A_{\text{p}} = (\sigma_{\text{con}} - \sigma_{l\text{I}})A_{\text{p}} \tag{7-32}$$

2. 应力状态2

后张法构件第二批应力损失出现后(见表7-7图(c)),预应力钢筋、非预应力钢筋的应力及混凝土的有效预压应力为

$$\sigma_{\text{pe II}} = \sigma_{\text{con}} - \sigma_{l} \tag{7-33}$$

$$\sigma_{\text{s II}} = \alpha_{\text{E}}\sigma_{\text{pc II}} + \sigma_{l5} \tag{7-34}$$

$$\sigma_{\text{pc II}} = \frac{(\sigma_{\text{con}} - \sigma_{l})A_{\text{p}} - \sigma_{l5}A_{\text{s}}}{A_{\text{n}}} = \frac{N_{\text{p II}}}{A_{\text{n}}} \tag{7-35}$$

与先张法相应的公式相比,除非预应力钢筋的应力计算公式(7-34)与式(7-17)相同外,其他都不相同。预应力钢筋的应力,后张法比先张法少降低 $\alpha_{\text{E}}\sigma_{\text{pc II}}$,见式(7-33)与

式(7-15)。混凝土的有效预压应力 $\sigma_{pc\,II}$，后张法采用 A_n，先张法采用 A_0。预应力钢筋和非预应力钢筋的合力，先张法用 $N_{p0\,II}$，后张法用 $N_{p\,II}$。

$$N_{p\,II} = \sigma_{pe\,II}A_p - \sigma_{l5}A_p = (\sigma_{con} - \sigma_l)A_p - \sigma_{l5}A_p \tag{7-36}$$

先张法预应力钢筋和非预应力钢筋的合力是指混凝土预压应力为零时的情况，后张法是指混凝土已有预压应力的情况。由于先张法预应力钢筋有弹性压缩引起的应力降低，故两者相应的公式不同，前者用 N_{p0}、σ_{p0}、A_0，后者用 N_p、σ_p、A_n。在同样情况下，后张法建立的混凝土有效预压应力比先张法要高。

后张法中的预应力钢筋常有几根或几束，必须分批张拉。这时要考虑后批张拉钢筋所产生的混凝土弹性压缩(或伸长)，使先张拉并已锚固好的钢筋的应力又发生变化。也就相当于，先张拉的钢筋又进一步产生了应力降低(或增加)。这种应力变化的数值为 $\alpha_E\sigma_{pc\,I}$，$\sigma_{pc\,I}$ 为后批张拉钢筋时在先批张拉钢筋重心位置所引起的混凝土法向应力。考虑这种应力变化的影响，对先张拉的那些钢筋，常根据 $\alpha_E\sigma_{pc\,I}$ 值增大(或减小)其张拉控制应力 σ_{con}。

7.3.2.2 使用阶段

1. 应力状态 3

后张法应力状态 3 与先张法应力状态 4 的应力计算公式和消压内力计算公式的形式及符号完全相同，但预应力钢筋应力 $\sigma_{p0\,II}$ 的具体数值不同，后张法比先张法多了一项 $\alpha_E\sigma_{pc\,II}$(见表 7-7 图(d))。计算后张法构件外荷载产生的应力时，由于孔道已经灌满，预应力钢筋与混凝土共同变形，所以与先张法相同，即截面应取换算截面面积 A_0。当截面上混凝土应力 $\sigma_c = N/A_0 - \sigma_{pc\,II} = 0$ 时，为消压状态，消压轴向拉力 $N_0 = N_{p0\,II} = \sigma_{p0\,II}A_p - \sigma_{l5}A_s$。

2. 应力状态 4

后张法应力状态 4 与先张法应力状态 5 的应力、内力计算公式形式及符号都完全相同，只是 $\sigma_{p0\,II}$ 的具体数值相差 $\alpha_E\sigma_{pc\,II}$(见表 7-7 图(e)、(f))。

7.3.2.3 破坏阶段(应力状态 5)

后张法应力状态 5 与先张法应力状态 6 的应力、内力计算公式形式及符号也完全相同(见表 7-7 图(g))。若两者钢筋用量相同，其极限承载力也相同。

7.3.3 预应力构件与非预应力构件的比较及特点

为进一步说明预应力轴心受拉构件的受力特点，现将后张法预应力轴心受拉构件与非预应力轴心受拉构件进行分析比较，两者采用相同的截面尺寸、材料及配筋数量。

图 7-15 为上述两类构件在施工阶段、使用阶段和破坏阶段预应力钢筋、非预应力钢筋和混凝土的应力及荷载变化示意图。横坐标代表荷载，原点 0 左边为施工阶段预应力钢筋的回弹力，右边为使用阶段和破坏阶段作用的外力。纵坐标 0 上、下方各代表预应力钢筋、非预应力钢筋和混凝土的拉应力、压应力。实线为预应力构件，虚线为非预应力构件。由图中曲线对比可以看出：

(1)预应力钢筋从张拉至破坏一直处于高拉应力状态，混凝土在荷载作用前一直处于受压状态，这样，高强钢筋和混凝土就充分发挥了各自特长。

(2)预应力构件的开裂荷载N_{cr}远远大于非预应力构件的开裂荷载N'_{cr},较大幅度地提高了预应力构件的抗裂能力。

(3)当预应力混凝土构件与普通钢筋混凝土构件的截面尺寸和强度相同时,两者的承载能力相等。

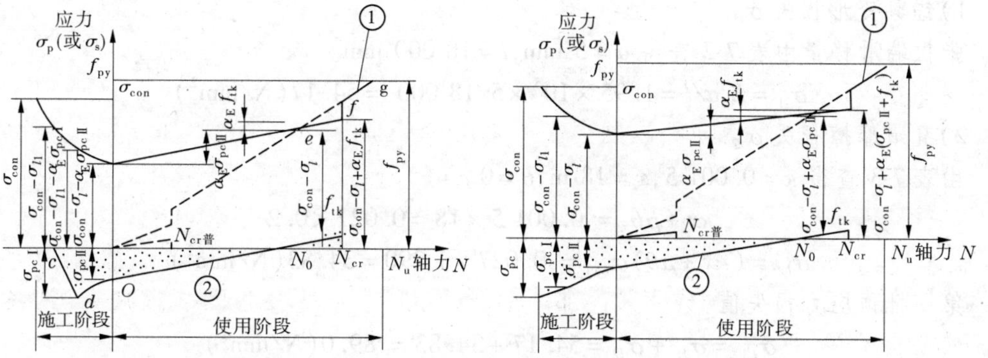

(a)先张法构件　　(b)后张法构件

①—预应力钢筋;②—混凝土;- - -—非预应力钢筋

图7-15　轴心受拉构件各阶段钢筋和混凝土应力变化曲线示意图

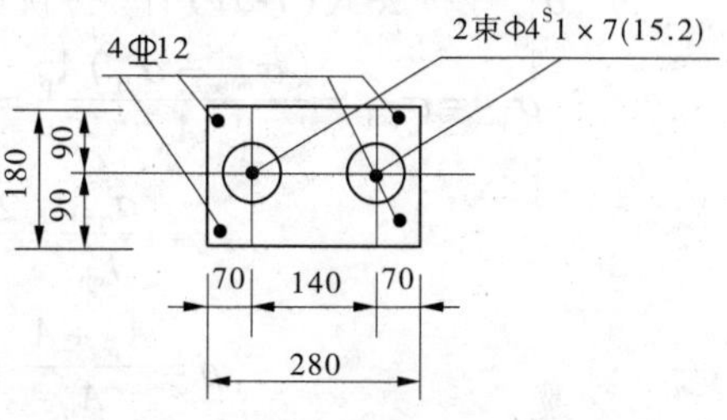

图7-16　预应力拉杆截面及配筋

【例7-1】　某后张法预应力混凝土轴心受拉构件长18 m,属3级水工建筑物,采用C60级混凝土,预应力钢筋为两束普通钢绞线,每束4 $\Phi^{S}1\times7$(A_p = 1 112 mm^2),非预应力钢筋为HRB400钢筋4 ⌀ 12(A_s = 452 mm^2),拉杆截面如图7-16所示,孔洞直径为55 mm,采用JM12锚具(夹片式锚具)进行后张法一端张拉,孔道为充压橡皮管抽芯成型。试求跨中截面处预应力钢筋应力的总损失值σ_l(设张拉钢筋时混凝土已达到设计要求强度)。

解:基本资料:C60混凝土,f_c = 27.5 N/mm^2,f_{ck} = 38.5 N/mm^2,E_c = 3.60 × 10^4 N/mm^2,f_{tk} = 2.85 N/mm^2,假设施工时混凝土实际立方体强度f'_{cu} = 60 N/mm^2,预应力钢筋为钢绞线,f_{py} = 1 220 N/mm^2,f_{ptk} = 1 720 N/mm^2,E_s = 1.95 × 10^5 N/mm^2,非预应力钢筋为HRB400钢筋,f_y = 360 N/mm^2,E_s = 2.0 × 10^5 N/mm^2。

1.截面特征及参数计算

非预应力钢筋与混凝土的弹性模量之比为

$$\alpha_{Es} = E_s/E_c = (2.0\times10^5)/(3.60\times10^4) = 5.56$$

预应力钢筋与混凝土的弹性模量之比为

$$\alpha_{Ep} = E_s/E_c = (1.95\times10^5)/(3.60\times10^4) = 5.42$$

$$A = 280\times180 = 50\ 400(\text{mm}^2)$$

$$A_c = A - 2\times\pi\times55^2/4 - A_s = 50\ 400 - 2\times3.14\times55^2/4 - 452 = 45\ 199(\text{mm}^2)$$

$$A_n = A_c + \alpha_{Es}A_s = 45\ 199 + 5.56\times452 = 47\ 712(\text{mm}^2)$$

$$A_0 = A_n + \alpha_{Ep} A_p = 47\ 712 + 5.42 \times 1\ 112 = 53\ 739(mm^2)$$

2. 确定张拉控制应力 σ_{con}

$$\sigma_{con} = 0.75 f_{ptk} = 0.75 \times 1\ 720 = 1\ 290(N/mm^2)$$

3. 计算预应力损失值

1)锚具变形损失 σ_{l1}

张拉端滑移量由表 7-2 查得 $a = 5$ mm, $l = 18\ 000$ mm。

$$\sigma_{l1} = E_s a / l = 1.95 \times 10^5 \times 5 / 18\ 000 = 54.17(N/mm^2)$$

2)孔道摩擦损失 σ_{l2}

由表 7-3 查得 $\kappa = 0.001\ 5$, $x = 18$ m, $\theta = 0$。

$$\kappa x + \mu\theta = 0.001\ 5 \times 18 = 0.027 < 0.2$$

$$\sigma_{l2} = (\kappa x + \mu\theta)\sigma_{con} = 0.027 \times 1\ 290 = 34.83(N/mm^2)$$

第一批预应力损失值

$$\sigma_{l\mathrm{I}} = \sigma_{l1} + \sigma_{l2} = 54.17 + 34.83 = 89.0(N/mm^2)$$

3)预应力钢筋应力松弛损失 σ_{l4}

$$\sigma_{l4} = 0.36(\sigma_{con}/f_{ptk} - 0.5)\sigma_{con} = 0.36 \times (1\ 290/1\ 720 - 0.5) \times 1\ 290 = 116.1(N/mm^2)$$

4)混凝土收缩徐变损失 σ_{l5}

σ_{pc} 可按公式(7-31)计算,预应力损失值仅考虑第一批应力损失,可得

$$\sigma_{pc} = \sigma_{pc\mathrm{I}} = \frac{(\sigma_{con} - \sigma_{l\mathrm{I}})A_p}{A_n} = \frac{(1\ 290 - 89) \times 1\ 112}{47\ 712} = 27.99(N/mm^2)$$

$$\frac{\sigma_{pc\mathrm{I}}}{f'_{cu}} = \frac{27.99}{60} = 0.467 < 0.5$$

$$\rho = \frac{A_p + A_s}{A_n} = \frac{1\ 112 + 452}{47\ 712} = 0.032\ 8$$

$$\sigma_{l5} = \frac{35 + 280\sigma_{pc}/f'_{cu}}{1 + 15\rho} = \frac{35 + 280 \times 27.99/60}{1 + 15 \times 0.032\ 8} = 111.01(N/mm^2)$$

第二批预应力损失 $\sigma_{l\mathrm{II}} = \sigma_{l4} + \sigma_{l5} = 116.1 + 111.01 = 227.11(N/mm^2)$。

总损失值 $\sigma_l = \sigma_{l\mathrm{I}} + \sigma_{l\mathrm{II}} = 89 + 227.11 = 316.11(N/mm^2) > 80(N/mm^2)$。

任务 7.4 预应力混凝土轴心受拉构件的计算

7.4.1 轴心受拉构件正截面受拉承载力公式

$$KN \leqslant f_y A_s + f_{py} A_p \tag{7-37}$$

式中 N——轴向力设计值,N;

A_s、A_p——纵向非预应力钢筋、预应力钢筋的全部截面面积,mm^2。

7.4.2 抗裂验算

预应力混凝土轴心受拉构件抗裂验算应分别按下列规定进行。

7.4.2.1 **一级——严格要求不出现裂缝的构件**

在荷载效应标准组合下，正截面混凝土法向应力应符合下列规定

$$\sigma_{ck} - \sigma_{pc\,II} \leqslant 0 \tag{7-38}$$

7.4.2.2 **二级——一般要求不出现裂缝的构件**

在荷载效应标准组合下，正截面混凝土法向应力应符合下列规定

$$\sigma_{ck} - \sigma_{pc\,II} \leqslant 0.7\gamma f_{tk} \tag{7-39}$$

式中 σ_{ck}——在荷载标准值作用下，构件抗裂验算边缘的混凝土法向应力，N/mm²，$\sigma_{ck} = N_k/A_0$；

$\sigma_{pc\,II}$——扣除全部混凝土预应力损失后在抗裂验算边缘的混凝土预压应力，N/mm²；

f_{tk}——混凝土轴心抗拉强度标准值，N/mm²；

γ——受拉区混凝土塑性影响系数，对轴心受拉构件，$\gamma = 1.0$。

7.4.3 裂缝宽度验算

使用阶段允许出现裂缝的预应力混凝土构件（裂缝控制等级为三级），应按下列公式进行裂缝宽度计算

$$w_{max} = \alpha\alpha_1 \frac{\sigma_{sk}}{E_s}\left(30 + c + \frac{0.07d}{\rho_{te}}\right) \tag{7-40}$$

$$\sigma_{sk} = \frac{N_{sk} - N_{p0}}{A_s + A_p} \tag{7-41}$$

$$\rho_{te} = \frac{A_s + A_p}{A_{te}} \tag{7-42}$$

式中 α——考虑构件受力特征和荷载长期作用下的综合影响系数，对于预应力混凝土轴心受拉构件，$\alpha = 2.7$；

α_1——考虑钢筋表面形状和预应力张拉方法的系数，按表7-8选取。

表7-8 考虑钢筋表面形状和预应力张拉方法的系数 α_1

钢筋种类	非预应力带肋钢筋	先张法预应力钢筋		后张法预应力钢筋	
		螺旋肋钢棒	钢绞线、钢丝、螺旋槽钢棒	螺旋肋钢棒	钢绞线、钢丝螺旋槽钢棒
α_1	1.0	1.0	1.2	1.1	1.4

注：1. 螺纹钢筋的系数 α_1 取为1.0。

2. 当采用不同种类的钢筋时，系数 α_1 按钢筋面积加权平均取值。

7.4.4 施工阶段验算

施工阶段不允许出现裂缝的构件，应力验算应满足下列条件

$$\sigma_{ct} \leqslant f_{tk}' \tag{7-43}$$

$$\sigma_{cc} \leqslant 0.8f_{ck}' \tag{7-44}$$

式中 σ_{ct}、σ_{cc}——相应施工阶段计算截面边缘纤维的混凝土拉应力、压应力，N/mm²，对

先张法按第一批预应力损失出现后计算，$\sigma_{cc}=(\sigma_{con}-\sigma_{l\text{I}})A_p/A_0$，对后张法按未施加锚具前的张拉端计算，即不考虑锚具和摩擦损失，$\sigma_{cc}=\sigma_{con}A_p/A_n$；

f'_{tk}、f'_{ck}——与施工阶段混凝土立方体抗压强度 f'_{cu} 相应的轴心抗拉、轴心抗压强度标准值，N/mm^2。

【**例 7-2**】 例题 7-1 所示的拉杆为一屋架下弦（露天环境），承受轴向拉力，永久荷载标准值和可变荷载标准值分别为 650 kN 和 300 kN，构件严格要求不出现裂缝，水工建筑物级别为 2 级。试①验算该拉杆的承载力；②验算使用阶段正截面的抗裂度；③验算施工阶段混凝土的抗压能力。

解：(1) 承载力验算。

$$N = 1.05\times650+1.2\times300 = 1\,042.5(\text{kN})$$

$$f_{py}A_p+f_yA_s = 1\,220\times1\,112+360\times452$$

$$= 1\,519\,360(\text{N}) = 1\,519.36\ \text{kN} > KN = 1.2\times1\,042.5 = 1\,251(\text{kN})$$

所以，满足要求。

(2) 抗裂验算。

混凝土的预压应力为

$$\sigma_{pc\text{II}} = \frac{(\sigma_{con}-\sigma_l)A_p-\sigma_{l5}A_s}{A_n} = \frac{(1\,290-316.11)\times1\,112-111.01\times452}{47\,712}$$

$$= 21.65(\text{N/mm}^2)$$

在荷载效应的标准组合下

$$N_k = 650+300 = 950(\text{kN})$$

$$\sigma_{ck} = N_k/A_0 = 950\times10^3/53\,739 = 17.68(\text{N/mm}^2)$$

$$\sigma_{ck}-\sigma_{pc\text{II}} = 17.68-21.65 = -3.97 < 0$$

所以，满足要求。

(3) 施工阶段验算混凝土的抗压能力。

$$\sigma_{cc} = \sigma_{con}A_p/A_n = 1\,290\times1\,112/47\,712 = 30.07(\text{N/mm}^2)$$

$$0.8f'_{ck} = 0.8\times38.5 = 30.8(\text{N/mm}^2)$$

$$\sigma_{cc} < 0.8f'_{ck}$$

所以，满足要求。

小　结

对混凝土构件施加预应力，是克服混凝土构件自重大、易开裂的最有效途径之一。与普通钢筋混凝土结构相比，预应力混凝土结构具有许多显著的优点，因而在目前的工程中正得到越来越广泛的应用。

预应力损失是预应力混凝土结构中特有的现象。预应力混凝土构件中，引起预应力损失的因素较多，不同预应力损失出现的时刻和延续的时间受许多因素制约，给计算工作增添了复杂性。深刻认识预应力损失现象，把握其变化规律，对于理解预应力混凝土构件的设计计算十分重要。

在施工阶段,预应力混凝土构件的计算分析是基于工程力学的分析方法,先张法构件和后张法构件采用不同的截面几何特征;在使用阶段,构件开裂前,工程力学的方法仍适用于预应力混凝土构件的分析,且先张法构件和后张法构件都采用换算截面进行。

预应力混凝土轴心受拉构件的应力分析是预应力混凝土受弯构件应力分析的基础。预应力混凝土构件的承载力计算和正常使用极限状态验算都与钢筋混凝土构件有着密切的联系。

与普通钢筋混凝土构件相比,预应力混凝土构件的计算较麻烦,构造较复杂,施工制作要求一定的机械设备与技术条件,这给预应力混凝土结构的广泛应用带来一定的限制。但随着高强度材料、现代设计方法和施工工艺的不断改进与完善,新型、高效预应力结构体系将在我国基本建设中发挥越来越大的作用。

技能考核题

一、思考题

1. 为什么在普通钢筋混凝土构件中一般不采用高强度钢筋?
2. 简述预应力混凝土的工作原理。
3. 什么是先张法?什么是后张法?它们各有哪些优缺点?
4. 预应力混凝土结构构件对钢筋和混凝土有什么要求?
5. 预应力钢筋分为哪几类?它们各有什么优点?
6. 什么是张拉控制应力?其数值大小的确定应注意哪些问题?
7. 什么是预应力损失?预应力损失有哪几种?怎样划分它们的损失阶段?
8. 什么是预应力混凝土的换算截面面积和净截面面积?
9. 简述先张法预应力混凝土轴心受拉构件各阶段混凝土及钢筋的应力状态。
10. 简述后张法预应力混凝土轴心受拉构件各阶段混凝土及钢筋的应力状态。

二、选择题

1. 普通钢筋混凝土结构不能充分发挥高强钢筋的作用,主要原因是(　　)。

A. 受压混凝土先破坏　　B. 未配高强混凝土

C. 不易满足正常使用极限状态　　D. 受拉混凝土先破坏

2. 对构件施加预应力的主要目的是(　　)。

A. 提高构件的承载力　　B. 提高构件的承载力和刚度

C. 提高构件抗裂度及刚度　　D. 对构件强度进行检验

3. 条件相同的先张法和后张法轴心受拉构件,当 σ_{con} 及 σ_l 相同时,预应力钢筋中应力 $\sigma_{pe\,II}$(　　)。

A. 两者相等　　B. 后张法大于先张法　　C. 后张法小于先张法　　D. 无法判断

4. 后张法轴拉构件完成全部预应力损失后,预应力筋的总预拉力 $N_{p\,II}=50\ \text{kN}$,若加载至混凝土应力为零，外载 N_0(　　)。

A. $=50$ kN　B. >50 kN　C. <50 kN　D. $=0$

5. 先张法和后张法预应力混凝土构件两者相比，下述论点不正确的是(　　)。

A. 先张法工艺简单，只需临时性锚具

B. 先张法适用工厂预制中、小型构件，后张法适用施工现场制作的大、中型构件

C. 后张法需有台座或钢模张拉钢筋

D. 先张法一般常采用直线钢筋作为预应力钢筋

6. 预应力钢筋的张拉控制应力，先张法比后张法取值略高的原因是(　　)。

A. 后张法在张拉钢筋的同时，混凝土同时产生弹性压缩，张拉设备上所显示的经换算得出的张拉控制应力为已扣除混凝土弹性压缩后的钢筋应力

B. 先张法临时锚具的变形损失大

C. 先张法的混凝土收缩、徐变较后张法大

D. 先张法有温差损失，后张法无此项损失

三、计算题

1. 后张法预应力混凝土轴心受拉构件长 18 m，为 3 级水工建筑物，采用 C40 混凝土，预应力钢筋为 PSB785 螺纹钢筋 2 $\Phi^{PS}25$($A_p=982$ mm^2)，非预应力钢筋为 HRB335 级钢筋 4 Φ 10($A_s=314$ mm^2)，拉杆截面如图 7-17 所示，孔洞直径为 48 mm，采用一端张拉，张拉时采用螺丝端杆锚具，孔道为充气橡皮管抽芯成型。求构件跨中截面处预应力钢筋应力的总损失值 σ_l(设张拉钢筋时混凝土已达到设计要求强度)。

2. 如图 7-17 所示的拉杆为一屋架下弦(室内正常环境)，承受轴向拉力，永久荷载标准值和可变荷载标准值分别为 350 kN 和 100 kN，严格要求不出现裂缝的构件。试①验算该拉杆的承载力；②验算使用阶段正截面是否满足抗裂要求；③验算施工阶段混凝土的抗压能力。

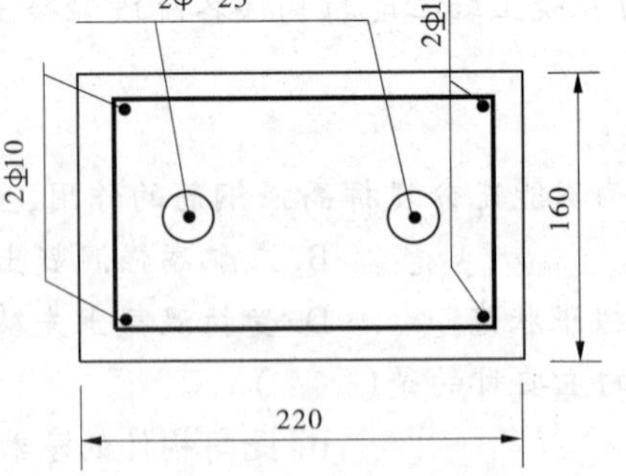

图 7-17　拉杆截面尺寸及配筋

附 录

附录 1 材料强度标准值、设计值及材料的弹性模量

附表 1-1 混凝土强度标准值 （单位：N/mm^2）

强度种类	符号	混凝土强度等级									
		C15	C20	C25	C30	C35	C40	C45	C50	C55	C60
轴心抗压	f_{ck}	10.0	13.4	16.7	20.1	23.4	26.8	29.6	32.4	35.5	38.5
轴心抗拉	f_{tk}	1.27	1.54	1.78	2.01	2.20	2.39	2.51	2.64	2.74	2.85

附表 1-2 混凝土强度设计值 （单位：N/mm^2）

强度种类	符号	混凝土强度等级									
		C15	C20	C25	C30	C35	C40	C45	C50	C55	C60
轴心抗压	f_c	7.2	9.6	11.9	14.3	16.7	19.1	21.1	23.1	25.3	27.5
轴心抗拉	f_t	0.91	1.10	1.27	1.43	1.57	1.71	1.80	1.89	1.96	2.04

注：计算现浇钢筋混凝土轴心受压和偏心受压构件时，如截面的长边或直径小于 300 mm，则表中的混凝土强度设计值应乘以系数 0.8；当构件质量（如混凝土成型、截面和轴线尺寸等）确有保证时，可不受此限制。

附表 1-3 混凝土弹性模量 E_c （单位：$\times 10^4$ N/mm^2）

混凝土强度等级	C15	C20	C25	C30	C35	C40	C45	C50	C55	C60
E_c	2.20	2.55	2.80	3.00	3.15	3.25	3.35	3.45	3.55	3.60

附表 1-4 普通钢筋强度标准值

种类		符号	d(mm)	f_{yk}(N/mm^2)
热轧钢筋	HPB235(Q235)	Φ	8～20	235
	HRB335(20MnSi)	Φ	6～50	335
	HRB400(20MnSiV、20MnSiNb、20MnTi)	Φ	6～50	400
	RRB400(K20MnSi)	$Φ^R$	8～40	400

注：1. 热轧钢筋直径 d 是指公称直径。
2. 当采用直径大于 40 mm 的钢筋时，应有可靠的工程经验。

附表 1-5　普通钢筋强度设计值　　（单位：N/mm^2）

种类		符号	f_y	f'_y
热轧钢筋	HPB235（Q235）	Φ	210	210
	HRB335（20MnSi）	Φ	300	300
	HRB400（20MnSiV、20MnSiNb、20MnTi）	Φ	360	360
	RRB400（K20MnSi）	$Φ^R$	360	360

注：在钢筋混凝土结构中，轴心受拉或小偏心受拉构件的钢筋抗拉强度设计值大于 300 N/mm^2 时，仍应按 300 N/mm^2 取用。

附表 1-6　预应力钢筋强度标准值

种类		符号	公称直径 d(mm)	f_{ptk}（N/mm^2）
钢绞线	1×2	$Φ^S$	5、5.8	1 570、1 720、1 860、1 960
			8、10	1 470、1 570、1 720、1 860、1 960
			12	1 470、1 570、1 720、1 860
	1×3		6.2、6.5	1 570、1 720、1 860、1 960
			8.6	1 470、1 570、1 720、1 860、1 960
			8.74	1 570、1 670、1 860
			10.8、12.9	1 470、1 570、1 720、1 860、1 960
	1×3I		8.74	1 570、1 670、1 860
	1×7		9.5、11.1、12.7	1 720、1 860、1 960
			15.2	1 470、1 570、1 670、1 720、1 860、1 960
			15.7	1 770、1 860
			17.8	1 720、1 860
	（1×7）C		12.7	1 860
			15.2	1 820
			18.0	1 720
消除应力钢丝	光圆螺旋肋	$Φ^P$ $Φ^R$	4、4.8、5	1 470、1 570、1 670、1 860
			6、6.25、7	1 470、1 570、1 670、1 770
			8、9	1 470、1 570
			10、12	1 470
	刻痕	$Φ^I$	≤5	1 470、1 570、1 670、1 770、1 860
			>5	1 470、1 570、1 670、1 770
钢棒	螺旋槽	$Φ^{HG}$	7.1、9、10.7、12.6	1 080、1 230、1 420、1 570
	螺旋肋	$Φ^{HR}$	6、7、8、10、12、14	
螺纹钢筋	PSB785	$Φ^{PS}$	18、25、32、40、50	980
	PSB830			1 030
	PSB930			1 080
	PSB1080			1 230

注：1. 钢绞线直径 d 是指钢绞线外接圆直径，即《预应力混凝土用钢绞线》（GB/T 5224—2003）中的公称直径 D_n；钢丝、螺纹钢筋及钢棒的直径 d 均指公称直径。

2. 1×1×3I 为三根刻痕钢丝捻制的钢绞线，（1×7）C 为七根钢丝捻制又经模拔的钢绞线。

3. 根据国家标准，同一规格的钢丝有不同的强度级别，因此表中对同一规格的钢丝列出了相应的 f_{ptk} 值，在设计中可自行选用。

附表 1-7　预应力钢筋强度设计值　　（单位：N/mm²）

种类		符号	f_{ptk}	f_{py}	f'_{py}
钢绞线	1×2 1×3 1×3I 1×7 (1×7)C	Φ^S	1 470	1 040	390
			1 570	1 110	
			1 670	1 180	
			1 720	1 220	
			1 770	1 250	
			1 820	1 290	
			1 860	1 320	
			1 960	1 380	
消除应力钢丝	光圆 螺旋肋 刻痕	Φ^P Φ^R Φ^I	1 470	1 040	410
			1 570	1 110	
			1 670	1 180	
			1 770	1 250	
			1 860	1 320	
钢棒	光圆	Φ^P	1 080	760	400
	螺旋槽	Φ^{HG}	1 230	870	
	螺旋肋	Φ^{HR}	1 420	1 005	
	带肋	Φ^R	1 570	1 110	
螺纹钢筋	PSB785	Φ^{PS}	980	650	400
	PSB830		1 030	685	
	PSB930		1 080	720	
	PSB1080		1 230	820	

注：当预应力钢绞线、钢丝的强度标准值不符合附表 1-6 的规定时，其强度设计值应进行换算。

附表 1-8　钢筋弹性模量 E_s　　（单位：N/mm²）

钢筋种类	E_s
HPB235 级钢筋	2.1×10^5
HRB335 级钢筋、HRB400 级钢筋、RRB400 级钢筋	2.0×10^5
消除应力钢丝（光圆钢丝、螺旋肋钢丝、刻痕钢丝）	2.05×10^5
钢绞线	1.95×10^5
钢棒（光圆钢棒、螺旋肋钢棒、带肋钢棒）、螺纹钢筋	2.0×10^5

注：必要时钢绞线可采用实测的弹性模量。

附表 1-9　水工混凝土结构所处的环境类别

环境类别	环境条件
一	室内正常环境
二	室内潮湿环境；露天环境；长期处于水下或地下的环境
三	淡水水位变化区；有轻度化学侵蚀性地下水的地下环境；海水水下区
四	海上大气区；轻度盐雾作用区；海水水位变化区；中度化学侵蚀性环境
五	使用除冰盐的环境；海水浪溅区；重度盐雾作用区；严重化学侵蚀性环境

注：1. 海上大气区与浪溅区的分界线为设计最高水位加 1.5 m；浪溅区与水位变化区的分界线为设计最高水位减 1.0 m；水位变化区与水下区的分界线为设计最低水位减 1.0 m；重度盐雾作用区为离涨潮岸线 50 m 内的陆上室外环境；轻度盐雾作用区为离涨潮岸线 50～500 m 内的陆上室外环境。

2：冻融比较严重的二类、三类环境条件下的建筑物，可将其环境类别分别提高为三类、四类。

附表 1-10　混凝土结构构件的承载力安全系数 K

水工建筑物级别		1		2、3		4、5	
荷载效应组合		基本组合	偶然组合	基本组合	偶然组合	基本组合	偶然组合
钢筋混凝土、预应力混凝土		1.35	1.15	1.20	1.00	1.15	1.00
素混凝土	接受承载力计算的受压构件、局部承压	1.45	1.25	1.30	1.10	1.25	1.05
	接受拉承载力计算的受压、受弯构件	2.20	1.90	2.00	1.70	1.90	1.60

注：1. 水工建筑物的级别应根据《水利水电工程级别划分及洪水标准》(SL 252—2000)确定。

2. 结构在使用、施工、检修期的承载力计算，安全系数 K 应按表中的基本组合取值；对地震及校核洪水位的承载力计算，安全系数 K 应按表中偶然组合取值。

3. 当荷载效应组合由永久荷载控制时，表列安全系数 K 应增加 0.05。

4. 当结构的受力情况较为复杂、施工特别困难、荷载不能准确计算、缺乏成熟的设计方法或结构有特殊要求时，承载力安全系数 K 宜适当提高。

附表 1-11　受拉钢筋的最小锚固长度 l_a

项次	钢筋种类	混凝土强度等级					
		C15	C20	C25	C30	C35	≥C40
1	HPB235 级	40d	35d	30d	25d	25d	20d
2	HRB335 级		40d	35d	30d	30d	25d
3	HRB400 级、RRB400 级		50d	40d	35d	35d	30d

注：1. d 为钢筋直径。

2. HPB235 级钢筋的最小锚固长度 l_a 值不包括弯钩长度。

附录2　钢筋的截面面积及公称质量

附表2-1　钢筋的公称直径、公称截面面积及公称质量

公称直径(mm)	不同根数钢筋的公称截面面积(mm²)									单根钢筋公称质量(kg/m)
	1	2	3	4	5	6	7	8	9	
6	28.3	57	85	113	142	170	198	226	255	0.222
6.5	33.2	66	100	133	166	199	232	265	299	0.260
8	50.3	101	151	201	252	302	352	402	453	0.395
10	78.5	157	236	314	393	471	550	628	707	0.617
12	113.1	226	339	452	565	678	791	904	1 017	0.888
14	153.9	308	461	615	769	923	1 077	1 231	1 385	1.210
16	201.1	402	603	804	1 005	1 206	1 407	1 608	1 809	1.580
18	254.5	509	763	1 017	1 272	1 527	1 781	2 036	2 290	2.000
20	314.2	628	942	1 256	1 570	1 884	2 199	2 513	2 827	2.470
22	380.1	760	1 140	1 520	1 900	2 281	2 661	3 041	3 421	2.980
25	490.9	982	1 473	1 964	2 454	2 945	3 436	3 927	4 418	3.850
28	615.8	1 232	1 847	2 463	3 079	3 695	4 310	4 926	5 542	4.830
32	804.2	1 609	2 413	3 217	4 021	4 826	5 630	6 434	7 238	6.310
36	1 017.9	2 036	3 054	4 072	5 089	6 107	7 125	8 143	9 161	7.990
40	1 256.6	2 513	3 770	5 027	6 283	7 540	8 796	10 053	11 310	9.870
50	1 964	3 928	5 892	7 856	9 820	11 784	13 748	15 712	17 676	15.420

附表 2-2　每米板宽各种钢筋间距时的钢筋截面面积

钢筋间距(mm)	钢筋直径(mm)为下列数值时的钢筋截面面积(mm^2)															
	6	6/8	8	8/10	10	10/12	12	12/14	14	14/16	16	16/18	18	20	22	25
70	404	561	718	920	1 122	1 369	1 616	1 907	2 199	2 536	2 872	3 254	3 635	4 488	5 430	7 012
75	377	524	670	859	1 047	1 278	1 508	1 708	2 053	2 367	2 681	3 037	3 393	4 189	5 068	6 545
80	353	491	628	805	982	1 198	1 414	1 669	1 924	2 218	2 513	2 847	3 181	3 927	4 752	6 136
85	333	462	591	758	924	1 127	1 331	1 571	1 811	2 088	2 365	2 680	2 994	3 696	4 472	5 775
90	314	436	559	716	873	1 065	1 257	1 484	1 710	1 972	2 234	2 531	2 827	3 491	4 224	5 454
95	298	413	529	678	827	1 009	1 190	1 405	1 620	1 868	2 116	2 398	2 679	3 307	4 001	5 167
100	283	393	503	644	785	958	1 131	1 335	1 539	1 775	2 011	2 278	2 545	3 142	3 801	4 909
110	257	357	457	585	714	871	1 028	1 214	1 399	1 614	1 828	2 071	2 313	2 856	3 456	4 462
120	236	327	419	537	654	798	942	1 113	1 283	1 480	1 676	1 899	2 121	2 618	3 168	4 091
125	226	314	402	515	628	767	905	1 068	1 232	1 420	1 608	1 822	2 036	2 513	3 041	3 927
130	217	302	387	495	604	737	870	1 027	1 184	1 366	1 547	1 752	1 957	2 417	2 924	3 776
140	202	280	359	460	561	684	808	954	1 100	1 268	1 436	1 627	1 818	2 244	2 715	3 506
150	188	262	335	429	524	639	754	890	1 026	1 183	1 340	1 518	1 696	2 094	2 534	3 272
160	177	245	314	403	491	599	707	834	962	1 110	1 257	1 424	1 590	1 963	2 376	3 068
170	166	231	296	379	462	564	665	785	906	1 044	1 183	1 340	1 497	1 848	2 236	2 887
180	157	218	279	358	436	532	628	742	855	985	1 117	1 266	1 414	1 745	2 112	2 727
190	149	207	265	339	413	504	595	703	810	934	1 058	1 199	1 339	1 653	2 001	2 584
200	141	196	251	322	393	479	565	668	770	888	1 005	1 139	1 272	1 571	1 901	2 454
220	129	178	228	293	357	436	514	607	700	807	914	1 036	1 157	1 428	1 728	2 231
240	118	164	209	268	327	399	471	556	641	740	838	949	1 060	1 309	1 584	2 045
250	113	157	201	258	314	383	452	534	616	710	804	911	1 018	1 257	1 521	1 963
260	109	151	193	248	302	369	435	514	592	682	773	858	979	1 208	1 462	1 888
280	101	140	180	230	280	342	404	477	550	634	718	814	909	1 122	1 358	1 753
300	94	131	168	215	262	319	377	445	513	592	670	759	848	1 047	1 267	1 636
320	88	123	157	201	245	299	353	417	481	554	630	713	795	982	1 188	1 534
330	86	119	152	195	238	290	343	405	466	538	609	690	771	952	1 152	1 487

附录3 钢筋混凝土常用构造规定

附表3-1 混凝土保护层最小厚度 (单位:mm)

项次	构件类别	环境类别				
		一	二	三	四	五
1	板、墙	20	25	30	45	50
2	梁、柱、墩	30	35	45	55	60
3	截面厚度不小于2.5 m的底板及墩墙	—	40	50	60	65

注:1. 直接与地基接触的结构底层钢筋或无检修条件的结构,保护层厚度应适当增大。

2. 有抗冲耐磨要求的结构面层钢筋,保护层厚度应适当增大。

3. 混凝土强度等级不低于C30且浇筑质量有保证的预制构件或薄板,保护层厚度可按表中数值减小5 mm。

4. 钢筋表面涂塑或结构外表面敷设永久性涂料或面层时,保护层厚度可适当减小。

5. 严寒和寒冷地区受冰冻的部位,保护层厚度还应符合《水工建筑物抗冰冻设计规范》(SL 211—2006)的规定。

附表3-2 钢筋混凝土构件纵向受力钢筋的最小配筋率 ρ_{min} (%)

项次	分类	钢筋等级		
		HPB235	HRB335	HRB400、RRB400
1	受弯构件、偏心受拉构件的受拉钢筋:			
	梁	0.25	0.20	0.20
	板	0.20	0.15	0.15
2	轴心受压柱的全部纵向钢筋	0.60	0.60	0.55
3	偏心受压构件的受拉或受压钢筋:			
	柱、肋拱	0.25	0.20	0.20
	墩墙、板、板拱	0.20	0.15	0.15

注:1. 项次1、3中的配筋率是指钢筋截面面积与构件肋宽乘以有效高度的混凝土截面面积的比值,即 $\rho=\frac{A_s}{bh_0}$ 或 $\rho'=\frac{A'_s}{bh_0}$;项次2中的配筋率是指全部纵向钢筋截面面积与柱截面面积的比值。

2. 温度、收缩等因素对结构产生的影响较大时,纵向受拉钢筋的最小配筋率应适当增大。

3. 当结构有抗震设防要求时,钢筋混凝土框架结构构件的最小配筋率应按SL 191—2008第13章有关规定取值。

附表 3-3　结构构件的裂缝控制等级及最大裂缝宽度限值 w_{lim}

环境类别	钢筋混凝土结构	预应力混凝土结构	
	w_{lim}(mm)	裂缝控制等级	w_{lim}(mm)
一	0.40	三	0.20
二	0.30	二	—
三	0.25	一	—
四	0.20	一	—
五	0.15	一	—

注:1. 表中的规定适用于采用热轧钢筋的钢筋混凝土结构和采用预应力钢丝、钢绞线、螺纹钢筋及钢棒的预应力混凝土结构;当采用其他类别的钢筋时,其裂缝控制要求可按专门标准确定。
2. 结构构件的混凝土保护层厚度大于 50 mm 时,表列裂缝宽度限值可增加 0.05。
3. 当结构构件不具备检修维护条件时,表列最大裂缝宽度限值宜适当减小。
4. 当结构构件承受水压且水力梯度 $i>20$ 时,表列最大裂缝宽度限值宜减小 0.05。
5. 结构构件表面设有专门可靠的防渗面层等防护措施时,最大裂缝宽度限值可适当加大。
6. 对严寒地区,当年冻融循环次数大于 100 时,表列最大裂缝宽度限值宜适当减小。

附表 3-4　截面抵抗矩的塑性系数 γ_m 值

项次	截面特征		γ_m	截面图形
1	矩形截面		1.55	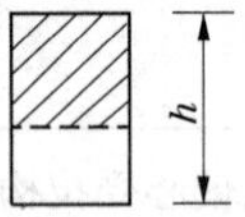
2	翼缘位于受压区的 T 形截面		1.50	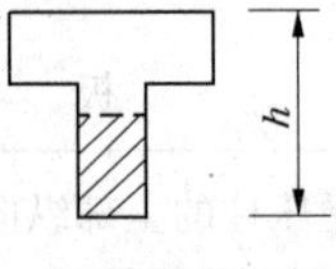
3	对称 I 形或箱形截面	$b_f/b\leqslant2$, h_f/h 为任意值	1.45	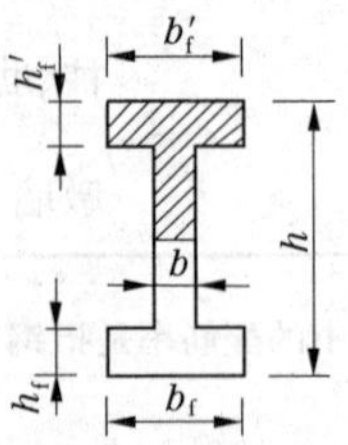
		$b_f/b>2$, $h_f/h\geqslant0.2$	1.40	
		$b_f/b>2$, $h_f/h<0.2$	1.35	

续附表 3-4

项次	截面特征		γ_m	截面图形
4	翼缘位于受拉区的倒T形截面	$b_f/b \leqslant 2$，h_f/h 为任意值	1.50	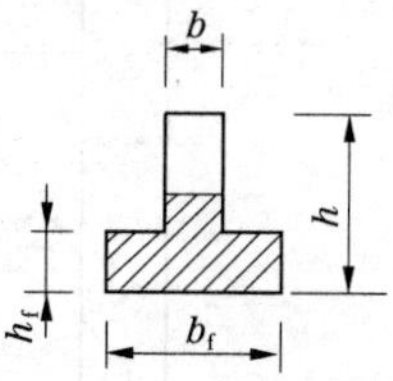
		$b_f/b > 2$，$h_f/h \geqslant 0.2$	1.55	
		$b_f/b > 2$，$h_f/h < 0.2$	1.40	
5	圆形或环形截面		$(1.6 \sim 0.24)d_1/d$	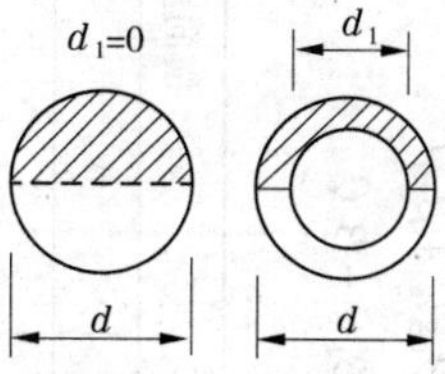
6	U 形截面		1.35	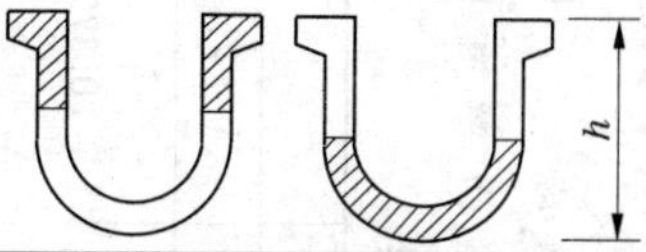

注：1. 对 $b_f' > b_f$ 的 I 形截面，可按项次 2 与项次 3 之间的数值采用；对 $b_f' < b_f$ 的 I 形截面，可按项次 3 与项次 4 之间的数值采用。

2. 根据 h 值的不同，表内数值尚应乘以 $(0.7 + 300/h)$，其值应不大于 1.1，式中 h 以 mm 计，当 $h > 3\,000$ mm 时，取 $h = 3\,000$ mm，对圆形和环形截面，h 即外径 d。

3. 对于箱形截面，表中 b 值是指各肋宽度的总和。

附表 3-5　受弯构件的挠度限值

项次	构件类型	挠度限值
1	吊车梁： 手动吊车 电动吊车	 $l_0/500$ $l_0/600$
2	渡槽槽身、架空管道： 当 $l_0 \leqslant 10$ m 时 当 $l_0 > 10$ m 时	 $l_0/400$ $l_0/500(l_0/600)$
3	工作桥及启闭机下大梁	$l_0/400(l_0/500)$
4	屋盖、楼盖： 当 $l_0 \leqslant 6$ m 时 当 6 m $< l_0 \leqslant 12$ m 时 当 $l_0 > 12$ m 时	 $l_0/200(l_0/250)$ $l_0/300(l_0/350)$ $l_0/400(l_0/450)$

注：1. 表中 l_0 为构件的计算跨度。

2. 表中括号内的数字适用于使用上对挠度有较高要求的构件。

3. 若构件制作时预先起拱，则在验算最大挠度值时，可将计算所得的挠度减去起拱值；对预应力混凝土构件尚可减去预加应力所产生的反拱值。

4. 悬臂构件的挠度限值按表中相应数值乘 2 取用。

附录4 均布荷载和集中荷载作用下等跨连续梁的内力系数表

计算公式 均布荷载 $M = \alpha_1 g l_0^2 + \alpha_2 q l_0^2$ $V = \beta_1 g l_n + \beta_2 q l_n$

$M = \alpha_1 G l_0 + \alpha_2 Q l_0$ $V = \beta_1 G + \beta_2 Q$

附表 4-1 两跨梁

序号	荷载简图	跨中最大弯矩		支座弯矩	横向剪力			
		M_1	M_2	M_B	V_A	V_B^L	V_B^R	V_C
1	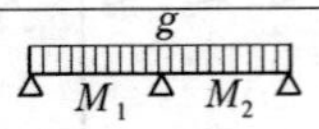	0.070	0.070	−0.125	0.375	−0.625	0.625	−0.375
2	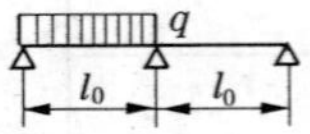	0.096	−0.025	−0.063	0.437	−0.563	0.063	0.063
3	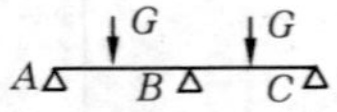	0.156	0.156	−0.188	0.312	−0.688	0.688	−0.312
4	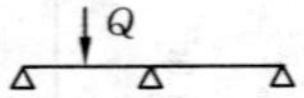	0.203	−0.047	−0.094	0.406	−0.594	0.094	0.094
5	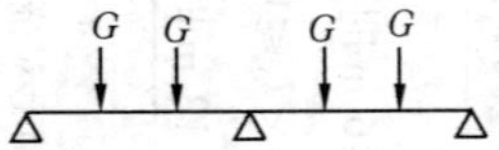	0.222	0.222	−0.333	0.667	−1.334	1.334	−0.667
6	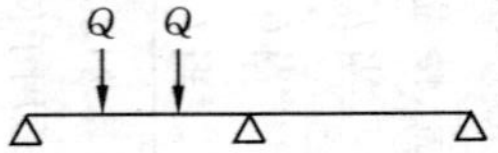	0.278	−0.056	−0.167	0.833	−1.167	0.167	0.167
7	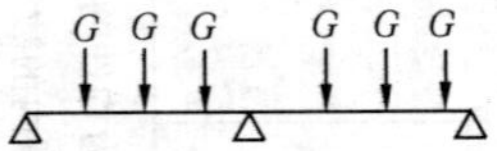	0.266	0.266	−0.469	1.042	−1.958	1.958	−1.042
8	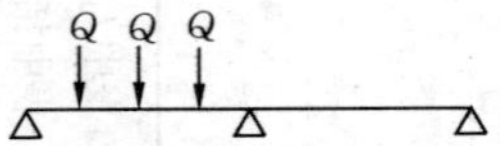	0.383	−0.117	−0.234	1.266	−1.734	0.234	0.234

附表 4-2　三跨梁

序号	荷载简图	跨中最大弯矩		支座弯矩		横向剪力					
		M_1	M_2	M_B	M_C	V_A	V_B^L	V_B^R	V_C^L	V_C^R	V_D
1	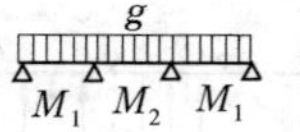	0.080	0.025	-0.100	-0.100	0.400	-0.600	0.500	-0.500	0.600	-0.400
2	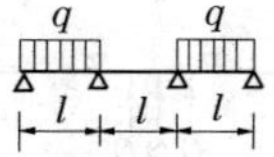	0.101	-0.050	-0.050	-0.050	0.450	-0.550	0.000	0.000	0.500	-0.450
3	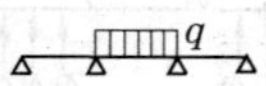	-0.025	0.075	-0.050	-0.050	-0.050	-0.050	0.500	-0.500	0.500	0.050
4	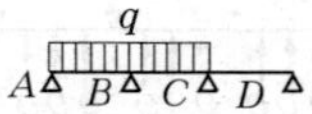	0.073	0.054	-0.117	-0.033	0.383	-0.617	0.583	-0.417	0.033	0.033
5	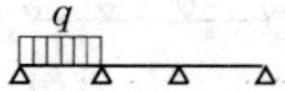	0.094	—	-0.067	0.017	0.433	-0.567	0.083	0.083	-0.017	-0.017
6	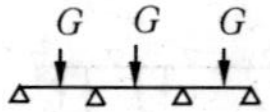	0.175	0.100	-0.150	-0.150	0.350	-0.650	0.500	-0.500	0.650	-0.350
7	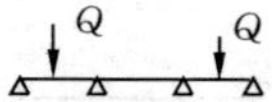	0.213	-0.075	-0.075	-0.075	0.425	-0.575	0.000	0.000	0.575	-0.425
8	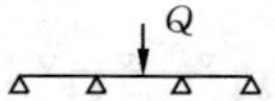	-0.038	-0.175	-0.075	-0.075	-0.075	-0.075	0.500	-0.500	0.075	0.075
9	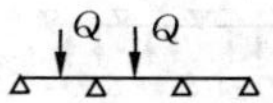	0.162	0.137	-0.175	-0.050	0.325	-0.675	0.625	-0.375	0.050	0.050
10	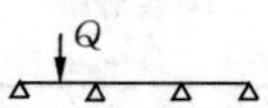	0.200	—	-0.100	0.025	0.400	-0.600	0.125	0.125	-0.025	-0.025

续附表 4-2

序号	荷载简图	跨中最大弯矩		支座弯矩		横向剪力					
		M_1	M_2	M_B	M_C	V_A	V_B^L	V_B^R	V_C^L	V_C^R	V_D
11	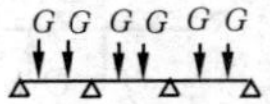	0.244	0.067	-0.267	-0.267	0.733	-1.267	1.000	-1.000	1.267	-0.733
12	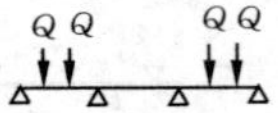	0.289	-0.133	-0.133	-0.133	0.866	-1.133	0.000	0.000	1.134	-0.866
13	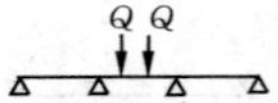	-0.044	0.200	-0.133	-0.133	-0.133	-0.133	1.000	-1.000	0.133	0.133
14	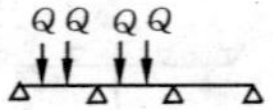	0.229	0.170	-0.311	-0.089	0.689	-1.311	1.222	-0.778	0.089	0.089
15	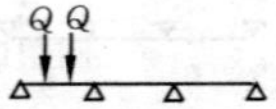	0.274	—	-0.178	0.044	0.822	-1.178	0.222	0.222	-0.044	-0.044
16	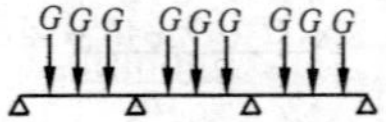	0.313	0.125	-0.375	-0.375	1.125	-1.875	1.500	-1.500	1.875	-1.125
17	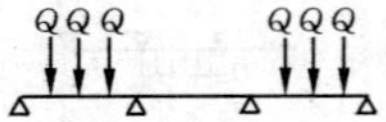	0.406	-0.188	-0.188	-0.188	1.313	-1.688	0.000	0.000	1.688	-1.313
18	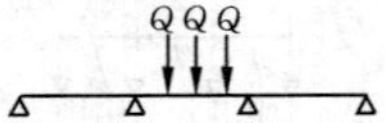	-0.094	0.313	-0.188	-0.188	-0.188	-0.188	1.500	-1.500	0.188	0.188
19	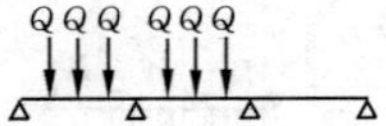	—	—	-0.437	-0.125	1.063	-1.938	1.812	-1.188	0.125	0.125
20	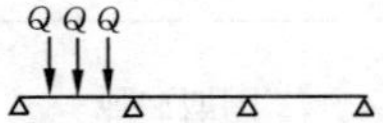	—	—	-0.250	0.062	1.250	-1.750	0.312	0.312	-0.062	-0.062

附表 4-3　四跨梁

序号	荷载简图	跨中最大弯矩				支座弯矩			横向剪力								
		M_1	M_2	M_3	M_4	M_B	M_C	M_D	V_A	V_B^L	V_B^R	V_C^L	V_C^R	V_D^L	V_D^R	V_E
1	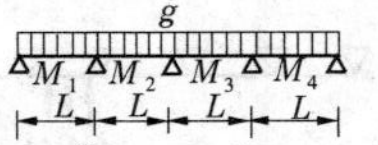	0.077	0.036	0.036	0.077	−0.107	−0.071	−0.107	0.393	−0.607	0.536	−0.464	0.464	−0.536	0.607	−0.393
2	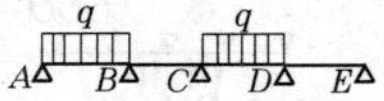	0.100	−0.045	0.081	−0.023	−0.054	−0.036	−0.054	0.446	−0.554	0.018	0.018	0.482	−0.518	0.054	0.054
3	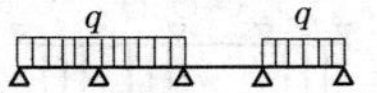	0.072	0.061	—	0.098	−0.121	−0.018	−0.058	0.380	−0.620	0.603	−0.397	−0.040	−0.040	0.558	−0.442
4	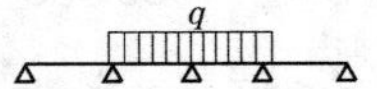	—	0.056	0.056	—	−0.036	−0.107	−0.036	−0.036	−0.036	0.429	−0.571	0.571	−0.429	0.036	0.036
5	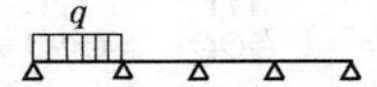	0.094	—	—	—	−0.067	0.018	−0.004	0.433	−0.567	0.085	0.085	−0.022	−0.022	0.004	0.004
6	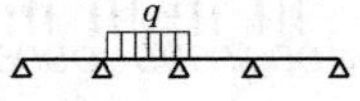	—	0.074	—	—	−0.049	−0.054	0.013	−0.049	−0.049	0.496	−0.504	0.067	0.067	−0.013	−0.013
7	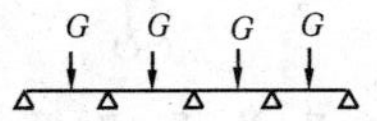	0.169	0.116	0.116	0.169	−0.161	−0.107	−0.161	0.339	−0.661	0.553	−0.446	0.446	−0.553	0.661	−0.339
8	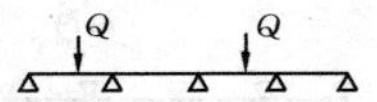	0.210	−0.067	0.183	−0.040	−0.080	−0.054	−0.080	0.420	−0.580	0.027	0.027	0.473	−0.527	0.080	0.080
9	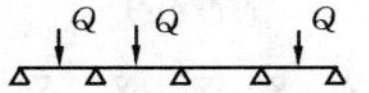	0.159	0.146	—	0.206	−0.181	−0.027	−0.087	0.319	−0.681	0.654	−0.346	−0.060	−0.060	0.587	−0.413
10	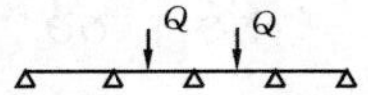	—	0.142	0.142	—	−0.054	−0.161	−0.054	−0.054	−0.054	0.393	−0.607	0.607	−0.393	0.054	0.054
11	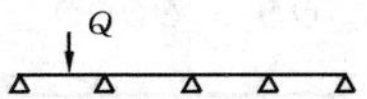	0.202	—	—	—	−0.100	0.027	−0.007	0.400	−0.600	0.127	0.127	−0.033	−0.033	0.007	0.007
12	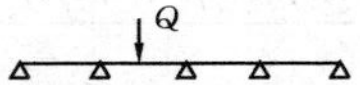	—	0.173	—	—	−0.074	−0.080	0.020	−0.074	−0.074	0.493	−0.507	0.100	0.100	−0.020	−0.020

续附表 4-3

序号	荷载简图	跨中最大弯矩				支座弯矩			横向剪力							
		M_1	M_2	M_3	M_4	M_B	M_C	M_D	V_A	V_B^L	V_B^R	V_C^L	V_C^R	V_D^L	V_D^R	V_E
13	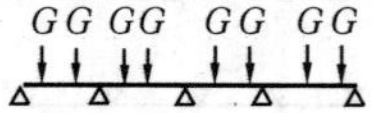	0.238	0.111	0.111	0.238	-0.286	-0.191	-0.286	0.714	-1.286	1.095	-0.905	0.905	-1.095	1.286	-0.714
14	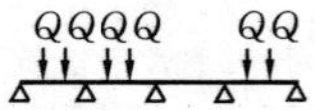	0.226	0.194	—	0.282	-0.321	-0.048	-0.155	0.679	-1.321	1.274	-0.726	-0.107	-0.107	1.155	-0.845
15	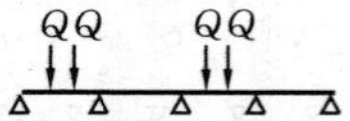	0.286	-0.111	-0.222	-0.048	-0.143	-0.095	-0.143	0.857	-1.143	0.048	0.048	0.952	-1.048	0.143	0.143
16	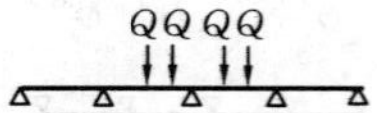	—	0.175	0.175	—	-0.095	-0.286	-0.095	-0.095	-0.095	0.810	-1.190	1.190	-0.810	0.095	0.095
17	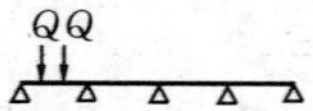	0.274	—	—	—	-0.178	0.048	-0.012	0.821	-1.178	0.226	0.226	-0.060	-0.060	0.012	0.012
18	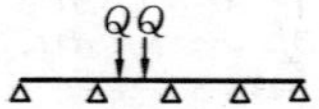	—	0.198	—	—	-0.131	-0.143	0.036	-0.131	-0.131	0.988	-1.012	0.178	0.178	-0.036	-0.036
19	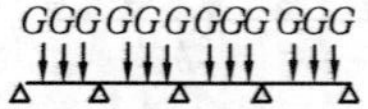	0.299	0.165	0.165	0.299	-0.402	-0.268	-0.402	1.098	-1.902	1.634	-1.336	1.336	-1.634	1.902	-1.098
20	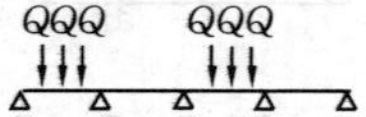	0.400	-0.167	0.333	-0.101	-0.201	-0.134	-0.201	1.299	-1.701	0.067	0.067	1.433	-1.567	0.201	-0.201
21	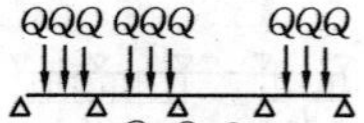	—	—	—	—	-0.452	-0.067	-0.218	1.048	-1.952	1.885	-1.115	-0.151	-0.151	1.718	1.282
22	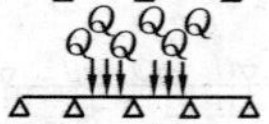	—	—	—	—	-0.134	-0.402	-0.134	-0.134	-0.134	1.232	-1.768	1.768	-1.232	0.134	0.134
23	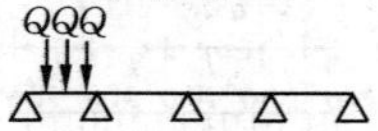	—	—	—	—	-0.251	0.067	-0.017	1.249	-1.751	0.318	0.318	-0.084	-0.084	0.017	0.017
24	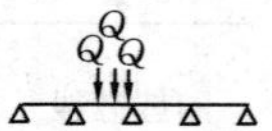	—	—	—	—	-0.184	-0.201	0.050	-0.184	-0.184	1.483	-1.517	0.251	0.251	-0.050	-0.050

附表 4-4　五跨梁

序号	荷载简图	跨中最大弯矩			支座弯矩				横向剪力										
		M_1	M_2	M_3	M_B	M_C	M_D	M_E	V_A	V_B^L	V_B^R	V_C^L	V_C^R	V_D^L	V_D^R	V_E^L	V_E^R	V_F
1	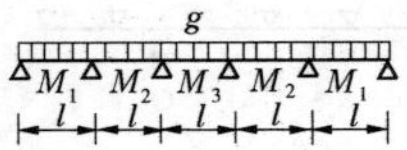	0.078 1	0.033 1	0.046 2	−0.105	−0.079	−0.079	−0.105	0.395	−0.606	0.526	−0.474	0.500	−0.500	0.474	−0.526	0.606	−0.395
2	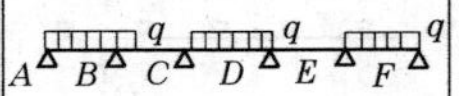	0.100	−0.046 1	0.085 5	−0.053	−0.040	−0.040	−0.053	0.447	−0.553	0.013	0.013	0.500	−0.500	−0.013	−0.013	0.553	−0.447
3	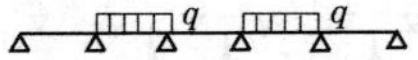	−0.026 3	0.078 7	−0.039 5	−0.053	−0.040	−0.040	−0.053	−0.053	−0.053	0.513	−0.487	0.000	0.000	0.487	−0.513	0.053	0.053
4	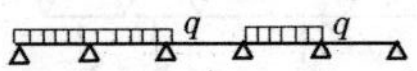	0.073	0.059	—	−0.119	−0.022	−0.044	−0.051	0.380	−0.620	0.598	−0.402	−0.023	−0.023	0.493	−0.507	0.052	0.052
5	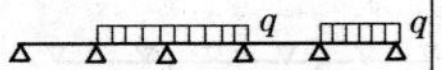	—	0.055	0.064	−0.035	−0.111	−0.020	−0.057	−0.035	−0.035	0.424	−0.576	0.591	−0.409	−0.037	−0.037	0.557	−0.443
6	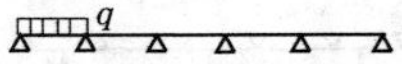	0.094	—	—	−0.067	−0.018	−0.005	0.001	0.433	−0.567	0.085	0.085	−0.023	−0.023	0.006	0.006	−0.001	−0.001
7	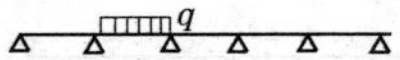	—	0.074	—	−0.049	−0.054	−0.014	−0.004	−0.049	−0.049	0.495	−0.505	0.068	0.068	−0.018	−0.018	0.004	0.004
8	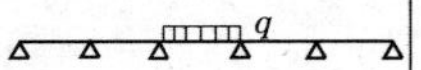	—	—	0.072	0.013	−0.053	−0.053	0.013	0.013	0.013	−0.066	−0.066	0.500	−0.500	0.066	0.066	−0.013	−0.013

续附表 4-4

序号	荷载简图	跨中最大弯矩			支座弯矩				横向剪力										
		M_1	M_2	M_3	M_B	M_C	M_D	M_E	V_A	V_B^L	V_B^R	V_C^L	V_C^R	V_D^L	V_D^R	V_E^L	V_E^R	V_F
9	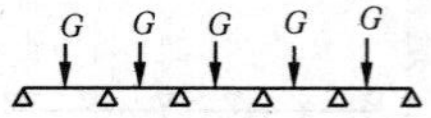	0.171	0.112	0.132	-0.158	-0.118	-0.118	-0.158	0.342	-0.658	0.540	-0.460	0.500	-0.500	0.460	-0.540	0.658	-0.342
10	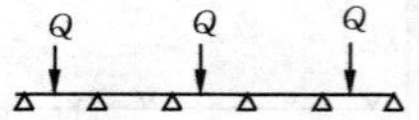	0.211	-0.069	0.191	-0.079	-0.059	-0.059	-0.079	0.421	-0.579	0.020	0.020	0.500	-0.500	-0.020	-0.020	0.579	-0.421
11	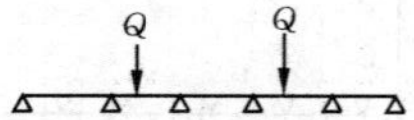	-0.039	0.181	-0.059	-0.079	-0.059	-0.059	-0.079	-0.079	-0.079	0.520	-0.480	0.000	0.000	0.480	-0.520	0.079	0.079
12	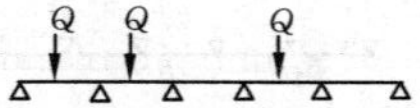	0.160	0.144	—	-0.179	-0.032	-0.066	-0.077	0.321	-0.679	0.647	-0.353	-0.034	-0.034	0.489	-0.511	0.077	0.077
13	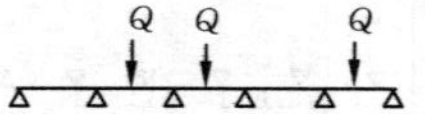	—	0.140	0.151	-0.052	-0.167	-0.031	-0.086	-0.052	-0.052	0.385	-0.615	0.637	-0.363	-0.056	-0.056	0.586	-0.414
14	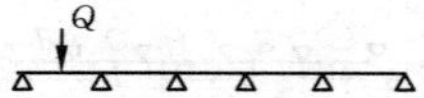	0.200	—	—	-0.100	0.027	-0.007	0.002	0.400	-0.600	0.127	0.127	-0.034	-0.034	0.009	0.009	-0.002	-0.002
15	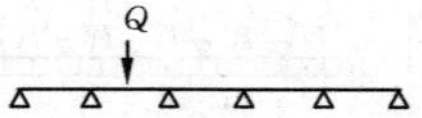	—	0.173	—	-0.073	-0.081	0.022	-0.005	-0.073	-0.073	0.493	-0.507	0.102	0.102	-0.027	-0.027	0.005	0.005
16	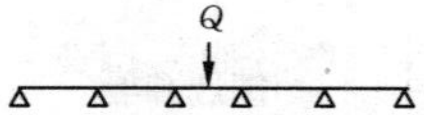	—	—	0.171	0.020	-0.079	-0.079	0.020	0.020	0.020	-0.099	-0.099	0.500	-0.500	0.099	0.099	-0.020	-0.020

续附表 4-4

序号	荷载简图	跨中最大弯矩			支座弯矩				横向剪力										
		M_1	M_2	M_3	M_B	M_C	M_D	M_E	V_A	V_B^L	V_B^R	V_C^L	V_C^R	V_D^L	V_D^R	V_E^L	V_E^R	V_F
17	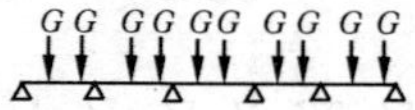	0.246	0.100	0.122	-0.281	-0.211	-0.211	-0.281	0.719	-1.281	1.070	-0.930	1.000	-1.000	0.930	-1.070	1.281	-0.719
18	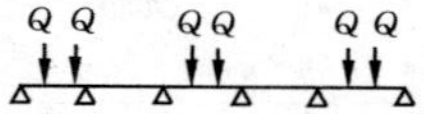	0.287	-0.117	0.228	-0.140	-0.105	-0.105	-0.140	0.860	-1.140	0.035	0.035	1.000	-1.000	-0.035	-0.035	1.140	-0.860
19	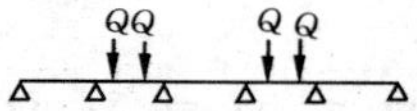	-0.047	0.216	-0.105	-0.140	-0.105	-0.105	-0.140	-0.140	-0.140	1.035	-0.965	0.000	0.000	0.965	-1.035	0.140	0.140
20	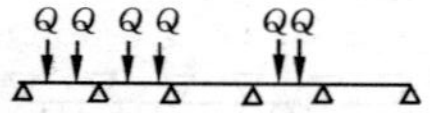	0.227	0.189	—	-0.319	-0.057	-0.118	-0.137	0.681	-1.319	1.262	-0.738	-0.061	-0.061	0.981	-1.019	0.137	0.137
21	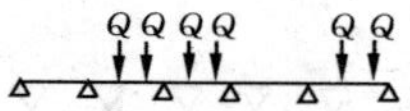	—	0.172	0.198	-0.093	-0.297	-0.054	-0.153	-0.093	-0.093	0.766	-1.204	1.243	-0.757	-0.099	-0.099	1.153	-0.847
22	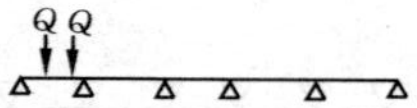	0.274	—	—	-0.179	0.048	-0.013	0.003	0.821	-1.179	0.227	0.227	-0.061	-0.061	0.016	0.016	-0.003	-0.003
23	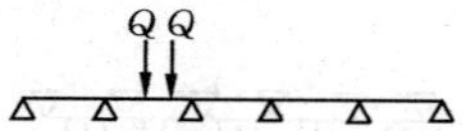	—	0.798	—	-0.131	-0.144	0.038	-0.010	-0.131	-0.131	0.987	-1.013	0.182	0.182	-0.048	-0.048	0.010	0.010
24	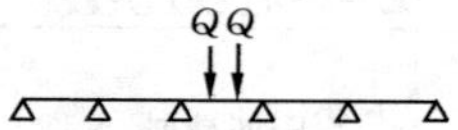	—	—	0.193	0.035	-0.140	-0.140	0.035	0.035	0.035	-0.175	-0.175	1.000	-1.000	0.175	0.175	-0.035	-0.035

续附表 4-4

序号	荷载简图	跨中最大弯矩			支座弯矩				横向剪力										
		M_1	M_2	M_3	M_B	M_C	M_D	M_E	V_A	V_B^L	V_B^R	V_C^L	V_C^R	V_D^L	V_D^R	V_E^L	V_E^R	V_F
25	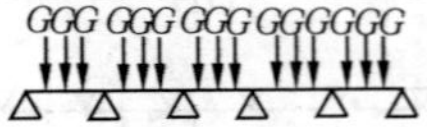	0.302	0.155	0.204	-0.395	-0.296	-0.296	-0.395	1.105	-1.895	1.599	1.401	1.500	-1.500	1.401	-1.599	1.895	-1.105
26	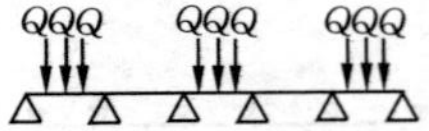	0.401	-0.173	0.352	-0.198	-0.148	-0.148	-0.198	1.302	-1.697	0.050	0.050	1.500	-1.500	-0.050	-0.050	1.697	-1.302
27	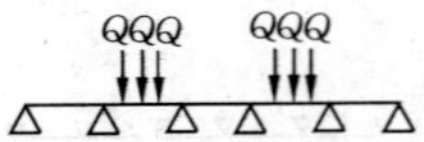	-0.099	0.327	-0.148	-0.198	-0.148	-0.148	-0.198	-0.197	-0.197	1.550	-1.450	0.000	0.000	1.450	-1.550	0.197	0.197
28	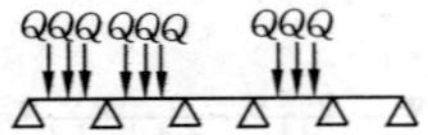	—	—	—	-0.449	-0.081	-0.166	-0.193	1.051	-1.949	1.867	-1.133	-0.085	-0.085	1.473	-1.527	0.193	0.193
29	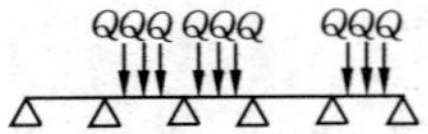	—	—	—	-0.130	-0.417	-0.076	-0.215	-0.130	-0.130	1.213	-1.787	1.841	-1.159	-0.139	-0.139	1.715	-1.285
30	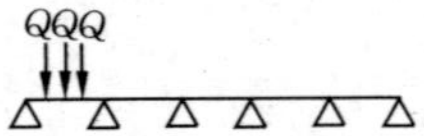	—	—	—	-0.251	0.067	-0.018	0.004	1.249	-1.751	0.318	0.318	-0.085	-0.085	0.022	0.022	-0.004	-0.004
31	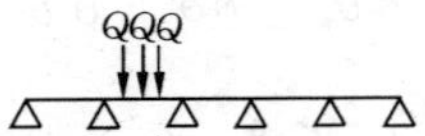	—	—	—	-0.184	-0.202	0.054	-0.013	-0.184	-0.184	1.482	-1.518	0.256	0.256	-0.067	-0.067	0.013	0.013
32	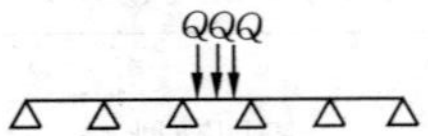	—	—	—	-0.049	-0.197	-0.197	0.049	0.049	0.049	-0.247	-0.247	1.500	-1.500	0.247	0.247	-0.049	-0.049

附录5　承受均布荷载的等跨连续梁各截面最大及最小弯矩(弯矩包络图)计算系数表

计算公式　$M_{max}=\alpha g l_0^2+\alpha_1 q l_0^2$

$M_{min}=\alpha g l_0^2+\alpha_2 q l_0^2$

双跨(三支座)

(荷载位置由影响线决定)

$\frac{x}{l_0}$	弯矩		
	g 的影响	q 的影响	
	α	α_1	α_2
		(+)	(−)
0	0	0	0
0.1	+0.032 5	0.038 7	0.006 2
0.2	+0.055 0	0.067 5	0.012 5
0.3	+0.067 5	0.086 2	0.018 7
0.4	+0.070 0	0.095 0	0.025 0
0.5	+0.062 5	0.093 7	0.031 2
0.6	+0.045 0	0.082 5	0.037 5
0.7	+0.017 5	0.061 2	0.043 7
0.8	−0.020 0	0.030 0	0.050 0
0.85	−0.042 5	0.015 2	0.057 7
0.9	−0.067 5	0.006 1	0.073 6
0.95	−0.095 0	0.001 4	0.096 4
1.0	−0.125 0	0	0.125 0
	gl_0^2	ql_0^2	ql_0^2

三跨(四支座)

	$\frac{x}{l_0}$	弯矩		
		g 的影响	q 的影响	
		α	α_1	α_2
			(+)	(−)
第一跨	0.1	+0.035	0.040	0.005
	0.2	+0.060	0.070	0.010
	0.3	+0.075	0.090	0.015
	0.4	+0.080	0.100	0.020
	0.5	+0.075	0.100	0.025
	0.6	+0.060	0.090	0.030
	0.7	+0.035	0.070	0.035
	0.8	0	0.040 2	0.040 2
	0.85	−0.021 2	0.027 7	0.049 0
	0.9	−0.045 0	0.020 4	0.065 4
	0.95	−0.071 2	0.017 1	0.088 3
	1.0	−0.100 0	0.016 7	0.116 7
第二跨	1.05	−0.076 2	0.014 1	0.090 3
	1.1	−0.055 0	0.015 1	0.070 1
	1.15	−0.036 2	0.020 5	0.056 8
	1.2	−0.020 0	0.030	0.050
	1.3	+0.005	0.055	0.050
	1.4	+0.020	0.070	0.050
	1.5	+0.025	0.075	0.050
		gl_0^2	ql_0^2	ql_0^2

四跨(五支座)

	$\frac{x}{l_0}$	弯矩		
		g 的影响	q 的影响	
		α	α_1	α_2
			(+)	(−)
第一跨	0.1	+0.034 3	0.039 6	0.005 4
	0.2	+0.058 6	0.069 3	0.010 7
	0.3	+0.072 9	0.088 9	0.016 1
	0.4	+0.077 1	0.098 6	0.021 4
	0.5	+0.071 4	0.098 2	0.026 8
	0.6	+0.055 7	0.087 9	0.032 1
	0.7	+0.030 0	0.067 5	0.037 5
	0.786	0	0.042 1	0.042 1
	0.8	−0.005 7	0.037 4	0.043 1
	0.85	−0.027 3	0.024 8	0.052 2
	0.9	−0.051 4	0.016 3	0.067 7
	0.95	−0.078 0	0.013 9	0.092 0
	1.0	−0.107 1	0.013 4	0.120 5
第二跨	1.05	−0.081 6	0.011 6	0.093 2
	1.1	−0.058 6	0.014 5	0.072 1
	1.15	−0.038 0	0.019 8	0.057 8
	1.2	−0.020 0	0.030 0	0.050 0
	1.266	0	0.048 8	0.048 8
	1.3	+0.008 6	0.056 8	0.048 2
	1.4	+0.027 1	0.073 6	0.046 4
	1.5	+0.035 7	0.080 4	0.044 6
	1.6	+0.034 3	0.077 1	0.042 9
	1.7	+0.022 9	0.063 9	0.041 1
	1.8	+0.001 4	0.041 7	0.040 3
	1.805	0	0.040 9	0.040 9
	1.85	−0.013 0	0.034 5	0.047 5
	1.9	−0.030 0	0.031 0	0.061 0
	1.95	−0.049 5	0.031 7	0.081 2
	2.0	−0.071 4	0.035 7	0.107 1
		gl_0^2	ql_0^2	ql_0^2

五跨(六支座)

	$\frac{x}{l_0}$	弯矩		
		g 的影响	q 的影响	
		α	α_1	α_2
			(+)	(−)
第一跨	0.1	+0.034 5	0.039 7	0.005 3
	0.2	+0.058 9	0.069 5	0.010 5
	0.3	+0.073 4	0.089 2	0.015 8
	0.4	+0.077 9	0.098 9	0.021 1
	0.5	+0.072 4	0.098 7	0.026 3
	0.6	+0.056 8	0.088 4	0.031 6
	0.7	+0.031 3	0.068 2	0.036 8
	0.8	−0.004 2	0.038 1	0.042 3
	0.9	−0.049 7	0.018 3	0.068 0
	0.95	−0.077 5	—	0.093 8
	1.0	−0.105 3	0.014 4	0.119 6
第二跨	1.05	−0.081 5	—	0.095 7
	1.1	−0.057 6	0.014 0	0.071 7
	1.2	−0.020 0	0.030 0	0.050 0
	1.3	+0.007 6	0.056 3	0.048 7
	1.4	+0.025 3	0.072 6	0.047 4
	1.5	+0.032 9	0.078 9	0.046 1
	1.6	+0.030 5	0.075 3	0.044 7
	1.7	+0.018 2	0.061 6	0.043 4
	1.8	−0.004 2	0.038 9	0.043 2
	1.9	−0.036 6	0.028 0	0.064 6
	1.95	−0.057 8	—	0.087 9
	2.0	−0.079 0	0.032 3	0.111 2
第三跨	2.05	−0.056 4	—	0.087 3
	2.1	−0.033 9	0.029 3	0.063 3
	2.2	+0.001 1	0.041 6	0.040 5
	2.3	+0.026 1	0.065 5	0.039 5
	2.4	+0.041 1	0.080 5	0.039 5
	2.5	+0.046 1	0.085 5	0.039 5
		gl_0^2	ql_0^2	ql_0^2

附录6　移动的集中荷载作用下等跨连续梁各截面的弯矩系数及支座截面剪力系数表

计算公式　$M=\alpha Ql_0$

$V=\beta Q$

双　跨　梁

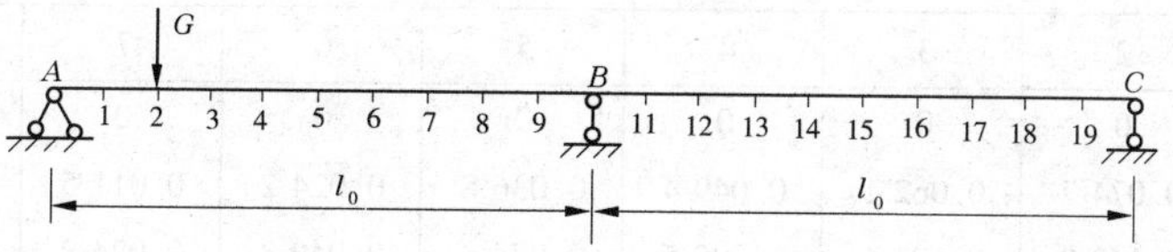

力所在的截面	系数α										系数β		
	所要计算弯矩的截面										支座截面的剪力		
	1	2	3	4	5	6	7	8	9	B	V_A	V_B^L	V_B^R
A	0	0	0	0	0	0	0	0	0	0	1.000	0	0
1	0.087 5	0.075 1	0.062 6	0.050 1	0.0376	0.025 2	0.012 7	0.000 2	−0.012 3	−0.024 8	0.875 3	−0.124 7	0.024 8
2	0.075 2	0.150 4	0.125 6	0.100 8	0.076 0	0.051 2	0.026 4	0.001 6	−0.023 2	−0.048 0	0.752 0	−0.248 0	0.048 0
3	0.063 2	0.126 4	0.189 5	0.152 7	0.115 9	0.079 1	0.042 2	0.005 4	−0.031 4	−0.068 3	0.631 8	−0.368 2	0.068 3
4	0.051 6	0.103 2	0.154 8	0.206 4	0.158 0	0.109 6	0.061 2	0.012 8	−0.035 6	−0.084 0	0.516 0	−0.484 0	0.084 0
5	0.040 6	0.081 2	0.121 9	0.162 5	0.203 1	0.143 8	0.084 4	0.025 0	−0.034 4	−0.093 8	0.406 3	−0.593 7	0.093 8
6	0.030 4	0.060 8	0.091 2	0.121 6	0.152 0	0.182 4	0.112 8	0.043 2	−0.026 4	−0.096 0	0.304 0	−0.696 0	0.096 0
7	0.021 1	0.042 2	0.063 2	0.084 3	0.105 4	0.126 5	0.147 5	0.068 6	−0.010 3	−0.089 3	0.210 8	−0.789 2	0.089 3
8	0.012 8	0.025 6	0.038 4	0.051 2	0.064 0	0.076 8	0.089 6	0.102 4	0.015 2	−0.072 0	0.128 0	−0.872 0	0.072 0
9	0.005 7	0.011 5	0.017 2	0.022 9	0.028 6	0.034 4	0.040 1	0.045 8	0.051 5	−0.042 8	0.057 3	−0.942 7	0.042 8
B	0	0	0	0	0	0	0	0	0	0	0	−1.000 0	0 +1.000
11	−0.004 3	−0.008 6	−0.012 8	−0.017 1	−0.021 4	−0.025 7	−0.029 9	−0.034 2	−0.038 5	−0.042 8	−0.042 8	−0.042 8	0.942 8
12	−0.007 2	−0.014 4	−0.021 6	−0.028 8	−0.036 0	−0.043 2	−0.050 4	−0.057 6	−0.064 8	−0.072 0	−0.072 0	−0.072 0	0.872 0
13	−0.008 9	−0.017 9	−0.026 8	−0.035 7	−0.044 6	−0.053 6	−0.062 5	−0.071 4	−0.080 3	−0.089 3	−0.089 3	−0.089 3	0.789 3
14	−0.009 6	−0.019 2	−0.028 8	−0.038 4	−0.048 0	−0.057 6	−0.067 2	−0.076 8	−0.086 4	−0.096 0	−0.096 0	−0.096 0	0.696 0
15	−0.009 4	−0.018 8	−0.028 1	−0.037 5	−0.046 9	−0.056 3	−0.065 6	−0.075 0	−0.084 4	−0.093 8	−0.093 8	−0.093 8	0.593 8
16	−0.008 4	−0.016 8	−0.025 2	−0.033 6	−0.042 0	−0.050 4	−0.058 8	−0.067 2	−0.075 6	−0.084 0	−0.084 0	−0.084 0	0.484 0
17	−0.006 8	−0.013 7	−0.020 5	−0.027 3	−0.034 1	−0.041 0	−0.047 8	−0.054 6	−0.061 4	−0.068 3	−0.068 3	−0.068 3	0.368 3
18	−0.004 8	−0.009 6	−0.014 4	−0.019 2	−0.024 0	−0.028 8	−0.033 6	−0.038 4	−0.043 2	−0.048 0	−0.048 0	−0.048 0	0.248 0
19	−0.002 5	−0.005 0	−0.007 4	−0.009 9	−0.012 4	−0.014 9	−0.017 3	−0.019 8	−0.022 3	−0.024 8	−0.024 8	−0.024 8	0.124 8
C	0	0	0	0	0	0	0	0	0	0	0	0	0

三　　跨

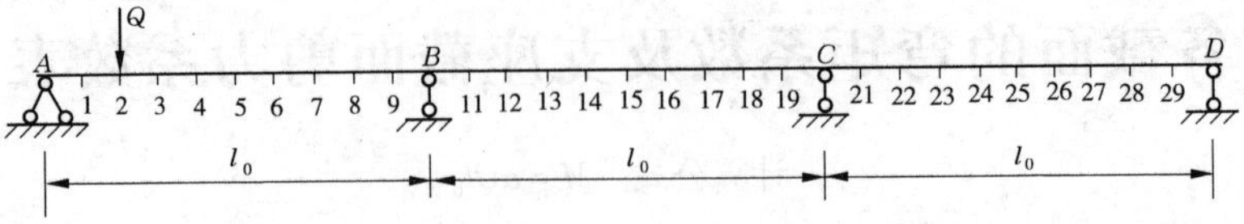

力所在的截面	系数 所要计算弯								
	1	2	3	4	5	6	7	8	9
A	0	0	0	0	0	0	0	0	0
1	**0.087 4**	0.074 7	0.062 1	0.049 4	0.036 8	0.024 2	0.011 5	−0.001 1	−0.013 8
2	0.074 9	**0.149 8**	0.124 6	0.099 5	0.074 4	0.049 3	0.024 2	−0.001 0	−0.026 1
3	0.062 7	0.125 4	**0.188 2**	0.150 9	0.113 6	0.076 3	0.039 0	0.001 8	−0.035 5
4	0.051 0	0.102 1	0.153 1	**0.204 2**	0.155 2	0.106 2	0.057 3	0.008 3	−0.040 6
5	0.040 0	0.080 0	0.120 0	0.160 0	**0.200 0**	0.140 0	0.080 0	0.020 0	−0.040 0
6	0.029 8	0.059 5	0.089 3	0.119 0	0.148 8	**0.178 6**	0.108 3	0.038 1	−0.032 2
7	0.020 5	0.041 0	0.061 4	0.081 9	0.102 4	0.122 9	**0.143 4**	0.063 8	−0.015 7
8	0.012 3	0.024 6	0.037 0	0.049 3	0.061 6	0.073 9	0.086 2	**0.098 6**	0.010 9
9	0.005 4	0.010 9	0.016 3	0.021 8	0.027 2	0.032 6	0.038 1	0.0435	0.049 0
B	0	0	0	0	0	0	0	0	0
11	−0.003 9	−0.007 8	−0.011 7	−0.015 6	−0.019 5	−0.023 4	−0.027 3	−0.031 2	−0.035 1
12	−0.006 4	−0.012 8	−0.019 2	−0.025 6	−0.032 0	−0.038 4	−0.044 8	−0.051 2	−0.057 6
13	−0.007 7	−0.015 4	−0.023 1	−0.030 8	−0.038 5	−0.046 2	−0.053 9	−0.061 6	−0.069 3
14	−0.008 0	−0.016 0	−0.024 0	−0.032 0	−0.040 0	−0.048 0	−0.056 0	−0.064 0	−0.072 0
15	−0.007 5	−0.015 0	−0.022 5	−0.030 0	−0.037 5	−0.045 0	−0.052 5	−0.060 0	−0.067 5
16	−0.006 4	−0.012 8	−0.019 2	−0.025 6	−0.032 0	−0.038 4	−0.044 8	−0.051 2	−0.057 6
17	−0.004 9	−0.009 8	−0.014 7	−0.019 6	−0.024 5	−0.029 4	−0.034 3	−0.039 2	−0.044 1
18	−0.003 2	−0.006 4	−0.009 6	−0.012 8	−0.016 0	−0.019 2	−0.022 4	−0.025 6	−0.028 8
19	−0.001 5	−0.003 0	−0.004 5	−0.006 0	−0.007 5	−0.009 0	−0.010 5	−0.010 2	−0.013 5
C	0	0	0	0	0	0	0	0	0
21	0.001 1	0.002 3	0.003 4	0.004 6	0.005 7	0.006 8	0.008 0	0.009 1	0.010 3
22	0.001 9	0.003 8	0.005 8	0.007 7	0.009 6	0.011 5	0.013 4	0.015 4	0.017 3
23	0.002 4	0.004 8	0.007 1	0.009 5	0.011 9	0.014 3	0.016 7	0.019 0	0.021 4
24	0.002 6	0.005 1	0.007 7	0.010 2	0.012 8	0.015 4	0.017 9	0.020 5	0.023 0
25	0.002 5	0.005 0	0.007 5	0.010 0	0.012 5	0.015 0	0.017 5	0.020 0	0.022 5
26	0.002 2	0.004 5	0.006 7	0.009 0	0.011 2	0.013 4	0.015 7	0.017 9	0.020 2
27	0.001 8	0.003 6	0.005 5	0.007 3	0.009 1	0.010 9	0.012 7	0.014 6	0.016 4
28	0.001 3	0.002 6	0.003 8	0.005 1	0.006 4	0.007 7	0.009 0	0.010 2	0.011 5
29	0.000 7	0.001 3	0.002 0	0.002 6	0.003 3	0.004 0	0.004 6	0.005 3	0.005 9
D	0	0	0	0	0	0	0	0	0

梁

α						系数 β		
矩的截面						支座截面的剪力		
B	11	12	13	14	15	V_A	V_B^L	V_B^R
0	0	0	0	0	0	1.000 0	0	0
−0.026 4	−0.023 1	−0.019 8	−0.016 5	−0.013 2	−0.009 9	0.873 6	−0.126 4	0.033 0
−0.051 2	−0.044 8	−0.038 4	−0.032 0	−0.025 6	0.019 2	0.748 8	−0.251 2	0.064 0
−0.072 8	−0.063 7	−0.054 6	−0.045 5	−0.036 4	−0.027 3	0.627 2	−0.372 8	0.091 0
−0.089 6	−0.078 4	−0.067 2	−0.056 0	−0.044 8	−0.033 6	0.510 4	−0.489 6	0.112 0
−0.100 0	−0.087 5	−0.075 0	−0.062 5	−0.050 0	−0.037 5	0.400 0	−0.600 0	0.125 0
−0.102 4	−0.089 6	−0.076 8	−0.064 0	−0.051 2	−0.038 4	0.297 6	−0.702 4	0.128 0
−0.095 2	−0.083 3	−0.071 4	−0.059 5	−0.047 6	−0.035 7	0.204 8	−0.795 2	0.119 0
−0.076 8	−0.067 2	−0.057 6	−0.048 0	−0.038 4	−0.028 8	0.123 2	−0.876 8	0.096 0
−0.045 6	−0.039 9	−0.034 2	−0.028 5	−0.022 8	−0.017 1	0.054 4	−0.945 6	0.057 0
0	0	0	0	0	0	0	−1.000 0	0
							0	+1.000 0
−0.039 0	**0.053 4**	0.045 8	0.038 2	0.030 6	0.023 0	−0.039 0	−0.039 0	0.924 0
−0.064 0	0.019 2	**0.102 4**	0.085 6	0.068 8	0.052 0	−0.064 0	−0.064 0	0.832 0
−0.077 0	−0.004 2	0.068 6	**0.141 4**	0.114 2	0.087 0	−0.077 0	−0.077 0	0.728 0
−0.080 0	−0.018 4	0.043 2	0.104 8	**0.166 4**	0.128 0	−0.080 0	−0.080 0	0.616 0
−0.075 0	−0.025 0	0.025 0	0.075 0	0.125 0	**0.175 0**	−0.075 0	−0.075 0	0.500 0
−0.064 0	−0.025 6	0.012 8	0.051 2	0.089 6	0.128 0	−0.064 0	−0.064 0	0.384 0
−0.049 0	−0.021 8	0.005 4	0.032 6	0.059 8	0.087 0	−0.049 0	−0.049 0	0.272 0
−0.032 0	−0.015 2	0.001 6	0.018 4	0.035 2	0.052 0	−0.032 0	−0.032 0	0.168 0
−0.0150	−0.007 4	0.000 2	0.007 8	0.015 4	0.023 0	−0.015 0	−0.015 0	0.076 0
0	0	0	0	0	0	0	0	0
0.011 4	0.005 7	0.000 0	−0.005 7	−0.011 4	−0.017 1	0.011 4	0.011 4	−0.057 0
0.019 2	0.009 6	0.000 0	−0.009 6	−0.019 2	−0.028 8	0.019 2	0.019 2	−0.096 0
0.023 8	0.011 9	0.000 0	−0.011 9	−0.023 8	−0.035 7	0.023 8	0.023 8	−0.119 0
0.025 6	0.012 8	0.000 0	−0.012 8	−0.025 6	−0.038 4	0.025 6	0.025 6	−0.128 0
0.025 0	0.012 5	0.000 0	−0.012 5	−0.025 0	−0.037 5	0.025 0	0.025 0	−0.125 0
0.022 4	0.011 2	0.000 0	−0.011 2	−0.022 4	−0.033 6	0.022 4	0.022 4	−0.112 0
0.018 2	0.009 1	0.000 0	−0.009 1	−0.018 2	−0.027 3	0.018 2	0.018 2	−0.091 0
0.012 8	0.006 4	0.000 0	−0.006 4	−0.012 8	−0.019 2	0.012 8	0.012 8	−0.064 0
0.006 6	0.003 3	0.000 0	−0.003 3	−0.006 6	−0.009 9	0.006 6	0.006 6	0.033 0
0	0	0	0	0	0	0	0	0

附录 7　按弹性理论计算在均布荷载作用下矩形双向板的弯矩系数表

弯矩系数表

边界条件	(1)四边简支		(2)三边简支、一边固定									
	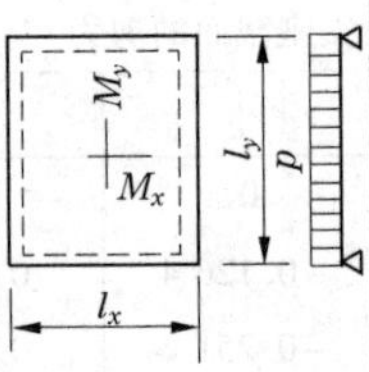		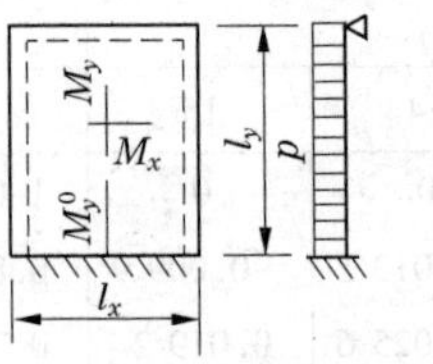					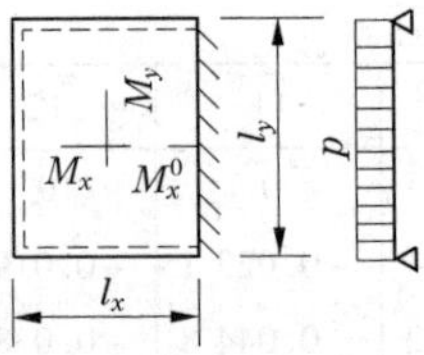				
l_x/l_y	M_x	M_y	M_x	$M_{x\max}$	M_y	$M_{y\max}$	M_y^0	M_x	$M_{x\max}$	M_y	$M_{y\max}$	M_x^0
0.50	0.099 4	0.033 5	0.091 4	0.093 0	0.035 2	0.039 7	−0.121 5	0.059 3	0.065 7	0.015 7	0.017 1	−0.121 2
0.55	0.092 7	0.035 9	0.083 2	0.084 6	0.037 1	0.040 5	−0.119 3	0.057 7	0.063 3	0.017 5	0.019 0	−0.118 7
0.60	0.086 0	0.037 9	0.075 2	0.076 5	0.038 6	0.040 9	−0.116 6	0.055 6	0.060 8	0.019 4	0.020 9	−0.115 8
0.65	0.079 5	0.039 6	0.067 6	0.068 8	0.039 6	0.041 2	−0.113 3	0.053 4	0.058 1	0.021 2	0.022 6	−0.112 4
0.70	0.073 2	0.041 0	0.060 4	0.061 6	0.040 0	0.041 7	−0.109 6	0.051 0	0.055 5	0.022 9	0.024 2	−0.108 7
0.75	0.067 3	0.042 0	0.053 8	0.054 9	0.040 0	0.041 7	−0.105 6	0.048 5	0.052 5	0.024 4	0.025 7	−0.104 8
0.80	0.061 7	0.042 8	0.047 8	0.049 0	0.039 7	0.041 5	−0.101 4	0.045 9	0.049 5	0.025 8	0.027 0	−0.100 7
0.85	0.056 4	0.043 2	0.042 5	0.043 6	0.039 1	0.041 0	−0.097 0	0.043 4	0.046 6	0.027 1	0.028 3	−0.096 5
0.90	0.051 6	0.043 4	0.037 7	0.038 8	0.038 2	0.040 2	−0.092 6	0.040 9	0.043 8	0.028 1	0.029 3	−0.092 2
0.95	0.047 1	0.043 2	0.033 4	0.034 5	0.037 1	0.039 3	−0.088 2	0.038 4	0.040 9	0.029 0	0.030 1	−0.088 0
1.00	0.042 9	0.042 9	0.029 6	0.030 6	0.036 0	0.038 8	−0.083 9	0.036 0	0.038 8	0.029 6	0.030 6	−0.083 9

边界条件	(3)两对边简支、两对边固定						(4)两邻边简支、两邻边固定					
	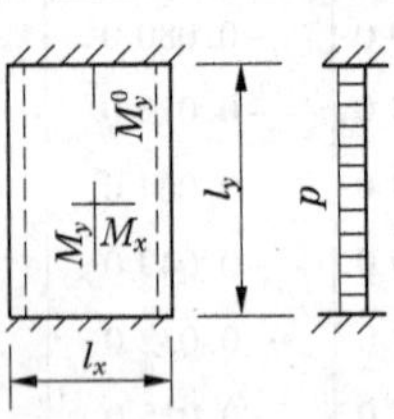			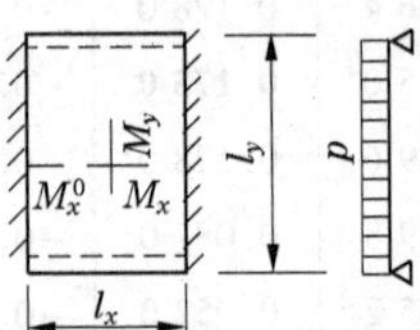			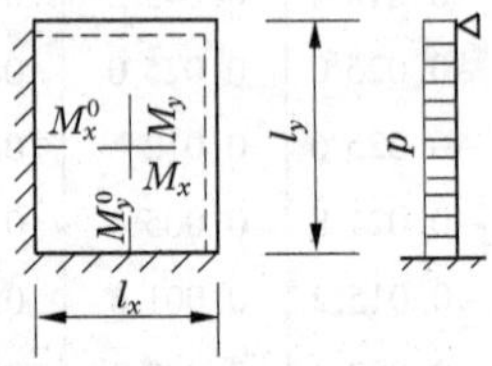					
l_x/l_y	M_x	M_y	M_y^0	M_x	M_y	M_x^0	M_x	$M_{x\max}$	M_y	$M_{y\max}$	M_x^0	M_y^0
0.50	0.083 7	0.036 7	−0.119 1	0.041 9	0.008 6	−0.084 3	0.057 2	0.058 4	0.017 2	0.022 9	−0.117 9	−0.078 6
0.55	0.074 3	0.038 3	−0.115 6	0.041 5	0.009 6	−0.084 0	0.054 6	0.055 6	0.019 2	0.024 1	−0.114 0	−0.078 5
0.60	0.065 3	0.039 3	−0.111 4	0.040 9	0.010 9	−0.083 4	0.051 8	0.052 6	0.021 2	0.025 2	−0.109 5	−0.078 2
0.65	0.056 9	0.039 4	−0.106 6	0.040 2	0.012 2	−0.082 6	0.048 6	0.049 6	0.022 8	0.026 1	−0.104 5	−0.077 7
0.70	0.049 4	0.039 2	−0.101 3	0.039 1	0.013 5	−0.081 4	0.045 5	0.046 5	0.024 3	0.026 7	−0.099 2	−0.077 0
0.75	0.042 8	0.038 3	−0.095 9	0.038 1	0.014 9	−0.079 9	0.042 2	0.043 0	0.025 4	0.027 2	−0.093 8	−0.076 0
0.80	0.036 9	0.037 2	−0.090 4	0.036 8	0.016 2	−0.078 2	0.039 0	0.039 7	0.026 3	0.027 8	−0.088 3	−0.074 8
0.85	0.031 8	0.035 8	−0.085 0	0.035 5	0.017 4	−0.076 3	0.035 8	0.036 6	0.026 9	0.028 4	−0.082 9	−0.073 3
0.90	0.027 5	0.034 3	−0.076 7	0.034 1	0.018 6	−0.074 3	0.032 8	0.033 7	0.027 3	0.028 8	−0.077 6	−0.071 6
0.95	0.023 8	0.032 8	−0.074 6	0.032 6	0.019 6	−0.072 1	0.029 9	0.030 8	0.027 3	0.028 9	−0.072 6	−0.069 8
1.00	0.020 6	0.031 1	−0.069 8	0.031 1	0.020 6	−0.069 8	0.027 3	0.028 1	0.027 3	0.028 9	−0.067 7	−0.067 7

续表

边界条件	(5)一边简支、三边固定					
	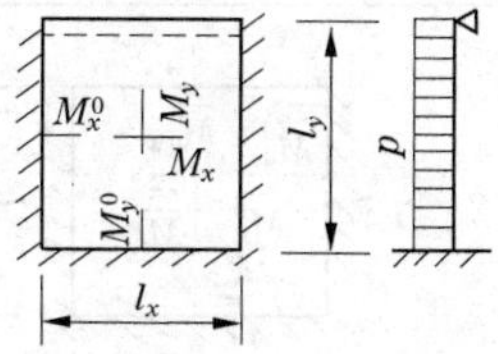					
l_x/l_y	M_x	$M_{x\max}$	M_y	$M_{y\max}$	M_x^0	M_y^0
0.50	0.041 3	0.042 4	0.009 6	0.015 7	−0.083 6	−0.056 9
0.55	0.040 5	0.041 5	0.010 8	0.016 0	−0.082 7	−0.057 0
0.60	0.039 4	0.040 4	0.012 3	0.016 9	−0.081 4	−0.057 1
0.65	0.038 1	0.039 0	0.013 7	0.017 8	−0.079 6	−0.057 2
0.70	0.036 6	0.037 5	0.015 1	0.018 6	−0.077 4	−0.057 2
0.75	0.034 9	0.035 8	0.016 4	0.019 3	−0.075 0	−0.057 2
0.80	0.033 1	0.033 9	0.017 6	0.019 9	−0.072 2	−0.057 0
0.85	0.031 2	0.031 9	0.018 6	0.020 4	−0.069 3	−0.056 7
0.90	0.029 5	0.030 0	0.020 1	0.020 9	−0.066 3	−0.056 3
0.95	0.027 4	0.028 1	0.020 4	0.021 4	−0.063 1	−0.055 8
1.00	0.025 5	0.026 1	0.020 6	0.021 9	−0.060 0	−0.050 0

边界条件	(5)一边简支、三边固定						(6)四边固定			
	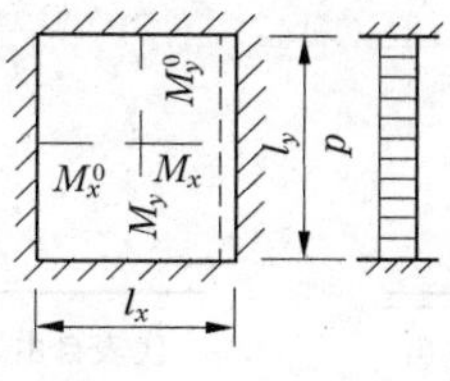						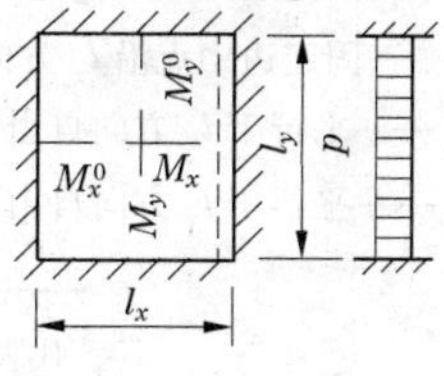			
l_x/l_y	M_x	$M_{x\max}$	M_y	$M_{y\max}$	M_y^0	M_x^0	M_x	M_y	M_x^0	M_y^0
0.50	0.055 1	0.060 5	0.018 8	0.020 1	−0.078 4	−0.114 6	0.040 6	0.010 5	−0.082 9	−0.057 0
0.55	0.051 7	0.056 3	0.021 0	0.022 3	−0.078 0	−0.109 3	0.039 4	0.012 0	−0.081 4	−0.057 1
0.60	0.048 0	0.052 0	0.022 9	0.024 2	−0.077 3	−0.103 3	0.038 0	0.013 7	−0.079 3	−0.057 1
0.65	0.044 1	0.047 6	0.024 4	0.025 6	−0.076 2	−0.097 0	0.036 1	0.0152	−0.076 6	−0.057 1
0.70	0.040 2	0.043 3	0.025 6	0.026 7	−0.074 8	−0.090 3	0.034 0	0.016 7	−0.073 5	−0.056 9
0.75	0.036 4	0.039 0	0.026 3	0.027 3	−0.072 9	−0.083 7	0.031 8	0.017 9	−0.070 1	−0.056 5
0.80	0.032 7	0.034 8	0.026 7	0.027 6	−0.070 7	−0.077 2	0.029 5	0.018 9	−0.066 4	−0.055 9
0.85	0.029 3	0.031 2	0.026 8	0.027 7	−0.068 3	−0.071 1	0.027 2	0.019 7	−0.062 6	−0.055 1
0.90	0.026 1	0.027 7	0.026 5	0.027 3	−0.065 6	−0.065 3	0.024 9	0.020 2	−0.058 8	−0.054 1
0.95	0.023 2	0.024 6	0.026 1	0.026 9	−0.062 9	−0.059 9	0.022 7	0.020 5	−0.055 0	−0.052 8
1.00	0.020 6	0.021 9	0.025 5	0.026 1	−0.060 0	−0.055 0	0.020 5	0.020 5	−0.051 3	−0.051 3

续表

边界条件	(7)三边固定、一边自由

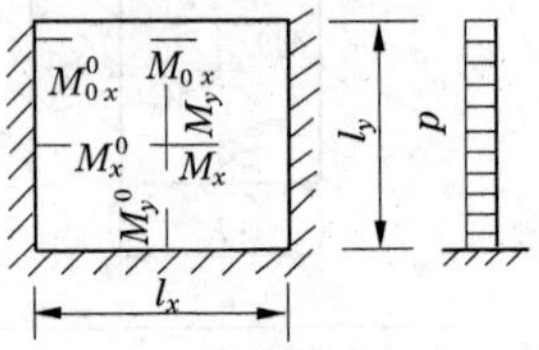

l_x/l_y	M_x	M_y	M_x^0	M_y^0	M_{0x}	M_{0x}^0	l_x/l_y	M_x	M_y	M_x^0	M_y^0	M_{0x}	M_{0x}^0
0.30	0.0018	-0.0039	-0.0135	-0.0344	0.0068	-0.0345	0.85	0.0262	0.0125	-0.0558	-0.0562	0.0409	-0.0651
0.35	0.0039	-0.0026	-0.0179	-0.0406	0.0112	-0.0432	0.90	0.0277	0.0129	-0.0615	-0.0563	0.0417	-0.0644
0.40	0.0063	-0.0008	-0.0227	-0.0454	0.0160	-0.0506	0.95	0.0291	0.0131	-0.0639	-0.0564	0.0422	-0.0638
0.45	0.0090	0.0014	-0.0275	-0.0489	0.0207	-0.0564	1.00	0.0304	0.0133	-0.0662	-0.0565	0.0427	-0.0632
0.50	0.0116	0.0034	-0.0322	-0.0513	0.0250	-0.0607	1.10	0.0327	0.0133	-0.0701	-0.0566	0.0431	-0.0623
0.55	0.0142	0.0054	-0.0368	-0.0530	0.0288	-0.0635	1.20	0.0345	0.0130	-0.0732	-0.0567	0.0433	-0.0617
0.60	0.0166	0.0072	-0.0412	-0.0541	0.0320	-0.0652	1.30	0.0368	0.0125	-0.0758	-0.0568	0.0434	-0.0614
0.65	0.0188	0.0087	-0.0453	-0.0548	0.0347	-0.0661	1.40	0.0380	0.0119	-0.0778	-0.0568	0.0433	-0.0614
0.70	0.0209	0.0100	-0.0490	-0.0553	0.0368	-0.0663	1.50	0.0390	0.0113	-0.0794	-0.0569	0.0433	-0.0616
0.75	0.0228	0.0111	-0.0526	-0.0557	0.0385	-0.0661	1.75	0.0405	0.0099	-0.0819	-0.0569	0.0431	-0.0625
0.80	0.0246	0.0119	-0.0558	-0.0560	0.0399	-0.0656	2.00	0.0413	0.0087	-0.0832	-0.0569	0.0431	-0.0637

注：M_x、$M_{x\max}$——平行于 l_x 方向板中心点弯矩和板跨内的最大弯矩；

M_y、$M_{y\max}$——平行于 l_y 方向板中心点弯矩和板跨内的最大弯矩；

M_x^0——固定边中点沿 l_x 方向的弯矩；

M_y^0——固定边中点沿 l_y 方向的弯矩；

M_{0x}——平行于 l_x 方向自由边的中点弯矩；

M_{0x}^0——平行于 l_y 方向自由边上固定端的支座弯矩。

代表固定边　　代表简支边　　代表自由边

参考文献

[1] 中华人民共和国水利部. SL 191—2008 水工混凝土结构设计规范[S]. 北京:中国水利水电出版社,2009.

[2] 中华人民共和国住房和城乡建设部. GB 50010—2010 混凝土结构设计规范[S]. 北京:中国建筑工业出版社,2010.

[3] 中华人民共和国电力工业部. DL 5077—1997 水工建筑物荷载设计规范[S]. 北京:中国电力出版社,1998.

[4] 中华人民共和国水利部. SL 252—2000 水利水电工程等级划分及洪水标准[S]. 北京:中国水利水电出版社,2000.

[5] 中华人民共和国国家质量监督检验检疫总局. GB 1499. 2—2007 钢筋混凝土用钢 第2部分:热轧带肋钢筋[S]. 北京:中国标准出版社,2008.

[6] 中华人民共和国国家质量监督检验检疫总局. GB/T 1499. 1—2007 钢筋混凝土用钢 第1部分:热轧光圆钢筋[S]. 北京:中国标准出版社,2008.

[7] 中华人民共和国国家质量监督检验检疫总局. GB/T 13014—2013 钢筋混凝土用余热处理钢筋[S]. 北京:中国标准出版社,2014.

[8] 赵瑜. 水工混凝土结构学[M]. 北京:中央广播电视大学出版社,2001.

[9] 河海大学,等. 水工钢筋混凝土结构学[M]. 北京:中国水利水电出版社,2009.

[10] 徐有邻,周氏. 混凝土结构设计规范理解与应用[M]. 北京:中国建筑工业出版社,2002.

[11] 赵积华. 建筑结构设计原理[M]. 南京:河海大学出版社,1999.

[12] 翟爱良,郑晓燕. 钢筋混凝土结构计算与设计[M]. 北京:中国水利水电出版社,1999.

[13] 彭明. 建筑结构[M]. 北京:中国水利水电出版社,2010.

[14] 王建伟,郭遂安. 水工钢筋混凝土结构[M]. 郑州:黄河水利出版社,2011.